U0349312

中国数字发展研究
（案例）
2024 年

李晓东 ◉ 编　著

伏羲智库 ◉ 组织编写

科学技术文献出版社
SCIENTIFIC AND TECHNICAL DOCUMENTATION PRESS

·北京·

图书在版编目（CIP）数据

中国数字发展研究：案例. 2024年 / 李晓东编著；
伏羲智库组织编写. -- 北京：科学技术文献出版社，
2024.9. -- ISBN 978-7-5235-1870-0

Ⅰ.TP3

中国国家版本馆 CIP 数据核字第 20249X2E65 号

中国数字发展研究（案例）2024年

策划编辑：刘 伶　责任编辑：李晓晨　公 雪　责任校对：张永霞　责任出版：张志平

出 版 者　科学技术文献出版社
地　　址　北京市复兴路15号　邮编　100038
编 务 部　（010）58882938，58882087（传真）
发 行 部　（010）58882868，58882870（传真）
邮 购 部　（010）58882873
官 方 网 址　www.stdp.com.cn
发 行 者　科学技术文献出版社发行　全国各地新华书店经销
印 刷 者　北京虎彩文化传播有限公司
版　　次　2024 年 9 月第 1 版　2024 年 9 月第 1 次印刷
开　　本　787×1092　1/16
字　　数　494千
印　　张　34.5
书　　号　ISBN 978-7-5235-1870-0
定　　价　168.00元

伏羲智库简介

伏羲智库成立于 2019 年 10 月，是由中国互联网络信息中心（CNNIC）原主任、互联网名称与数字地址分配机构（ICANN）原副总裁、中国科学院计算技术研究所研究员、清华大学公共管理学院兼职教授李晓东博士倡议，并联合产业界及学术界知名中青年专家共同发起成立的专业性、开放式、国际化的数字发展新型智库，与清华大学互联网治理研究中心、中国科学院计算所互联网基础技术实验室联合创新，打造专职团队服务合作专家和产业伙伴，以专业研究为核心，开展会议研讨和培训研修，借助互联网平台创新智库运作模式，服务国家重大战略、支撑行业持续发展。

伏羲智库系统构建中国数字发展知识库，联合打造互联网发展合作网络，研究探索经济社会发展和治理新范式、研发实施互联网数据开放交换新平台、倡导推广数字文明开放和包容新文化，为经济和社会发展数字化转型提出中国方案，为全球数字发展走出中国路径，为人类数字文明进程贡献中国智慧。

伏羲智库是中国互联网协会副理事长单位和数字化转型与发展工作委员会依托单位、中国互联网治理论坛发起成员和副主任委员单位、世界互联网大会国际组织初始成员机构和数据工作组依托机构、G20 全球智慧城市联盟机构合作伙伴、金砖国家智库合作中方理事会理事单位、国际互联网协会和联合国全球契约组织机构成员。

前　言

　　数字发展是当前人类文明进程中的重要道路。通过应用信息、互联网、大数据、云计算、人工智能、物联网、区块链等一系列数字技术，数字发展正在深刻改变全球的生产和生活方式，驱动社会、经济、文化等各个领域的持续升级与变革，推动人类进入继农业经济和工业经济之后的数字经济时代。数据作为数字经济时代的关键生产要素，近期各国对其的重视程度持续上升，各界相关方均对数据驱动的创新路径与转型发展经验具有极高的需求。"中国数字发展研究"是伏羲智库推动经济和社会数字化转型发展的关键举措，旨在通过汇编中国数字发展相关的现状趋势、重要政策、专家观点、特色案例、评估指标，勾勒数字发展的全景蓝图，探索数字发展在不同领域的具体路径。

　　本研究基于《中国数字发展研究（案例）2023年》的编撰经验，将研究面进一步拓展并构建中国数字发展研究知识库，较全面地总结并分析了中国数字发展政策、思想、实践等方面的最新进展。本研究总体包括5个部分，第一，从政策、技术、产业多个维度，分析全球与中国的数字发展现状，并总结了中国数字经济发展的五大趋势。第二，立足政策库梳理中国数字发展的重要政策，展示国家战略和政策的未来走向。第三，通过观点库整理中国数字发展的重要专家观点，追踪领域内权威专家的前沿思想。第四，充分挖掘案例库，遴选中国数字发展特色案例，提炼数字化转型解决方案在数字经济农业、数字经济工业、数字经济服务业、数字政务、数字社会、数字文化与数字生态文明、数字基础设施与数字资源利用方向上的目标用户、总体特征与收益成效。第五，收录智慧零售全域数字化转型评估模型，以及应用该模型进行评估的典型案例。

为更好地推进研究工作，伏羲智库除了构建包括政策库、观点库、案例库在内的中国数字发展研究知识库，还邀请清华大学互联网治理研究中心、中国科学院计算技术研究所的跨领域研究者组建了联合研究团队。研究团队成员包括李晓东、孟庆国、谢丹夏、刘艺、程凯、陈蓓、王立君、杨晓波、陈尚容、李娜、温宇馨等。

中国数字发展研究案例库的构建得到了中国互联网协会数字化转型与发展工作委员会的支持，案例主要选自中国互联网协会"互联网助力经济社会数字化转型"案例征集活动，在此对参与案例征集评估遴选的尚冰、邬贺铨、李国杰、方滨兴、李伯虎、沈昌祥、吴建平、吴世忠、吴志强、郑纬民、张宏科、邵广禄、王国权、余晓晖、曾宇、鲁春丛、赵岩、黄澄清、徐愈、杨春艳、卢卫、李晓东、李欲晓、周德进、陈熙霖、谢高岗、田溯宁、周鸿祎、齐向东、吴海等资深专家表示诚挚的感谢。

伏羲智库

2024 年 9 月

目　录

第1章　全球数字发展现状 1

  1.1　全球数字发展综述 1

  1.2　中国数字经济发展五大趋势 7

第2章　中国数字发展重要政策 11

  2.1　政策概要 11

  2.2　政策汇编 12

第3章　中国数字发展专家观点 177

  3.1　陈昌盛：关于当前促进数字经济发展的"六个优先" ... 177

  3.2　邬贺铨：中国大模型发展的优势、挑战及创新路径 180

  3.3　邵广禄：云网数智安，助力数字湾区建设 184

  3.4　郑纬民：构建开放生态，真正促进数字经济快速发展 186

  3.5　薛澜：新兴科技领域国际规则制定：路径选择与参与策略 188

  3.6　李星：从 ChatGPT 的诞生中，我们学到了什么？ 195

  3.7　陆志鹏：推动文化数据要素化，创新文化传承新路径 205

  3.8　余晓晖：加快促进数实深度融合推动数字经济高质量发展 206

  3.9　田杰棠：抓关键环节提升创新体系整体效能 210

  3.10　王继业：能源电力行业数字技术应用及其发展趋势探讨 213

  3.11　李晓东：数据互操作技术助力数字经济发展新阶段 220

3.12 高红冰：如何看"数实融合" 222

3.13 安筱鹏：关于数据要素的 8 个基本问题 227

3.14 孟庆国：一体化推进政务数据体系建设的思考——基于
数据权责的视角 236

3.15 朱岩：数据资产化时代的养老产业变革 246

3.16 李振华：数据要素流通与数字技术支撑 250

第 4 章　中国数字发展特色案例 **256**

4.1 数字化转型方案供应方的整体特征 257

4.2 数字化转型案例的普遍特点 264

第 5 章　数字经济农业特色案例 **268**

5.1 整体案例分析 268

5.2 案例 1："学生营养餐智慧云 + 校农云"大数据平台 273

5.3 案例 2：开创云智慧农业平台 276

5.4 案例 3：一站式数字海洋（渔业）服务平台 279

5.5 案例 4：数字农业 - 智慧茶园 281

5.6 案例 5：从"餐桌"到"土地"：全链路数字化助推农业转型升级 285

5.7 案例 6：菏泽市高标准农田科技示范区建设项目 288

5.8 案例 7：温氏食品：打造数字农牧生态圈，产业互联网新玩法 290

5.9 案例 8：溯源中国·稻乡五常数字经济平台 293

第 6 章　数字经济工业特色案例 **296**

6.1 整体案例分析 296

6.2 案例 1：基于全网平衡及"源网站户"联动的工业互联网 +
智慧热网平台 302

6.3 案例 2：工业互联网平台企业综合安全防护项目 306

6.4　案例3：纺织服装个性化定制+5G柔性生产解决方案 310

6.5　案例4：蚂蚁链可信物联网技术助力工业设备租赁行业

数字化转型 313

6.6　案例5：1688工业品专业标准库：国内最大的工业互联网产品

标准数据库 316

6.7　案例6：康赛妮集团有限公司年产1500吨高档羊绒纱线智能工厂 320

6.8　案例7：酱香酒行业产供销协同解决方案 326

6.9　案例8："园区OS+工业App"模式的智慧化工园区

工业互联网平台 330

6.10　案例9：链长牵头引领的航空制造产业链数字化转型

自主生态构建 333

6.11　案例10：数字运营体系建设 338

第7章　数字经济服务业特色案例 342

7.1　整体案例分析 342

7.2　案例1："叮咚买菜"生鲜电商智慧供应链平台助力服务业

数字化转型 348

7.3　案例2："监-管-营"三级体系资管数字化解决方案 351

7.4　案例3：长治数字物流枢纽城市建设 354

7.5　案例4："一码游贵州"平台助力贵州文化旅游产业数字化转型 357

7.6　案例5：大数据5G+智慧文旅 361

7.7　案例6：企知道助力产学研合作模式创新升级 363

7.8　案例7：天猫国际新世界工厂探索全球供应链服务 365

7.9　案例8：中恒大耀工业互联网及大数据应用平台 369

7.10　案例9：新发展格局下蒙壹购壹"数字化多向驱动平台"

推广战略项目方案 372

第 8 章　数字政务特色案例 **378**

8.1　整体案例分析 378

8.2　案例 1：无锡市污水处理提质增效及综合信息监管预警系统 383

8.3　案例 2：德阳市民通平台 385

8.4　案例 3：基于国产信创平台的安全邮件解决方案 388

8.5　案例 4："阳光食品"平台 392

8.6　案例 5：温州市县两级城市物联网平台 395

8.7　案例 6：构建电子政务移动安全主动防御体系 398

8.8　案例 7：互联网 + 智慧监管一体化平台 401

8.9　案例 8：少数民族地区妇女儿童权益维护及资源共享的
社会治理数据平台构建 404

8.10　案例 9：建德市微应用集市 407

8.11　案例 10：创新"无感互认"改革　打造社保待遇和惠民
补助资格认证新模式 411

第 9 章　数字社会特色案例 **415**

9.1　整体案例分析 415

9.2　案例 1：宁波市"新居民"一件事项目 422

9.3　案例 2：数字化慢病管理平台 425

9.4　案例 3：三维一体电扶梯危险乘梯行为 AI 智能识别系统 427

9.5　案例 4：面向智慧交通的车路协同多平台融合技术与
信息服务系统 430

9.6　案例 5：省界 ETC 门架车型车种图像识别辅助系统试点工程项目 434

9.7　案例 6：菏泽市 5G + 医疗废物追溯监管云平台 436

9.8　案例 7：5G + 智慧 120 救护车支撑服务项目 438

9.9　案例 8：瑞祥数字食堂解决方案 440

9.10　案例 9：互联网助力人员精准轨迹追踪与溯源 444

第 10 章　数字文化与数字生态文明特色案例 **450**

10.1　整体案例分析 450

10.2　案例 1：智慧云媒资 456

10.3　案例 2：视频一键生成及 AI 数字人新闻实践应用 459

10.4　案例 3：温爱佛山，向善之城——2023 "行通济" 岭南文脉
元宇宙 462

10.5　案例 4："数字甬环通" 服企惠企助发展应用 464

10.6　案例 5：搭建 "空天地" 智能监测预警指挥系统，守护
森林生态安全 467

10.7　案例 6：4G/5G 无线基站智能节电助力绿色低碳发展 469

10.8　案例 7：数智城市固废监测治理 472

10.9　案例 8：滕州智慧环保平台 476

10.10　案例 9：元宇宙领域的音乐 AI 技术场景应用 479

10.11　案例 10：水环境质量在线监测及预警系统项目 482

第 11 章　数字基础设施与数字资源利用特色案例 **486**

11.1　整体案例分析 486

11.2　案例 1：山东大学第二医院安全可控专属云中心项目 491

11.3　案例 2：华润数科下一代网络自智平台 494

11.4　案例 3：宁波 AI 超算中心，助力经济社会数字化转型 498

11.5　案例 4："360 智脑" 通用大模型 501

11.6　案例 5：基于隐私计算公共数据授权运营案例 503

11.7　案例 6：杭州国际数字交易中心建设方案 506

11.8　案例 7：应急指挥平台 508

11.9　案例 8：中国移动 OneNET 助力广东省物联感知数据共享
管理系统解决方案 511

11.10　案例 9："迅链" BaaS 平台 513

11.11　案例 10：基于 BIM 的建筑全生命周期管理方法——BIM 技术
　　　　在数据中心设计阶段的应用 517

第 12 章　智慧零售全域数字化经营十大优秀案例.................521

　12.1　数字化战略 521

　12.2　数字化应用 525

　12.3　数据基础能力 528

附录 1　世界主要国家（地区）政策更新一览表..................531

附录 2　2018—2022 年全球主要企业研发支出、收益及研发强度.........535

附录 3　智慧零售全域数字化转型评估模型....................536

第 1 章　全球数字发展现状

1.1　全球数字发展综述

近年来，数字经济领跑作用不断显现，成为稳增长、促转型的重要引擎。《全球数字经济白皮书（2023 年）》显示，2022 年美国、中国、德国、日本、韩国 5 个世界主要国家的数字经济总量为 31 万亿美元，数字经济占国内生产总值（GDP）比重为 58%，数字经济规模同比增长 7.6%，高于 GDP 增速 5.4 个百分点。《亚洲数字经济报告》同样显示，在世界经济复苏总体乏力的背景下，亚洲仍然是全球经济增长的亮点。其中，数字经济成为亚洲经济发展的重要动力源，2022 年，亚洲 14 个代表经济体数字经济同比名义增长 3.5%，高于同期 GDP 名义增速 3.3 个百分点。

数字经济发展具有政策制度、技术突破和产业创新三大支撑性力量，后文将从这三大角度对全球数字发展展开综述。

1.1.1　政策

不同于 2022 年各国数字发展顶层战略频频出台或更新，2023 年各国出台的政策文件多是聚焦在数据、人工智能等具体领域。例如，2023 年 12 月欧盟推出《人工智能法案》，为全球首个全面监管人工智能法案 [世界主要国家（地区）政策更新一览见附录 1]。

数据保护法规不断完善，多国关注数据跨境流动规则。美国多个州，以及印度、英国、越南等国家颁布、修订或实施个人信息保护法，由于数据作为新型生产要素的战略性基础地位，各国政府难以对数据在境外的处理进行监管，数据跨境流动成为各方关注的焦点，其中个人数据的跨境流动成为最关键的部分。2023 年，中国国家互联网信息办公室先后发布《个人信息出境标准合同办法》

《规范和促进数据跨境流动规定（征求意见稿）》，拟对数据出境监管制度做出调整；12 月，《粤港澳大湾区（内地、香港）个人信息跨境流动标准合同实施指引》发布。同年，俄罗斯联邦通信、信息技术和大众媒体监督局宣布关于向国外传输个人数据的新规生效，将审查运营商的数据跨境转移通知；巴西国家数据保护局发布《个人数据国际传输条例（草案）》及《标准合同条款》以征求公众意见；泰国个人数据保护委员会发布了关于国际数据传输的法规草案。全球范围内数据保护法规持续完善的影响具有两面性，既保护了个人的合法权益，推动了产业健康发展，也带来了合规碎片化等问题。

为降低跨国业务开展的数据合规成本，各国开始谋求数据跨境合作，并呈现出明显的抱团趋势。2023 年 7 月，欧盟委员会宣布《欧盟－美国数据隐私框架》通过了数据保护的"充分性认定"。2023 年 9 月，英国正式确认建立"英美数据桥"，将允许个人数据通过《欧盟－美国数据隐私框架的英国扩展》进行英美之间的跨境传输。日本也分别与欧盟和英国就数据问题达成了共识。此外，2023 年 5 月，欧盟和东盟还联合发布了《东盟跨境数据流动模板合同条款和欧盟标准合同条款的联合指南》。

1.1.2 技术

世界知识产权组织发布的《2023 年全球创新指数报告》显示，2022 年，全球主要企业研发支出达 1.1 万亿美元，全年名义研发支出增长约 7.4%（见附录 2），2022 年企业研发支出增长率已经基本回归新冠疫情前 7%～8% 的增速水平。2022 年，企业研发支出主要由软件和 ICT 服务、ICT 硬件和电气设备、制药和生物技术三类行业推动，其中软件和 ICT 服务的研发支出增长异常强劲（约19%）。算力算法实现飞跃式发展是近年来数字技术领域的突出亮点。

（1）算力极大突破

算力与网络是数字发展的基础保障，各国持续深耕高性能计算机领域，经过 10 多年的努力，终于迎来了百万兆次级的计算科学时代。美国橡树岭国家实验室的 Frontier 计算机成为首台向科学用户开放的公认百万兆次级计算机，应用涵盖气候、材料、天体物理等多个科学领域。美国阿贡国家实验室的一台百亿亿次级计算机目前正在进行向用户开放之前的最后调试。

图 1.1 将排名第一的超级计算机的算力水平，与排名第 50 位的超级计算机的算力水平进行对比，可以看出 2019 年以来，二者之间的性能水平逐渐拉大，排名第一的超级计算机的算力水平呈指数级增长。电力成本几乎是全世界各大超算中心和数据中心最大的运营支出项目，在绿色化发展趋势下，节能（绿色）超级计算机受到重视。2021—2022 年，节能（绿色）超级计算机的算力大幅提升，如表 1.1 所示，高于 2013—2022 年的长期增长趋势。

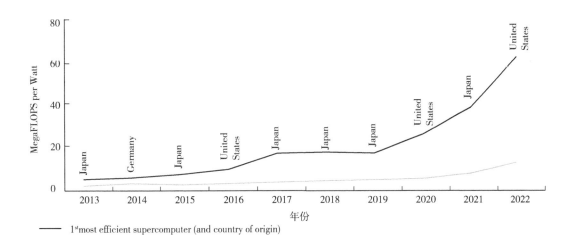

Notes: One MegaFLOP is equivalent to 1,000,000 FLOPS. Excludes China, because data are unavailable.
Source: TOP500 and TOPGreen500 Database. www. top500.org/statistics.

图 1.1　2013—2022 年最高效的超级计算机算力

（数据来源：《2023 年全球创新指数报告》）

表 1.1　全球算力发展情况

计算能力	短期		长期	
	时间	年度增长	时间	年度增长
摩尔定律	2021—2022 年	54.6%	2012—2022 年	43.7%
节能（绿色）超级计算机	2021—2022 年	54.3%	2013—2022 年	35.4%

数据来源：《2023 年全球创新指数报告》。

芯片是算力的核心，从封装的角度赋能计算机系统的更新迭代。为解决晶体管尺寸要求与高昂成本的对立矛盾，制造商纷纷在小芯片技术领域增加投入。由于小芯片技术的采用受到了缺乏统一封装技术标准的制约，业界已经开始采纳名为"通用小芯片互连通道"（Universal Chiplet Interconnect Express，UCle）的开源标准，在一定程度上简化了不同公司制造小芯片的集成过程，这将为其在 AI、航空航天、汽车制造等领域接入高端技术提供更大的灵活性。2024 年 3 月发布的 Blackwell，是英伟达首个采用 MCM（多芯片模块）设计的GPU，即在同一个芯片上集成了两个 GPU。据悉，Blackwell 架构的 GPU 拥有2080 亿个晶体管，采用定制的、双 reticle 的台积电 4 NP（4 N 工艺的改进版本）制程工艺，两块小芯片之间的互联速度高达 10 TBps，可以大幅提高 GPU 的处理能力（图 1.2）。此外，RISC-V 指令集同样由于其开源属性，被视为中国芯片和软件行业的发展机遇，2024 年北京奕斯伟计算技术股份有限公司发布全球首颗 RISC-V 边缘计算芯片。

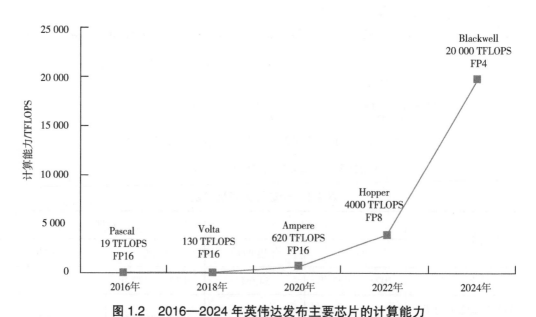

图 1.2　2016—2024 年英伟达发布主要芯片的计算能力

（数据来源：英伟达官方发布数据）

（2）算法多维开花

作为人工智能大模型领域的主流算法结构，继语言领域之后，Transformer 在计算机视觉领域的应用逐渐普及。与语言 Transformer 架构一致，视觉 Transformer（ViT）同样在多头注意力块中使用自注意力机制，但更关注的是图像标记而非单词标记。当前，ViT 在数字健康医学图像分析、自动驾驶道路环境识别等领域应用广泛。

在图像与视频生成领域，2024 年 2 月，OpenAI 发布了文生视频模型 Sora——一种基于 Transformer 架构的扩散模型，继承了图像生成中 DALL·E 3 的重述提示词技术，通过为训练数据生成高描述性的标注，使模型更准确地遵循文本指令。

随着人工智能的感官能力和认知水平全面升级，人工智能从只能对世界产生简单感知逐步发展到能够对复杂问题进行决策，"能够与真实物理世界互动"的具身智能逐渐成为人工智能发展亟须突破的新瓶颈。2023 年 4 月，腾讯 Robotics X 实验室首次展示了在灵巧操作领域的成果，推出自研机器人灵巧手 TRX-Hand 和机械臂 TRX-Arm。2023 年 7 月，斯坦福大学教授李飞飞团队发布 VoxPoser 系统，该系统基于大语言模型（LLM）与视觉语言模型（VLM），实现了自然语言指令与机器人的交互，且无须预设数据和提前训练。此外，特斯拉推出的 Optimus 人形机器人、波士顿动力的 Atlas 感知机器人也是该领域内的成果代表。

"AI 辅助天气预报" 入选 *Science* 2023 年度十大科学突破榜单，是人工智能的又一应用热点。AI 气象预测模型颠覆了计算机求解流体动力学方程来模拟未来大气状态的传统预测方式。全球目前主要使用的 AI 气象预测模型包括基于 CNN 算法的微软 DLWP、基于 GNN 算法的谷歌 GraphCast 及基于神经网络算子的中国气象局 NowcastNet 和英伟达 FourCastNet。这些模型在深度学习算法的基础上进行场景优化，显著提升了气象预测的准确性和细节层面的分析能力。

1.1.3　产业

人工智能技术突破对产业发展影响深远，导致部分行业面临新一轮洗牌，同时催生出新的业务模式。2023 年 6 月，麦肯锡《生成式人工智能的经济潜力：

下一波生产力浪潮》的研究结果表明，在生成式人工智能（AIGC）用例所能提供的价值中，约 75% 属于客户运营、市场和销售、软件工程及研发 4 个领域，这也意味着这 4 项业务受 AIGC 影响最大。以 Stack Overflow 为例，其作为全球最大的技术问答网站，平台主要流量来源于工程师或程序员等人士的交流互动，而 AIGC 大量普及造成平台访问量迅速萎缩。与之相对的 GitHub，则凭借自身代码托管服务抢占了市场份额（图 1.3）。

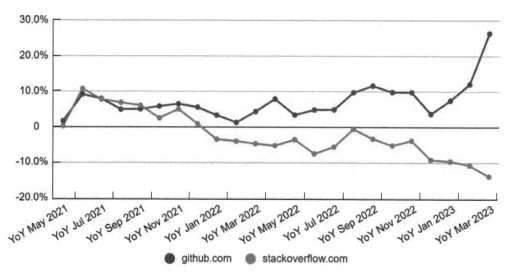

图 1.3　Stack Overflow 与 GitHub 全球每月访问量（桌面和移动网络）同比

（数据来源：Similarweb）

随着对算法的透明性和可解释性的要求日益增加，AIGC 的"算法黑箱"可能催生新的产业。恰如互联网的发展催生了网络安全产业，数据流动催生了数据合规产业，AIGC 的发展也可能使"算法安全"成为一个新的产业。OpenAI 提出一种自动化检查方法用于算法的可解释性研究，使用 GPT-4 来生成神经元行为的自然语言解释并对其评分，将其应用于 GPT-2 中的神经元样本，并公开了这些 GPT-2 神经元解释和分数的数据集。随着深度学习的广泛应用，未来的研究重点或新兴产业可能聚焦于算法的逻辑规则、决策归因和内部结构，以避免道德或法律层面的未知隐患。

NFT 销量下滑，去中心化社交媒体平台兴起，推动 Web 3 健康可持续发展。Bitcoin.com 报道，2023 年 NFT 全年销售额达 87 亿美元，较上年的 237.4 亿美元减少 63.35%，是自 2019 年 37.5 亿美元以来的最低水平，但就交易数量而言，2023 年 NFT 交易数量大幅上涨至 90 607 554 笔，超过 2022 年的 54 857 850 笔，极端的单笔交易金额下滑，市场恢复冷静。据 Similarweb 统计，如今更名为 X 的推特（Twitter）全球流量在 2023 年 9 月同比下降了 14%，美国的移动设备上基于 iOS 和 Android 的月活跃用户数也同比下降了 17.8%。与此同时，Mastodon、BlueSky 和 Nostr 的一些客户端去中心化服务的受欢迎程度激增，截至 2023 年 9 月，来自 Meta 的 Threads 宣布已有近 1 亿月活用户。人们对 Web 3 的控制从最初逐利的金融领域，发展到更接近于 Web 3 自由、分布式的精神内核，预示着 Web 3 的健康可持续发展。

在硬件方面，AR、VR、MR 与电动汽车对未来互联网的入口之争由来已久。苹果公司头戴式"空间计算"显示设备引发市场广泛关注。2024 年 2 月，苹果公司正式发售其头显设备 Apple Vision Pro，旨在突破传统显示屏的限制，让用户以眼睛、双手与语音的直观输入方式进行控制，实现用户与数字内容互动新模式，这一革命性的空间计算设备有望再次定义消费电子设备行业拐点。中国电动汽车正快步走向世界舞台中央，其中如小米、华为等智能硬件厂商提出打造"人车家互联生态"，即全面打通人、车、家三大场景，实现硬件设备的无缝连接、实时协同，共创以人为中心、主动服务于人的超级智能生态。

1.2　中国数字经济发展五大趋势

通过从政策、技术、产业 3 个维度对全球数字发展现状进行全面梳理，我们发现世界各国对数据保护的重视程度持续上升，数据跨境流动限制日益收紧，为迎接智能化阶段的到来，算力、算法加速迭代，产业发展也涌现出与政策、技术相适配的新亮点。由于本研究的着眼点仍是中国的数字发展，本小节提出中国数字经济发展的五大趋势，以启发市场相关方。释放数据的价值仍是当前阶段中国数字经济发展的核心，是数字基础设施建设和数据资产化增强数据要素化的基础；消费和进出口能够直接拉动数字经济发展，数字经济发展仍需遵循"双循环"战略，国内数字消费与国际数字贸易备受重视；而数字化绿色化协同是数字经济发展的中长期趋势，随着近年来的政策引导，产业响应逐渐增加。

1.2.1　数字基础设施推广

经过 3 年的新型基础设施建设，中国在 5G 等网络基础设施建设上已经初具规模，物联网、卫星互联网等也都开始进入应用阶段，算力基础设施也在全国形成了初步布局。数据作为数字经济时代的最活跃生产要素，在数据资源要素的建设上还有很大提升空间。2023 年 11 月，中国国家数据局局长就数字基础设施做出重要论述，要推进数据流通，就必须加快建设数字基础设施，建立可信流通体系，利用多方安全计算、区块链等技术，使供给方能够有效管控数据使用目的、方式、流向，实现数据流通"可用不可见""可控可计量"，保障数据安全，防范泄露风险，实现数据可管可控。2024 年，数字基础设施建设取得明显进展，主要面向数据要素市场、政府数字治理、企业数字化转型、数据产业发展等应用场景。区块链等数字基础设施将在部分发达城市开始全面建设，用以支撑当地数字信用体系建立，从而用高可信的数字营商环境促进当地经济发展。工商注册、不动产管理、中小企业金融服务等将会是区块链基础设施重点服务的领域。

1.2.2　数据资产化进程提升

2023 年 8 月 21 日，财政部制定印发了《企业数据资源相关会计处理暂行规定》（财会〔2023〕11 号），自 2024 年 1 月 1 日起施行。2023 年 12 月 31 日，财政部印发了《关于加强数据资产管理的指导意见》。因此，2024 年成为数据资源进入企业财务报表的元年。但是数据资源进入财务报表还有很多问题没有解决，如数据资源的唯一性确定、定价方式、登记方式、监管方式等。数据不同于其他资产，为了避免产生资产泡沫，必须要建立企业数据资产的技术服务体系，以解决数据资产的封装、确权、追踪等问题；建立市场服务体系，以解决数据产品设计、登记、流通、交易等问题；建立监管体系，以保证数据市场的有效、公平和高效。2024 年，这些体系将围绕公共数据、企业数据、个人数据产生典型的应用场景，在全国范围内进行大量试点。各类企业将会积极探索数据资源进入财务报表的路径，2024 年各类试点的企业数据资源入表规模有望达到百亿量级。

1.2.3 数字消费需求释放

随着国内经济发展压力渐长，刺激消费对于经济发展的重要程度有所提升，国家统计局数据显示，2023 年，我国最终消费支出对经济增长的贡献率达到 82.5%，共拉动经济增长 4.3 个百分点，刺激消费是未来一段时间内的重要工作，其中从需求端拉动企业数字化转型的数字消费，显得尤为重要。2023 年 12 月召开的中央经济工作会议指出，要"大力发展数字消费、绿色消费、健康消费，积极培育智能家居、文娱旅游、体育赛事、国货'潮品'等新的消费增长点"。数字消费是围绕数据要素的持续性消费，以互联网电视为例，消费者不再只是一次性购买电视机，而是为联网的各种内容持续性付费。2024 年，各领域对数字需求的理解还有很大差异，在一些数据产品定义比较明晰的行业，如建设、医疗、教育、科创等，通过数据与应用解耦，有望涌现一批先行先试的样板和新商业模式，逐渐形成规范化的产业级数字需求市场。有两方面的数字消费极具发展前景，一是针对数据产品本身的交易，二是能够满足人民精神文化需求的数字消费。

1.2.4 国际数字贸易规模扩大

随着数字贸易的概念逐渐明晰、顶层制度设计逐渐完善，数据的跨境流通对全球经济增长的贡献正在逐年增长。《政府工作报告》提出："出台服务贸易、数字贸易创新发展政策。"杭州率先为数字贸易立法，《杭州市数字贸易促进条例》已于 2024 年 6 月施行。商务部表示，要从加强制度顶层设计、加强平台建设、发展新业态新模式、深化国际合作 4 个方面推动数字贸易改革创新发展。在国际层面，数字贸易已成为国际经贸规则制定的重点与焦点。在多边层面，全球电子商务谈判在电子发票、网络安全和电子交易框架等议题中取得新的共识；多边机制在数字税、人工智能等领域的规则制定中持续发挥作用和影响力。随着各国对数据要素利用和治理规律的认识不断深入，2023 年多个国家对自身数据跨境监管制度进行优化。《"数据要素 ×"三年行动计划（2024—2026 年）》中也提出，要"促进数据有序跨境流动，对标国际高标准经贸规则，持续优化数据跨境流动监管措施，支持自由贸易试验区开展探索"。2024 年，包括世界互联网大会国际组织搭建的数据工作组在内的"中国倡议、国际平台"本着互联互通、互利互惠的基本原则，在数据跨境贸易领域取得突破，为中国企业参与全球数据服务贸易创造更多机遇。

1.2.5 数字化绿色化协同

"数字"和"绿色"是 2023 年底中央经济工作会议、2024 年《政府工作报告》中的高频词汇，如要"广泛应用数智技术、绿色技术，加快传统产业转型升级""大力发展数字消费、绿色消费、健康消费"等。绿色化发展的确定性程度高，数字化是人类发展至今掌握的先进生产方式，绿色化需要通过数字化来实现。《中国数字化绿色化协同转型发展进程报告（2023）》研究显示，至 2030 年数字技术赋能全社会总体减排量将达 12% ~ 22%，工业是数字技术赋能绿色低碳发展的重点领域，能源消耗与管理是数字技术赋能制造业节能降碳的主要方式。2024 年，涌现出一批数字化与绿色化协同发展的典型案例，并逐步形成二者融合发展的商业模式、治理模式。一些条件成熟的企业，也会在自身业务发展中充分考虑数字化与绿色化的融合，借助政策红利，加速企业自身的数字化、绿色化转型发展。减排压力随着产业链传导，更多中小企业也开始注重碳减排，第三方碳管理服务、电网智能化改造、全国碳交易市场将持续发展。

第 2 章　中国数字发展重要政策

2.1　政策概要

党的十八大以来，我国数字领域政策法规制定进入更加高层级、体系化、细分化的发展阶段，网络政策法规体系基本形成并不断完善。2023 年，我国数字领域政策法规相关工作高质高效推进，特别是在数字中国整体布局、数字经济发展、数据资源体系建设、前沿技术创新与治理等方面出台了多部重要政策法规，取得了积极成效。

2022 年 12 月，中共中央、国务院发布《关于构建数据基础制度更好发挥数据要素作用的意见》。

2023 年 1 月，工业和信息化部、国家互联网信息办公室、国家发展和改革委员会、教育部、科技部、公安部等十六部门联合发布《关于促进数据安全产业发展的指导意见》。同月，国家互联网信息办公室、工业和信息化部、公安部联合发布的《互联网信息服务深度合成管理规定》实施。

2023 年 2 月，中共中央、国务院印发《数字中国建设整体布局规划》。同月，国家互联网信息办公室发布《个人信息出境标准合同办法》，国家市场监督管理总局发布《互联网广告管理办法》。

2023 年 3 月，国家市场监督管理总局、中央网络安全和信息化委员会办公室、工业和信息化部、公安部等四部门联合发布《关于开展网络安全服务认证工作的实施意见》。同月，国家市场监督管理总局发布《禁止垄断协议规定》《禁止滥用市场支配地位行为规定》《经营者集中审查规定》，国家互联网信息办公室发布《网信部门行政执法程序规定》。

2023 年 4 月，国务院发布《商用密码管理条例（2023 年修订）》。

2023 年 5 月，国务院、中央军委发布《无人驾驶航空器飞行管理暂行条例》。

2023 年 7 月，国家互联网信息办公室、国家发展和改革委员会、教育部、科技部等七部门联合发布《生成式人工智能服务管理暂行办法》。

2023 年 8 月，财政部发布《企业数据资源相关会计处理暂行规定》。

2023 年 9 月，国家互联网信息办公室发布《规范和促进数据跨境流动规定（征求意见稿）》。同月，最高人民法院、最高人民检察院、公安部联合发布《关于依法惩治网络暴力违法犯罪的指导意见》。

2023 年 10 月，国务院发布《未成年人网络保护条例》。同月，《全球人工智能治理倡议》发布，科技部、教育部、工业和信息化部等十部门联合发布《科技伦理审查办法（试行）》。

2023 年 12 月，国家数据局、国家发展和改革委员会发布《数字经济促进共同富裕实施方案》。同月，国家数据局、中央网信办、科技部、工业和信息化部等十七部门联合发布《"数据要素 ×"三年行动计划（2024—2026 年）》，工业和信息化部发布《民用无人驾驶航空器生产管理若干规定》。

2.2 政策汇编

2.2.1   《关于构建数据基础制度更好发挥数据要素作用的意见》

数据作为新型生产要素，是数字化、网络化、智能化的基础，已快速融入生产、分配、流通、消费和社会服务管理等各环节，深刻改变着生产方式、生活方式和社会治理方式。数据基础制度建设事关国家发展和安全大局。为加快构建数据基础制度，充分发挥我国海量数据规模和丰富应用场景优势，激活数据要素潜能，做强做优做大数字经济，增强经济发展新动能，构筑国家竞争新优势，现提出如下意见。

一、总体要求

（一）指导思想。以习近平新时代中国特色社会主义思想为指导，深入贯彻党的二十大精神，完整、准确、全面贯彻新发展理念，加快构建新发展格局，坚持改革创新、系统谋划，以维护国家数据安全、保护个人信息和商业秘密为前提，以促进数据合规高效流通使用、赋能实体经济为主线，以数据产权、流通交易、收益分配、安全治理为重点，深入参与国际高标准数字规则制定，构建适应数据特征、符合数字经济发展规律、保障国家数据安全、彰显创新引领的数据基础制度，充分实现数据要素价值、促进全体人民共享数字经济发展红利，为深化创新驱动、推动高质量发展、推进国家治理体系和治理能力现代化提供有力支撑。

（二）工作原则

——遵循发展规律，创新制度安排。充分认识和把握数据产权、流通、交易、使用、分配、治理、安全等基本规律，探索有利于数据安全保护、有效利用、合规流通的产权制度和市场体系，完善数据要素市场体制机制，在实践中完善，在探索中发展，促进形成与数字生产力相适应的新型生产关系。

——坚持共享共用，释放价值红利。合理降低市场主体获取数据的门槛，增强数据要素共享性、普惠性，激励创新创业创造，强化反垄断和反不正当竞争，形成依法规范、共同参与、各取所需、共享红利的发展模式。

——强化优质供给，促进合规流通。顺应经济社会数字化转型发展趋势，推动数据要素供给调整优化，提高数据要素供给数量和质量。建立数据可信流通体系，增强数据的可用、可信、可流通、可追溯水平。实现数据流通全过程动态管理，在合规流通使用中激活数据价值。

——完善治理体系，保障安全发展。统筹发展和安全，贯彻总体国家安全观，强化数据安全保障体系建设，把安全贯穿数据供给、流通、使用全过程，划定监管底线和红线。加强数据分类分级管理，把该管的管住、该放的放开，积极有效防范和化解各种数据风险，形成政府监管与市场自律、法治与行业自治协同、国内与国际统筹的数据要素治理结构。

——深化开放合作，实现互利共赢。积极参与数据跨境流动国际规则制定，探索加入区域性国际数据跨境流动制度安排。推动数据跨境流动双边多边协商，推进建立互利互惠的规则等制度安排。鼓励探索数据跨境流动与合作的新途径新模式。

二、建立保障权益、合规使用的数据产权制度

探索建立数据产权制度，推动数据产权结构性分置和有序流通，结合数据要素特性强化高质量数据要素供给；在国家数据分类分级保护制度下，推进数据分类分级确权授权使用和市场化流通交易，健全数据要素权益保护制度，逐步形成具有中国特色的数据产权制度体系。

（三）探索数据产权结构性分置制度。建立公共数据、企业数据、个人数据的分类分级确权授权制度。根据数据来源和数据生成特征，分别界定数据生产、流通、使用过程中各参与方享有的合法权利，建立数据资源持有权、数据加工使用权、数据产品经营权等分置的产权运行机制，推进非公共数据按市场化方式"共同使用、共享收益"的新模式，为激活数据要素价值创造和价值实现提供基础性制度保障。研究数据产权登记新方式。在保障安全前提下，推动数据处理者依法依规对原始数据进行开发利用，支持数据处理者依法依规行使数据应用相关权利，促进数据使用价值复用与充分利用，促进数据使用权交换和市场化流通。审慎对待原始数据的流转交易行为。

（四）推进实施公共数据确权授权机制。对各级党政机关、企事业单位依法履职或提供公共服务过程中产生的公共数据，加强汇聚共享和开放开发，强化统筹授权使用和管理，推进互联互通，打破"数据孤岛"。鼓励公共数据在保护个人隐私和确保公共安全的前提下，按照"原始数据不出域、数据可用不可见"的要求，以模型、核验等产品和服务等形式向社会提供，对不承载个人信息和不影响公共安全的公共数据，推动按用途加大供给使用范围。推动用于公共治理、公益事业的公共数据有条件无偿使用，探索用于产业发展、行业发展的公共数据有条件有偿使用。依法依规予以保密的公共数据不予开放，严格管控未依法依规公开的原始公共数据直接进入市场，保障公共数据供给使用的公共利益。

（五）推动建立企业数据确权授权机制。对各类市场主体在生产经营活动中采集加工的不涉及个人信息和公共利益的数据，市场主体享有依法依规持有、使用、获取收益的权益，保障其投入的劳动和其他要素贡献获得合理回报，加强数据要素供给激励。鼓励探索企业数据授权使用新模式，发挥国有企业带头作用，引导行业龙头企业、互联网平台企业发挥带动作用，促进与中小微企业双向公平授权，共同合理使用数据，赋能中小微企业数字化转型。支持第三方机构、中介服务组织加强数据采集和质量评估标准制定，推动数据产品标准化，发展数据分析、数据服务等产业。政府部门履职可依法依规获取相关企业和机构数据，但须约定并严格遵守使用限制要求。

（六）建立健全个人信息数据确权授权机制。对承载个人信息的数据，推动数据处理者按照个人授权范围依法依规采集、持有、托管和使用数据，规范对个人信息的处理活动，不得采取"一揽子授权"、强制同意等方式过度收集个人信息，促进个人信息合理利用。探索由受托者代表个人利益，监督市场主体对个人信息数据进行采集、加工、使用的机制。对涉及国家安全的特殊个人信息数据，可依法依规授权有关单位使用。加大个人信息保护力度，推动重点行业建立完善长效保护机制，强化企业主体责任，规范企业采集使用个人信息行为。创新技术手段，推动个人信息匿名化处理，保障使用个人信息数据时的信息安全和个人隐私。

（七）建立健全数据要素各参与方合法权益保护制度。充分保护数据来源者合法权益，推动基于知情同意或存在法定事由的数据流通使用模式，保障数据来源者享有获取或复制转移由其促成产生数据的权益。合理保护数据处理者对依法依规持有的数据进行自主管控的权益。在保护公共利益、数据安全、数据来源者合法权益的前提下，承认和保护依照法律规定或合同约定获取的数据加工使用权，尊重数据采集、加工等数据处理者的劳动和其他要素贡献，充分保障数据处理者使用数据和获得收益的权利。保护经加工、分析等形成数据或数据衍生产品的经营权，依法依规规范数据处理者许可他人使用数据或数据衍生产品的权利，促进数据要素流通复用。建立健全基于法律规定或合同约定流转数据相关财产性权益的机制。在数据处理者发生合并、分立、解散、被宣告破产时，推动相关权利和义务依法依规同步转移。

三、建立合规高效、场内外结合的数据要素流通和交易制度

完善和规范数据流通规则，构建促进使用和流通、场内场外相结合的交易制度体系，规范引导场外交易，培育壮大场内交易；有序发展数据跨境流通和交易，建立数据来源可确认、使用范围可界定、流通过程可追溯、安全风险可防范的数据可信流通体系。

（八）完善数据全流程合规与监管规则体系。建立数据流通准入标准规则，强化市场主体数据全流程合规治理，确保流通数据来源合法、隐私保护到位、流通和交易规范。结合数据流通范围、影响程度、潜在风险，区分使用场景和用途用量，建立数据分类分级授权使用规范，探索开展数据质量标准化体系建设，加快推进数据采集和接口标准化，促进数据整合互通和互操作。支持数据处理者依法依规在场内和场外采取开放、共享、交换、交易等方式流通数据。鼓励探索数据流通安全保障技术、标准、方案。支持探索多样化、符合数据要素特性的定价模式和价格形成机制，推动用于数字化发展的公共数据按政府指导定价有偿使用，企业与个人信息数据市场自主定价。加强企业数据合规体系建设和监管，严厉打击黑市交易，取缔数据流通非法产业。建立实施数据安全管理认证制度，引导企业通过认证提升数据安全管理水平。

（九）统筹构建规范高效的数据交易场所。加强数据交易场所体系设计，统筹优化数据交易场所的规划布局，严控交易场所数量。出台数据交易场所管理办法，建立健全数据交易规则，制定全国统一的数据交易、安全等标准体系，降低交易成本。引导多种类型的数据交易场所共同发展，突出国家级数据交易场所合规监管和基础服务功能，强化其公共属性和公益定位，推进数据交易场所与数据商功能分离，鼓励各类数据商进场交易。规范各地区各部门设立的区域性数据交易场所和行业性数据交易平台，构建多层次市场交易体系，推动区域性、行业性数据流通使用。促进区域性数据交易场所和行业性数据交易平台与国家级数据交易场所互联互通。构建集约高效的数据流通基础设施，为场内集中交易和场外分散交易提供低成本、高效率、可信赖的流通环境。

（十）培育数据要素流通和交易服务生态。围绕促进数据要素合规高效、

安全有序流通和交易需要，培育一批数据商和第三方专业服务机构。通过数据商，为数据交易双方提供数据产品开发、发布、承销和数据资产的合规化、标准化、增值化服务，促进提高数据交易效率。在智能制造、节能降碳、绿色建造、新能源、智慧城市等重点领域，大力培育贴近业务需求的行业性、产业化数据商，鼓励多种所有制数据商共同发展、平等竞争。有序培育数据集成、数据经纪、合规认证、安全审计、数据公证、数据保险、数据托管、资产评估、争议仲裁、风险评估、人才培训等第三方专业服务机构，提升数据流通和交易全流程服务能力。

（十一）构建数据安全合规有序跨境流通机制。开展数据交互、业务互通、监管互认、服务共享等方面国际交流合作，推进跨境数字贸易基础设施建设，以《全球数据安全倡议》为基础，积极参与数据流动、数据安全、认证评估、数字货币等国际规则和数字技术标准制定。坚持开放发展，推动数据跨境双向有序流动，鼓励国内外企业及组织依法依规开展数据跨境流动业务合作，支持外资依法依规进入开放领域，推动形成公平竞争的国际化市场。针对跨境电商、跨境支付、供应链管理、服务外包等典型应用场景，探索安全规范的数据跨境流动方式。统筹数据开发利用和数据安全保护，探索建立跨境数据分类分级管理机制。对影响或者可能影响国家安全的数据处理、数据跨境传输、外资并购等活动依法依规进行国家安全审查。按照对等原则，对维护国家安全和利益、履行国际义务相关的属于管制物项的数据依法依规实施出口管制，保障数据用于合法用途，防范数据出境安全风险。探索构建多渠道、便利化的数据跨境流动监管机制，健全多部门协调配合的数据跨境流动监管体系。反对数据霸权和数据保护主义，有效应对数据领域"长臂管辖"。

四、建立体现效率、促进公平的数据要素收益分配制度

顺应数字产业化、产业数字化发展趋势，充分发挥市场在资源配置中的决定性作用，更好发挥政府作用。完善数据要素市场化配置机制，扩大数据要素市场化配置范围和按价值贡献参与分配渠道。完善数据要素收益的再分配调节机制，让全体人民更好共享数字经济发展成果。

（十二）健全数据要素由市场评价贡献、按贡献决定报酬机制。结合数据要素特征，优化分配结构，构建公平、高效、激励与规范相结合的数据价值分配机制。坚持"两个毫不动摇"，按照"谁投入、谁贡献、谁受益"原则，着重保护数据要素各参与方的投入产出收益，依法依规维护数据资源资产权益，探索个人、企业、公共数据分享价值收益的方式，建立健全更加合理的市场评价机制，促进劳动者贡献和劳动报酬相匹配。推动数据要素收益向数据价值和使用价值的创造者合理倾斜，确保在开发挖掘数据价值各环节的投入有相应回报，强化基于数据价值创造和价值实现的激励导向。通过分红、提成等多种收益共享方式，平衡兼顾数据内容采集、加工、流通、应用等不同环节相关主体之间的利益分配。

（十三）更好发挥政府在数据要素收益分配中的引导调节作用。逐步建立保障公平的数据要素收益分配体制机制，更加关注公共利益和相对弱势群体。加大政府引导调节力度，探索建立公共数据资源开放收益合理分享机制，允许并鼓励各类企业依法依规依托公共数据提供公益服务。推动大型数据企业积极承担社会责任，强化对弱势群体的保障帮扶，有力有效应对数字化转型过程中的各类风险挑战。不断健全数据要素市场体系和制度规则，防止和依法依规规制资本在数据领域无序扩张形成市场垄断等问题。统筹使用多渠道资金资源，开展数据知识普及和教育培训，提高社会整体数字素养，着力消除不同区域间、人群间数字鸿沟，增进社会公平、保障民生福祉、促进共同富裕。

五、建立安全可控、弹性包容的数据要素治理制度

把安全贯穿数据治理全过程，构建政府、企业、社会多方协同的治理模式，创新政府治理方式，明确各方主体责任和义务，完善行业自律机制，规范市场发展秩序，形成有效市场和有为政府相结合的数据要素治理格局。

（十四）创新政府数据治理机制。充分发挥政府有序引导和规范发展的作用，守住安全底线，明确监管红线，打造安全可信、包容创新、公平开放、监管有效的数据要素市场环境。强化分行业监管和跨行业协同监管，建立数据联管联治机制，建立健全鼓励创新、包容创新的容错纠错机制。建立数据要素生产流通使用全过程的合规公证、安全审查、算法审查、监测预警等制度，指导各方履行数据要素流通安全责任和义务。建立健全数据流通监管制度，制定数据流通和交易负面清单，明确不能交易或严格限制交易的数据项。强化反垄断和反不正当竞争，加强重点领域执法司法，依法依规加强经营者集中审查，依法依规查处垄断协议、滥用市场支配地位和违法实施经营者集中行为，营造公平竞争、规范有序的市场环境。在落实网络安全等级保护制度的基础上全面加强数据安全保护工作，健全网络和数据安全保护体系，提升纵深防护与综合防御能力。

（十五）压实企业的数据治理责任。坚持"宽进严管"原则，牢固树立企业的责任意识和自律意识。鼓励企业积极参与数据要素市场建设，围绕数据来源、数据产权、数据质量、数据使用等，推行面向数据商及第三方专业服务机构的数据流通交易声明和承诺制。严格落实相关法律规定，在数据采集汇聚、加工处理、流通交易、共享利用等各环节，推动企业依法依规承担相应责任。企业应严格遵守反垄断法等相关法律规定，不得利用数据、算法等优势和技术手段排除、限制竞争，实施不正当竞争。规范企业参与政府信息化建设中的政务数据安全管理，确保有规可循、有序发展、安全可控。建立健全数据要素登记及披露机制，增强企业社会责任，打破"数据垄断"，促进公平竞争。

（十六）充分发挥社会力量多方参与的协同治理作用。鼓励行业协会等社会力量积极参与数据要素市场建设，支持开展数据流通相关安全技术研发和服务，促进不同场景下数据要素安全可信流通。建立数据要素市场信用体系，逐步完善数据交易失信行为认定、守信激励、失信惩戒、信用修复、异议处理等机制。畅通举报投诉和争议仲裁渠道，维护数据要素市场良好秩序。加快推进数据管理能力成熟度国家标准及数据要素管理规范贯彻执行工作，推动各部门各行业完善元数据管理、数据脱敏、数据质量、价值评估等标准体系。

六、保障措施

加大统筹推进力度，强化任务落实，创新政策支持，鼓励有条件的地方和行业在制度建设、技术路径、发展模式等方面先行先试，鼓励企业创新内部数据合规管理体系，不断探索完善数据基础制度。

（十七）切实加强组织领导。加强党对构建数据基础制度工作的全面领导，在党中央集中统一领导下，充分发挥数字经济发展部际联席会议作用，加强整体工作统筹，促进跨地区跨部门跨层级协同联动，强化督促指导。各地区各部门要高度重视数据基础制度建设，统一思想认识，加大改革力度，结合各自实际，制定工作举措，细化任务分工，抓好推进落实。

（十八）加大政策支持力度。加快发展数据要素市场，做大做强数据要素型企业。提升金融服务水平，引导创业投资企业加大对数据要素型企业的投入力度，鼓励征信机构提供基于企业运营数据等多种数据要素的多样化征信服务，支持实体经济企业特别是中小微企业数字化转型赋能开展信用融资。探索数据资产入表新模式。

（十九）积极鼓励试验探索。坚持顶层设计与基层探索结合，支持浙江等地区和有条件的行业、企业先行先试，发挥好自由贸易港、自由贸易试验区等高水平开放平台作用，引导企业和科研机构推动数据要素相关技术和产业应用创新。采用"揭榜挂帅"方式，支持有条件的部门、行业加快突破数据可信流通、安全治理等关键技术，建立创新容错机制，探索完善数据要素产权、定价、流通、交易、使用、分配、治理、安全的政策标准和体制机制，更好发挥数据要素的积极作用。

（二十）稳步推进制度建设。围绕构建数据基础制度，逐步完善数据产权界定、数据流通和交易、数据要素收益分配、公共数据授权使用、数据交易场所建设、数据治理等主要领域关键环节的政策及标准。加强数据产权保护、数据要素市场制度建设、数据要素价格形成机制、数据要素收益分配、数据跨境传输、争议解决等理论研究和立法研究，推动完善相关法律制度。及时总结提炼可复制可推广的经验和做法，以点带面推动数据基础制度构建实现新突破。数字经济发展部际联席会议定期对数据基础制度建设情况进行评估，适时进行动态调整，推动数据基础制度不断丰富完善。

2.2.2　工业和信息化部等十六部门《关于促进数据安全产业发展的指导意见》

各省、自治区、直辖市及计划单列市、新疆生产建设兵团工业和信息化主管部门、网信办、发展改革委、教育厅（委、局）、科技厅（委、局）、公安厅（局）、国家安全厅（局）、财政厅（局）、人力资源社会保障厅（局）、国资委、税务局、市场监督管理局（委、厅）、知识产权局，各省、自治区、直辖市通信管理局，中国人民银行各分行、营业管理部、各省会（首府）城市中心支行，各银保监局，各证监局，有关企业：

数据安全产业是为保障数据持续处于有效保护、合法利用、有序流动状态提供技术、产品和服务的新兴业态。为贯彻落实《中华人民共和国数据安全法》，推动数据安全产业高质量发展，提高各行业各领域数据安全保障能力，加速数据要素市场培育和价值释放，夯实数字中国建设和数字经济发展基础，制定本意见。

一、总体要求

（一）指导思想。以习近平新时代中国特色社会主义思想为指导，全面贯彻落实党的二十大精神，立足新发展阶段，完整、准确、全面贯彻新发展理念，构建新发展格局，坚定不移贯彻总体国家安全观，统筹发展和安全，把握数字化发展机遇，以全面提升数据安全产业供给能力为主线，以创新为动力、需求为导向、人才为根本，加强核心技术攻关，加快补齐短板，促进各领域深度应用，发展数据安全服务，构建繁荣产业生态，推动数据安全产业高质量发展，全面加强数据安全产业体系和能力，夯实数据安全治理基础，促进以数据为关键要素的数字经济健康快速发展。

（二）基本原则。坚持创新驱动，强化企业创新主体地位，优化创新资源要素配置，激发各类市场主体创新活力。坚持以人为本，维护人民数据安全合法权益，依靠人民智慧发展产业，发展成果更多更公平惠及人民。坚持需求牵引，以有效需求引领产业供给，以深度应用促进迭代升级。坚持开放协同，注重更大范围、更宽领域、更深层次的开放合作，协同推进全产业链深度融合、共创共享。

（三）发展目标。到 2025 年，数据安全产业基础能力和综合实力明显增强。产业生态和创新体系初步建立，标准供给结构和覆盖范围显著优化，产品和服务供给能力大幅提升，重点行业领域应用水平持续深化，人才培养体系基本形成。

——产业规模迅速扩大。数据安全产业规模超过 1500 亿元，年复合增长率超过 30%。

——核心技术创新突破。建成 5 个省部级及以上数据安全重点实验室，攻关一批数据安全重点技术和产品。

——应用推广成效显著。打造 8 个以上重点行业领域典型应用示范场景，推广一批优秀解决方案和试点示范案例。

——产业生态完备有序。建成 3-5 个国家数据安全产业园、10 个创新应用先进示范区，培育若干具有国际竞争力的龙头骨干企业、单项冠军企业和专精特新"小巨人"企业。

到 2035 年，数据安全产业进入繁荣成熟期。产业政策体系进一步健全，数据安全关键核心技术、重点产品发展水平和专业服务能力跻身世界先进行列，各领域数据安全应用意识和应用能力显著提高，涌现出一批具有国际竞争力的领军企业，产业人才规模与质量实现双提升，对数字中国建设和数字经济发展的支撑作用大幅提升。

二、提升产业创新能力

（四）加强核心技术攻关。推进新型计算模式和网络架构下数据安全基础理论和技术研究，支持后量子密码算法、密态计算等技术在数据安全产业的发展应用。优化升级数据识别、分类分级、数据脱敏、数据权限管理等共性基础技术，加强隐私计算、数据流转分析等关键技术攻关。研究大数据场景下轻量级安全传输存储、隐私合规检测、数据滥用分析等技术。建设和认定一批省部级及以上数据安全重点实验室，鼓励产学研用多方主体共建高水平研发机构、产业协同创新中心，开展技术攻关，推动成果转化。

（五）构建数据安全产品体系。加快发展数据资源管理、资源保护产品，重点提升智能化水平，加强数据质量评估、隐私计算等产品研发。发展面向重点行业领域特色需求的精细化、专业型数据安全产品，开发适合中小企业的解决方案和工具包，支持发展定制化、轻便化的个人数据安全防护产品。提升基础软硬件数据安全水平，推动数据安全产品与基础软硬件的适配发展，增强数据安全内生能力。

（六）布局新兴领域融合创新。加快数据安全技术与人工智能、大数据、区块链等新兴技术的交叉融合创新，赋能提升数据安全态势感知、风险研判等能力水平。加强第五代和第六代移动通信、工业互联网、物联网、车联网等领域的数据安全需求分析，推动专用数据安全技术产品创新研发、融合应用。支持数据安全产品云化改造，提升集约化、弹性化服务能力。

三、壮大数据安全服务

（七）推进规划咨询与建设运维服务。面向数据安全合规需求，发展合规风险把控、数据资产管理、安全体系设计等方面的规划咨询服务。围绕数据安全保护能力建设与运行需求，积极发展系统集成、监测预警、应急响应、安全审计等建设运维服务。面向数据有序开发利用的安全需求，发展数据权益保护、违约鉴定等中介服务。

（八）积极发展检测、评估、认证服务。建立数据安全检测评估体系，加强与网络安全等级保护评测等相关体系衔接，培育第三方检测、评估等服务机构，支持开展检测、评估人员的培训。支持开展数据安全技术、产品、服务和管理体系认证。鼓励检测、评估、认证机构跨行业跨领域发展，推动跨行业标准互通和结果互认。推动检测、评估等服务与数据安全相关标准体系的动态衔接。

四、推进标准体系建设

（九）加强数据安全产业重点标准供给。充分发挥标准对产业发展的支撑引领作用，促进产业技术、产品、服务和应用标准化。鼓励科研院所、企事业单位、普通高等院校及职业院校等各类主体积极参与数据安全产业评价、数据安全产品技术要求、数据安全产品评测、数据安全服务等标准制定。高质高效推进贯标工作，加大标准应用推广力度。积极参与数据安全国际标准组织活动，推动国内国际协同发展。

五、推广技术产品应用

（十）提升关键环节、重点领域应用水平。深度分析工业、电信、交通、金融、卫生健康、知识产权等领域数据安全需求，梳理典型应用场景，分类制定数据安全技术产品应用指南，促进数据处理各环节深度应用。推动先进适用数据安全技术产品在电子商务、远程医疗、在线教育、线上办公、直播新媒体等新型应用场景，以及国家数据中心集群、国家算力枢纽节点等重大数字基础设施中的应用。推进安全多方计算、联邦学习、全同态加密等数据开发利用支撑技术的部署应用。

（十一）加强应用试点和示范推广。组织开展数据安全新技术、新产品应用试点，推进技术产品迭代升级，验证适用性和推广价值。遴选一批技术先进、特点突出、应用成效显著的数据安全典型案例和创新主体，加强示范引领。开展重点区域和行业数据安全应用示范，打造数据安全创新应用先进示范区，集中示范应用并推广数据安全技术产品和解决方案。

六、构建繁荣产业生态

（十二）推动产业集聚发展。立足数据安全政策基础、产业基础、发展基础等因素，布局建设国家数据安全产业园，推动企业、技术、资本、人才等加快向园区集中，逐步建立多点布局、以点带面、辐射全国的发展格局。鼓励地方结合产业基础和优势，围绕关键技术产品和重点领域应用，打造龙头企业引领、具有综合竞争力的高端化、特色化数据安全产业集群。

（十三）打造融通发展企业体系。实施数据安全优质企业培育工程，建立多层次、分阶段、递进式企业培育体系，发展一批具有生态引领力的龙头骨干企业，培育一批掌握核心技术、具有特色优势的数据安全专精特新中小企业、专精特新"小巨人"企业，培育一批技术、产品全球领先的单项冠军企业。发挥龙头骨干企业引领支撑作用，带动中小微企业补齐短板、壮大规模、创新模式，形成创新链、产业链优势互补，资金链、人才链资源共享的合作共赢关系。

（十四）强化基础设施建设。充分利用已有资源，建立健全数据安全风险库、行业分类分级规则库等资源库，支撑数据安全产品研发、技术手段建设，为数据安全场景应用测试等提供环境。建设数据安全产业公共服务平台，提供创新支持、供需对接、产融合作、能力评价、职业培训等服务，实现产业信息集中共享、供需两侧精准对接、公共服务敏捷响应。

七、强化人才供给保障

（十五）加强人才队伍建设。推动普通高等院校和职业院校加强数据安全相关学科专业建设，强化课程体系、师资队伍和实习实训等。制定颁布数据安全工程技术人员国家职业标准、实施数字技术工程师培育项目，培养壮大高水平数据安全工程师队伍，鼓励科研机构、普通高等院校、职业院校、优质企业和培训机构深化产教融合、协同育人，通过联合培养、共建实验室、创建实习实训基地、线上线下结合等方式，培养实用型、复合型数据安全专业技术技能人才和优秀管理人才。推进通过职业资格评价、职业技能等级认定、专项职业能力考核等，建立健全数据安全人才选拔、培养和激励机制，遴选推广一批产业发展急需、行业特色鲜明的数据安全优质培训项目。充分利用现有人才引进政策，引进海外优质人才与创新团队。

八、深化国际交流合作

（十六）推进国际产业交流合作。充分利用双多边机制，加强数据安全产业政策交流合作。加强与"一带一路"沿线国家数据安全产业合作，促进标准衔接和认证结果互认，推动产品、服务、技术、品牌"走出去"。鼓励国内外数据安全企业在技术创新、产品研发、应用推广等方面深化交流合作。探索打造数据安全产业国际创新合作基地。支持举办高层次数据安全国际论坛和展会。鼓励我国数据安全领域学者、企业家积极参与相关国际组织工作。

九、保障措施

（十七）加强组织领导。充分发挥国家数据安全工作协调机制作用，将发展数据安全产业作为提高数据安全保障能力的基础性任务，央地协同打造数据安全产业链创新链。各部门要加强统筹协调，形成发展合力，确保任务落实。各地有关部门要强化资源要素配置，推动产业发展重大政策、重点工程落地。

（十八）加大政策支持。研究利用财政、金融、土地等政策工具支持数据安全技术攻关、创新应用、标准研制和园区建设。支持符合条件的数据安全企业享受软件和集成电路企业、高新技术企业等优惠政策。引导各类金融机构和社会资本投向数据安全领域，支持数据安全保险服务发展。支持数据安全企业参与"科技产业金融一体化"专项，通过国家产融合作平台获得便捷高效的金融服务。

（十九）优化发展环境。加快数据安全制度体系建设，细化明确政策要求。加强知识产权运用和保护，建立健全行业自律及监督机制，建立以技术实力、服务能力为导向的良性市场竞争环境。科学高效开展数据安全产业统计，健全产业风险监测机制，及时研判发展态势，处置突出风险，回应社会关切。加强教育引导，提升各类群体数据安全保护意识。

2.2.3 《互联网信息服务深度合成管理规定》

《互联网信息服务深度合成管理规定》已经 2022 年 11 月 3 日国家互联网信息办公室 2022 年第 21 次室务会议审议通过，并经工业和信息化部、公安部同意，现予公布，自 2023 年 1 月 10 日起施行。

第一章　总则

第一条　为了加强互联网信息服务深度合成管理，弘扬社会主义核心价值观，维护国家安全和社会公共利益，保护公民、法人和其他组织的合法权益，根据《中华人民共和国网络安全法》、《中华人民共和国数据安全法》、《中华人民共和国个人信息保护法》、《互联网信息服务管理办法》等法律、行政法规，制定本规定。

第二条　在中华人民共和国境内应用深度合成技术提供互联网信息服务（以下简称深度合成服务），适用本规定。法律、行政法规另有规定的，依照其规定。

第三条　国家网信部门负责统筹协调全国深度合成服务的治理和相关监督管理工作。国务院电信主管部门、公安部门依据各自职责负责深度合成服务的监督管理工作。

地方网信部门负责统筹协调本行政区域内的深度合成服务的治理和相关监督管理工作。地方电信主管部门、公安部门依据各自职责负责本行政区域内的深度合成服务的监督管理工作。

第四条　提供深度合成服务，应当遵守法律法规，尊重社会公德和伦理道德，坚持正确政治方向、舆论导向、价值取向，促进深度合成服务向上向善。

第五条　鼓励相关行业组织加强行业自律，建立健全行业标准、行业准则和自律管理制度，督促指导深度合成服务提供者和技术支持者制定完善业务规范、依法开展业务和接受社会监督。

第二章　一般规定

第六条　任何组织和个人不得利用深度合成服务制作、复制、发布、传播法律、行政法规禁止的信息，不得利用深度合成服务从事危害国家安全和利益、损害国家形象、侵害社会公共利益、扰乱经济和社会秩序、侵犯他人合法权益等法律、行政法规禁止的活动。

深度合成服务提供者和使用者不得利用深度合成服务制作、复制、发布、传播虚假新闻信息。转载基于深度合成服务制作发布的新闻信息的，应当依法转载互联网新闻信息稿源单位发布的新闻信息。

第七条　深度合成服务提供者应当落实信息安全主体责任，建立健全用户注册、算法机制机理审核、科技伦理审查、信息发布审核、数据安全、个人信息保护、反电信网络诈骗、应急处置等管理制度，具有安全可控的技术保障措施。

第八条　深度合成服务提供者应当制定和公开管理规则、平台公约，完善服务协议，依法依约履行管理责任，以显著方式提示深度合成服务技术支持者和使用者承担信息安全义务。

第九条　深度合成服务提供者应当基于移动电话号码、身份证件号码、统一社会信用代码或者国家网络身份认证公共服务等方式，依法对深度合成服务使用者进行真实身份信息认证，不得向未进行真实身份信息认证的深度合成服务使用者提供信息发布服务。

第十条　深度合成服务提供者应当加强深度合成内容管理，采取技术或者人工方式对深度合成服务使用者的输入数据和合成结果进行审核。

深度合成服务提供者应当建立健全用于识别违法和不良信息的特征库，完善入库标准、规则和程序，记录并留存相关网络日志。

深度合成服务提供者发现违法和不良信息的，应当依法采取处置措施，保存有关记录，及时向网信部门和有关主管部门报告；对相关深度合成服务使用者依法依约采取警示、限制功能、暂停服务、关闭账号等处置措施。

第十一条　深度合成服务提供者应当建立健全辟谣机制，发现利用深度合成服务制作、复制、发布、传播虚假信息的，应当及时采取辟谣措施，保存有关记录，并向网信部门和有关主管部门报告。

第十二条　深度合成服务提供者应当设置便捷的用户申诉和公众投诉、举报入口，公布处理流程和反馈时限，及时受理、处理和反馈处理结果。

第十三条　互联网应用商店等应用程序分发平台应当落实上架审核、日常管理、应急处置等安全管理责任，核验深度合成类应用程序的安全评估、备案等情况；对违反国家有关规定的，应当及时采取不予上架、警示、暂停服务或者下架等处置措施。

第三章　数据和技术管理规范

第十四条　深度合成服务提供者和技术支持者应当加强训练数据管理，采取必要措施保障训练数据安全；训练数据包含个人信息的，应当遵守个人信息保护的有关规定。

深度合成服务提供者和技术支持者提供人脸、人声等生物识别信息编辑功能的，应当提示深度合成服务使用者依法告知被编辑的个人，并取得其单独同意。

第十五条 深度合成服务提供者和技术支持者应当加强技术管理,定期审核、评估、验证生成合成类算法机制机理。

深度合成服务提供者和技术支持者提供具有以下功能的模型、模板等工具的,应当依法自行或者委托专业机构开展安全评估:

(一)生成或者编辑人脸、人声等生物识别信息的;

(二)生成或者编辑可能涉及国家安全、国家形象、国家利益和社会公共利益的特殊物体、场景等非生物识别信息的。

第十六条 深度合成服务提供者对使用其服务生成或者编辑的信息内容,应当采取技术措施添加不影响用户使用的标识,并依照法律、行政法规和国家有关规定保存日志信息。

第十七条 深度合成服务提供者提供以下深度合成服务,可能导致公众混淆或者误认的,应当在生成或者编辑的信息内容的合理位置、区域进行显著标识,向公众提示深度合成情况:

(一)智能对话、智能写作等模拟自然人进行文本的生成或者编辑服务;

(二)合成人声、仿声等语音生成或者显著改变个人身份特征的编辑服务;

(三)人脸生成、人脸替换、人脸操控、姿态操控等人物图像、视频生成或者显著改变个人身份特征的编辑服务;

(四)沉浸式拟真场景等生成或者编辑服务;

(五)其他具有生成或者显著改变信息内容功能的服务。

深度合成服务提供者提供前款规定之外的深度合成服务的,应当提供显著标识功能,并提示深度合成服务使用者可以进行显著标识。

第十八条 任何组织和个人不得采用技术手段删除、篡改、隐匿本规定第十六条和第十七条规定的深度合成标识。

第四章 监督检查与法律责任

第十九条 具有舆论属性或者社会动员能力的深度合成服务提供者,应当按照《互联网信息服务算法推荐管理规定》履行备案和变更、注销备案手续。

深度合成服务技术支持者应当参照前款规定履行备案和变更、注销备案手续。

完成备案的深度合成服务提供者和技术支持者应当在其对外提供服务的网站、应用程序等的显著位置标明其备案编号并提供公示信息链接。

第二十条 深度合成服务提供者开发上线具有舆论属性或者社会动员能力的新产品、新应用、新功能的，应当按照国家有关规定开展安全评估。

第二十一条 网信部门和电信主管部门、公安部门依据职责对深度合成服务开展监督检查。深度合成服务提供者和技术支持者应当依法予以配合，并提供必要的技术、数据等支持和协助。

网信部门和有关主管部门发现深度合成服务存在较大信息安全风险的，可以按照职责依法要求深度合成服务提供者和技术支持者采取暂停信息更新、用户账号注册或者其他相关服务等措施。深度合成服务提供者和技术支持者应当按照要求采取措施，进行整改，消除隐患。

第二十二条 深度合成服务提供者和技术支持者违反本规定的，依照有关法律、行政法规的规定处罚；造成严重后果的，依法从重处罚。

构成违反治安管理行为的，由公安机关依法给予治安管理处罚；构成犯罪的，依法追究刑事责任。

第五章　附则

第二十三条 本规定中下列用语的含义：

深度合成技术，是指利用深度学习、虚拟现实等生成合成类算法制作文本、图像、音频、视频、虚拟场景等网络信息的技术，包括但不限于：

（一）篇章生成、文本风格转换、问答对话等生成或者编辑文本内容的技术；

（二）文本转语音、语音转换、语音属性编辑等生成或者编辑语音内容的技术；

（三）音乐生成、场景声编辑等生成或者编辑非语音内容的技术；

（四）人脸生成、人脸替换、人物属性编辑、人脸操控、姿态操控等生成或者编辑图像、视频内容中生物特征的技术；

（五）图像生成、图像增强、图像修复等生成或者编辑图像、视频内容中非生物特征的技术；

（六）三维重建、数字仿真等生成或者编辑数字人物、虚拟场景的技术。

深度合成服务提供者，是指提供深度合成服务的组织、个人。

深度合成服务技术支持者，是指为深度合成服务提供技术支持的组织、个人。

深度合成服务使用者，是指使用深度合成服务制作、复制、发布、传播信息的组织、个人。

训练数据，是指被用于训练机器学习模型的标注或者基准数据集。

沉浸式拟真场景，是指应用深度合成技术生成或者编辑的、可供参与者体验或者互动的、具有高度真实感的虚拟场景。

第二十四条　深度合成服务提供者和技术支持者从事网络出版服务、网络文化活动和网络视听节目服务的，应当同时符合新闻出版、文化和旅游、广播电视主管部门的规定。

第二十五条　本规定自 2023 年 1 月 10 日起施行。

2.2.4　中共中央、国务院印发《数字中国建设整体布局规划》

新华社北京 2 月 27 日电　近日，中共中央、国务院印发了《数字中国建设整体布局规划》（以下简称《规划》），并发出通知，要求各地区各部门结合实际认真贯彻落实。

《规划》指出，建设数字中国是数字时代推进中国式现代化的重要引擎，是构筑国家竞争新优势的有力支撑。加快数字中国建设，对全面建设社会主义现代化国家、全面推进中华民族伟大复兴具有重要意义和深远影响。

《规划》强调，要坚持以习近平新时代中国特色社会主义思想特别是习近平总书记关于网络强国的重要思想为指导，深入贯彻党的二十大精神，坚持稳中求进工作总基调，完整、准确、全面贯彻新发展理念，加快构建新发展格局，着力推动高质量发展，统筹发展和安全，强化系统观念和底线思维，加强整体布局，按照夯实基础、赋能全局、强化能力、优化环境的战略路径，全面提升数字中国建设的整体性、系统性、协同性，促进数字经济和实体经济深度融合，以数字化驱动生产生活和治理方式变革，为以中国式现代化全面推进中华民族伟大复兴注入强大动力。

《规划》提出，到 2025 年，基本形成横向打通、纵向贯通、协调有力的一体化推进格局，数字中国建设取得重要进展。数字基础设施高效联通，数据资源规模和质量加快提升，数据要素价值有效释放，数字经济发展质量效益大幅增强，政务数字化智能化水平明显提升，数字文化建设跃上新台阶，数字社会精准化普惠化便捷化取得显著成效，数字生态文明建设取得积极进展，数字技术创新实现重大突破，应用创新全球领先，数字安全保障能力全面提升，数字治理体系更加完善，数字领域国际合作打开新局面。到 2035 年，数字化发展水平进入世界前列，数字中国建设取得重大成就。数字中国建设体系化布局更加科学完备，经济、政治、文化、社会、生态文明建设各领域数字化发展更加协调充分，有力支撑全面建设社会主义现代化国家。

《规划》明确，数字中国建设按照"2522"的整体框架进行布局，即夯实数字基础设施和数据资源体系"两大基础"，推进数字技术与经济、政治、文化、社会、生态文明建设"五位一体"深度融合，强化数字技术创新体系和数字安全屏障"两大能力"，优化数字化发展国内国际"两个环境"。

《规划》指出，要夯实数字中国建设基础。一是打通数字基础设施大动脉。加快 5G 网络与千兆光网协同建设，深入推进 IPv6 规模部署和应用，推进移动物联网全面发展，大力推进北斗规模应用。系统优化算力基础设施布局，促进东西部算力高效互补和协同联动，引导通用数据中心、超算中心、智能计算中心、边缘数据中心等合理梯次布局。整体提升应用基础设施水平，加强传统基础设施数字化、智能化改造。二是畅通数据资源大循环。构建国家数据管理体制机制，健全各级数据统筹管理机构。推动公共数据汇聚利用，建设公共卫生、科技、教育等重要领域国家数据资源库。释放商业数据价值潜能，加快建立数据产权制度，开展数据资产计价研究，建立数据要素按价值贡献参与分配机制。

《规划》指出，要全面赋能经济社会发展。一是做强做优做大数字经济。培育壮大数字经济核心产业，研究制定推动数字产业高质量发展的措施，打造具有国际竞争力的数字产业集群。推动数字技术和实体经济深度融合，在农业、工业、金融、教育、医疗、交通、能源等重点领域，加快数字技术创新应用。支持数字企业发展壮大，健全大中小企业融通创新工作机制，发挥"绿灯"投资案例引导作用，推动平台企业规范健康发展。二是发展高效协同的数字政务。加快制度规则创新，完善与数字政务建设相适应的规章制度。强化数字化能力建设，促进信息系统网络互联互通、数据按需共享、业务高效协同。提升数字化服务水平，加快推进"一件事一次办"，推进线上线下融合，加强和规范政务移动互联网应用程序管理。三是打造自信繁荣的数字文化。大力发展网络文化，加强优质网络文化产品供给，引导各类平台和广大网民创作生产积极健康、向上向善的网络文化产品。推进文化数字化发展，深入实施国家文化数字化战略，建设国家文化大数据体系，形成中华文化数据库。提升数字文化服务能力，打造若干综合性数字文化展示平台，加快发展新型文化企业、文化业态、文化消费模式。四是构建普惠便捷的数字社会。促进数字公共服务普惠化，大力实施国家教育数字化战略行动，完善国家智慧教育平台，发展数字健康，规范互联网诊疗和互联网医院发展。推进数字社会治理精准化，深入实施数字乡村发展行动，以数字化赋能乡村产业发展、乡村建设和乡村治理。普及数字生活智能化，打造智慧便民生活圈、新型数字消费业态、面向未来的智能化沉浸式服务体验。五是建设绿色智慧的数字生态文明。推动生态环境智慧治理，加快构建智慧高效的生态环境信息化体系，运用数字技术推动山水林田湖草沙一体化保护和系统治理，完善自然资源三维立体"一张图"和国土空间基础信息平台，构建以数字孪生流域为核心的智慧水利体系。加快数字化绿色化协同转型。倡导绿色智慧生活方式。

《规划》指出，要强化数字中国关键能力。一是构筑自立自强的数字技术创新体系。健全社会主义市场经济条件下关键核心技术攻关新型举国体制，加强企业主导的产学研深度融合。强化企业科技创新主体地位，发挥科技型骨干企业引领支撑作用。加强知识产权保护，健全知识产权转化收益分配机制。二是筑牢可信可控的数字安全屏障。切实维护网络安全，完善网络安全法律法规和政策体系。增强数据安全保障能力，建立数据分类分级保护基础制度，健全网络数据监测预警和应急处置工作体系。

《规划》指出，要优化数字化发展环境。一是建设公平规范的数字治理生态。完善法律法规体系，加强立法统筹协调，研究制定数字领域立法规划，及时按程序调整不适应数字化发展的法律制度。构建技术标准体系，编制数字化标准工作指南，加快制定修订各行业数字化转型、产业交叉融合发展等应用标准。提升治理水平，健全网络综合治理体系，提升全方位多维度综合治理能力，构建科学、高效、有序的管网治网格局。净化网络空间，深入开展网络生态治理工作，推进"清朗"、"净网"系列专项行动，创新推进网络文明建设。二是构建开放共赢的数字领域国际合作格局。统筹谋划数字领域国际合作，建立多层面协同、多平台支撑、多主体参与的数字领域国际交流合作体系，高质量共建"数字丝绸之路"，积极发展"丝路电商"。拓展数字领域国际合作空间，积极参与联合国、世界贸易组织、二十国集团、亚太经合组织、金砖国家、上合组织等多边框架下的数字领域合作平台，高质量搭建数字领域开放合作新平台，积极参与数据跨境流动等相关国际规则构建。

《规划》强调，要加强整体谋划、统筹推进，把各项任务落到实处。一是加强组织领导。坚持和加强党对数字中国建设的全面领导，在党中央集中统一领导下，中央网络安全和信息化委员会加强对数字中国建设的统筹协调、整体推进督促落实。充分发挥地方党委网络安全和信息化委员会作用，健全议事协调机制，将数字化、摆在本地区工作重要位置，切实落实责任。各有关部门按照职责分工，完善政策措施，强化资源整合和力量协同，形成工作合力。二是健全体制机制。建立健全数字中国建设统筹协调机制，及时研究解决数字化发展重大问题，推动跨部门协同和上下联动，抓好重大任务和重大工程的督促落实。开展数字中国发展监测评估。将数字中国建设工作情况作为对有关党政领导干部考核评价的参考。三是保障资金投入。创新资金扶持方式，加强对各类资金的统筹引导。发挥国家产融合作平台等作用，引导金融资源支持数字化发展。鼓励引导资本规范参与数字中国建设，构建社会资本有效参与的投融资体系。四是强化人才支撑。增强领导干部和公务员数字思维、数字认知、数字技能。统筹布局一批数字领域学科专业点，培养创新型、应用型、复合型人才。构建覆盖全民、城乡融合的数字素养与技能发展培育体系。五是营造良好氛围。推动高等学校、研究机构、企业等共同参与数字中国建设，建立一批数字中国研究基地。统筹开展数字中国建设综合试点工作，综合集成推进改革试验。办好数字中国建设峰会等重大活动，举办数字领域高规格国内国际系列赛事，推动数字化理念深入人心，营造全社会共同关注、积极参与数字中国建设的良好氛围。

2.2.5　国家互联网信息办公室公布《个人信息出境标准合同办法》

2 月 24 日，国家互联网信息办公室公布《个人信息出境标准合同办法》(以下简称《办法》)，自 2023 年 6 月 1 日起施行。国家互联网信息办公室有关负责人表示，出台《办法》旨在落实《个人信息保护法》的规定，保护个人信息权益，规范个人信息出境活动。

近年来，随着数字经济的蓬勃发展，个人信息出境需求快速增长。为满足日益增长的个人信息出境需要，保护个人信息权益，《办法》规定了个人信息出境标准合同 (以下简称标准合同) 的适用范围、订立条件和备案要求，明确了标准合同范本，为向境外提供个人信息提供了具体指引。

《办法》规定，个人信息处理者通过与境外接收方订立标准合同的方式向中华人民共和国境外提供个人信息适用本办法。明确通过订立标准合同的方式开展个人信息出境活动，应当坚持自主缔约与备案管理相结合、保护权益与防范风险相结合，保障个人信息跨境安全、自由流动。个人信息处理者通过订立标准合同的方式向境外提供个人信息应当同时符合下列情形：非关键信息基础设施运营者、处理个人信息不满 100 万人的、自上年 1 月 1 日起累计向境外提供个人信息不满 10 万人的、自上年 1 月 1 日起累计向境外提供敏感个人信息不满 1 万人的。法律、行政法规或者国家网信部门另有规定的，从其规定。要求个人信息处理者不得采取数量拆分等手段，将依法应当通过出境安全评估的个人信息通过订立标准合同的方式向境外提供。

《办法》明确，个人信息处理者向境外提供个人信息前，应当开展个人信息保护影响评估并明确了重点评估内容。规定个人信息处理者应当在标准合同生效之日起 10 个工作日内向所在地省级网信部门备案。提出在标准合同有效期内个人信息处理者应当重新开展个人信息保护影响评估，补充或者重新订立标准合同，并履行相应备案手续的具体情形。《办法》还对监督管理、法律责任、合规整改要求等作出了规定。

《办法》附件为标准合同范本，主要内容包括合同相关定义和基本要素、个人信息处理者和境外接收方的合同义务、境外接收方所在国家或者地区个人信息保护政策和法规对合同履行的影响、个人信息主体的权利和相关救济，以及合同解除、违约责任、争议解决等事项，并设计了个人信息出境说明、双方约定的其他条款等两个附录。

2.2.6 国家市场监督管理总局公布《互联网广告管理办法》

为切实维护广告市场秩序，保护消费者合法权益，推动互联网广告业持续健康发展，近日，市场监管总局修订发布了《互联网广告管理办法》（以下简称《办法》），《办法》将于 2023 年 5 月 1 日起施行。

《办法》适应我国互联网广告业发展新特点、新趋势、新要求，对原《互联网广告管理暂行办法》进行修改完善，创新监管规则，进一步细化互联网广告相关经营主体责任，明确行为规范，强化监管措施，对新形势下维护互联网广告市场秩序，助力数字经济规范健康持续发展具有重要意义。

《办法》进一步明确了广告主、互联网广告经营者和发布者、互联网信息服务提供者的责任；积极回应社会关切，对人民群众反映集中的弹出广告、开屏广告、利用智能设备发布广告等行为作出规范；细化了"软文广告"、含有链接的互联网广告、竞价排名广告、算法推荐方式发布广告、利用互联网直播发布广告、变相发布须经审查的广告等重点领域的广告监管规则；新增了广告代言人的管辖规定，为加强互联网广告监管执法提供了重要制度保障，也为互联网广告业规范有序发展赋予了新动能。

市场监管总局将加强对各地市场监管部门的业务培训，做好对互联网平台企业及相关广告经营主体的行政指导，有效提升互联网广告监管能力和行业发展水平，增强各类广告经营主体依法合规经营意识，以高效能监管促进互联网广告业高质量发展。

2.2.7　《关于开展网络安全服务认证工作的实施意见》

各省、自治区、直辖市和新疆生产建设兵团市场监管局（厅、委）、党委网信办、工业和信息化主管部门、公安厅（局），各省、自治区、直辖市通信管理局，各有关单位：

为推进网络安全服务认证体系建设，提升网络安全服务机构能力水平和服务质量，根据《网络安全法》《认证认可条例》，市场监管总局、中央网信办、工业和信息化部、公安部就开展国家统一推行的网络安全服务认证工作提出以下意见。

一、网络安全服务认证工作坚持"统一管理、共同实施、统一标准、规范有序"的基本原则。市场监管总局、中央网信办、工业和信息化部、公安部根据职责，加强认证工作的组织实施和监督管理，鼓励网络运营者等广泛采信网络安全服务认证结果，促进网络安全服务产业健康有序发展。

二、网络安全服务认证目录由市场监管总局会同中央网信办、工业和信息化部、公安部根据市场需求和产业发展状况确定并适时调整，现阶段包括检测评估、安全运维、安全咨询和等级保护测评等服务类别。认证规则和认证标志由市场监管总局征求中央网信办、工业和信息化部、公安部意见后另行制定发布。

三、市场监管总局、中央网信办、工业和信息化部、公安部联合组建由政府部门、科研机构、认证机构、标准化机构、网络安全服务机构和用户等相关方参与的网络安全服务认证技术委员会，协调解决认证体系建设和实施过程中出现的技术问题，研究提出认证目录、认证规则编写修订工作建议等。

四、从事网络安全服务认证活动的认证机构应当依法设立，符合《认证认可条例》《认证机构管理办法》规定的基本条件，具备从事网络安全服务认证活动的专业能力，并经市场监管总局根据各部门职责征求中央网信办、工业和信息化部、公安部意见后批准取得资质。

五、网络安全服务认证机构应当根据认证委托人提出的认证委托，按照网络安全服务认证基本规范、认证规则开展认证工作，建立可追溯工作机制对认证全过程完整记录。

六、网络安全服务认证机构应当公开认证收费标准和认证证书有效、暂停、注销或者撤销等状态，并按照有关规定报送网络安全服务认证实施情况及认证证书信息。

七、通过认证的网络安全服务机构应当按照有关法律法规、标准规范等开展网络安全服务工作，确保持续符合认证要求。

八、市场监管部门负责对网络安全服务认证机构、认证活动和认证结果进行监督管理，依法查处认证违法行为。

九、网信部门、工业和信息化部门、公安部门依据各自职责，推动认证结果采信应用，加强网络安全服务监督管理，促进网络安全服务产业发展，依法查处有关违法行为。国家市场监督管理总局中央网络安全和信息化委员会办公室。

2.2.8 《禁止垄断协议规定》

第一条 为了预防和制止垄断协议，根据《中华人民共和国反垄断法》（以下简称反垄断法），制定本规定。

第二条 国家市场监督管理总局（以下简称市场监管总局）负责垄断协议的反垄断统一执法工作。

市场监管总局根据反垄断法第十三条第二款规定，授权各省、自治区、直辖市市场监督管理部门（以下称省级市场监管部门）负责本行政区域内垄断协议的反垄断执法工作。

本规定所称反垄断执法机构包括市场监管总局和省级市场监管部门。

第三条　市场监管总局负责查处下列垄断协议：

（一）跨省、自治区、直辖市的；

（二）案情较为复杂或者在全国有重大影响的；

（三）市场监管总局认为有必要直接查处的。

前款所列垄断协议，市场监管总局可以指定省级市场监管部门查处。

省级市场监管部门根据授权查处垄断协议时，发现不属于本部门查处范围，或者虽属于本部门查处范围，但有必要由市场监管总局查处的，应当及时向市场监管总局报告。

第四条　反垄断执法机构查处垄断协议时，应当平等对待所有经营者。

第五条　垄断协议是指排除、限制竞争的协议、决定或者其他协同行为。协议或者决定可以是书面、口头等形式。其他协同行为是指经营者之间虽未明确订立协议或者决定，但实质上存在协调一致的行为。

第六条　认定其他协同行为，应当考虑下列因素：

（一）经营者的市场行为是否具有一致性；

（二）经营者之间是否进行过意思联络或者信息交流；

（三）经营者能否对行为的一致性作出合理解释；

（四）相关市场的市场结构、竞争状况、市场变化等情况。

第七条　相关市场是指经营者在一定时期内就特定商品或者服务（以下统称商品）进行竞争的商品范围和地域范围，包括相关商品市场和相关地域市场。

界定相关市场应当从需求者角度进行需求替代分析。当供给替代对经营者行为产生的竞争约束类似于需求替代时，也应当考虑供给替代。

界定相关商品市场，从需求替代角度，可以考虑需求者对商品价格等因素变化的反应、商品的特征与用途、销售渠道等因素。从供给替代角度，可以考虑其他经营者转产的难易程度、转产后所提供商品的市场竞争力等因素。

界定平台经济领域相关商品市场，可以根据平台一边的商品界定相关商品市场，也可以根据平台所涉及的多边商品，将平台整体界定为一个相关商品市场，或者分别界定多个相关商品市场，并考虑各相关商品市场之间的相互关系和影响。

界定相关地域市场，从需求替代角度，可以考虑商品的运输特征与成本、多数需求者选择商品的实际区域、地域间的贸易壁垒等因素。从供给替代角度，可以考虑其他地域经营者供应商品的及时性与可行性等因素。

第八条 禁止具有竞争关系的经营者就固定或者变更商品价格达成下列垄断协议：

（一）固定或者变更价格水平、价格变动幅度、利润水平或者折扣、手续费等其他费用；

（二）约定采用据以计算价格的标准公式、算法、平台规则等；

（三）限制参与协议的经营者的自主定价权；

（四）通过其他方式固定或者变更价格。

本规定所称具有竞争关系的经营者，包括处于同一相关市场进行竞争的实际经营者和可能进入相关市场进行竞争的潜在经营者。

第九条 禁止具有竞争关系的经营者就限制商品的生产数量或者销售数量达成下列垄断协议：

（一）以限制产量、固定产量、停止生产等方式限制商品的生产数量，或者限制特定品种、型号商品的生产数量；

（二）以限制商品投放量等方式限制商品的销售数量，或者限制特定品种、型号商品的销售数量；

（三）通过其他方式限制商品的生产数量或者销售数量。

第十条 禁止具有竞争关系的经营者就分割销售市场或者原材料采购市场达成下列垄断协议：

（一）划分商品销售地域、市场份额、销售对象、销售收入、销售利润或者销售商品的种类、数量、时间；

（二）划分原料、半成品、零部件、相关设备等原材料的采购区域、种类、数量、时间或者供应商；

（三）通过其他方式分割销售市场或者原材料采购市场。

前款关于分割销售市场或者原材料采购市场的规定适用于数据、技术和服务等。

第十一条　禁止具有竞争关系的经营者就限制购买新技术、新设备或者限制开发新技术、新产品达成下列垄断协议：

（一）限制购买、使用新技术、新工艺；

（二）限制购买、租赁、使用新设备、新产品；

（三）限制投资、研发新技术、新工艺、新产品；

（四）拒绝使用新技术、新工艺、新设备、新产品；

（五）通过其他方式限制购买新技术、新设备或者限制开发新技术、新产品。

第十二条　禁止具有竞争关系的经营者就联合抵制交易达成下列垄断协议：

（一）联合拒绝向特定经营者供应或者销售商品；

（二）联合拒绝采购或者销售特定经营者的商品；

（三）联合限定特定经营者不得与其具有竞争关系的经营者进行交易；

（四）通过其他方式联合抵制交易。

第十三条　具有竞争关系的经营者不得利用数据和算法、技术以及平台规则等，通过意思联络、交换敏感信息、行为协调一致等方式，达成本规定第八条至第十二条规定的垄断协议。

第十四条　禁止经营者与交易相对人就商品价格达成下列垄断协议：

（一）固定向第三人转售商品的价格水平、价格变动幅度、利润水平或者折扣、手续费等其他费用；

（二）限定向第三人转售商品的最低价格，或者通过限定价格变动幅度、利润水平或者折扣、手续费等其他费用限定向第三人转售商品的最低价格；

（三）通过其他方式固定转售商品价格或者限定转售商品最低价格。

对前款规定的协议，经营者能够证明其不具有排除、限制竞争效果的，不予禁止。

第十五条 经营者不得利用数据和算法、技术以及平台规则等，通过对价格进行统一、限定或者自动化设定转售商品价格等方式，达成本规定第十四条规定的垄断协议。

第十六条 不属于本规定第八条至第十五条所列情形的其他协议、决定或者协同行为，有证据证明排除、限制竞争的，应当认定为垄断协议并予以禁止。

前款规定的垄断协议由市场监管总局负责认定，认定时应当考虑下列因素：

（一）经营者达成、实施协议的事实；

（二）市场竞争状况；

（三）经营者在相关市场中的市场份额及其对市场的控制力；

（四）协议对商品价格、数量、质量等方面的影响；

（五）协议对市场进入、技术进步等方面的影响；

（六）协议对消费者、其他经营者的影响；

（七）与认定垄断协议有关的其他因素。

第十七条 经营者与交易相对人达成协议，经营者能够证明参与协议的经营者在相关市场的市场份额低于市场监管总局规定的标准，并符合市场监管总局规定的其他条件的，不予禁止。

第十八条 反垄断法第十九条规定的经营者组织其他经营者达成垄断协议，包括下列情形：

（一）经营者不属于垄断协议的协议方，在垄断协议达成或者实施过程中，对协议的主体范围、主要内容、履行条件等具有决定性或者主导作用；

（二）经营者与多个交易相对人签订协议，使具有竞争关系的交易相对人之间通过该经营者进行意思联络或者信息交流，达成本规定第八条至第十三条的垄断协议。

（三）通过其他方式组织其他经营者达成垄断协议。

反垄断法第十九条规定的经营者为其他经营者达成垄断协议提供实质性帮助，包括提供必要的支持、创造关键性的便利条件，或者其他重要帮助。

第十九条　经营者能够证明被调查的垄断协议属于反垄断法第二十条规定情形的，不适用本规定第八条至第十六条、第十八条的规定。

第二十条　反垄断执法机构认定被调查的垄断协议是否属于反垄断法第二十条规定的情形，应当考虑下列因素：

（一）协议实现该情形的具体形式和效果；

（二）协议与实现该情形之间的因果关系；

（三）协议是否是实现该情形的必要条件；

（四）其他可以证明协议属于相关情形的因素。

反垄断执法机构认定消费者能否分享协议产生的利益，应当考虑消费者是否因协议的达成、实施在商品价格、质量、种类等方面获得利益。

第二十一条　行业协会应当加强行业自律，引导本行业的经营者依法竞争，合规经营，维护市场竞争秩序。禁止行业协会从事下列行为：

（一）制定、发布含有排除、限制竞争内容的行业协会章程、规则、决定、通知、标准等；

（二）召集、组织或者推动本行业的经营者达成含有排除、限制竞争内容的协议、决议、纪要、备忘录等；

（三）其他组织本行业经营者达成或者实施垄断协议的行为。

本规定所称行业协会是指由同行业经济组织和个人组成，行使行业服务和自律管理职能的各种协会、学会、商会、联合会、促进会等社会团体法人。

第二十二条　反垄断执法机构依据职权，或者通过举报、上级机关交办、其他机关移送、下级机关报告、经营者主动报告等途径，发现涉嫌垄断协议。

第二十三条　举报采用书面形式并提供相关事实和证据的，反垄断执法机构应当进行必要的调查。书面举报一般包括下列内容：

（一）举报人的基本情况；

（二）被举报人的基本情况；

（三）涉嫌垄断协议的相关事实和证据；

（四）是否就同一事实已向其他行政机关举报或者向人民法院提起诉讼。反垄断执法机构根据工作需要，可以要求举报人补充举报材料。

对于采用书面形式的实名举报，反垄断执法机构在案件调查处理完毕后，可以根据举报人的书面请求依法向其反馈举报处理结果。

第二十四条 反垄断执法机构经过对涉嫌垄断协议的必要调查，符合下列条件的，应当立案：

（一）有证据初步证明经营者达成垄断协议；

（二）属于本部门查处范围；

（三）在给予行政处罚的法定期限内。

省级市场监管部门应当自立案之日起七个工作日内向市场监管总局备案。

第二十五条 市场监管总局在查处垄断协议时，可以委托省级市场监管部门进行调查。

省级市场监管部门在查处垄断协议时，可以委托下级市场监管部门进行调查。

受委托的市场监管部门在委托范围内，以委托机关的名义实施调查，不得再委托其他行政机关、组织或者个人进行调查。

第二十六条 省级市场监管部门查处垄断协议时，可以根据需要商请相关省级市场监管部门协助调查，相关省级市场监管部门应当予以协助。

第二十七条 反垄断执法机构对垄断协议进行行政处罚的，应当在作出行政处罚决定之前，书面告知当事人拟作出的行政处罚内容及事实、理由、依据，并告知当事人依法享有的陈述权、申辩权和要求听证的权利。

第二十八条 反垄断执法机构在告知当事人拟作出的行政处罚决定后，应当充分听取当事人的意见，对当事人提出的事实、理由和证据进行复核。

第二十九条 反垄断执法机构对垄断协议作出行政处罚决定，应当依法制作行政处罚决定书，并加盖本部门印章。

行政处罚决定书的内容包括：

（一）当事人的姓名或者名称、地址等基本情况；

（二）案件来源及调查经过；

（三）违反法律、法规、规章的事实和证据；

（四）当事人陈述、申辩的采纳情况及理由；

（五）行政处罚的内容和依据；

（六）行政处罚的履行方式和期限；

（七）申请行政复议、提起行政诉讼的途径和期限；

（八）作出行政处罚决定的反垄断执法机构的名称和作出决定的日期。

第三十条　反垄断执法机构认定被调查的垄断协议属于反垄断法第二十条规定情形的，应当终止调查并制作终止调查决定书。终止调查决定书应当载明协议的基本情况、适用反垄断法第二十条的依据和理由等。

反垄断执法机构作出终止调查决定后，因情况发生重大变化，导致被调查的协议不再符合反垄断法第二十条规定情形的，反垄断执法机构应当依法开展调查。

第三十一条　涉嫌垄断协议的经营者在被调查期间，可以提出中止调查申请，承诺在反垄断执法机构认可的期限内采取具体措施消除行为影响。

中止调查申请应当以书面形式提出，并由经营者负责人签字并盖章。申请书应当载明下列事项：

（一）涉嫌垄断协议的事实；

（二）承诺采取消除行为后果的具体措施；

（三）履行承诺的时限；

（四）需要承诺的其他内容。

第三十二条　反垄断执法机构根据被调查经营者的中止调查申请，在考虑行为的性质、持续时间、后果、社会影响、经营者承诺的措施及其预期效果等具体情况后，决定是否中止调查。

反垄断执法机构对涉嫌垄断协议调查核实后，认为构成垄断协议的，不得中止调查，应当依法作出处理决定。

对于符合本规定第八条至第十条规定的涉嫌垄断协议，反垄断执法机构不得接受中止调查申请。

第三十三条 反垄断执法机构决定中止调查的，应当制作中止调查决定书。

中止调查决定书应当载明被调查经营者涉嫌达成垄断协议的事实、承诺的具体内容、消除影响的具体措施、履行承诺的时限以及未履行或者未完全履行承诺的法律后果等内容。

第三十四条 决定中止调查的，反垄断执法机构应当对经营者履行承诺的情况进行监督。

经营者应当在规定的时限内向反垄断执法机构书面报告承诺履行情况。

第三十五条 反垄断执法机构确定经营者已经履行承诺的，可以决定终止调查，并制作终止调查决定书。

终止调查决定书应当载明被调查经营者涉嫌垄断协议的事实、作出中止调查决定的情况、承诺的具体内容、履行承诺的情况、监督情况等内容。

有下列情形之一的，反垄断执法机构应当恢复调查：

（一）经营者未履行或者未完全履行承诺的；

（二）作出中止调查决定所依据的事实发生重大变化的；

（三）中止调查决定是基于经营者提供的不完整或者不真实的信息作出的。

第三十六条 经营者涉嫌违反本规定的，反垄断执法机构可以对其法定代表人或者负责人进行约谈。

约谈应当指出经营者涉嫌达成垄断协议的问题，听取情况说明，开展提醒谈话，并可以要求其提出改进措施，消除行为危害后果。

经营者应当按照反垄断执法机构要求进行改进，提出消除行为危害后果的具体措施、履行时限等，并提交书面报告。

第三十七条 经营者达成或者组织其他经营者达成垄断协议，或者为其他经营者达成垄断协议提供实质性帮助，主动向反垄断执法机构报告有关情况并提供重要证据的，可以申请依法减轻或者免除处罚。

经营者应当在反垄断执法机构行政处罚告知前，向反垄断执法机构提出申请。

申请材料应当包括以下内容：

（一）垄断协议有关情况的报告，包括但不限于参与垄断协议的经营者、涉及的商品范围、达成协议的内容和方式、协议的具体实施情况、是否向其他境外执法机构提出申请等。

（二）达成或者实施垄断协议的重要证据。重要证据是指反垄断执法机构尚未掌握的，能够对立案调查或者对认定垄断协议起到关键性作用的证据。

经营者的法定代表人、主要负责人和直接责任人员对达成垄断协议负有个人责任的，适用本条规定。

第三十八条　经营者根据本规定第三十七条提出申请的，反垄断执法机构应当根据经营者主动报告的时间顺序、提供证据的重要程度以及达成、实施垄断协议的有关情况，决定是否减轻或者免除处罚。

第三十九条　省级市场监管部门作出不予行政处罚决定、中止调查决定、恢复调查决定、终止调查决定或者行政处罚告知前，应当向市场监管总局报告，接受市场监管总局的指导和监督。

省级市场监管部门向被调查经营者送达不予行政处罚决定书、中止调查决定书、恢复调查决定书、终止调查决定书或者行政处罚决定书后，应当在七个工作日内向市场监管总局备案。

第四十条　反垄断执法机构作出行政处理决定后，依法向社会公布。行政处罚信息应当依法通过国家企业信用信息公示系统向社会公示。

第四十一条　市场监管总局应当加强对省级市场监管部门查处垄断协议的指导和监督，统一执法程序和标准。

省级市场监管部门应当严格按照市场监管总局相关规定查处垄断协议案件。

第四十二条　经营者违反本规定，达成并实施垄断协议的，由反垄断执法机构责令停止违法行为，没收违法所得，并处上一年度销售额百分之一以上百分之十以下的罚款，上一年度没有销售额的，处五百万元以下的罚款；尚未实施所达成的垄断协议的，可以处三百万元以下的罚款。

经营者的法定代表人、主要负责人和直接责任人员对达成垄断协议负有个人责任的，可以处一百万元以下的罚款。

第四十三条　经营者组织其他经营者达成垄断协议或者为其他经营者达成垄断协议提供实质性帮助的，适用本规定第四十二条规定。

第四十四条　行业协会违反本规定，组织本行业的经营者达成垄断协议的，由反垄断执法机构责令改正，可以处三百万元以下的罚款；情节严重的，反垄断执法机构可以提请社会团体登记管理机关依法撤销登记。

第四十五条　反垄断执法机构确定具体罚款数额时，应当考虑违法行为的性质、程度、持续时间和消除违法行为后果的情况等因素。

违反本规定，情节特别严重、影响特别恶劣、造成特别严重后果的，市场监管总局可以在本规定第四十二条、第四十三条、第四十四条规定的罚款数额的二倍以上五倍以下确定具体罚款数额。

第四十六条　经营者因行政机关和法律、法规授权的具有管理公共事务职能的组织滥用行政权力而达成垄断协议的，按照本规定第四十二条、第四十三条、第四十四条、第四十五条处理。经营者能够证明其受行政机关和法律、法规授权的具有管理公共事务职能的组织滥用行政权力强制或者变相强制达成垄断协议的，可以依法从轻或者减轻处罚。

第四十七条　经营者根据本规定第三十七条主动向反垄断执法机构报告达成垄断协议的有关情况并提供重要证据的，反垄断执法机构可以按照下列幅度减轻或者免除对其处罚：对于第一个申请者，反垄断执法机构可以免除处罚或者按照不低于百分之八十的幅度减轻处罚；对于第二个申请者，可以按照百分之三十至百分之五十的幅度减轻处罚；对于第三个申请者，可以按照百分之二十至百分之三十的幅度减轻处罚。

在垄断协议达成中起主要作用，或者胁迫其他经营者参与达成、实施垄断协议，或者妨碍其他经营者停止该违法行为的，反垄断执法机构不得免除对其处罚。

负有个人责任的经营者法定代表人、主要负责人和直接责任人员，根据本规定第三十七条主动向反垄断执法机构报告达成垄断协议的有关情况并提供重要证据的，反垄断执法机构可以对其减轻百分之五十的处罚或者免除处罚。

第四十八条　反垄断执法机构工作人员滥用职权、玩忽职守、徇私舞弊或者泄露执法过程中知悉的商业秘密、个人隐私和个人信息的，依照有关规定处理。

第四十九条　反垄断执法机构在调查期间发现的公职人员涉嫌职务违法、职务犯罪问题线索，应当及时移交纪检监察机关。

第五十条　本规定对垄断协议调查、处罚程序未作规定的，依照《市场监督管理行政处罚程序规定》执行，有关时限、立案、案件管辖的规定除外。

反垄断执法机构组织行政处罚听证的，依照《市场监督管理行政处罚听证办法》执行。

第五十一条　本规定自 2023 年 4 月 15 日起施行。2019 年 6 月 26 日国家市场监督管理总局令第 10 号公布的《禁止垄断协议暂行规定》同时废止。

2.2.9　《禁止滥用市场支配地位行为规定》

（2023 年 3 月 10 日国家市场监督管理总局令第 66 号公布，自 2023 年 4 月 15 日起施行）

第一条　为了预防和制止滥用市场支配地位行为，根据《中华人民共和国反垄断法》（以下简称反垄断法），制定本规定。

第二条　国家市场监督管理总局（以下简称市场监管总局）负责滥用市场支配地位行为的反垄断统一执法工作。

市场监管总局根据反垄断法第十三条第二款规定，授权各省、自治区、直辖市市场监督管理部门（以下称省级市场监管部门）负责本行政区域内滥用市场支配地位行为的反垄断执法工作。

本规定所称反垄断执法机构包括市场监管总局和省级市场监管部门。

第三条　市场监管总局负责查处下列滥用市场支配地位行为：

（一）跨省、自治区、直辖市的；

（二）案情较为复杂或者在全国有重大影响的；

（三）市场监管总局认为有必要直接查处的。

前款所列滥用市场支配地位行为，市场监管总局可以指定省级市场监管部门查处。

省级市场监管部门根据授权查处滥用市场支配地位行为时，发现不属于本部门查处范围，或者虽属于本部门查处范围，但有必要由市场监管总局查处的，应当及时向市场监管总局报告。

第四条 反垄断执法机构查处滥用市场支配地位行为时，应当平等对待所有经营者。

第五条 相关市场是指经营者在一定时期内就特定商品或者服务（以下统称商品）进行竞争的商品范围和地域范围，包括相关商品市场和相关地域市场。

界定相关市场应当从需求者角度进行需求替代分析。当供给替代对经营者行为产生的竞争约束类似于需求替代时，也应当考虑供给替代。界定相关商品市场，从需求替代角度，可以考虑需求者对商品价格等因素变化的反应、商品的特征与用途、销售渠道等因素。从供给替代角度，可以考虑其他经营者转产的难易程度、转产后所提供商品的市场竞争力等因素。

界定平台经济领域相关商品市场，可以根据平台一边的商品界定相关商品市场，也可以根据平台所涉及的多边商品，将平台整体界定为一个相关商品市场，或者分别界定多个相关商品市场，并考虑各相关商品市场之间的相互关系和影响。界定相关地域市场，从需求替代角度，可以考虑商品的运输特征与成本、多数需求者选择商品的实际区域、地域间的贸易壁垒等因素。从供给替代角度，可以考虑其他地域经营者供应商品的及时性与可行性等因素。

第六条 市场支配地位是指经营者在相关市场内具有能够控制商品价格、数量或者其他交易条件，或者能够阻碍、影响其他经营者进入相关市场能力的市场地位。

本条所称其他交易条件是指除商品价格、数量之外能够对市场交易产生实质影响的其他因素，包括商品品种、商品品质、付款条件、交付方式、售后服务、交易选择、技术约束等。

本条所称能够阻碍、影响其他经营者进入相关市场，包括排除其他经营者进入相关市场，或者延缓其他经营者在合理时间内进入相关市场，或者导致其他经营者虽能够进入该相关市场但进入成本大幅提高，无法与现有经营者开展有效竞争等情形。

第七条　根据反垄断法第二十三条第一项，确定经营者在相关市场的市场份额，可以考虑一定时期内经营者的特定商品销售金额、销售数量或者其他指标在相关市场所占的比重。

分析相关市场竞争状况，可以考虑相关市场的发展状况、现有竞争者的数量和市场份额、市场集中度、商品差异程度、创新和技术变化、销售和采购模式、潜在竞争者情况等因素。

第八条　根据反垄断法第二十三条第二项，确定经营者控制销售市场或者原材料采购市场的能力，可以考虑该经营者控制产业链上下游市场的能力，控制销售渠道或者采购渠道的能力，影响或者决定价格、数量、合同期限或者其他交易条件的能力，以及优先获得企业生产经营所必需的原料、半成品、零部件、相关设备以及需要投入的其他资源的能力等因素。

第九条　根据反垄断法第二十三条第三项，确定经营者的财力和技术条件，可以考虑该经营者的资产规模、盈利能力、融资能力、研发能力、技术装备、技术创新和应用能力、拥有的知识产权等，以及该财力和技术条件能够以何种方式和程度促进该经营者业务扩张或者巩固、维持市场地位等因素。

第十条　根据反垄断法第二十三条第四项，确定其他经营者对该经营者在交易上的依赖程度，可以考虑其他经营者与该经营者之间的交易关系、交易量、交易持续时间、在合理时间内转向其他交易的难易程度等因素。

第十一条　根据反垄断法第二十三条第五项，确定其他经营者进入相关市场的难易程度，可以考虑市场准入、获取必要资源的难度、采购和销售渠道的控制情况、资金投入规模、技术壁垒、品牌依赖、用户转换成本、消费习惯等因素。

第十二条　根据反垄断法第二十三条和本规定第七条至第十一条规定认定平台经济领域经营者具有市场支配地位，还可以考虑相关行业竞争特点、经营模式、交易金额、交易数量、用户数量、网络效应、锁定效应、技术特性、市场创新、控制流量的能力、掌握和处理相关数据的能力及经营者在关联市场的市场力量等因素。

第十三条 认定两个以上的经营者具有市场支配地位，除考虑本规定第七条至第十二条规定的因素外，还应当考虑经营者行为一致性、市场结构、相关市场透明度、相关商品同质化程度等因素。

第十四条 禁止具有市场支配地位的经营者以不公平的高价销售商品或者以不公平的低价购买商品。认定"不公平的高价"或者"不公平的低价"，可以考虑下列因素：

（一）销售价格或者购买价格是否明显高于或者明显低于其他经营者在相同或者相似市场条件下销售或者购买同种商品或者可比较商品的价格；

（二）销售价格或者购买价格是否明显高于或者明显低于同一经营者在其他相同或者相似市场条件区域销售或者购买同种商品或者可比较商品的价格；

（三）在成本基本稳定的情况下，是否超过正常幅度提高销售价格或者降低购买价格；

（四）销售商品的提价幅度是否明显高于成本增长幅度，或者购买商品的降价幅度是否明显高于交易相对人成本降低幅度；

（五）需要考虑的其他相关因素。

涉及平台经济领域，还可以考虑平台涉及多边市场中各相关市场之间的成本关联情况及其合理性。

认定市场条件相同或者相似，应当考虑经营模式、销售渠道、供求状况、监管环境、交易环节、成本结构、交易情况、平台类型等因素。

第十五条 禁止具有市场支配地位的经营者没有正当理由，以低于成本的价格销售商品。

认定以低于成本的价格销售商品，应当重点考虑价格是否低于平均可变成本。平均可变成本是指随着生产的商品数量变化而变动的每单位成本。涉及平台经济领域，还可以考虑平台涉及多边市场中各相关市场之间的成本关联情况及其合理性。

本条所称"正当理由"包括：

（一）降价处理鲜活商品、季节性商品、有效期限即将到期的商品或者积压商品的；

（二）因清偿债务、转产、歇业降价销售商品的；

（三）在合理期限内为推广新商品进行促销的；

（四）能够证明行为具有正当性的其他理由。

第十六条　禁止具有市场支配地位的经营者没有正当理由，通过下列方式拒绝与交易相对人进行交易：

（一）实质性削减与交易相对人的现有交易数量；

（二）拖延、中断与交易相对人的现有交易；

（三）拒绝与交易相对人进行新的交易；

（四）通过设置交易相对人难以接受的价格、向交易相对人回购商品、与交易相对人进行其他交易等限制性条件，使交易相对人难以与其进行交易；

（五）拒绝交易相对人在生产经营活动中，以合理条件使用其必需设施。

在依据前款第五项认定经营者滥用市场支配地位时，应当综合考虑以合理的投入另行投资建设或者另行开发建造该设施的可行性、交易相对人有效开展生产经营活动对该设施的依赖程度、该经营者提供该设施的可能性以及对自身生产经营活动造成的影响等因素。

本条所称"正当理由"包括：

（一）因不可抗力等客观原因无法进行交易；

（二）交易相对人有不良信用记录或者出现经营状况恶化等情况，影响交易安全；

（三）与交易相对人进行交易将使经营者利益发生不当减损；

（四）交易相对人明确表示或者实际不遵守公平、合理、无歧视的平台规则；

（五）能够证明行为具有正当性的其他理由。

第十七条　禁止具有市场支配地位的经营者没有正当理由，从事下列限定交易行为：

（一）限定交易相对人只能与其进行交易；

（二）限定交易相对人只能与其指定的经营者进行交易；

（三）限定交易相对人不得与特定经营者进行交易。

从事上述限定交易行为可以是直接限定，也可以是采取惩罚性或者激励性措施等方式变相限定。

本条所称"正当理由"包括：

（一）为满足产品安全要求所必需；

（二）为保护知识产权、商业秘密或者数据安全所必需；

（三）为保护针对交易进行的特定投资所必需；

（四）为维护平台合理的经营模式所必需；

（五）能够证明行为具有正当性的其他理由。

第十八条　禁止具有市场支配地位的经营者没有正当理由搭售商品，或者在交易时附加其他不合理的交易条件：

（一）违背交易惯例、消费习惯或者无视商品的功能，利用合同条款或者弹窗、操作必经步骤等交易相对人难以选择、更改、拒绝的方式，将不同商品捆绑销售或者组合销售；

（二）对合同期限、支付方式、商品的运输及交付方式或者服务的提供方式等附加不合理的限制；

（三）对商品的销售地域、销售对象、售后服务等附加不合理的限制；

（四）交易时在价格之外附加不合理费用；

（五）附加与交易标的无关的交易条件。

本条所称"正当理由"包括：

（一）符合正当的行业惯例和交易习惯；

（二）为满足产品安全要求所必需；

（三）为实现特定技术所必需；

（四）为保护交易相对人和消费者利益所必需；

（五）能够证明行为具有正当性的其他理由。

第十九条　禁止具有市场支配地位的经营者没有正当理由，对条件相同的交易相对人在交易条件上实行下列差别待遇：

（一）实行不同的交易价格、数量、品种、品质等级；

（二）实行不同的数量折扣等优惠条件；

（三）实行不同的付款条件、交付方式；

（四）实行不同的保修内容和期限、维修内容和时间、零配件供应、技术指导等售后服务条件。

条件相同是指交易相对人之间在交易安全、交易成本、规模和能力、信用状况、所处交易环节、交易持续时间等方面不存在实质性影响交易的差别。交易中依法获取的交易相对人的交易数据、个体偏好、消费习惯等方面存在的差异不影响认定交易相对人条件相同。

本条所称"正当理由"包括：

（一）根据交易相对人实际需求且符合正当的交易习惯和行业惯例，实行不同交易条件；

（二）针对新用户的首次交易在合理期限内开展的优惠活动；

（三）基于公平、合理、无歧视的平台规则实施的随机性交易；

（四）能够证明行为具有正当性的其他理由。

第二十条　市场监管总局认定其他滥用市场支配地位行为，应当同时符合下列条件：

（一）经营者具有市场支配地位；

（二）经营者实施了排除、限制竞争行为；

（三）经营者实施相关行为不具有正当理由；

（四）经营者相关行为对市场竞争具有排除、限制影响。

第二十一条　具有市场支配地位的经营者不得利用数据和算法、技术以及平台规则等从事本规定第十四条至第二十条规定的滥用市场支配地位行为。

第二十二条　反垄断执法机构认定本规定第十四条所称的"不公平"和第

十五条至第二十条所称的"正当理由"，还应当考虑下列因素：

（一）有关行为是否为法律、法规所规定；

（二）有关行为对国家安全、网络安全等方面的影响；

（三）有关行为对经济运行效率、经济发展的影响；

（四）有关行为是否为经营者正常经营及实现正常效益所必需；

（五）有关行为对经营者业务发展、未来投资、创新方面的影响；

（六）有关行为是否能够使交易相对人或者消费者获益；

（七）有关行为对社会公共利益的影响。

第二十三条　供水、供电、供气、供热、电信、有线电视、邮政、交通运输等公用事业领域经营者应当依法经营，不得滥用其市场支配地位损害消费者利益和社会公共利益。

第二十四条　反垄断执法机构依据职权，或者通过举报、上级机关交办、其他机关移送、下级机关报告、经营者主动报告等途径，发现涉嫌滥用市场支配地位行为。

第二十五条　举报采用书面形式并提供相关事实和证据的，反垄断执法机构应当进行必要的调查。书面举报一般包括下列内容：

（一）举报人的基本情况；

（二）被举报人的基本情况；

（三）涉嫌滥用市场支配地位行为的相关事实和证据；

（四）是否就同一事实已向其他行政机关举报或者向人民法院提起诉讼。

反垄断执法机构根据工作需要，可以要求举报人补充举报材料。

对于采用书面形式的实名举报，反垄断执法机构在案件调查处理完毕后，可以根据举报人的书面请求依法向其反馈举报处理结果。

第二十六条　反垄断执法机构经过对涉嫌滥用市场支配地位行为的必要调查，符合下列条件的，应当立案：

（一）有证据初步证明存在滥用市场支配地位行为；

（二）属于本部门查处范围；

（三）在给予行政处罚的法定期限内。

省级市场监管部门应当自立案之日起七个工作日内向市场监管总局备案。

第二十七条　市场监管总局在查处滥用市场支配地位行为时，可以委托省级市场监管部门进行调查。

省级市场监管部门在查处滥用市场支配地位行为时，可以委托下级市场监管部门进行调查。

受委托的市场监管部门在委托范围内，以委托机关的名义实施调查，不得再委托其他行政机关、组织或者个人进行调查。

第二十八条　省级市场监管部门查处滥用市场支配地位行为时，可以根据需要商请相关省级市场监管部门协助调查，相关省级市场监管部门应当予以协助。

第二十九条　反垄断执法机构对滥用市场支配地位行为进行行政处罚的，应当在作出行政处罚决定之前，书面告知当事人拟作出的行政处罚内容及事实、理由、依据，并告知当事人依法享有的陈述权、申辩权和要求听证的权利。

第三十条　反垄断执法机构在告知当事人拟作出的行政处罚决定后，应当充分听取当事人的意见，对当事人提出的事实、理由和证据进行复核。

第三十一条　反垄断执法机构对滥用市场支配地位行为作出行政处罚决定，应当依法制作行政处罚决定书，并加盖本部门印章。行政处罚决定书的内容包括：

（一）当事人的姓名或者名称、地址等基本情况；

（二）案件来源及调查经过；

（三）违反法律、法规、规章的事实和证据；

（四）当事人陈述、申辩的采纳情况及理由；

（五）行政处罚的内容和依据；

（六）行政处罚的履行方式和期限；

（七）申请行政复议、提起行政诉讼的途径和期限；

（八）作出行政处罚决定的反垄断执法机构的名称和作出决定的日期。

第三十二条　涉嫌滥用市场支配地位的经营者在被调查期间，可以提出中止调查申请，承诺在反垄断执法机构认可的期限内采取具体措施消除行为影响。

中止调查申请应当以书面形式提出，并由经营者负责人签字并盖章。申请书应当载明下列事项：

（一）涉嫌滥用市场支配地位行为的事实；

（二）承诺采取消除行为后果的具体措施；

（三）履行承诺的时限；

（四）需要承诺的其他内容。

第三十三条　反垄断执法机构根据被调查经营者的中止调查申请，在考虑行为的性质、持续时间、后果、社会影响、经营者承诺的措施及其预期效果等具体情况后，决定是否中止调查。

反垄断执法机构对涉嫌滥用市场支配地位行为调查核实后，认为构成滥用市场支配地位行为的，不得中止调查，应当依法作出处理决定。

第三十四条　反垄断执法机构决定中止调查的，应当制作中止调查决定书。

中止调查决定书应当载明被调查经营者涉嫌滥用市场支配地位行为的事实、承诺的具体内容、消除影响的具体措施、履行承诺的时限以及未履行或者未完全履行承诺的法律后果等内容。

第三十五条　决定中止调查的，反垄断执法机构应当对经营者履行承诺的情况进行监督。

经营者应当在规定的时限内向反垄断执法机构书面报告承诺履行情况。

第三十六条　反垄断执法机构确定经营者已经履行承诺的，可以决定终止调查，并制作终止调查决定书。

终止调查决定书应当载明被调查经营者涉嫌滥用市场支配地位行为的事实、作出中止调查决定的情况、承诺的具体内容、履行承诺的情况、监督情况等内容。

有下列情形之一的，反垄断执法机构应当恢复调查：

（一）经营者未履行或者未完全履行承诺的；

（二）作出中止调查决定所依据的事实发生重大变化的；

（三）中止调查决定是基于经营者提供的不完整或者不真实的信息作出的。

第三十七条　经营者涉嫌违反本规定的，反垄断执法机构可以对其法定代表人或者负责人进行约谈。

约谈应当指出经营者涉嫌滥用市场支配地位的问题，听取情况说明，开展提醒谈话，并可以要求其提出改进措施，消除行为危害后果。

经营者应当按照反垄断执法机构要求进行改进，提出消除行为危害后果的具体措施、履行时限等，并提交书面报告。

第三十八条　省级市场监管部门作出不予行政处罚决定、中止调查决定、恢复调查决定、终止调查决定或者行政处罚告知前，应当向市场监管总局报告，接受市场监管总局的指导和监督。

省级市场监管部门向被调查经营者送达不予行政处罚决定书、中止调查决定书、恢复调查决定书、终止调查决定书或者行政处罚决定书后，应当在七个工作日内向市场监管总局备案。

第三十九条　反垄断执法机构作出行政处理决定后，依法向社会公布。行政处罚信息应当依法通过国家企业信用信息公示系统向社会公示。

第四十条　市场监管总局应当加强对省级市场监管部门查处滥用市场支配地位行为的指导和监督，统一执法程序和标准。

省级市场监管部门应当严格按照市场监管总局相关规定查处滥用市场支配地位行为。

第四十一条　经营者滥用市场支配地位的，由反垄断执法机构责令停止违法行为，没收违法所得，并处上一年度销售额百分之一以上百分之十以下的罚款。

反垄断执法机构确定具体罚款数额时，应当考虑违法行为的性质、程度、持续时间和消除违法行为后果的情况等因素。违反本规定，情节特别严重、影响特别恶劣、造成特别严重后果的，市场监管总局可以在第一款规定的罚款数额的二倍以上五倍以下确定具体罚款数额。

经营者因行政机关和法律、法规授权的具有管理公共事务职能的组织滥用行政权力而滥用市场支配地位的，按照第一款规定处理。经营者能够证明其受行政机关和法律、法规授权的具有管理公共事务职能的组织滥用行政权力强制或者变相强制滥用市场支配地位的，可以依法从轻或者减轻处罚。

第四十二条 反垄断执法机构工作人员滥用职权、玩忽职守、徇私舞弊或者泄露执法过程中知悉的商业秘密、个人隐私和个人信息的，依照有关规定处理。

第四十三条 反垄断执法机构在调查期间发现的公职人员涉嫌职务违法、职务犯罪问题线索，应当及时移交纪检监察机关。

第四十四条 本规定对滥用市场支配地位行为调查、处罚程序未作规定的，依照《市场监督管理行政处罚程序规定》执行，有关时限、立案、案件管辖的规定除外。反垄断执法机构组织行政处罚听证的，依照《市场监督管理行政处罚听证办法》执行。

第四十五条 本规定自 2023 年 4 月 15 日起施行。2019 年 6 月 26 日国家市场监督管理总局令第 11 号公布的《禁止滥用市场支配地位行为暂行规定》同时废止。

2.2.10 《经营者集中审查规定》

第一章 总则

第一条 为了规范经营者集中反垄断审查工作，根据《中华人民共和国反垄断法》（以下简称反垄断法）和《国务院关于经营者集中申报标准的规定》，制定本规定。

第二条 国家市场监督管理总局（以下简称市场监管总局）负责经营者集中反垄断审查工作，并对违法实施的经营者集中进行调查处理。

市场监管总局根据工作需要，可以委托省、自治区、直辖市市场监督管理部门（以下称省级市场监管部门）实施经营者集中审查。

市场监管总局加强对受委托的省级市场监管部门的指导和监督，健全审查人员培训管理制度，保障审查工作的科学性、规范性、一致性。

第三条　经营者可以通过公平竞争、自愿联合，依法实施集中，扩大经营规模，提高市场竞争能力。

市场监管总局开展经营者集中反垄断审查工作时，坚持公平公正，依法平等对待所有经营者。

第四条　本规定所称经营者集中，是指反垄断法第二十五条所规定的下列情形：

（一）经营者合并；

（二）经营者通过取得股权或者资产的方式取得对其他经营者的控制权；

（三）经营者通过合同等方式取得对其他经营者的控制权或者能够对其他经营者施加决定性影响。

第五条　判断经营者是否取得对其他经营者的控制权或者能够对其他经营者施加决定性影响，应当考虑下列因素：

（一）交易的目的和未来的计划；

（二）交易前后其他经营者的股权结构及其变化；

（三）其他经营者股东（大）会等权力机构的表决事项及其表决机制，以及其历史出席率和表决情况；

（四）其他经营者董事会等决策或者管理机构的组成及其表决机制，以及其历史出席率和表决情况；

（五）其他经营者高级管理人员的任免等；

（六）其他经营者股东、董事之间的关系，是否存在委托行使投票权、一致行动人等；

（七）该经营者与其他经营者是否存在重大商业关系、合作协议等；

（八）其他应当考虑的因素。

两个以上经营者均拥有对其他经营者的控制权或者能够对其他经营者施加决定性影响的，构成对其他经营者的共同控制。

第六条　市场监管总局健全经营者集中分类分级审查制度。

市场监管总局可以针对涉及国计民生等重要领域的经营者集中，制定具体的审查办法。

市场监管总局对经营者集中审查制度的实施效果进行评估，并根据评估结果改进审查工作。

第七条 市场监管总局强化经营者集中审查工作的信息化体系建设，充分运用技术手段，推进智慧监管，提升审查效能。

第二章 经营者集中申报

第八条 经营者集中达到国务院规定的申报标准（以下简称申报标准）的，经营者应当事先向市场监管总局申报，未申报或者申报后获得批准前不得实施集中。

经营者集中未达到申报标准，但有证据证明该经营者集中具有或者可能具有排除、限制竞争效果的，市场监管总局可以要求经营者申报并书面通知经营者。集中尚未实施的，经营者未申报或者申报后获得批准前不得实施集中；集中已经实施的，经营者应当自收到书面通知之日起一百二十日内申报，并采取暂停实施集中等必要措施减少集中对竞争的不利影响。

是否实施集中的判断因素包括但不限于是否完成市场主体登记或者权利变更登记、委派高级管理人员、实际参与经营决策和管理、与其他经营者交换敏感信息、实质性整合业务等。

第九条 营业额包括相关经营者上一会计年度内销售产品和提供服务所获得的收入，扣除相关税金及附加。前款所称上一会计年度，是指集中协议签署日的上一会计年度。

第十条 参与集中的经营者的营业额，应当为该经营者以及申报时与该经营者存在直接或者间接控制关系的所有经营者的营业额总和，但是不包括上述经营者之间的营业额。

经营者取得其他经营者的组成部分时，出让方不再对该组成部分拥有控制权或者不能施加决定性影响的，目标经营者的营业额仅包括该组成部分的营业额。

参与集中的经营者之间或者参与集中的经营者和未参与集中的经营者之间有共同控制的其他经营者时，参与集中的经营者的营业额应当包括被共同控制的经营者与第三方经营者之间的营业额，此营业额只计算一次，且在有共同控制权的参与集中的经营者之间平均分配。

金融业经营者营业额的计算，按照金融业经营者集中申报营业额计算相关规定执行。

第十一条　相同经营者之间在两年内多次实施的未达到申报标准的经营者集中，应当视为一次集中，集中时间从最后一次交易算起，参与集中的经营者的营业额应当将多次交易合并计算。经营者通过与其有控制关系的其他经营者实施上述行为，依照本规定处理。

前款所称两年内，是指从第一次交易完成之日起至最后一次交易签订协议之日止的期间。

第十二条　市场监管总局加强对经营者集中申报的指导。在正式申报前，经营者可以以书面方式就集中申报事宜提出商谈申请，并列明拟商谈的具体问题。

第十三条　通过合并方式实施的经营者集中，合并各方均为申报义务人；其他情形的经营者集中，取得控制权或者能够施加决定性影响的经营者为申报义务人，其他经营者予以配合。

同一项经营者集中有多个申报义务人的，可以委托一个申报义务人申报。被委托的申报义务人未申报的，其他申报义务人不能免除申报义务。申报义务人未申报的，其他参与集中的经营者可以提出申报。

申报人可以自行申报，也可以依法委托他人代理申报。申报人应当严格审慎选择代理人。申报代理人应当诚实守信、合规经营。

第十四条　申报文件、资料应当包括如下内容：

（一）申报书。申报书应当载明参与集中的经营者的名称、住所（经营场所）、经营范围、预定实施集中的日期，并附申报人身份证件或者登记注册文件，境外申报人还须提交当地公证机关的公证文件和相关的认证文件。委托代理人申报的，应当提交授权委托书。

（二）集中对相关市场竞争状况影响的说明。包括集中交易概况；相关市场界定；参与集中的经营者在相关市场的市场份额及其对市场的控制力；主要竞争者及其市场份额；市场集中度；市场进入；行业发展现状；集中对市场竞争结构、行业发展、技术进步、创新、国民经济发展、消费者以及其他经营者的影响；集中对相关市场竞争影响的效果评估及依据。

（三）集中协议。包括各种形式的集中协议文件，如协议书、合同以及相应的补充文件等。

（四）参与集中的经营者经会计师事务所审计的上一会计年度财务会计报告。

（五）市场监管总局要求提交的其他文件、资料。

申报人应当对申报文件、资料的真实性、准确性、完整性负责。

申报代理人应当协助申报人对申报文件、资料的真实性、准确性、完整性进行审核。

第十五条 申报人应当对申报文件、资料中的商业秘密、未披露信息、保密商务信息、个人隐私或者个人信息进行标注，并且同时提交申报文件、资料的公开版本和保密版本。申报文件、资料应当使用中文。

第十六条 市场监管总局对申报人提交的文件、资料进行核查，发现申报文件、资料不完备的，可以要求申报人在规定期限内补交。申报人逾期未补交的，视为未申报。

第十七条 市场监管总局经核查认为申报文件、资料符合法定要求的，自收完备的申报文件、资料之日予以受理并书面通知申报人。

第十八条 经营者集中未达到申报标准，参与集中的经营者自愿提出经营者集中申报，市场监管总局收到申报文件、资料后经核查认为有必要受理的，按照反垄断法予以审查并作出决定。

第十九条 符合下列情形之一的经营者集中，可以作为简易案件申报，市场监管总局按照简易案件程序进行审查：

（一）在同一相关市场，参与集中的经营者所占的市场份额之和小于百分之十五；在上下游市场，参与集中的经营者所占的市场份额均小于百分之二十五；不在同一相关市场也不存在上下游关系的参与集中的经营者，在与交易有关的每个市场所占的市场份额均小于百分之二十五；

（二）参与集中的经营者在中国境外设立合营企业，合营企业不在中国境内从事经济活动的；

（三）参与集中的经营者收购境外企业股权或者资产，该境外企业不在中国境内从事经济活动的；

（四）由两个以上经营者共同控制的合营企业，通过集中被其中一个或者一个以上经营者控制的。

第二十条　符合本规定第十九条但存在下列情形之一的经营者集中，不视为简易案件：

（一）由两个以上经营者共同控制的合营企业，通过集中被其中的一个经营者控制，该经营者与合营企业属于同一相关市场的竞争者，且市场份额之和大于百分之十五的；

（二）经营者集中涉及的相关市场难以界定的；

（三）经营者集中对市场进入、技术进步可能产生不利影响的；

（四）经营者集中对消费者和其他有关经营者可能产生不利影响的；

（五）经营者集中对国民经济发展可能产生不利影响的；

（六）市场监管总局认为可能对市场竞争产生不利影响的其他情形。

第二十一条　市场监管总局受理简易案件后，对案件基本信息予以公示，公示期为十日。公示的案件基本信息由申报人填报。

对于不符合简易案件标准的简易案件申报，市场监管总局予以退回，并要求申报人按非简易案件重新申报。

第三章　经营者集中审查

第二十二条　市场监管总局应当自受理之日起三十日内，对申报的经营者集中进行初步审查，作出是否实施进一步审查的决定，并书面通知申报人。

市场监管总局决定实施进一步审查的，应当自决定之日起九十日内审查完毕，作出是否禁止经营者集中的决定，并书面通知申报人。符合反垄断法第三十一条第二款规定情形的，市场监管总局可以延长本款规定的审查期限，最长不得超过六十日。

第二十三条 在审查过程中，出现反垄断法第三十二条规定情形的，市场监管总局可以决定中止计算经营者集中的审查期限并书面通知申报人，审查期限自决定作出之日起中止计算。

自中止计算审查期限的情形消除之日起，审查期限继续计算，市场监管总局应当书面通知申报人。

第二十四条 在审查过程中，申报人未按照规定提交文件、资料导致审查工作无法进行的，市场监管总局应当书面通知申报人在规定期限内补正。申报人未在规定期限内补正的，市场监管总局可以决定中止计算审查期限。

申报人按要求提交文件、资料后，审查期限继续计算。

第二十五条 在审查过程中，出现对经营者集中审查具有重大影响的新情况、新事实，不经核实将导致审查工作无法进行的，市场监管总局可以决定中止计算审查期限。

经核实，审查工作可以进行的，审查期限继续计算。

第二十六条 在市场监管总局对申报人提交的附加限制性条件承诺方案进行评估阶段，申报人提出中止计算审查期限请求，市场监管总局认为确有必要的，可以决定中止计算审查期限。

对附加限制性条件承诺方案评估完成后，审查期限继续计算。

第二十七条 在市场监管总局作出审查决定之前，申报人要求撤回经营者集中申报的，应当提交书面申请并说明理由。经市场监管总局同意，申报人可以撤回申报。

集中交易情况或者相关市场竞争状况发生重大变化，需要重新申报的，申报人应当申请撤回。

撤回经营者集中申报的，审查程序终止。市场监管总局同意撤回申报不视为对集中的批准。

第二十八条　在审查过程中，市场监管总局根据审查工作需要，可以要求申报人在规定期限内补充提供相关文件、资料，就申报有关事项与申报人及其代理人进行沟通。

申报人可以主动提供有助于对经营者集中进行审查和作出决定的有关文件、资料。

第二十九条　在审查过程中，参与集中的经营者可以通过信函、传真、电子邮件等方式向市场监管总局就有关申报事项进行书面陈述，市场监管总局应当听取。

第三十条　在审查过程中，市场监管总局根据审查工作需要，可以通过书面征求、座谈会、论证会、问卷调查、委托咨询、实地调研等方式听取有关政府部门、行业协会、经营者、消费者、专家学者等单位或者个人的意见。

第三十一条　审查经营者集中，应当考虑下列因素：

（一）参与集中的经营者在相关市场的市场份额及其对市场的控制力；

（二）相关市场的市场集中度；

（三）经营者集中对市场进入、技术进步的影响；

（四）经营者集中对消费者和其他有关经营者的影响；

（五）经营者集中对国民经济发展的影响；

（六）应当考虑的影响市场竞争的其他因素。

第三十二条　评估经营者集中的竞争影响，可以考察相关经营者单独或者共同排除、限制竞争的能力、动机及可能性。

集中涉及上下游市场或者关联市场的，可以考察相关经营者利用在一个或者多个市场的控制力，排除、限制其他市场竞争的能力、动机及可能性。

第三十三条　评估参与集中的经营者对市场的控制力，可以考虑参与集中的经营者在相关市场的市场份额、产品或者服务的替代程度、控制销售市场或者原材料采购市场的能力、财力和技术条件、掌握和处理数据的能力，以及相关市场的市场结构、其他经营者的生产能力、下游客户购买能力和转换供应商的能力、潜在竞争者进入的抵消效果等因素。

评估相关市场的市场集中度，可以考虑相关市场的经营者数量及市场份额等因素。

第三十四条 评估经营者集中对市场进入的影响，可以考虑经营者通过控制生产要素、销售和采购渠道、关键技术、关键设施、数据等方式影响市场进入的情况，并考虑进入的可能性、及时性和充分性。

评估经营者集中对技术进步的影响，可以考虑经营者集中对技术创新动力和能力、技术研发投入和利用、技术资源整合等方面的影响。

第三十五条 评估经营者集中对消费者的影响，可以考虑经营者集中对产品或者服务的数量、价格、质量、多样化等方面的影响。

评估经营者集中对其他有关经营者的影响，可以考虑经营者集中对同一相关市场、上下游市场或者关联市场经营者的市场进入、交易机会等竞争条件的影响。

第三十六条 评估经营者集中对国民经济发展的影响，可以考虑经营者集中对经济效率、经营规模及其对相关行业发展等方面的影响。

第三十七条 评估经营者集中的竞争影响，还可以综合考虑集中对公共利益的影响、参与集中的经营者是否为濒临破产的企业等因素。

第三十八条 市场监管总局认为经营者集中具有或者可能具有排除、限制竞争效果的，应当告知申报人，并设定一个允许参与集中的经营者提交书面意见的合理期限。

参与集中的经营者的书面意见应当包括相关事实和理由，并提供相应证据。参与集中的经营者逾期未提交书面意见的，视为无异议。

第三十九条 为减少集中具有或者可能具有的排除、限制竞争的效果，参与集中的经营者可以向市场监管总局提出附加限制性条件承诺方案。

市场监管总局应当对承诺方案的有效性、可行性和及时性进行评估，并及时将评估结果通知申报人。

市场监管总局认为承诺方案不足以减少集中对竞争的不利影响的，可以与参与集中的经营者就限制性条件进行磋商，要求其在合理期限内提出其他承诺方案。

第四十条　根据经营者集中交易具体情况，限制性条件可以包括如下种类：

（一）剥离有形资产，知识产权、数据等无形资产或者相关权益（以下简称剥离业务）等结构性条件；

（二）开放其网络或者平台等基础设施、许可关键技术（包括专利、专有技术或者其他知识产权）、终止排他性或者独占性协议、保持独立运营、修改平台规则或者算法、承诺兼容或者不降低互操作性水平等行为性条件；

（三）结构性条件和行为性条件相结合的综合性条件。

剥离业务一般应当具有在相关市场开展有效竞争所需要的所有要素，包括有形资产、无形资产、股权、关键人员以及客户协议或者供应协议等权益。剥离对象可以是参与集中经营者的子公司、分支机构或者业务部门等。

第四十一条　承诺方案存在不能实施的风险的，参与集中的经营者可以提出备选方案。备选方案应当在首选方案无法实施后生效，并且比首选方案的条件更为严格。

承诺方案为剥离，但存在下列情形之一的，参与集中的经营者可以在承诺方案中提出特定买方和剥离时间建议：

（一）剥离存在较大困难；

（二）剥离前维持剥离业务的竞争性和可销售性存在较大风险；

（三）买方身份对剥离业务能否恢复市场竞争具有重要影响；

（四）市场监管总局认为有必要的其他情形。

第四十二条　对于具有或者可能具有排除、限制竞争效果的经营者集中，参与集中的经营者提出的附加限制性条件承诺方案能够有效减少集中对竞争产生的不利影响的，市场监管总局可以作出附加限制性条件批准决定。

参与集中的经营者未能在规定期限内提出附加限制性条件承诺方案，或者所提出的承诺方案不能有效减少集中对竞争产生的不利影响的，市场监管总局应当作出禁止经营者集中的决定。

第四十三条　任何单位和个人发现未达申报标准但具有或者可能具有排除、限制竞争效果的经营者集中，可以向市场监管总局书面反映，并提供相关事实和证据。

市场监管总局经核查，对有证据证明未达申报标准的经营者集中具有或者可能具有排除、限制竞争效果的，依照本规定第八条进行处理。

第四章　限制性条件的监督和实施

第四十四条　对于附加限制性条件批准的经营者集中，义务人应当严格履行查决定规定的义务，并按规定向市场监管总局报告限制性条件履行情况。

市场监管总局可以自行或者通过受托人对义务人履行限制性条件的行为进行监督检查。通过受托人监督检查的，市场监管总局应当在审查决定中予以明确。受托人包括监督受托人和剥离受托人。

义务人，是指附加限制性条件批准经营者集中的审查决定中要求履行相关义务的经营者。

监督受托人，是指受义务人委托并经市场监管总局评估确定，负责对义务人实施限制性条件进行监督并向市场监管总局报告的自然人、法人或者非法人组织。

剥离受托人，是指受义务人委托并经市场监管总局评估确定，在受托剥离阶段负责出售剥离业务并向市场监管总局报告的自然人、法人或者非法人组织。

第四十五条　通过受托人监督检查的，义务人应当在市场监管总局作出审查决定之日起十五日内向市场监管总局提交监督受托人人选。限制性条件为剥离的，义务人应当在进入受托剥离阶段三十日前向市场监管总局提交剥离受托人人选。义务人应当严格审慎选择受托人人选并对相关文件、资料的真实性、完整性、准确性负责。受托人人选应当符合下列具体要求：

（一）诚实守信、合规经营；

（二）有担任受托人的意愿；

（三）独立于义务人和剥离业务的买方；

（四）具有履行受托人职责的专业团队，团队成员应当具有对限制性条件进行监督所需的专业知识、技能及相关经验；

（五）能够提出可行的工作方案；

（六）过去五年未在担任受托人过程中受到处罚；

（七）市场监管总局提出的其他要求。

义务人正式提交受托人人选后，受托人人选无正当理由不得放弃参与受托人评估。

一般情况下，市场监管总局应当从义务人提交的人选中择优评估确定受托人。但义务人未在规定期限内提交受托人人选且经再次书面通知后仍未按时提交，或者两次提交的人选均不符合要求，导致监督执行工作难以正常进行的，市场监管总局可以指导义务人选择符合条件的受托人。

受托人确定后，义务人应当与受托人签订书面协议，明确各自权利和义务，并报市场监管总局同意。受托人应当勤勉、尽职地履行职责。义务人支付受托人报酬，并为受托人提供必要的支持和便利。

第四十六条　限制性条件为剥离的，剥离义务人应当在审查决定规定的期限内，自行找到合适的剥离业务买方、签订出售协议，并报经市场监管总局批准后完成剥离。剥离义务人未能在规定期限内完成剥离的，市场监管总局可以要求义务人委托剥离受托人在规定的期限内寻找合适的剥离业务买方。剥离业务买方应当符合下列要求：

（一）独立于参与集中的经营者；

（二）拥有必要的资源、能力并有意愿使用剥离业务参与市场竞争；

（三）取得其他监管机构的批准；

（四）不得向参与集中的经营者融资购买剥离业务；

（五）市场监管总局根据具体案件情况提出的其他要求。

买方已有或者能够从其他途径获得剥离业务中的部分资产或者权益时，可以向市场监管总局申请对剥离业务的范围进行必要调整。

第四十七条　义务人提交市场监管总局审查的监督受托人、剥离受托人、剥离业务买方人选原则上各不少于三家。在特殊情况下，经市场监管总局同意，上述人选可少于三家。

市场监管总局应当对义务人提交的受托人及委托协议、剥离业务买方人选及出售协议进行审查，以确保其符合审查决定要求。

限制性条件为剥离的，市场监管总局上述审查所用时间不计入剥离期限。

第四十八条　审查决定未规定自行剥离期限的，剥离义务人应当在审查决定作出之日起六个月内找到适当的买方并签订出售协议。经剥离义务人申请并说明理由，市场监管总局可以酌情延长自行剥离期限，但延期最长不得超过三个月。

审查决定未规定受托剥离期限的，剥离受托人应当在受托剥离开始之日起六个月内找到适当的买方并签订出售协议。

第四十九条　剥离义务人应当在市场监管总局审查批准买方和出售协议后，与买方签订出售协议，并自签订之日起三个月内将剥离业务转移给买方，完成所有权转移等相关法律程序。经剥离义务人申请并说明理由，市场监管总局可以酌情延长业务转移的期限。

第五十条　经市场监管总局批准的买方购买剥离业务达到申报标准的，取得控制权的经营者应当将其作为一项新的经营者集中向市场监管总局申报。市场监管总局作出审查决定之前，剥离义务人不得将剥离业务出售给买方。

第五十一条　在剥离完成之前，为确保剥离业务的存续性、竞争性和可销售性，剥离义务人应当履行下列义务：

（一）保持剥离业务与其保留的业务之间相互独立，并采取一切必要措施最符合剥离业务发展的方式进行管理；

（二）不得实施任何可能对剥离业务有不利影响的行为，包括聘用被剥离业务的关键员工，获得剥离业务的商业秘密或者其他保密信息等；

（三）指定专门的管理人，负责管理剥离业务。管理人在监督受托人的监督下履行职责，其任命和更换应当得到监督受托人的同意；

（四）确保潜在买方能够以公平合理的方式获得有关剥离业务的充分信息，评估剥离业务的商业价值和发展潜力；

（五）根据买方的要求向其提供必要的支持和便利，确保剥离业务的顺利交接和稳定经营；

（六）向买方及时移交剥离业务并履行相关法律程序。

第五十二条　监督受托人应当在市场监管总局的监督下履行下列职责：

（一）监督义务人履行本规定、审查决定及相关协议规定的义务；

（二）对剥离义务人推荐的买方人选、拟签订的出售协议进行评估，并向市场监管总局提交评估报告；

（三）监督剥离业务出售协议的执行，并定期向市场监管总局提交监督报告；

（四）协调剥离义务人与潜在买方就剥离事项产生的争议；

（五）按照市场监管总局的要求提交其他与义务人履行限制性条件有关的报告。

未经市场监管总局同意，监督受托人不得披露其在履行职责过程中向市场监管总局提交的各种报告及相关信息。

第五十三条　在受托剥离阶段，剥离受托人负责为剥离业务找到买方并达成出售协议。

剥离受托人有权以无底价方式出售剥离业务。

第五十四条　审查决定应当规定附加限制性条件的期限。

根据审查决定，限制性条件到期自动解除的，经市场监管总局核查确认，义务人未违反审查决定的，限制性条件自动解除。义务人存在违反审查决定情形的，市场监管总局可以适当延长附加限制性条件的期限，并及时向社会公布。

根据审查决定，限制性条件到期后义务人需要申请解除的，义务人应当提交书面申请并说明理由。市场监管总局评估后决定解除限制性条件的，应当及时向社会公布。

限制性条件为剥离，经市场监管总局核查确认，义务人履行完成所有义务的，限制性条件自动解除。

第五十五条 审查决定生效期间，市场监管总局可以主动或者应义务人申请对限制性条件进行重新审查，变更或者解除限制性条件。市场监管总局决定变更或者解除限制性条件的，应当及时向社会公布。

市场监管总局变更或者解除限制性条件时，应当考虑下列因素：

（一）集中交易方是否发生重大变化；

（二）相关市场竞争状况是否发生实质性变化；

（三）实施限制性条件是否无必要或者不可能；

（四）应当考虑的其他因素。

第五章　对违法实施经营者集中的调查

第五十六条 经营者集中达到申报标准，经营者未申报实施集中、申报后未经批准实施集中或者违反审查决定的，依照本章规定进行调查。

未达申报标准的经营者集中，经营者未按照本规定第八条进行申报的，市场监管总局依照本章规定进行调查。

第五十七条 对涉嫌违法实施经营者集中，任何单位和个人有权向市场监管总局举报。市场监管总局应当为举报人保密。

举报采用书面形式，并提供举报人和被举报人基本情况、涉嫌违法实施经营者集中的相关事实和证据等内容的，市场监管总局应当进行必要的核查。

对于采用书面形式的实名举报，市场监管总局可以根据举报人的请求向其反馈举报处理结果。

对举报处理工作中获悉的国家秘密以及公开后可能危及国家安全、公共安全、经济安全、社会稳定的信息，市场监管总局应当严格保密。

第五十八条 对有初步事实和证据表明存在违法实施经营者集中嫌疑的，市场监管总局应当予以立案，并书面通知被调查的经营者。

第五十九条 被调查的经营者应当在立案通知送达之日起三十日内，向市场监管总局提交是否属于经营者集中、是否达到申报标准、是否申报、是否违法实施等有关的文件、资料。

第六十条　市场监管总局应当自收到被调查的经营者依照本规定第五十九条提交的文件、资料之日起三十日内，对被调查的交易是否属于违法实施经营者集中完成初步调查。

属于违法实施经营者集中的，市场监管总局应当作出实施进一步调查的决定，并书面通知被调查的经营者。经营者应当停止违法行为。

不属于违法实施经营者集中的，市场监管总局应当作出不实施进一步调查的决定，并书面通知被调查的经营者。

第六十一条　市场监管总局决定实施进一步调查的，被调查的经营者应当自收到市场监管总局书面通知之日起三十日内，依照本规定关于经营者集中申报文件、资料的规定向市场监管总局提交相关文件、资料。

市场监管总局应当自收到被调查的经营者提交的符合前款规定的文件、资料之日起一百二十日内，完成进一步调查。

在进一步调查阶段，市场监管总局应当按照反垄断法及本规定，对被调查的交易是否具有或者可能具有排除、限制竞争效果进行评估。

第六十二条　在调查过程中，被调查的经营者、利害关系人有权陈述意见。市场监管总局应当对被调查的经营者、利害关系人提出的事实、理由和证据进行核实。

第六十三条　市场监管总局在作出行政处罚决定前，应当告知被调查的经营者拟作出的行政处罚内容及事实、理由、依据，并告知被调查的经营者依法享有的陈述、申辩、要求听证等权利。

被调查的经营者自告知书送达之日起五个工作日内，未行使陈述、申辩权，未要求听证的，视为放弃此权利。

第六十四条　市场监管总局对违法实施经营者集中应当依法作出处理决定，并可以向社会公布。

第六十五条　市场监管总局责令经营者采取必要措施恢复到集中前状态的，相关措施的监督和实施参照本规定第四章执行。

第六章　法律责任

第六十六条　经营者违反反垄断法规定实施集中的，依照反垄断法第五十八条规定予以处罚。

第六十七条　对市场监管总局依法实施的审查和调查，拒绝提供有关材料、信息，或者提供虚假材料、信息，或者隐匿、销毁、转移证据，或者有其他拒绝、阻碍调查行为的，由市场监管总局责令改正，对单位处上一年度销售额百分之一以下的罚款，上一年度没有销售额或者销售额难以计算的，处五百万元以下的罚款；对个人处五十万元以下的罚款。

第六十八条　市场监管总局在依据反垄断法和本规定对违法实施经营者集中进行调查处理时，应当考虑集中实施的时间，是否具有或者可能具有排除、限制竞争的效果及其持续时间，消除违法行为后果的情况等因素。

当事人主动报告市场监管总局尚未掌握的违法行为，主动消除或者减轻违法行为危害后果的，市场监管总局应当依据《中华人民共和国行政处罚法》第三十二条从轻或者减轻处罚。

第六十九条　市场监管总局依据反垄断法和本规定第六十六条、第六十七条对经营者予以行政处罚的，依照反垄断法第六十四条和国家有关规定记入信用记录，并向社会公示。

第七十条　申报人应当对代理行为加强管理并依法承担相应责任。

申报代理人故意隐瞒有关情况、提供虚假材料或者有其他行为阻碍经营者集中案件审查、调查工作的，市场监管总局依法调查处理并公开，可以向有关部门提出处理建议。

第七十一条　受托人不符合履职要求、无正当理由放弃履行职责、未按要求履行职责或者有其他行为阻碍经营者集中案件监督执行的，市场监管总局可以要求义务人更换受托人，并可以对受托人给予警告、通报批评，处十万元以下的罚款。

第七十二条　剥离业务的买方未按规定履行义务，影响限制性条件实施的，由市场监管总局责令改正，处十万元以下的罚款。

第七十三条　违反反垄断法第四章和本规定，情节特别严重、影响特别恶劣、造成特别严重后果的，市场监管总局可以在反垄断法第五十八条、第六十二条规定和本规定第六十六条、第六十七条规定的罚款数额的二倍以上五倍以下处以罚款。

第七十四条　反垄断执法机构工作人员滥用职权、玩忽职守、徇私舞弊或者泄露执法过程中知悉的商业秘密、个人隐私和个人信息的，依照有关规定处理。

反垄断执法机构在调查期间发现的公职人员涉嫌职务违法、职务犯罪问题线索，应当及时移交纪检监察机关。

第七章　附则

第七十五条　市场监管总局以及其他单位和个人对于知悉的商业秘密、未披露信息、保密商务信息、个人隐私和个人信息承担保密义务，但根据法律法规规定应当披露的或者事先取得权利人同意的除外。

第七十六条　本规定对违法实施经营者集中的调查、处罚程序未作规定的，依照《市场监督管理行政处罚程序规定》执行，有关时限、立案、案件管辖的规定除外。

在审查或者调查过程中，市场监管总局可以组织听证。听证程序依照《市场监督管理行政许可程序暂行规定》《市场监督管理行政处罚听证办法》执行。

第七十七条　对于需要送达经营者的书面文件，送达方式参照《市场监督管理行政处罚程序规定》执行。

第七十八条　本规定自 2023 年 4 月 15 日起施行。2020 年 10 月 23 日国家市场监督管理总局令第 30 号公布的《经营者集中审查暂行规定》同时废止。

2.2.11　《网信部门行政执法程序规定》

第一章　总则

第一条　为了规范和保障网信部门依法履行职责，保护公民、法人和其他组织的合法权益，维护国家安全和公共利益，根据《中华人民共和国行政处罚法》、《中华人民共和国行政强制法》、《中华人民共和国网络安全法》、《中华人民共和国数据安全法》、《中华人民共和国个人信息保护法》等法律、行政法规，制定本规定。

第二条　网信部门实施行政处罚等行政执法，适用本规定。

本规定所称网信部门，是指国家互联网信息办公室和地方互联网信息办公室。

第三条　网信部门实施行政执法，应当坚持处罚与教育相结合，做到事实清楚、证据确凿、依据准确、程序合法。

第四条　国家网信部门依法建立本系统的行政执法监督制度。上级网信部门对下级网信部门实施的行政执法进行监督。

第五条　网信部门应当加强执法队伍和执法能力建设，建立健全执法人员培训、考试考核、资格管理和持证上岗制度。

第六条　网信部门及其执法人员对在执法过程中知悉的国家秘密、商业秘密或者个人隐私，应当依法予以保密。

第七条　执法人员与案件有直接利害关系或者有其他关系可能影响公正执法的，应当回避。

当事人认为执法人员与案件有直接利害关系或者有其他关系可能影响公正执法的，有权申请回避。当事人提出回避申请的，网信部门应当依法审查，由网信部门负责人决定。决定作出之前，不停止调查。

第二章　管辖和适用

第八条　行政处罚由违法行为发生地的网信部门管辖。法律、行政法规、部门规章另有规定的，从其规定。

违法行为发生地包括违法行为人相关服务许可地或者备案地，主营业地、登记地，网站建立者、管理者、使用者所在地，网络接入地，服务器所在地，计算机等终端设备所在地等。

第九条　县级以上网信部门依职权管辖本行政区域内的行政处罚案件。法律、行政法规另有规定的，从其规定。

第十条　对当事人的同一个违法行为，两个以上网信部门都有管辖权的，由最先立案的网信部门管辖。

两个以上网信部门对管辖权有争议的，应当协商解决，协商不成的，报请共同的上一级网信部门指定管辖；也可以直接由共同的上一级网信部门指定管辖。

第十一条　上级网信部门认为必要的，可以直接办理下级网信部门管辖的案件，也可以将本部门管辖的案件交由下级网信部门办理。法律、行政法规、部门规章明确规定案件应当由上级网信部门管辖的，上级网信部门不得将案件交由下级网信部门管辖。

下级网信部门对其管辖的案件由于特殊原因不能行使管辖权的，可以报请上级网信部门管辖或者指定管辖。

设区的市级以下网信部门发现其所管辖的行政处罚案件涉及国家安全等情形的，应当及时报告上一级网信部门，必要时报请上一级网信部门管辖。

第十二条　网信部门发现受理的案件不属于其管辖的，应当及时移送有管辖权的网信部门。

受移送的网信部门应当将案件查处结果及时函告移送案件的网信部门；认为移送不当的，应当报请共同的上一级网信部门指定管辖，不得再次自行移送。

第十三条　上级网信部门接到管辖争议或者报请指定管辖的请示后，应当在十个工作日内作出指定管辖的决定，并书面通知下级网信部门。

第十四条　网信部门发现案件属于其他行政机关管辖的，应当依法移送有关行政机关。

网信部门发现违法行为涉嫌犯罪的，应当及时将案件移送司法机关。司法机关决定立案的，网信部门应当及时办结移交手续。

网信部门应当与司法机关加强协调配合，建立健全案件移送制度，加强证据材料移交、接收衔接，完善案件处理信息通报机制。

第十五条　网信部门对依法应当由原许可、批准的部门作出降低资质等级、吊销许可证件等行政处罚决定的，应当将取得的证据及相关材料送原许可、批准的部门，由其依法作出是否降低资质等级、吊销许可证件等决定。

第十六条　对当事人的同一个违法行为，不得给予两次以上罚款的行政处罚。同一个违法行为违反多个法律规范应当给予罚款处罚的，按照罚款数额高的规定处罚。

第三章　行政处罚程序

第一节　立案

第十七条　网信部门对下列事项应当及时调查处理，并填写案件来源登记表：

（一）在监督检查中发现案件线索的；

（二）自然人、法人或者其他组织投诉、申诉、举报的；

（三）上级网信部门交办或者下级网信部门报请查处的；

（四）有关机关移送的；

（五）经由其他方式、途径发现的。

第十八条　行政处罚立案应当符合下列条件：

（一）有涉嫌违反法律、行政法规和部门规章的行为，依法应当予以行政处罚；

（二）属于本部门管辖；

（三）在应当给予行政处罚的法定期限内。

符合立案条件的，应当填写立案审批表，连同相关材料，在七个工作日内报网信部门负责人批准立案，并指定两名以上执法人员为案件承办人。情况特殊的，可以延长至十五个工作日内立案。

对于不予立案的投诉、申诉、举报，应当将不予立案的相关情况作书面记录留存。

对于其他机关移送的案件，决定不予立案的，应当书面告知移送机关。

不予立案或者撤销立案的，承办人应当制作不予立案审批表或者撤销立案审批表，报网信部门负责人批准。

第二节　调查取证

第十九条　网信部门进行案件调查取证，应当由具有行政执法资格的执法人员实施。执法人员不得少于两人，并应当主动向当事人或者有关人员出示执法证件。必要时，可以聘请专业人员进行协助。

首次向案件当事人收集、调取证据的，应当告知其有申请执法人员回避的权利。

向有关单位、个人收集、调取证据时，应当告知其有如实提供证据的义务。被调查对象和有关人员应当如实回答询问，协助和配合调查，及时提供依法应予保存的网络运营者发布的信息、用户发布的信息、日志信息等相关材料，不得阻挠、干扰案件的调查。

第二十条　网信部门在执法过程中确需有关机关或者其他行政区域网信部门协助调查取证的，应当出具协助调查函，协助调查函应当载明需要协助的具体事项、期限等内容。

收到协助调查函的网信部门对属于本部门职权范围的协助事项应当予以协助，在接到协助调查函之日起十五个工作日内完成相关工作；需要延期完成或者无法协助的，应当及时函告提出协助请求的网信部门。

第二十一条　执法人员应当依法收集与案件有关的证据，包括书证、物证、视听资料、电子数据、证人证言、当事人的陈述、鉴定意见、勘验笔录、现场笔录等。

电子数据是指案件发生过程中形成的，存在于计算机设备、移动通信设备、互联网服务器、移动存储设备、云存储系统等电子设备或者存储介质中，以数字化形式存储、处理、传输的，能够证明案件事实的数据。视听资料包括录音资料和影像资料。存储在电子介质中的录音资料和影像资料，适用电子数据的规定。

证据应当经查证属实，方可作为认定案件事实的根据。

以非法手段取得的证据，不得作为认定案件事实的根据。

第二十二条 立案前调查和监督检查过程中依法取得的证据材料，可以作为案件的证据使用。

对于移送的案件，移送机关依职权调查收集的证据材料，可以作为案件的证据使用。

第二十三条 网信部门在立案前，可以采取询问、勘验、检查、检测、检验、鉴定、调取相关材料等措施，不得限制调查对象的人身、财产权利。

网信部门立案后，可以对涉案物品、设施、场所采取先行登记保存等措施。

第二十四条 网信部门在执法过程中询问当事人或者其他有关人员，应当制作询问笔录，载明时间、地点、事实、经过等内容。询问笔录应当交询问对象或者其他有关人员核对确认，并由执法人员和询问对象或者其他有关人员签名。询问对象和其他有关人员拒绝签名或者无法签名的，应当注明原因。

第二十五条 网信部门对于涉及违法行为的场所、物品、网络应当进行勘验、检查，及时收集、固定书证、物证、视听资料和电子数据。

第二十六条 网信部门可以委托司法鉴定机构就案件中的专门性问题出具鉴定意见；不属于司法鉴定范围的，可以委托有能力或者有条件的机构出具检测报告或者检验报告。

第二十七条 网信部门可以向有关单位、个人调取能够证明案件事实的证据材料，并可以根据需要拍照、录像、复印和复制。

调取的书证、物证应当是原件、原物。调取原件、原物确有困难的，可以由提交证据的有关单位、个人在复制品上签字或者盖章，注明"此件由×××提供，经核对与原件（物）无异"的字样或者文字说明，注明出证日期、证据出处，并签名或者盖章。

调取的视听资料、电子数据应当是原始载体或者备份介质。调取原始载体或者备份介质确有困难的，可以收集复制件，并注明制作方法、制作时间、制作人等情况。调取声音资料的，应当附有该声音内容的文字记录。

第二十八条 在证据可能灭失或者以后难以取得的情况下，经网信部门负责人批准，执法人员可以依法对涉案计算机、服务器、硬盘、移动存储设备、存储卡等涉嫌实施违法行为的物品先行登记保存，制作登记保存物品清单，向当事人出具登记保存物品通知书。先行登记保存期间，当事人和其他有关人员不得损毁、销毁或者转移证据。

网信部门实施先行登记保存的，应当通知当事人或者持有人到场，并在现场笔录中对采取的相关措施情况予以记载。

第二十九条　网信部门对先行登记保存的证据，应当在七个工作日内作出以下处理决定：

（一）需要采取证据保全措施的，采取记录、复制、拍照、录像等证据保全措施后予以返还；

（二）需要检验、检测、鉴定的，送交具有相应资质的机构检验、检测、鉴定；

（三）违法事实不成立，或者先行登记保存的证据与违法事实不具有关联性的，解除先行登记保存。

逾期未作出处理决定的，应当解除先行登记保存。

违法事实成立，依法应当予以没收的，依照法定程序实施行政处罚。

第三十条　网信部门收集、保全电子数据，可以采取现场取证、远程取证和责令有关单位、个人固定和提交等措施。

现场取证、远程取证结束后，应当制作电子取证工作记录。

第三十一条　执法人员在调查取证过程中，应当要求当事人在笔录和其他相关材料上签字、捺指印、盖章或者以其他方式确认。

当事人拒绝到场，拒绝签字、捺指印、盖章或者以其他方式确认，或者无法找到当事人的，应当由两名执法人员在笔录或者其他材料上注明原因，并邀请其他有关人员作为见证人签字或者盖章，也可以采取录音、录像等方式记录。

第三十二条　对有证据证明是用于违法个人信息处理活动的设备、物品，可以采取查封或者扣押措施。

采取或者解除查封、扣押措施，应当向网信部门主要负责人书面报告并经批准。情况紧急，需要当场采取查封、扣押措施的，执法人员应当在二十四小时内向网信部门主要负责人报告，并补办批准手续。网信部门主要负责人认为不应当采取查封、扣押措施的，应当立即解除。

第三十三条　案件调查终结后，承办人认为违法事实成立，应当予以行政处罚的，撰写案件处理意见报告，草拟行政处罚建议书。

有下列情形之一的，承办人撰写案件处理意见报告，说明拟作处理的理由，报网信部门负责人批准后根据不同情况分别处理：

（一）认为违法事实不能成立，不予行政处罚的；

（二）违法行为情节轻微并及时改正，没有造成危害后果，不予行政处罚的；

（三）初次违法且危害后果轻微并及时改正，可以不予行政处罚的；

（四）当事人有证据足以证明没有主观过错，不予行政处罚的，法律、行政法规另有规定的，从其规定；

（五）案件不属于本部门管辖，应当移送其他行政机关管辖的；

（六）涉嫌犯罪，应当移送司法机关的。

第三十四条　网信部门在进行监督检查或者案件调查时，对已有证据证明违法事实成立的，应当责令当事人立即改正或者限期改正违法行为。

第三十五条　对事实清楚、当事人自愿认错认罚且对违法事实和法律适用没有异议的行政处罚案件，网信部门应当快速办理案件。

第三节　听证

第三十六条　网信部门作出下列行政处罚决定前，应当告知当事人有要求举行听证的权利。当事人要求听证的，应当在被告知后五个工作日内提出，网信部门应当组织听证。当事人逾期未要求听证的，视为放弃听证的权利：

（一）较大数额罚款；

（二）没收较大数额违法所得、没收较大价值非法财物；

（三）降低资质等级、吊销许可证件；

（四）责令停产停业、责令关闭、限制从业；

（五）其他较重的行政处罚；

（六）法律、行政法规、部门规章规定的其他情形。

第三十七条　网信部门应当在听证的七个工作日前，将听证通知书送达当事人，告知当事人及有关人员举行听证的时间、地点。

听证应当制作听证笔录，交当事人或者其代理人核对无误后签字或者盖章。当事人或者其代理人拒绝签字或者盖章的，由听证主持人在笔录中注明。

除涉及国家秘密、商业秘密或者个人隐私依法予以保密外，听证公开举行。

听证结束后，网信部门应当根据听证笔录，依照本规定第四十二条的规定，作出决定。

第四节　行政处罚决定和送达

第三十八条　网信部门对当事人作出行政处罚决定前，可以根据有关规定对其实施约谈，谈话结束后制作执法约谈笔录。

第三十九条　网信部门作出行政处罚决定前，应当填写行政处罚意见告知书，告知当事人拟作出的行政处罚内容及事实、理由、依据，并告知当事人依法享有的陈述、申辩等权利。

第四十条　当事人有权进行陈述和申辩。网信部门应当充分听取当事人的意见，对当事人提出的事实、理由和证据，应当进行复核；当事人提出的事实、理由或者证据成立的，网信部门应当采纳。

网信部门不得因当事人陈述、申辩而给予更重的处罚。网信部门及其执法人员在作出行政处罚决定前，未依照本规定向当事人告知拟作出的行政处罚内容及事实、理由、依据，或者拒绝听取当事人的陈述、申辩，不得作出行政处罚决定，但当事人明确放弃陈述或者申辩权利的除外。

第四十一条　有下列情形之一，在网信部门负责人作出行政处罚的决定之前，应当由从事行政处罚决定法制审核的人员进行法制审核；未经法制审核或者审核未通过的，不得作出决定：

（一）涉及重大公共利益的；

（二）直接关系当事人或者第三人重大权益，经过听证程序的；

（三）案件情况疑难复杂、涉及多个法律关系的；

（四）法律、行政法规规定应当进行法制审核的其他情形。

法制审核由网信部门确定的负责法制审核的机构实施。网信部门中初次从事行政处罚决定法制审核的人员，应当通过国家统一法律职业资格考试取得法律职业资格。

第四十二条 拟作出的行政处罚决定应当报网信部门负责人审查。网信部门负责人根据不同情况，分别作出如下决定：

（一）确有应受行政处罚的违法行为的，根据情节轻重及具体情况，作出行政处罚决定；

（二）违法行为轻微，依法可以不予行政处罚的，不予行政处罚；

（三）违法事实不能成立的，不予行政处罚；

（四）违法行为涉嫌犯罪的，移送司法机关。

第四十三条 对情节复杂或者重大违法行为给予行政处罚，网信部门负责人应当集体讨论决定。集体讨论决定的过程应当书面记录。

第四十四条 网信部门作出行政处罚决定，应当制作统一编号的行政处罚决定书。

行政处罚决定书应当载明下列事项：

（一）当事人的姓名或者名称、地址等基本情况；

（二）违反法律、行政法规、部门规章的事实和证据；

（三）行政处罚的种类和依据；

（四）行政处罚的履行方式和期限；

（五）申请行政复议、提起行政诉讼的途径和期限；

（六）作出行政处罚决定的网信部门名称和作出决定的日期。

行政处罚决定中涉及没收有关物品的，还应当附没收物品凭证。

行政处罚决定书必须盖有作出行政处罚决定的网信部门的印章。

第四十五条 网信部门应当自行政处罚案件立案之日起九十日内作出行政处罚决定。

　　因案情复杂等原因不能在规定期限内作出处理决定的，经本部门负责人批准，可以延长六十日。案情特别复杂或者情况特殊，经延期仍不能作出处理决定的，由上一级网信部门负责人决定是否继续延期，决定继续延期的，应当同时确定延长的合理期限；国家网信部门办理的行政处罚案件需要延期的，由本部门主要负责人批准。

　　案件处理过程中，听证、检测、检验、鉴定、行政协助等时间不计入本条第一款、第二款规定的期限。

　　第四十六条　行政处罚决定书应当在宣告后当场交付当事人；当事人不在场的，应当在七个工作日内依照《中华人民共和国民事诉讼法》的有关规定，将行政处罚决定书送达当事人。

　　当事人同意并签订确认书的，网信部门可以采用传真、电子邮件等方式，将行政处罚决定书等送达当事人。

第四章　执行和结案

　　第四十七条　行政处罚决定书送达后，当事人应当在行政处罚决定书载明的期限内予以履行。

　　当事人确有经济困难，可以提出延期或者分期缴纳罚款的申请，并提交书面材料。经案件承办人审核，确定延期或者分期缴纳罚款的期限和金额，报网信部门负责人批准后，可以暂缓或者分期缴纳。

　　第四十八条　网络运营者违反相关法律、行政法规、部门规章规定，需由电信主管部门关闭网站、吊销相关增值电信业务经营许可证或者取消备案的，转电信主管部门处理。

　　第四十九条　当事人对行政处罚决定不服，可以依法申请行政复议或者提起行政诉讼。

　　当事人对行政处罚决定不服，申请行政复议或者提起行政诉讼的，行政处罚不停止执行，法律另有规定的除外。

　　当事人申请行政复议或者提起行政诉讼的，加处罚款的数额在行政复议或者行政诉讼期间不予计算。

第五十条 当事人逾期不履行行政处罚决定的，作出行政处罚决定的网信部门可以采取下列措施：

（一）到期不缴纳罚款的，每日按罚款数额的百分之三加处罚款，加处罚款的数额不得超出罚款的数额；

（二）依照《中华人民共和国行政强制法》的规定申请人民法院强制执行。

网信部门批准延期、分期缴纳罚款的，申请人民法院强制执行的期限，自暂缓或者分期缴纳罚款期限结束之日起计算。

第五十一条 网信部门申请人民法院强制执行的，申请前应当填写履行行政处罚决定催告书，书面催告当事人履行义务，并告知履行义务的期限和方式、依法享有的陈述和申辩权；涉及加处罚款的，应当有明确的金额和给付方式。

当事人进行陈述、申辩的，网信部门应当对当事人提出的事实、理由和证据进行记录、复核，并制作陈述申辩笔录、陈述申辩复核意见书。当事人提出的事实、理由或者证据成立的，网信部门应当采纳。

履行行政处罚决定催告书送达十个工作日后，当事人仍未履行处罚决定的，网信部门可以填写行政处罚强制执行申请书，向所在地有管辖权的人民法院申请强制执行。

第五十二条 行政处罚决定履行或者执行后，有下列情形之一的，执法人员应当填写行政处罚结案报告，将有关案件材料进行整理装订，归档保存：

（一）行政处罚决定履行或者执行完毕的；

（二）人民法院裁定终结执行的；

（三）案件终止调查的；

（四）作出本规定第四十二条第二项至第四项决定的；

（五）其他应当予以结案的情形。

结案后，执法人员应当将案件材料按照档案管理的有关规定立卷归档。案卷归档应当一案一卷、材料齐全、规范有序。

第五十三条　网信部门应当依法以文字、音像等形式，对行政处罚的启动、调查取证、审核、决定、送达、执行等进行全过程记录，归档保存。

第五十四条　网信部门实施行政处罚应当接受社会监督。公民、法人或者其他组织对网信部门实施行政处罚的行为，有权申诉或者检举；网信部门应当认真审查，发现有错误的，应当主动改正。

第五章　附则

第五十五条　本规定中的期限以时、日计算，开始的时和日不计算在内。期限届满的最后一日是法定节假日的，以法定节假日后的第一日为届满的日期。但是，法律、行政法规另有规定的除外。

第五十六条　本规定中的"以上"、"以下"、"内"均包括本数、本级。

第五十七条　国家网信部门负责制定行政执法相关文书格式范本。各省、自治区、直辖市网信部门可以参照文书格式范本，制定本行政区域行政执法所适用的文书格式并自行印制。

第五十八条　本规定自 2023 年 6 月 1 日起施行。2017 年 5 月 2 日公布的《互联网信息内容管理行政执法程序规定》（国家互联网信息办公室令第 2 号）同时废止。

2.2.12　《商用密码管理条例》

第一章　总则

第一条　为了规范商用密码应用和管理，鼓励和促进商用密码产业发展，保障网络与信息安全，维护国家安全和社会公共利益，保护公民、法人和其他组织的合法权益，根据《中华人民共和国密码法》等法律，制定本条例。

第二条　在中华人民共和国境内的商用密码科研、生产、销售、服务、检测、认证、进出口、应用等活动及监督管理，适用本条例。

本条例所称商用密码，是指采用特定变换的方法对不属于国家秘密的信息等进行加密保护、安全认证的技术、产品和服务。

第三条　坚持中国共产党对商用密码工作的领导，贯彻落实总体国家安全观。国家密码管理部门负责管理全国的商用密码工作。县级以上地方各级密码管理部门负责管理本行政区域的商用密码工作。

网信、商务、海关、市场监督管理等有关部门在各自职责范围内负责商用密码有关管理工作。

第四条　国家加强商用密码人才培养，建立健全商用密码人才发展体制机制和人才评价制度，鼓励和支持密码相关学科和专业建设，规范商用密码社会化培训，促进商用密码人才交流。

第五条　各级人民政府及其有关部门应当采取多种形式加强商用密码宣传教育，增强公民、法人和其他组织的密码安全意识。

第六条　商用密码领域的学会、行业协会等社会组织依照法律、行政法规及其章程的规定，开展学术交流、政策研究、公共服务等活动，加强学术和行业自律，推动诚信建设，促进行业健康发展。

密码管理部门应当加强对商用密码领域社会组织的指导和支持。

第二章　科技创新与标准化

第七条　国家建立健全商用密码科学技术创新促进机制，支持商用密码科学技术自主创新，对作出突出贡献的组织和个人按照国家有关规定予以表彰和奖励。

国家依法保护商用密码领域的知识产权。从事商用密码活动，应当增强知识产权意识，提高运用、保护和管理知识产权的能力。

国家鼓励在外商投资过程中基于自愿原则和商业规则开展商用密码技术合作。行政机关及其工作人员不得利用行政手段强制转让商用密码技术。

第八条　国家鼓励和支持商用密码科学技术成果转化和产业化应用，建立和完善商用密码科学技术成果信息汇交、发布和应用情况反馈机制。

第九条　国家密码管理部门组织对法律、行政法规和国家有关规定要求使用商用密码进行保护的网络与信息系统所使用的密码算法、密码协议、密钥管理机制等商用密码技术进行审查鉴定。

第十条 国务院标准化行政主管部门和国家密码管理部门依据各自职责，组织制定商用密码国家标准、行业标准，对商用密码团体标准的制定进行规范、引导和监督。国家密码管理部门依据职责，建立商用密码标准实施信息反馈和评估机制，对商用密码标准实施进行监督检查。

国家推动参与商用密码国际标准化活动，参与制定商用密码国际标准，推进商用密码中国标准与国外标准之间的转化运用，鼓励企业、社会团体和教育、科研机构等参与商用密码国际标准化活动。

其他领域的标准涉及商用密码的，应当与商用密码国家标准、行业标准保持协调。

第十一条 从事商用密码活动，应当符合有关法律、行政法规、商用密码强制性国家标准，以及自我声明公开标准的技术要求。

国家鼓励在商用密码活动中采用商用密码推荐性国家标准、行业标准，提升商用密码的防护能力，维护用户的合法权益。

第三章 检测认证

第十二条 国家推进商用密码检测认证体系建设，鼓励在商用密码活动中自愿接受商用密码检测认证。

第十三条 从事商用密码产品检测、网络与信息系统商用密码应用安全性评估等商用密码检测活动，向社会出具具有证明作用的数据、结果的机构，应当经国家密码管理部门认定，依法取得商用密码检测机构资质。

第十四条 取得商用密码检测机构资质，应当符合下列条件：

（一）具有法人资格；

（二）具有与从事商用密码检测活动相适应的资金、场所、设备设施、专业人员和专业能力；

（三）具有保证商用密码检测活动有效运行的管理体系。

第十五条 申请商用密码检测机构资质，应当向国家密码管理部门提出书面申请，并提交符合本条例第十四条规定条件的材料。

国家密码管理部门应当自受理申请之日起 20 个工作日内，对申请进行审查，并依法作出是否准予认定的决定。需要对申请人进行技术评审的，技术评审所需时间不计算在本条规定的期限内。国家密码管理部门应当将所需时间书面告知申请人。

第十六条　商用密码检测机构应当按照法律、行政法规和商用密码检测技术规范、规则，在批准范围内独立、公正、科学、诚信地开展商用密码检测，对出具的检测数据、结果负责，并定期向国家密码管理部门报送检测实施情况。

商用密码检测技术规范、规则由国家密码管理部门制定并公布。

第十七条　国务院市场监督管理部门会同国家密码管理部门建立国家统一推行的商用密码认证制度，实行商用密码产品、服务、管理体系认证，制定并公布认证目录和技术规范、规则。

第十八条　从事商用密码认证活动的机构，应当依法取得商用密码认证机构资质。

申请商用密码认证机构资质，应当向国务院市场监督管理部门提出书面申请。申请人除应当符合法律、行政法规和国家有关规定要求的认证机构基本条件外，还应当具有与从事商用密码认证活动相适应的检测、检查等技术能力。

国务院市场监督管理部门在审查商用密码认证机构资质申请时，应当征求国家密码管理部门的意见。

第十九条　商用密码认证机构应当按照法律、行政法规和商用密码认证技术规范、规则，在批准范围内独立、公正、科学、诚信地开展商用密码认证，对出具的认证结论负责。

商用密码认证机构应当对其认证的商用密码产品、服务、管理体系实施有效的跟踪调查，以保证通过认证的商用密码产品、服务、管理体系持续符合认证要求。

第二十条　涉及国家安全、国计民生、社会公共利益的商用密码产品，应当依法列入网络关键设备和网络安全专用产品目录，由具备资格的商用密码检测、认证机构检测认证合格后，方可销售或者提供。

第二十一条　商用密码服务使用网络关键设备和网络安全专用产品的，应当经商用密码认证机构对该商用密码服务认证合格。

第四章　电子认证

第二十二条　采用商用密码技术提供电子认证服务，应当具有与使用密码相适应的场所、设备设施、专业人员、专业能力和管理体系，依法取得国家密码管理部门同意使用密码的证明文件。

第二十三条　电子认证服务机构应当按照法律、行政法规和电子认证服务密码使用技术规范、规则，使用密码提供电子认证服务，保证其电子认证服务密码使用持续符合要求。

电子认证服务密码使用技术规范、规则由国家密码管理部门制定并公布。

第二十四条　采用商用密码技术从事电子政务电子认证服务的机构，应当经国家密码管理部门认定，依法取得电子政务电子认证服务机构资质。

第二十五条　取得电子政务电子认证服务机构资质，应当符合下列条件：

（一）具有企业法人或者事业单位法人资格；

（二）具有与从事电子政务电子认证服务活动及其使用密码相适应的资金、场所、设备设施和专业人员；

（三）具有为政务活动提供长期电子政务电子认证服务的能力；

（四）具有保证电子政务电子认证服务活动及其使用密码安全运行的管理体系。

第二十六条　申请电子政务电子认证服务机构资质，应当向国家密码管理部门提出书面申请，并提交符合本条例第二十五条规定条件的材料。

国家密码管理部门应当自受理申请之日起 20 个工作日内，对申请进行审查，并依法作出是否准予认定的决定。

需要对申请人进行技术评审的，技术评审所需时间不计算在本条规定的期限内。国家密码管理部门应当将所需时间书面告知申请人。

第二十七条　外商投资电子政务电子认证服务，影响或者可能影响国家安全的，应当依法进行外商投资安全审查。

第二十八条　电子政务电子认证服务机构应当按照法律、行政法规和电子政务电子认证服务技术规范、规则，在批准范围内提供电子政务电子认证服务，并定期向主要办事机构所在地省、自治区、直辖市密码管理部门报送服务实施情况。

电子政务电子认证服务技术规范、规则由国家密码管理部门制定并公布。

第二十九条　国家建立统一的电子认证信任机制。国家密码管理部门负责电子认证信任源的规划和管理，会同有关部门推动电子认证服务互信互认。

第三十条　密码管理部门会同有关部门负责政务活动中使用电子签名、数据电文的管理。

政务活动中电子签名、电子印章、电子证照等涉及的电子认证服务，应当由依法设立的电子政务电子认证服务机构提供。

第五章　进出口

第三十一条　涉及国家安全、社会公共利益且具有加密保护功能的商用密码，列入商用密码进口许可清单，实施进口许可。涉及国家安全、社会公共利益或者中国承担国际义务的商用密码，列入商用密码出口管制清单，实施出口管制。

商用密码进口许可清单和商用密码出口管制清单由国务院商务主管部门会同国家密码管理部门和海关总署制定并公布。

大众消费类产品所采用的商用密码不实行进口许可和出口管制制度。

第三十二条　进口商用密码进口许可清单中的商用密码或者出口商用密码出口管制清单中的商用密码，应当向国务院商务主管部门申请领取进出口许可证。

商用密码的过境、转运、通运、再出口，在境外与综合保税区等海关特殊监管区域之间进出，或者在境外与出口监管仓库、保税物流中心等保税监管场所之间进出的，适用前款规定。

第三十三条 进口商用密码进口许可清单中的商用密码或者出口商用密码出口管制清单中的商用密码时，应当向海关交验进出口许可证，并按照国家有关规定办理报关手续。

进出口经营者未向海关交验进出口许可证，海关有证据表明进出口产品可能属于商用密码进口许可清单或者出口管制清单范围的，应当向进出口经营者提出质疑；海关可以向国务院商务主管部门提出组织鉴别，并根据国务院商务主管部门会同国家密码管理部门作出的鉴别结论依法处置。在鉴别或者质疑期间，海关对进出口产品不予放行。

第三十四条 申请商用密码进出口许可，应当向国务院商务主管部门提出书面申请，并提交下列材料：

（一）申请人的法定代表人、主要经营管理人以及经办人的身份证明；

（二）合同或者协议的副本；

（三）商用密码的技术说明；

（四）最终用户和最终用途证明；

（五）国务院商务主管部门规定提交的其他文件。

国务院商务主管部门应当自受理申请之日起 45 个工作日内，会同国家密码管理部门对申请进行审查，并依法作出是否准予许可的决定。

对国家安全、社会公共利益或者外交政策有重大影响的商用密码出口，由国务院商务主管部门会同国家密码管理部门等有关部门报国务院批准。报国务院批准的，不受前款规定时限的限制。

第六章 应用促进

第三十五条 国家鼓励公民、法人和其他组织依法使用商用密码保护网络与信息安全，鼓励使用经检测认证合格的商用密码。

任何组织或者个人不得窃取他人加密保护的信息或者非法侵入他人的商用密码保障系统，不得利用商用密码从事危害国家安全、社会公共利益、他人合法权益等违法犯罪活动。

第三十六条 国家支持网络产品和服务使用商用密码提升安全性，支持并规范商用密码在信息领域新技术、新业态、新模式中的应用。

第三十七条 国家建立商用密码应用促进协调机制，加强对商用密码应用的统筹指导。国家机关和涉及商用密码工作的单位在其职责范围内负责本机关、本单位或者本系统的商用密码应用和安全保障工作。

密码管理部门会同有关部门加强商用密码应用信息收集、风险评估、信息通报和重大事项会商，并加强与网络安全监测预警和信息通报的衔接。

第三十八条 法律、行政法规和国家有关规定要求使用商用密码进行保护的关键信息基础设施，其运营者应当使用商用密码进行保护，制定商用密码应用方案，配备必要的资金和专业人员，同步规划、同步建设、同步运行商用密码保障系统，自行或者委托商用密码检测机构开展商用密码应用安全性评估。

前款所列关键信息基础设施通过商用密码应用安全性评估方可投入运行，运行后每年至少进行一次评估，评估情况按照国家有关规定报送国家密码管理部门或者关键信息基础设施所在地省、自治区、直辖市密码管理部门备案。

第三十九条 法律、行政法规和国家有关规定要求使用商用密码进行保护的关键信息基础设施，使用的商用密码产品、服务应当经检测认证合格，使用的密码算法、密码协议、密钥管理机制等商用密码技术应当通过国家密码管理部门审查鉴定。

第四十条 关键信息基础设施的运营者采购涉及商用密码的网络产品和服务，可能影响国家安全的，应当依法通过国家网信部门会同国家密码管理部门等有关部门组织的国家安全审查。

第四十一条 网络运营者应当按照国家网络安全等级保护制度要求，使用商用密码保护网络安全。国家密码管理部门根据网络的安全保护等级，确定商用密码的使用、管理和应用安全性评估要求，制定网络安全等级保护密码标准规范。

第四十二条 商用密码应用安全性评估、关键信息基础设施安全检测评估、网络安全等级测评应当加强衔接，避免重复评估、测评。

第七章　监督管理

第四十三条　密码管理部门依法组织对商用密码活动进行监督检查，对国家机关和涉及商用密码工作的单位的商用密码相关工作进行指导和监督。

第四十四条　密码管理部门和有关部门建立商用密码监督管理协作机制，加强商用密码监督、检查、指导等工作的协调配合。

第四十五条　密码管理部门和有关部门依法开展商用密码监督检查，可以行使下列职权：

（一）进入商用密码活动场所实施现场检查；

（二）向当事人的法定代表人、主要负责人和其他有关人员调查、了解有关情况；

（三）查阅、复制有关合同、票据、账簿以及其他有关资料。

第四十六条　密码管理部门和有关部门推进商用密码监督管理与社会信用体系相衔接，依法建立推行商用密码经营主体信用记录、信用分级分类监管、失信惩戒以及信用修复等机制。

第四十七条　商用密码检测、认证机构和电子政务电子认证服务机构及其工作人员，应当对其在商用密码活动中所知悉的国家秘密和商业秘密承担保密义务。

密码管理部门和有关部门及其工作人员不得要求商用密码科研、生产、销售、服务、进出口等单位和商用密码检测、认证机构向其披露源代码等密码相关专有信息，并对其在履行职责中知悉的商业秘密和个人隐私严格保密，不得泄露或者非法向他人提供。

第四十八条　密码管理部门和有关部门依法开展商用密码监督管理，相关单位和人员应当予以配合，任何单位和个人不得非法干预和阻挠。

第四十九条　任何单位或者个人有权向密码管理部门和有关部门举报违反本条例的行为。密码管理部门和有关部门接到举报，应当及时核实、处理，并为举报人保密。

第八章　法律责任

第五十条　违反本条例规定，未经认定向社会开展商用密码检测活动，或者未经认定从事电子政务电子认证服务的，由密码管理部门责令改正或者停止违法行为，给予警告，没收违法产品和违法所得；违法所得 30 万元以上的，可以并处违法所得 1 倍以上 3 倍以下罚款；没有违法所得或者违法所得不足 30 万元的，可以并处 10 万元以上 30 万元以下罚款。

违反本条例规定，未经批准从事商用密码认证活动的，由市场监督管理部门会同密码管理部门依照前款规定予以处罚。

第五十一条　商用密码检测机构开展商用密码检测，有下列情形之一的，由密码管理部门责令改正或者停止违法行为，给予警告，没收违法所得；违法所得 30 万元以上的，可以并处违法所得 1 倍以上 3 倍以下罚款；没有违法所得或者违法所得不足 30 万元的，可以并处 10 万元以上 30 万元以下罚款；情节严重的，依法吊销商用密码检测机构资质：

（一）超出批准范围；

（二）存在影响检测独立、公正、诚信的行为；

（三）出具的检测数据、结果虚假或者失实；

（四）拒不报送或者不如实报送实施情况；

（五）未履行保密义务；

（六）其他违反法律、行政法规和商用密码检测技术规范、规则开展商用密码检测的情形。

第五十二条　商用密码认证机构开展商用密码认证，有下列情形之一的，由市场监督管理部门会同密码管理部门责令改正或者停止违法行为，给予警告，没收违法所得；违法所得 30 万元以上的，可以并处违法所得 1 倍以上 3 倍以下罚款；没有违法所得或者违法所得不足 30 万元的，可以并处 10 万元以上 30 万元以下罚款；情节严重的，依法吊销商用密码认证机构资质：

（一）超出批准范围；

（二）存在影响认证独立、公正、诚信的行为；

（三）出具的认证结论虚假或者失实；

（四）未对其认证的商用密码产品、服务、管理体系实施有效的跟踪调查；

（五）未履行保密义务；

（六）其他违反法律、行政法规和商用密码认证技术规范、规则开展商用密码认证的情形。

第五十三条　违反本条例第二十条、第二十一条规定，销售或者提供未经检测认证或者检测认证不合格的商用密码产品，或者提供未经认证或者认证不合格的商用密码服务的，由市场监督管理部门会同密码管理部门责令改正或者停止违法行为，给予警告，没收违法产品和违法所得；违法所得 10 万元以上的，可以并处违法所得 1 倍以上 3 倍以下罚款；没有违法所得或者违法所得不足 10 万元的，可以并处 3 万元以上 10 万元以下罚款。

第五十四条　电子认证服务机构违反法律、行政法规和电子认证服务密码使用技术规范、规则使用密码的，由密码管理部门责令改正或者停止违法行为，给予警告，没收违法所得；违法所得 30 万元以上的，可以并处违法所得 1 倍以上 3 倍以下罚款；没有违法所得或者违法所得不足 30 万元的，可以并处 10 万元以上 30 万元以下罚款；情节严重的，依法吊销电子认证服务使用密码的证明文件。

第五十五条　电子政务电子认证服务机构开展电子政务电子认证服务，有下列情形之一的，由密码管理部门责令改正或者停止违法行为，给予警告，没收违法所得；违法所得 30 万元以上的，可以并处违法所得 1 倍以上 3 倍以下罚款；没有违法所得或者违法所得不足 30 万元的，可以并处 10 万元以上 30 万元以下罚款；情节严重的，责令停业整顿，直至吊销电子政务电子认证服务机构资质：

（一）超出批准范围；

（二）拒不报送或者不如实报送实施情况；

（三）未履行保密义务；

（四）其他违反法律、行政法规和电子政务电子认证服务技术规范、规则提供电子政务电子认证服务的情形。

第五十六条 电子签名人或者电子签名依赖方因依据电子政务电子认证服务机构提供的电子签名认证服务在政务活动中遭受损失，电子政务电子认证服务机构不能证明自己无过错的，承担赔偿责任。

第五十七条 政务活动中电子签名、电子印章、电子证照等涉及的电子认证服务，违反本条例第三十条规定，未由依法设立的电子政务电子认证服务机构提供的，由密码管理部门责令改正，给予警告；拒不改正或者有其他严重情节的，由密码管理部门建议有关国家机关、单位对直接负责的主管人员和其他直接责任人员依法给予处分或者处理。有关国家机关、单位应当将处分或者处理情况书面告知密码管理部门。

第五十八条 违反本条例规定进出口商用密码的，由国务院商务主管部门或者海关依法予以处罚。

第五十九条 窃取他人加密保护的信息，非法侵入他人的商用密码保障系统，或者利用商用密码从事危害国家安全、社会公共利益、他人合法权益等违法活动的，由有关部门依照《中华人民共和国网络安全法》和其他有关法律、行政法规的规定追究法律责任。

第六十条 关键信息基础设施的运营者违反本条例第三十八条、第三十九条规定，未按照要求使用商用密码，或者未按照要求开展商用密码应用安全性评估的，由密码管理部门责令改正，给予警告；拒不改正或者有其他严重情节的，处 10 万元以上 100 万元以下罚款，对直接负责的主管人员处 1 万元以上 10 万元以下罚款。

第六十一条 关键信息基础设施的运营者违反本条例第四十条规定，使用未经安全审查或者安全审查未通过的涉及商用密码的网络产品或者服务的，由有关主管部门责令停止使用，处采购金额 1 倍以上 10 倍以下罚款；对直接负责的主管人员和其他直接责任人员处 1 万元以上 10 万元以下罚款。

第六十二条　网络运营者违反本条例第四十一条规定，未按照国家网络安全等级保护制度要求使用商用密码保护网络安全的，由密码管理部门责令改正，给予警告；拒不改正或者导致危害网络安全等后果的，处 1 万元以上 10 万元以下罚款，对直接负责的主管人员处 5000 元以上 5 万元以下罚款。

第六十三条　无正当理由拒不接受、不配合或者干预、阻挠密码管理部门、有关部门的商用密码监督管理的，由密码管理部门、有关部门责令改正，给予警告；拒不改正或者有其他严重情节的，处 5 万元以上 50 万元以下罚款，对直接负责的主管人员和其他直接责任人员处 1 万元以上 10 万元以下罚款；情节特别严重的，责令停业整顿，直至吊销商用密码许可证件。

第六十四条　国家机关有本条例第六十条、第六十一条、第六十二条、第六十三条所列违法情形的，由密码管理部门、有关部门责令改正，给予警告；拒不改正或者有其他严重情节的，由密码管理部门、有关部门建议有关国家机关对直接负责的主管人员和其他直接责任人员依法给予处分或者处理。有关国家机关应当将处分或者处理情况书面告知密码管理部门、有关部门。

第六十五条　密码管理部门和有关部门的工作人员在商用密码工作中滥用职权、玩忽职守、徇私舞弊，或者泄露、非法向他人提供在履行职责中知悉的商业秘密、个人隐私、举报人信息的，依法给予处分。

第六十六条　违反本条例规定，构成犯罪的，依法追究刑事责任；给他人造成损害的，依法承担民事责任。

第九章　附则

第六十七条　本条例自 2023 年 7 月 1 日起施行。

2.2.13　《无人驾驶航空器飞行管理暂行条例》

第一章　总则

第一条　为了规范无人驾驶航空器飞行以及有关活动，促进无人驾驶航空器产业健康有序发展，维护航空安全、公共安全、国家安全，制定本条例。

第二条　在中华人民共和国境内从事无人驾驶航空器飞行以及有关活动，应当遵守本条例。

本条例所称无人驾驶航空器，是指没有机载驾驶员、自备动力系统的航空器。

无人驾驶航空器按照性能指标分为微型、轻型、小型、中型和大型。

第三条　无人驾驶航空器飞行管理工作应当坚持和加强党的领导，坚持总体国家安全观，坚持安全第一、服务发展、分类管理、协同监管的原则。

第四条　国家空中交通管理领导机构统一领导全国无人驾驶航空器飞行管理工作，组织协调解决无人驾驶航空器管理工作中的重大问题。

国务院民用航空、公安、工业和信息化、市场监督管理等部门按照职责分工负责全国无人驾驶航空器有关管理工作。

县级以上地方人民政府及其有关部门按照职责分工负责本行政区域内无人驾驶航空器有关管理工作。

各级空中交通管理机构按照职责分工负责本责任区内无人驾驶航空器飞行管理工作。

第五条　国家鼓励无人驾驶航空器科研创新及其成果的推广应用，促进无人驾驶航空器与大数据、人工智能等新技术融合创新。县级以上人民政府及其有关部门应当为无人驾驶航空器科研创新及其成果的推广应用提供支持。

国家在确保安全的前提下积极创新空域供给和使用机制，完善无人驾驶航空器飞行配套基础设施和服务体系。

第六条　无人驾驶航空器有关行业协会应当通过制定、实施团体标准等方式加强行业自律，宣传无人驾驶航空器管理法律法规及有关知识，增强有关单位和人员依法开展无人驾驶航空器飞行以及有关活动的意识。

第二章　民用无人驾驶航空器及操控员管理

第七条　国务院标准化行政主管部门和国务院其他有关部门按照职责分工组织制定民用无人驾驶航空器系统的设计、生产和使用的国家标准、行业标准。

第八条　从事中型、大型民用无人驾驶航空器系统的设计、生产、进口、飞行和维修活动，应当依法向国务院民用航空主管部门申请取得适航许可。

从事微型、轻型、小型民用无人驾驶航空器系统的设计、生产、进口、飞行、维修以及组装、拼装活动，无需取得适航许可，但相关产品应当符合产品质量法律法规的有关规定以及有关强制性国家标准。

从事民用无人驾驶航空器系统的设计、生产、使用活动，应当符合国家有关实名登记激活、飞行区域限制、应急处置、网络信息安全等规定，并采取有效措施减少大气污染物和噪声排放。

第九条　民用无人驾驶航空器系统生产者应当按照国务院工业和信息化主管部门的规定为其生产的无人驾驶航空器设置唯一产品识别码。

微型、轻型、小型民用无人驾驶航空器系统的生产者应当在无人驾驶航空器机体标注产品类型以及唯一产品识别码等信息，在产品外包装显著位置标明守法运行要求和风险警示。

第十条　民用无人驾驶航空器所有者应当依法进行实名登记，具体办法由国务院民用航空主管部门会同有关部门制定。涉及境外飞行的民用无人驾驶航空器，应当依法进行国籍登记。

第十一条　使用除微型以外的民用无人驾驶航空器从事飞行活动的单位应当具备下列条件，并向国务院民用航空主管部门或者地区民用航空管理机构（以下统称民用航空管理部门）申请取得民用无人驾驶航空器运营合格证（以下简称运营合格证）：

（一）有实施安全运营所需的管理机构、管理人员和符合本条例规定的操控人员；

（二）有符合安全运营要求的无人驾驶航空器及有关设施、设备；

（三）有实施安全运营所需的管理制度和操作规程，保证持续具备按照制度和规程实施安全运营的能力；

（四）从事经营性活动的单位，还应当为营利法人。

民用航空管理部门收到申请后，应当进行运营安全评估，根据评估结果依法作出许可或者不予许可的决定。予以许可的，颁发运营合格证；不予许可的，书面通知申请人并说明理由。

使用最大起飞重量不超过 150 千克的农用无人驾驶航空器在农林牧渔区域上方的适飞空域内从事农林牧渔作业飞行活动（以下称常规农用无人驾驶航空器作业飞行活动），无需取得运营合格证。

取得运营合格证后从事经营性通用航空飞行活动，以及从事常规农用无人驾驶航空器作业飞行活动，无需取得通用航空经营许可证和运行合格证。

第十二条 使用民用无人驾驶航空器从事经营性飞行活动，以及使用小型、中型、大型民用无人驾驶航空器从事非经营性飞行活动，应当依法投保责任保险。

第十三条 微型、轻型、小型民用无人驾驶航空器系统投放市场后，发现存在缺陷的，其生产者、进口商应当停止生产、销售，召回缺陷产品，并通知有关经营者、使用者停止销售、使用。生产者、进口商未依法实施召回的，由国务院市场监督管理部门依法责令召回。

中型、大型民用无人驾驶航空器系统不能持续处于适航状态的，由国务院民用航空主管部门依照有关适航管理的规定处理。

第十四条 对已经取得适航许可的民用无人驾驶航空器系统进行重大设计更改并拟将其用于飞行活动的，应当重新申请取得适航许可。

对微型、轻型、小型民用无人驾驶航空器系统进行改装的，应当符合有关强制性国家标准。民用无人驾驶航空器系统的空域保持能力、可靠被监视能力、速度或者高度等出厂性能以及参数发生改变的，其所有者应当及时在无人驾驶航空器一体化综合监管服务平台更新性能、参数信息。

改装民用无人驾驶航空器的，应当遵守改装后所属类别的管理规定。

第十五条 生产、维修、使用民用无人驾驶航空器系统，应当遵守无线电管理法律法规以及国家有关规定。但是，民用无人驾驶航空器系统使用国家无线电管理机构确定的特定无线电频率，且有关无线电发射设备取得无线电发射设备型号核准的，无需取得无线电频率使用许可和无线电台执照。

第十六条　操控小型、中型、大型民用无人驾驶航空器飞行的人员应当具备下列条件，并向国务院民用航空主管部门申请取得相应民用无人驾驶航空器操控员（以下简称操控员）执照：

（一）具备完全民事行为能力；

（二）接受安全操控培训，并经民用航空管理部门考核合格；

（三）无可能影响民用无人驾驶航空器操控行为的疾病病史，无吸毒行为记录；

（四）近 5 年内无因危害国家安全、公共安全或者侵犯公民人身权利、扰乱公共秩序的故意犯罪受到刑事处罚的记录。

从事常规农用无人驾驶航空器作业飞行活动的人员无需取得操控员执照，但应当由农用无人驾驶航空器系统生产者按照国务院民用航空、农业农村主管部门规定的内容进行培训和考核，合格后取得操作证书。

第十七条　操控微型、轻型民用无人驾驶航空器飞行的人员，无需取得操控员执照，但应当熟练掌握有关机型操作方法，了解风险警示信息和有关管理制度。

无民事行为能力人只能操控微型民用无人驾驶航空器飞行，限制民事行为能力人只能操控微型、轻型民用无人驾驶航空器飞行。无民事行为能力人操控微型民用无人驾驶航空器飞行或者限制民事行为能力人操控轻型民用无人驾驶航空器飞行，应当由符合前款规定条件的完全民事行为能力人现场指导。

操控轻型民用无人驾驶航空器在无人驾驶航空器管制空域内飞行的人员，应当具有完全民事行为能力，并按照国务院民用航空主管部门的规定经培训合格。

第三章　空域和飞行活动管理

第十八条　划设无人驾驶航空器飞行空域应当遵循统筹配置、安全高效原则，以隔离飞行为主，兼顾融合飞行需求，充分考虑飞行安全和公众利益。

划设无人驾驶航空器飞行空域应当明确水平、垂直范围和使用时间。

空中交通管理机构应当为无人驾驶航空器执行军事、警察、海关、应急管理飞行任务优先划设空域。

第十九条 国家根据需要划设无人驾驶航空器管制空域（以下简称管制空域）。

真高 120 米以上空域，空中禁区、空中限制区以及周边空域，军用航空超低空飞行空域，以及下列区域上方的空域应当划设为管制空域：

（一）机场以及周边一定范围的区域；

（二）国界线、实际控制线、边境线向我方一侧一定范围的区域；

（三）军事禁区、军事管理区、监管场所等涉密单位以及周边一定范围的区域；

（四）重要军工设施保护区域、核设施控制区域、易燃易爆等危险品的生产和仓储区域，以及可燃重要物资的大型仓储区域；

（五）发电厂、变电站、加油（气）站、供水厂、公共交通枢纽、航电枢纽、重大水利设施、港口、高速公路、铁路电气化线路等公共基础设施以及周边一定范围的区域和饮用水水源保护区；

（六）射电天文台、卫星测控（导航）站、航空无线电导航台、雷达站等需要电磁环境特殊保护的设施以及周边一定范围的区域；

（七）重要革命纪念地、重要不可移动文物以及周边一定范围的区域；

（八）国家空中交通管理领导机构规定的其他区域。

管制空域的具体范围由各级空中交通管理机构按照国家空中交通管理领导机构的规定确定，由设区的市级以上人民政府公布，民用航空管理部门和承担相应职责的单位发布航行情报。

未经空中交通管理机构批准，不得在管制空域内实施无人驾驶航空器飞行活动。

管制空域范围以外的空域为微型、轻型、小型无人驾驶航空器的适飞空域（以下简称适飞空域）。

第二十条 遇有特殊情况，可以临时增加管制空域，由空中交通管理机构按照国家有关规定确定有关空域的水平、垂直范围和使用时间。

保障国家重大活动以及其他大型活动的，在临时增加的管制空域生效 24 小时前，由设区的市级以上地方人民政府发布公告，民用航空管理部门和承担相应职责的单位发布航行情报。

保障执行军事任务或者反恐维稳、抢险救灾、医疗救护等其他紧急任务的，在临时增加的管制空域生效 30 分钟前，由设区的市级以上地方人民政府发布紧急公告，民用航空管理部门和承担相应职责的单位发布航行情报。

第二十一条　按照国家空中交通管理领导机构的规定需要设置管制空域的地面警示标志的，设区的市级人民政府应当组织设置并加强日常巡查。

第二十二条　无人驾驶航空器通常应当与有人驾驶航空器隔离飞行。

属于下列情形之一的，经空中交通管理机构批准，可以进行融合飞行：

（一）根据任务或者飞行课目需要，警察、海关、应急管理部门辖有的无人驾驶航空器与本部门、本单位使用的有人驾驶航空器在同一空域或者同一机场区域的飞行；

（二）取得适航许可的大型无人驾驶航空器的飞行；

（三）取得适航许可的中型无人驾驶航空器不超过真高 300 米的飞行；

（四）小型无人驾驶航空器不超过真高 300 米的飞行；

（五）轻型无人驾驶航空器在适飞空域上方不超过真高 300 米的飞行。

属于下列情形之一的，进行融合飞行无需经空中交通管理机构批准：

（一）微型、轻型无人驾驶航空器在适飞空域内的飞行；

（二）常规农用无人驾驶航空器作业飞行活动。

第二十三条　国家空中交通管理领导机构统筹建设无人驾驶航空器一体化综合监管服务平台，对全国无人驾驶航空器实施动态监管与服务。

空中交通管理机构和民用航空、公安、工业和信息化等部门、单位按照职责分工采集无人驾驶航空器生产、登记、使用的有关信息，依托无人驾驶航空器一体化综合监管服务平台共享，并采取相应措施保障信息安全。

第二十四条　除微型以外的无人驾驶航空器实施飞行活动，操控人员应当确保无人驾驶航空器能够按照国家有关规定向无人驾驶航空器一体化综合监管服务平台报送识别信息。

微型、轻型、小型无人驾驶航空器在飞行过程中应当广播式自动发送识别信息。

第二十五条 组织无人驾驶航空器飞行活动的单位或者个人应当遵守有关法律法规和规章制度，主动采取事故预防措施，对飞行安全承担主体责任。

第二十六条 除本条例第三十一条另有规定外，组织无人驾驶航空器飞行活动的单位或者个人应当在拟飞行前1日12时前向空中交通管理机构提出飞行活动申请。空中交通管理机构应当在飞行前1日21时前作出批准或者不予批准的决定。

按照国家空中交通管理领导机构的规定在固定空域内实施常态飞行活动的，可以提出长期飞行活动申请，经批准后实施，并应当在拟飞行前1日12时前将飞行计划报空中交通管理机构备案。

第二十七条 无人驾驶航空器飞行活动申请应当包括下列内容：

（一）组织飞行活动的单位或者个人、操控人员信息以及有关资质证书；

（二）无人驾驶航空器的类型、数量、主要性能指标和登记管理信息；

（三）飞行任务性质和飞行方式，执行国家规定的特殊通用航空飞行任务的还应当提供有效的任务批准文件；

（四）起飞、降落和备降机场（场地）；

（五）通信联络方法；

（六）预计飞行开始、结束时刻；

（七）飞行航线、高度、速度和空域范围，进出空域方法；

（八）指挥控制链路无线电频率以及占用带宽；

（九）通信、导航和被监视能力；

（十）安装二次雷达应答机或者有关自动监视设备的，应当注明代码申请；

（十一）应急处置程序；

（十二）特殊飞行保障需求；

（十三）国家空中交通管理领导机构规定的与空域使用和飞行安全有关的其他必要信息。

第二十八条　无人驾驶航空器飞行活动申请按照下列权限批准：

（一）在飞行管制分区内飞行的，由负责该飞行管制分区的空中交通管理机构批准；

（二）超出飞行管制分区在飞行管制区内飞行的，由负责该飞行管制区的空中交通管理机构批准；

（三）超出飞行管制区飞行的，由国家空中交通管理领导机构授权的空中交通管理机构批准。

第二十九条　使用无人驾驶航空器执行反恐维稳、抢险救灾、医疗救护等紧急任务的，应当在计划起飞30分钟前向空中交通管理机构提出飞行活动申请。空中交通管理机构应当在起飞10分钟前作出批准或者不予批准的决定。执行特别紧急任务的，使用单位可以随时提出飞行活动申请。

第三十条　飞行活动已获得批准的单位或者个人组织无人驾驶航空器飞行活动的，应当在计划起飞1小时前向空中交通管理机构报告预计起飞时刻和准备情况，经空中交通管理机构确认后方可起飞。

第三十一条　组织无人驾驶航空器实施下列飞行活动，无需向空中交通管理机构提出飞行活动申请：

（一）微型、轻型、小型无人驾驶航空器在适飞空域内的飞行活动；

（二）常规农用无人驾驶航空器作业飞行活动；

（三）警察、海关、应急管理部门辖有的无人驾驶航空器，在其驻地、地面（水面）训练场、靶场等上方不超过真高120米的空域内的飞行活动；但是，需在计划起飞1小时前经空中交通管理机构确认后方可起飞；

（四）民用无人驾驶航空器在民用运输机场管制地带内执行巡检、勘察、校验等飞行任务；但是，需定期报空中交通管理机构备案，并在计划起飞1小时前经空中交通管理机构确认后方可起飞。

前款规定的飞行活动存在下列情形之一的，应当依照本条例第二十六条的规定提出飞行活动申请：

（一）通过通信基站或者互联网进行无人驾驶航空器中继飞行；

（二）运载危险品或者投放物品（常规农用无人驾驶航空器作业飞行活动除外）；

（三）飞越集会人群上空；

（四）在移动的交通工具上操控无人驾驶航空器；

（五）实施分布式操作或者集群飞行。

微型、轻型无人驾驶航空器在适飞空域内飞行的，无需取得特殊通用航空飞行任务批准文件。

第三十二条 操控无人驾驶航空器实施飞行活动，应当遵守下列行为规范：

（一）依法取得有关许可证书、证件，并在实施飞行活动时随身携带备查；

（二）实施飞行活动前做好安全飞行准备，检查无人驾驶航空器状态，并及时更新电子围栏等信息；

（三）实时掌握无人驾驶航空器飞行动态，实施需经批准的飞行活动应当与空中交通管理机构保持通信联络畅通，服从空中交通管理，飞行结束后及时报告；

（四）按照国家空中交通管理领导机构的规定保持必要的安全间隔；

（五）操控微型无人驾驶航空器的，应当保持视距内飞行；

（六）操控小型无人驾驶航空器在适飞空域内飞行的，应当遵守国家空中交通管理领导机构关于限速、通信、导航等方面的规定；

（七）在夜间或者低能见度气象条件下飞行的，应当开启灯光系统并确保其处于良好工作状态；

（八）实施超视距飞行的，应当掌握飞行空域内其他航空器的飞行动态，采取避免相撞的措施；

（九）受到酒精类饮料、麻醉剂或者其他药物影响时，不得操控无人驾驶航空器；

（十）国家空中交通管理领导机构规定的其他飞行活动行为规范。

第三十三条　操控无人驾驶航空器实施飞行活动，应当遵守下列避让规则：

（一）避让有人驾驶航空器、无动力装置的航空器以及地面、水上交通工具；

（二）单架飞行避让集群飞行；

（三）微型无人驾驶航空器避让其他无人驾驶航空器；

（四）国家空中交通管理领导机构规定的其他避让规则。

第三十四条　禁止利用无人驾驶航空器实施下列行为：

（一）违法拍摄军事设施、军工设施或者其他涉密场所；

（二）扰乱机关、团体、企业、事业单位工作秩序或者公共场所秩序；

（三）妨碍国家机关工作人员依法执行职务；

（四）投放含有违反法律法规规定内容的宣传品或者其他物品；

（五）危及公共设施、单位或者个人财产安全；

（六）危及他人生命健康，非法采集信息，或者侵犯他人其他人身权益；

（七）非法获取、泄露国家秘密，或者违法向境外提供数据信息；

（八）法律法规禁止的其他行为。

第三十五条　使用民用无人驾驶航空器从事测绘活动的单位依法取得测绘资质证书后，方可从事测绘活动。

外国无人驾驶航空器或者由外国人员操控的无人驾驶航空器不得在我国境内实施测绘、电波参数测试等飞行活动。

第三十六条　模型航空器应当在空中交通管理机构为航空飞行营地划定的空域内飞行，但国家空中交通管理领导机构另有规定的除外。

第四章　监督管理和应急处置

第三十七条　国家空中交通管理领导机构应当组织有关部门、单位在无人驾驶航空器一体化综合监管服务平台上向社会公布审批事项、申请办理流程、受理单位、联系方式、举报受理方式等信息并及时更新。

第三十八条　任何单位或者个人发现违反本条例规定行为的，可以向空中交通管理机构、民用航空管理部门或者当地公安机关举报。收到举报的部门、单位应当及时依法作出处理；不属于本部门、本单位职责的，应当及时移送有权处理的部门、单位。

第三十九条　空中交通管理机构、民用航空管理部门以及县级以上公安机关应当制定有关无人驾驶航空器飞行安全管理的应急预案，定期演练，提高应急处置能力。

县级以上地方人民政府应当将无人驾驶航空器安全应急管理纳入突发事件应急管理体系，健全信息互通、协同配合的应急处置工作机制。

无人驾驶航空器系统的设计者、生产者，应当确保无人驾驶航空器具备紧急避让、降落等应急处置功能，避免或者减轻无人驾驶航空器发生事故时对生命财产的损害。

使用无人驾驶航空器的单位或者个人应当按照有关规定，制定飞行紧急情况处置预案，落实风险防范措施，及时消除安全隐患。

第四十条　无人驾驶航空器飞行发生异常情况时，组织飞行活动的单位或者个人应当及时处置，服从空中交通管理机构的指令；导致发生飞行安全问题的，组织飞行活动的单位或者个人还应当在无人驾驶航空器降落后 24 小时内向空中交通管理机构报告有关情况。

第四十一条　对空中不明情况和无人驾驶航空器违规飞行，公安机关在条件有利时可以对低空目标实施先期处置，并负责违规飞行无人驾驶航空器落地后的现场处置。有关军事机关、公安机关、国家安全机关等单位按职责分工组织查证处置，民用航空管理等其他有关部门应当予以配合。

第四十二条　无人驾驶航空器违反飞行管理规定、扰乱公共秩序或者危及公共安全的，空中交通管理机构、民用航空管理部门和公安机关可以依法采取必要技术防控、扣押有关物品、责令停止飞行、查封违法活动场所等紧急处置措施。

第四十三条 军队、警察以及按照国家反恐怖主义工作领导机构有关规定由公安机关授权的高风险反恐怖重点目标管理单位，可以依法配备无人驾驶航空器反制设备，在公安机关或者有关军事机关的指导监督下从严控制设置和使用。

无人驾驶航空器反制设备配备、设置、使用以及授权管理办法，由国务院工业和信息化、公安、国家安全、市场监督管理部门会同国务院有关部门、有关军事机关制定。

任何单位或者个人不得非法拥有、使用无人驾驶航空器反制设备。

第五章　法律责任

第四十四条 违反本条例规定，从事中型、大型民用无人驾驶航空器系统的设计、生产、进口、飞行和维修活动，未依法取得适航许可的，由民用航空管理部门责令停止有关活动，没收违法所得，并处无人驾驶航空器系统货值金额1倍以上5倍以下的罚款；情节严重的，责令停业整顿。

第四十五条 违反本条例规定，民用无人驾驶航空器系统生产者未按照国务院工业和信息化主管部门的规定为其生产的无人驾驶航空器设置唯一产品识别码的，由县级以上人民政府工业和信息化主管部门责令改正，没收违法所得，并处3万元以上30万元以下的罚款；拒不改正的，责令停业整顿。

第四十六条 违反本条例规定，对已经取得适航许可的民用无人驾驶航空器系统进行重大设计更改，未重新申请取得适航许可并将其用于飞行活动的，由民用航空管理部门责令改正，处无人驾驶航空器系统货值金额1倍以上5倍以下的罚款。

违反本条例规定，改变微型、轻型、小型民用无人驾驶航空器系统的空域保持能力、可靠被监视能力、速度或者高度等出厂性能以及参数，未及时在无人驾驶航空器一体化综合监管服务平台更新性能、参数信息的，由民用航空管理部门责令改正；拒不改正的，处2000元以上2万元以下的罚款。

第四十七条 违反本条例规定，民用无人驾驶航空器未经实名登记实施飞行活动的，由公安机关责令改正，可以处 200 元以下的罚款；情节严重的，处 2000 元以上 2 万元以下的罚款。

违反本条例规定，涉及境外飞行的民用无人驾驶航空器未依法进行国籍登记的，由民用航空管理部门责令改正，处 1 万元以上 10 万元以下的罚款。

第四十八条 违反本条例规定，民用无人驾驶航空器未依法投保责任保险的，由民用航空管理部门责令改正，处 2000 元以上 2 万元以下的罚款；情节严重的，责令从事飞行活动的单位停业整顿直至吊销其运营合格证。

第四十九条 违反本条例规定，未取得运营合格证或者违反运营合格证的要求实施飞行活动的，由民用航空管理部门责令改正处 5 万元以上 50 万元以下的罚款；情节严重的，责令停业整顿直至吊销其运营合格证。

第五十条 无民事行为能力人、限制民事行为能力人违反本条例规定操控民用无人驾驶航空器飞行的，由公安机关对其监护人处 500 元以上 5000 元以下的罚款；情节严重的，没收实施违规飞行的无人驾驶航空器。

违反本条例规定，未取得操控员执照操控民用无人驾驶航空器飞行的，由民用航空管理部门处 5000 元以上 5 万元以下的罚款；情节严重的，处 1 万元以上 10 万元以下的罚款。

违反本条例规定，超出操控员执照载明范围操控民用无人驾驶航空器飞行的，由民用航空管理部门处 2000 元以上 2 万元以下的罚款，并处暂扣操控员执照 6 个月至 12 个月；情节严重的，吊销其操控员执照，2 年内不受理其操控员执照申请。

违反本条例规定，未取得操作证书从事常规农用无人驾驶航空器作业飞行活动的，由县级以上地方人民政府农业农村主管部门责令停止作业，并处 1000 元以上 1 万元以下的罚款。

第五十一条 组织飞行活动的单位或者个人违反本条例第三十二条、第三十三条规定的，由民用航空管理部门责令改正，可以处 1 万元以下的罚款；拒不改正的，处 1 万元以上 5 万元以下的罚款，并处暂扣运营合格证、操控员执照 1 个月至 3 个月；情节严重的，由空中交通管理机构责令停止飞行 6 个月至 12 个月，由民用航空管理部门处 5 万元以上 10 万元以下的罚款，并可以吊销相应许可证件，2 年内不受理其相应许可申请。

违反本条例规定，未经批准操控微型、轻型、小型民用无人驾驶航空器在管制空域内飞行，或者操控模型航空器在空中交通管理机构划定的空域外飞行的，由公安机关责令停止飞行，可以处 500 元以下的罚款；情节严重的，没收实施违规飞行的无人驾驶航空器，并处 1000 元以上 1 万元以下的罚款。

第五十二条　违反本条例规定，非法拥有、使用无人驾驶航空器反制设备的，由无线电管理机构、公安机关按照职责分工予以没收，可以处 5 万元以下的罚款；情节严重的，处 5 万元以上 20 万元以下的罚款。

第五十三条　违反本条例规定，外国无人驾驶航空器或者由外国人员操控的无人驾驶航空器在我国境内实施测绘飞行活动的，由县级以上人民政府测绘地理信息主管部门责令停止违法行为，没收违法所得、测绘成果和实施违规飞行的无人驾驶航空器，并处 10 万元以上 50 万元以下的罚款；情节严重的，并处 50 万元以上 100 万元以下的罚款，由公安机关、国家安全机关按照职责分工决定限期出境或者驱逐出境。

第五十四条　生产、改装、组装、拼装、销售和召回微型、轻型、小型民用无人驾驶航空器系统，违反产品质量或者标准化管理等有关法律法规的，由县级以上人民政府市场监督管理部门依法处罚。

除根据本条例第十五条的规定无需取得无线电频率使用许可和无线电台执照的情形以外，生产、维修、使用民用无人驾驶航空器系统，违反无线电管理法律法规以及国家有关规定的，由无线电管理机构依法处罚。

无人驾驶航空器飞行活动违反军事设施保护法律法规的，依照有关法律法规的规定执行。

第五十五条　违反本条例规定，有关部门、单位及其工作人员在无人驾驶航空器飞行以及有关活动的管理工作中滥用职权、玩忽职守、徇私舞弊或者有其他违法行为的，依法给予处分。

第五十六条　违反本条例规定，构成违反治安管理行为的，由公安机关依法给予治安管理处罚；构成犯罪的，依法追究刑事责任；造成人身、财产或者其他损害的，依法承担民事责任。

第六章　附则

第五十七条　在我国管辖的其他空域内实施无人驾驶航空器飞行活动，应当遵守本条例的有关规定。

无人驾驶航空器在室内飞行不适用本条例。

自备动力系统的飞行玩具适用本条例的有关规定，具体办法由国务院工业和信息化主管部门、有关空中交通管理机构会同国务院公安、民用航空主管部门制定。

第五十八条　无人驾驶航空器飞行以及有关活动，本条例没有规定的，适用《中华人民共和国民用航空法》《中华人民共和国飞行基本规则》《通用航空飞行管制条例》以及有关法律、行政法规。

第五十九条　军用无人驾驶航空器的管理，国务院、中央军事委员会另有规定的，适用其规定。

警察、海关、应急管理部门辖有的无人驾驶航空器的适航、登记、操控员等事项的管理办法，由国务院有关部门另行制定。

第六十条　模型航空器的分类、生产、登记、操控人员、航空飞行营地等事项的管理办法，由国务院体育主管部门会同有关空中交通管理机构，国务院工业和信息化、公安、民用航空主管部门另行制定。

第六十一条　本条例施行前生产的民用无人驾驶航空器不能按照国家有关规定自动向无人驾驶航空器一体化综合监管服务平台报送识别信息的，实施飞行活动应当依照本条例的规定向空中交通管理机构提出飞行活动申请，经批准后方可飞行。

第六十二条　本条例下列用语的含义：

（一）空中交通管理机构，是指军队和民用航空管理部门内负责有关责任区空中交通管理的机构。

（二）微型无人驾驶航空器，是指空机重量小于 0.25 千克，最大飞行真高不超过 50 米，最大平飞速度不超过 40 千米 / 小时，无线电发射设备符合微功率短距离技术要求，全程可以随时人工介入操控的无人驾驶航空器。

（三）轻型无人驾驶航空器，是指空机重量不超过 4 千克且最大起飞重量不超过 7 千克，最大平飞速度不超过 100 千米 / 小时，具备符合空域管理要求的空域保持能力和可靠被监视能力，全程可以随时人工介入操控的无人驾驶航空器，但不包括微型无人驾驶航空器。

（四）小型无人驾驶航空器，是指空机重量不超过 15 千克且最大起飞重量不超过 25 千克，具备符合空域管理要求的空域保持能力和可靠被监视能力，全程可以随时人工介入操控的无人驾驶航空器，但不包括微型、轻型无人驾驶航空器。

（五）中型无人驾驶航空器，是指最大起飞重量不超过 150 千克的无人驾驶航空器，但不包括微型、轻型、小型无人驾驶航空器。

（六）大型无人驾驶航空器，是指最大起飞重量超过 150 千克的无人驾驶航空器。

（七）无人驾驶航空器系统，是指无人驾驶航空器以及与其有关的遥控台（站）、任务载荷和控制链路等组成的系统。其中，遥控台（站）是指遥控无人驾驶航空器的各种操控设备（手段）以及有关系统组成的整体。

（八）农用无人驾驶航空器，是指最大飞行真高不超过 30 米，最大平飞速度不超过 50 千米 / 小时，最大飞行半径不超过 2000 米，具备空域保持能力和可靠被监视能力，专门用于植保、播种、投饵等农林牧渔作业，全程可以随时人工介入操控的无人驾驶航空器。

（九）隔离飞行，是指无人驾驶航空器与有人驾驶航空器不同时在同一空域内的飞行。

（十）融合飞行，是指无人驾驶航空器与有人驾驶航空器同时在同一空域内的飞行。

（十一）分布式操作，是指把无人驾驶航空器系统操作分解为多个子业务，部署在多个站点或者终端进行协同操作的模式。

（十二）集群，是指采用具备多台无人驾驶航空器操控能力的同一系统或者平台，为了处理同一任务，以各无人驾驶航空器操控数据互联协同处理为特征，在同一时间内并行操控多台无人驾驶航空器以相对物理集中的方式进行飞行的无人驾驶航空器运行模式。

（十三）模型航空器，也称航空模型，是指有尺寸和重量限制，不能载人，不具有高度保持和位置保持飞行功能的无人驾驶航空器，包括自由飞、线控、直接目视视距内人工不间断遥控、借助第一视角人工不间断遥控的模型航空器等。

（十四）无人驾驶航空器反制设备，是指专门用于防控无人驾驶航空器违规飞行，具有干扰、截控、捕获、摧毁等功能的设备。

（十五）空域保持能力，是指通过电子围栏等技术措施控制无人驾驶航空器的高度与水平范围的能力。

第六十三条　本条例自 2024 年 1 月 1 日起施行。

2.2.14　《生成式人工智能服务管理暂行办法》

第一章　总则

第一条　为了促进生成式人工智能健康发展和规范应用，维护国家安全和社会公共利益，保护公民、法人和其他组织的合法权益，根据《中华人民共和国网络安全法》、《中华人民共和国数据安全法》、《中华人民共和国个人信息保护法》、《中华人民共和国科学技术进步法》等法律、行政法规，制定本办法。

第二条　利用生成式人工智能技术向中华人民共和国境内公众提供生成文本、图片、音频、视频等内容的服务（以下称生成式人工智能服务），适用本办法。

国家对利用生成式人工智能服务从事新闻出版、影视制作、文艺创作等活动另有规定的，从其规定行业组织、企业、教育和科研机构、公共文化机构、有关专业机构等研发、应用生成式人工智能技术，未向境内公众提供生成式人工智能服务的，不适用本办法的规定。

第三条　国家坚持发展和安全并重、促进创新和依法治理相结合的原则，采取有效措施鼓励生成式人工智能创新发展，对生成式人工智能服务实行包容审慎和分类分级监管。

第四条　提供和使用生成式人工智能服务，应当遵守法律、行政法规，尊重社会公德和伦理道德，遵守以下规定：

（一）坚持社会主义核心价值观，不得生成煽动颠覆国家政权、推翻社会主义制度，危害国家安全和利益、损害国家形象，煽动分裂国家、破坏国家统一和社会稳定，宣扬恐怖主义、极端主义，宣扬民族仇恨、民族歧视，暴力、淫秽色情，以及虚假有害信息等法律、行政法规禁止的内容；

（二）在算法设计、训练数据选择、模型生成和优化、提供服务等过程中，采取有效措施防止产生民族、信仰、国别、地域、性别、年龄、职业、健康等歧视；

（三）尊重知识产权、商业道德，保守商业秘密，不得利用算法、数据、平台等优势，实施垄断和不正当竞争行为；

（四）尊重他人合法权益，不得危害他人身心健康，不得侵害他人肖像权、名誉权、荣誉权、隐私权和个人信息权益；

（五）基于服务类型特点，采取有效措施，提升生成式人工智能服务的透明度，提高生成内容的准确性和可靠性。

第二章　技术发展与治理

第五条　鼓励生成式人工智能技术在各行业、各领域的创新应用，生成积极健康、向上向善的优质内容，探索优化应用场景，构建应用生态体系。

支持行业组织、企业、教育和科研机构、公共文化机构、有关专业机构等在生成式人工智能技术创新、数据资源建设、转化应用、风险防范等方面开展协作。

第六条　鼓励生成式人工智能算法、框架、芯片及配套软件平台等基础技术的自主创新，平等互利开展国际交流与合作，参与生成式人工智能相关国际规则制定。

推动生成式人工智能基础设施和公共训练数据资源平台建设。促进算力资源协同共享，提升算力资源利用效能。推动公共数据分类分级有序开放，扩展高质量的公共训练数据资源。鼓励采用安全可信的芯片、软件、工具、算力和数据资源。

第七条 生成式人工智能服务提供者（以下称提供者）应当依法开展预训练、优化训练等训练数据处理活动，遵守以下规定：

（一）使用具有合法来源的数据和基础模型；

（二）涉及知识产权的，不得侵害他人依法享有的知识产权；

（三）涉及个人信息的，应当取得个人同意或者符合法律、行政法规规定的其他情形；

（四）采取有效措施提高训练数据质量，增强训练数据的真实性、准确性、客观性、多样性；

（五）《中华人民共和国网络安全法》、《中华人民共和国数据安全法》、《中华人民共和国个人信息保护法》等法律、行政法规的其他有关规定和有关主管部门的相关监管要求。

第八条 在生成式人工智能技术研发过程中进行数据标注的，提供者应当制定符合本办法要求的清晰、具体、可操作的标注规则；开展数据标注质量评估，抽样核验标注内容的准确性；对标注人员进行必要培训，提升尊法守法意识，监督指导标注人员规范开展标注工作。

第三章　服务规范

第九条 提供者应当依法承担网络信息内容生产者责任，履行网络信息安全义务。涉及个人信息的，依法承担个人信息处理者责任，履行个人信息保护义务。

提供者应当与注册其服务的生成式人工智能服务使用者（以下称使用者）

签订服务协议，明确双方权利义务。

第十条 提供者应当明确并公开其服务的适用人群、场合、用途，指导使用者科学理性认识和依法使用生成式人工智能技术，采取有效措施防范未成年人用户过度依赖或者沉迷生成式人工智能服务。

第十一条 提供者对使用者的输入信息和使用记录应当依法履行保护义务，不得收集非必要个人信息，不得非法留存能够识别使用者身份的输入信息和使用记录，不得非法向他人提供使用者的输入信息和使用记录。

提供者应当依法及时受理和处理个人关于查阅、复制、更正、补充、删除其个人信息等的请求。

第十二条 提供者应当按照《互联网信息服务深度合成管理规定》对图片、视频等生成内容进行标识。

第十三条 提供者应当在其服务过程中，提供安全、稳定、持续的服务，保障用户正常使用。

第十四条 提供者发现违法内容的，应当及时采取停止生成、停止传输、消除等处置措施，采取模型优化训练等措施进行整改，并向有关主管部门报告。

提供者发现使用者利用生成式人工智能服务从事违法活动的，应当依法依约采取警示、限制功能、暂停或者终止向其提供服务等处置措施，保存有关记录，并向有关主管部门报告。

第十五条 提供者应当建立健全投诉、举报机制，设置便捷的投诉、举报入口，公布处理流程和反馈时限，及时受理、处理公众投诉举报并反馈处理结果。

第四章 监督检查和法律责任

第十六条 网信、发展改革、教育、科技、工业和信息化、公安、广播电视、新闻出版等部门，依据各自职责依法加强对生成式人工智能服务的管理。

国家有关主管部门针对生成式人工智能技术特点及其在有关行业和领域的服务应用，完善与创新发展相适应的科学监管方式，制定相应的分类分级监管规则或者指引。

第十七条 提供具有舆论属性或者社会动员能力的生成式人工智能服务的，应当按照国家有关规定开展安全评估，并按照《互联网信息服务算法推荐管理规定》履行算法备案和变更、注销备案手续。

第十八条 使用者发现生成式人工智能服务不符合法律、行政法规和本办法规定的，有权向有关主管部门投诉、举报。

第十九条 有关主管部门依据职责对生成式人工智能服务开展监督检查，提供者应当依法予以配合，按要求对训练数据来源、规模、类型、标注规则、算法机制机理等予以说明，并提供必要的技术、数据等支持和协助。

参与生成式人工智能服务安全评估和监督检查的相关机构和人员对在履行职责中知悉的国家秘密、商业秘密、个人隐私和个人信息应当依法予以保密，不得泄露或者非法向他人提供。

第二十条 对来源于中华人民共和国境外向境内提供生成式人工智能服务不符合法律、行政法规和本办法规定的，国家网信部门应当通知有关机构采取技术措施和其他必要措施予以处置。

第二十一条 提供者违反本办法规定的，由有关主管部门依照《中华人民共和国网络安全法》、《中华人民共和国数据安全法》、《中华人民共和国个人信息保护法》、《中华人民共和国科学技术进步法》等法律、行政法规的规定予以处罚；法律、行政法规没有规定的，由有关主管部门依据职责予以警告、通报批评，责令限期改正；拒不改正或者情节严重的，责令暂停提供相关服务。

构成违反治安管理行为的，依法给予治安管理处罚；构成犯罪的，依法追究刑事责任。

第五章 附则

第二十二条 本办法下列用语的含义是：

（一）生成式人工智能技术，是指具有文本、图片、音频、视频等内容生成能力的模型及相关技术。

（二）生成式人工智能服务提供者，是指利用生成式人工智能技术提供生成式人工智能服务（包括通过提供可编程接口等方式提供生成式人工智能服务）的组织、个人。

（三）生成式人工智能服务使用者，是指使用生成式人工智能服务生成内容的组织、个人。

第二十三条　法律、行政法规规定提供生成式人工智能服务应当取得相关行政许可的，提供者应当依法取得许可。

外商投资生成式人工智能服务，应当符合外商投资相关法律、行政法规的规定。

第二十四条　本办法自 2023 年 8 月 15 日起施行。

2.2.15　《企业数据资源相关会计处理暂行规定》

为规范企业数据资源相关会计处理，强化相关会计信息披露，根据《中华人民共和国会计法》和企业会计准则等相关规定，现对企业数据资源的相关会计处理规定如下：

一、关于适用范围

本规定适用于企业按照企业会计准则相关规定确认为无形资产或存货等资产类别的数据资源，以及企业合法拥有或控制的、预期会给企业带来经济利益的、但由于不满足企业会计准则相关资产确认条件而未确认为资产的数据资源的相关会计处理。

二、关于数据资源会计处理适用的准则

企业应当按照企业会计准则相关规定，根据数据资源的持有目的、形成方式、业务模式，以及与数据资源有关的经济利益的预期消耗方式等，对数据资源相关交易和事项进行会计确认、计量和报告。

1. 企业使用的数据资源，符合《企业会计准则第 6 号——无形资产》（财会〔2006〕3 号，以下简称无形资产准则）规定的定义和确认条件的，应当确认为无形资产。

2. 企业应当按照无形资产准则、《〈企业会计准则第 6 号——无形资产〉应用指南》（财会〔2006〕18 号，以下简称无形资产准则应用指南）等规定，对确认为无形资产的数据资源进行初始计量、后续计量、处置和报废等相关会计处理。

其中，企业通过外购方式取得确认为无形资产的数据资源，其成本包括购买价款、相关税费，直接归属于使该项无形资产达到预定用途所发生的数据脱敏、清洗、标注、整合、分析、可视化等加工过程所发生的有关支出，以及数据权属鉴证、质量评估、登记结算、安全管理等费用。企业通过外购方式取得数据采集、脱敏、清洗、标注、整合、分析、可视化等服务所发生的有关支出，不符合无形资产准则规定的无形资产定义和确认条件的，应当根据用途计入当期损益。

企业内部数据资源研究开发项目的支出，应当区分研究阶段支出与开发阶段支出。研究阶段的支出，应当于发生时计入当期损益。开发阶段的支出，满足无形资产准则第九条规定的有关条件的，才能确认为无形资产。

企业在对确认为无形资产的数据资源的使用寿命进行估计时，应当考虑无形资产准则应用指南规定的因素，并重点关注数据资源相关业务模式、权利限制、更新频率和时效性、有关产品或技术迭代、同类竞品等因素。

3. 企业在持有确认为无形资产的数据资源期间，利用数据资源对客户提供服务的，应当按照无形资产准则、无形资产准则应用指南等规定，将无形资产的摊销金额计入当期损益或相关资产成本；同时，企业应当按照《企业会计准则第 14 号——收入》（财会〔2017〕22 号，以下简称收入准则）等规定确认相关收入。

除上述情形外，企业利用数据资源对客户提供服务的，应当按照收入准则等规定确认相关收入，符合有关条件的应当确认合同履约成本。

4. 企业日常活动中持有、最终目的用于出售的数据资源，符合《企业会计准则第 1 号——存货》（财会〔2006〕3 号，以下简称存货准则）规定的定义和确认条件的，应当确认为存货。

5. 企业应当按照存货准则、《〈企业会计准则第 1 号——存货〉应用指南》

（财会〔2006〕18 号）等规定，对确认为存货的数据资源进行初始计量、后续计量等相关会计处理。

其中，企业通过外购方式取得确认为存货的数据资源，其采购成本包括购买价款、相关税费、保险费，以及数据权属鉴证、质量评估、登记结算、安全管理等所发生的其他可归属于存货采购成本的费用。企业通过数据加工取得确认为存货的数据资源，其成本包括采购成本，数据采集、脱敏、清洗、标注、整合、分析、可视化等加工成本和使存货达到目前场所和状态所发生的其他支出。

6. 企业出售确认为存货的数据资源，应当按照存货准则将其成本结转为当期损益；同时，企业应当按照收入准则等规定确认相关收入。

7. 企业出售未确认为资产的数据资源，应当按照收入准则等规定确认相关收入。

三、关于列示和披露要求

（一）资产负债表相关列示。

企业在编制资产负债表时，应当根据重要性原则并结合本企业的实际情况，在"存货"项目下增设"其中：数据资源"项目，反映资产负债表日确认为存货的数据资源的期末账面价值；在"无形资产"项目下增设"其中：数据资源"项目，反映资产负债表日确认为无形资产的数据资源的期末账面价值；在"开发支出"项目下增设"其中：数据资源"项目，反映资产负债表日正在进行数据资源研究开发项目满足资本化条件的支出金额。

（二）相关披露。

企业应当按照相关企业会计准则及本规定等，在会计报表附注中对数据资源相关会计信息进行披露。

1. 确认为无形资产的数据资源相关披露。

（1）企业应当按照外购无形资产、自行开发无形资产等类别，对确认为无形资产的数据资源（以下简称数据资源无形资产）相关会计信息进行披露，并可以在此基础上根据实际情况对类别进行拆分。具体披露格式如下：

项目	外购的数据资源无形资产	自行开发的数据资源无形资产	其他方式取得的数据资源无形资产	合计
一、账面原值				
1. 期初余额				
2. 本期增加金额				
其中：购入				
内部研发				
其他增加				
3. 本期减少金额				
其中：处置				
失效且终止确认				
其他减少				
4. 期末余额				
二、累计摊销				
1. 期初余额				
2. 本期增加金额				
3. 本期减少金额				
其中：处置				
失效且终止确认				
其他减少				
4. 期末余额				
三、减值准备				
1. 期初余额				
2. 本期增加金额				
3. 本期减少金额				
4. 期末余额				
四、账面价值				

项目	外购的数据资源无形资产	自行开发的数据资源无形资产	其他方式取得的数据资源无形资产	合计
1. 期末账面价值				
2. 期初账面价值				

（2）对于使用寿命有限的数据资源无形资产，企业应当披露其使用寿命的估计情况及摊销方法；对于使用寿命不确定的数据资源无形资产，企业应当披露其账面价值及使用寿命不确定的判断依据。

（3）企业应当按照《企业会计准则第 28 号——会计政策、会计估计变更和差错更正》（财会〔2006〕3 号）的规定，披露对数据资源无形资产的摊销期、摊销方法或残值的变更内容、原因以及对当期和未来期间的影响数。

（4）企业应当单独披露对企业财务报表具有重要影响的单项数据资源无形资产的内容、账面价值和剩余摊销期限。

（5）企业应当披露所有权或使用权受到限制的数据资源无形资产，以及用于担保的数据资源无形资产的账面价值、当期摊销额等情况。

（6）企业应当披露计入当期损益和确认为无形资产的数据资源研究开发支出金额。

（7）企业应当按照《企业会计准则第 8 号——资产减值》（财会〔2006〕3 号）等规定，披露与数据资源无形资产减值有关的信息。

（8）企业应当按照《企业会计准则第 42 号——持有待售的非流动资产、处置组和终止经营》（财会〔2017〕13 号）等规定，披露划分为持有待售类别的数据资源无形资产有关信息。

2. 确认为存货的数据资源相关披露。

（1）企业应当按照外购存货、自行加工存货等类别，对确认为存货的数据资源（以下简称数据资源存货）相关会计信息进行披露，并可以在此基础上根据实际情况对类别进行拆分。具体披露格式如下：

项目	外购的数据资源存货	自行加工的数据资源存货	其他方式取得的数据资源存货	合计
一、账面原值				
1. 期初余额				
2. 本期增加金额				
其中：购入				
采集加工				
其他增加				
3. 本期减少金额				
其中：出售				
失效且终止确认				
其他减少				
4. 期末余额				
二、存货跌价准备				
1. 期初余额				
2. 本期增加金额				
3. 本期减少金额				
其中：转回				
转销				
4. 期末余额				
三、账面价值				
1. 期末账面价值				
2. 期初账面价值				

（2）企业应当披露确定发出数据资源存货成本所采用的方法。

（3）企业应当披露数据资源存货可变现净值的依据、存货跌价准备的计提方法、当期计提的存货跌价准备的金额、当期转回的存货跌价准备的金额，以及计提和转回的有关情况。

（4）企业应当单独披露对企业财务报表具有重要影响的单项数据资源存货的内容、账面价值和可变现净值。

（5）企业应当披露所有权或使用权受到限制的数据资源存货，以及用于担保的数据资源存货的账面价值等情况。

3.其他披露要求。

企业对数据资源进行评估且评估结果对企业财务报表具有重要影响的，应当披露评估依据的信息来源，评估结论成立的假设前提和限制条件，评估方法的选择，各重要参数的来源、分析、比较与测算过程等信息。

企业可以根据实际情况，自愿披露数据资源（含未作为无形资产或存货确认的数据资源）下列相关信息：

（1）数据资源的应用场景或业务模式、对企业创造价值的影响方式，与数据资源应用场景相关的宏观经济和行业领域前景等。

（2）用于形成相关数据资源的原始数据的类型、规模、来源、权属、质量等信息。

（3）企业对数据资源的加工维护和安全保护情况，以及相关人才、关键技术等的持有和投入情况。

（4）数据资源的应用情况，包括数据资源相关产品或服务等的运营应用、作价出资、流通交易、服务计费方式等情况。

（5）重大交易事项中涉及的数据资源对该交易事项的影响及风险分析，重大交易事项包括但不限于企业的经营活动、投融资活动、质押融资、关联方及关联交易、承诺事项、或有事项、债务重组、资产置换等。

（6）数据资源相关权利的失效情况及失效事由、对企业的影响及风险分析等，如数据资源已确认为资产的，还包括相关资产的账面原值及累计摊销、减值准备或跌价准备、失效部分的会计处理。

（7）数据资源转让、许可或应用所涉及的地域限制、领域限制及法律法规限制等权利限制。企业认为有必要披露的其他数据资源相关数据。

四、附则

本规定自 2024 年 1 月 1 日起施行。企业应当采用未来适用法执行本规定，本规定施行前已经费用化计入损益的数据资源相关支出不再调整。

2.2.16 《最高人民法院　最高人民检察院　公安部关于依法惩治网络暴力违法犯罪的指导意见》

为依法惩治网络暴力违法犯罪活动，有效维护公民人格权益和网络秩序，根据刑法、刑事诉讼法、民法典、民事诉讼法、个人信息保护法、治安管理处罚法及《最高人民法院、最高人民检察院关于办理利用信息网络实施诽谤等刑事案件适用法律若干问题的解释》等法律、司法解释规定，结合执法司法实践，制定本意见。

一、充分认识网络暴力的社会危害，依法维护公民权益和网络秩序

1. 在信息网络上针对个人肆意发布谩骂侮辱、造谣诽谤、侵犯隐私等信息的网络暴力行为，贬损他人人格，损害他人名誉，有的造成了他人"社会性死亡"甚至精神失常、自杀等严重后果；扰乱网络秩序，破坏网络生态，致使网络空间戾气横行，严重影响社会公众安全感。与传统违法犯罪不同，网络暴力往往针对素不相识的陌生人实施，受害人在确认侵害人、收集证据等方面存在现实困难，维权成本极高。人民法院、人民检察院、公安机关要充分认识网络暴力的社会危害，坚持严惩立场，依法能动履职，为受害人提供有效法律救济，维护公民合法权益，维护公众安全感，维护网络秩序。

二、准确适用法律，依法严惩网络暴力违法犯罪

2. 依法惩治网络诽谤行为。在信息网络上制造、散布谣言，贬损他人人格、损害他人名誉，情节严重，符合刑法第二百四十六条规定的，以诽谤罪定罪处罚。

3. 依法惩治网络侮辱行为。在信息网络上采取肆意谩骂、恶意诋毁、披露隐私等方式，公然侮辱他人，情节严重，符合刑法第二百四十六条规定的，以侮辱罪定罪处罚。

4. 依法惩治侵犯公民个人信息行为。组织"人肉搜索"，违法收集并向不特定多数人发布公民个人信息，情节严重，符合刑法第二百五十三条之一规定的，以侵犯公民个人信息罪定罪处罚；依照刑法和司法解释规定，同时构成其他犯罪的，依照处罚较重的规定定罪处罚。

5. 依法惩治借网络暴力事件实施的恶意营销炒作行为。基于蹭炒热度、推广引流等目的，利用互联网用户公众账号等推送、传播有关网络暴力违法犯罪的信息，符合刑法第二百八十七条之一规定的，以非法利用信息网络罪定罪处罚；依照刑法和司法解释规定，同时构成其他犯罪的，依照处罚较重的规定定罪处罚。

6. 依法惩治拒不履行信息网络安全管理义务行为。网络服务提供者对于所发现的有关网络暴力违法犯罪的信息不依法履行信息网络安全管理义务，经监管部门责令采取改正措施而拒不改正，致使违法信息大量传播或者有其他严重情节，符合刑法第二百八十六条之一规定的，以拒不履行信息网络安全管理义务罪定罪处罚；依照刑法和司法解释规定，同时构成其他犯罪的，依照处罚较重的规定定罪处罚。

7. 依法惩治网络暴力违法行为。实施网络侮辱、诽谤等网络暴力行为，尚不构成犯罪，符合治安管理处罚法等规定的，依法予以行政处罚。

8. 依法严惩网络暴力违法犯罪。对网络暴力违法犯罪，应当体现从严惩治精神，让人民群众充分感受到公平正义。坚持严格执法司法，对于网络暴力违法犯罪，依法严肃追究，切实矫正"法不责众"的错误倾向。要重点打击恶意发起者、组织者、恶意推波助澜者以及屡教不改者。实施网络暴力违法犯罪，具有下列情形之一的，依法从重处罚：

（1）针对未成年人、残疾人实施的；

（2）组织"水军"、"打手"或者其他人员实施的；

（3）编造"涉性"话题侵害他人人格尊严的；

（4）利用"深度合成"等 AIGC 技术发布违法信息的；

（5）网络服务提供者发起、组织的。

9. 依法支持民事维权。针对他人实施网络暴力行为，侵犯他人名誉权、隐私权等人格权，受害人请求行为人承担民事责任的，人民法院依法予以支持。

10. 准确把握违法犯罪行为的认定标准。通过信息网络检举、揭发他人犯罪或者违法违纪行为，只要不是故意捏造事实或者明知是捏造的事实而故意散布的，不应当认定为诽谤违法犯罪。针对他人言行发表评论、提出批评，即使观点有所偏颇、言论有些偏激，只要不是肆意谩骂、恶意诋毁的，不应当认定为侮辱违法犯罪。

三、畅通诉讼程序，及时提供有效法律救济

11. 落实公安机关协助取证的法律规定。根据刑法第二百四十六条第三款的规定，对于被害人就网络侮辱、诽谤提起自诉的案件，人民法院经审查认为被害人提供证据确有困难的，可以要求公安机关提供协助。公安机关应当根据人民法院要求和案件具体情况，及时查明行为主体，收集相关侮辱、诽谤信息传播扩散情况及造成的影响等证据材料。网络服务提供者应当依法为公安机关取证提供必要的技术支持和协助。经公安机关协助取证，达到自诉案件受理条件的，人民法院应当决定立案；无法收集相关证据材料的，公安机关应当书面向人民法院说明情况。

12. 准确把握侮辱罪、诽谤罪的公诉条件。根据刑法第二百四十六条第二款的规定，实施侮辱、诽谤犯罪，严重危害社会秩序和国家利益的，应当依法提起公诉。对于网络侮辱、诽谤是否严重危害社会秩序，应当综合侵害对象、动机目的、行为方式、信息传播范围、危害后果等因素作出判定。实施网络侮辱、诽谤行为，具有下列情形之一的，应当认定为刑法第二百四十六条第二款规定的"严重危害社会秩序"：

（1）造成被害人或者其近亲属精神失常、自杀等严重后果，社会影响恶劣的；

（2）随意以普通公众为侵害对象，相关信息在网络上大范围传播，引发大量低俗、恶意评论，严重破坏网络秩序，社会影响恶劣的；

（3）侮辱、诽谤多人或者多次散布侮辱、诽谤信息，社会影响恶劣的；

（4）组织、指使人员在多个网络平台大量散布侮辱、诽谤信息，社会影响恶劣的；

（5）其他严重危害社会秩序的情形。

13. 依法适用侮辱、诽谤刑事案件的公诉程序。对于严重危害社会秩序的网络侮辱、诽谤行为，公安机关应当依法及时立案。被害人同时向人民法院提起自诉的，人民法院可以请自诉人撤回自诉或者裁定不予受理；已经受理的，应当裁定终止审理，并将相关材料移送公安机关，原自诉人可以作为被害人参与诉讼。对于网络侮辱、诽谤行为，被害人在公安机关立案前提起自诉，人民法院经审查认为有关行为严重危害社会秩序的，应当将案件移送公安机关。

对于网络侮辱、诽谤行为，被害人或者其近亲属向公安机关报案，公安机关经审查认为已构成犯罪但不符合公诉条件的，可以告知报案人向人民法院提起自诉。

14. 加强立案监督工作。人民检察院依照有关法律和司法解释的规定，对网络暴力犯罪案件加强立案监督工作。上级公安机关应当加强对下级公安机关网络暴力案件立案工作的业务指导和内部监督。

15. 依法适用人格权侵害禁令制度。权利人有证据证明行为人正在实施或者即将实施侵害其人格权的违法行为，不及时制止将使其合法权益受到难以弥补的损害，依据民法典第九百九十七条向人民法院申请采取责令行为人停止有关行为的措施的，人民法院可以根据案件具体情况依法作出人格权侵害禁令。

16. 依法提起公益诉讼。网络暴力行为损害社会公共利益的，人民检察院可以依法向人民法院提起公益诉讼。网络服务提供者对于所发现的网络暴力信息不依法履行信息网络安全管理义务，致使违法信息大量传播或者有其他严重情节，损害社会公共利益的，人民检察院可以依法向人民法院提起公益诉讼。人民检察院办理网络暴力治理领域公益诉讼案件，可以依法要求网络服务提供者提供必要的技术支持和协助。

四、落实工作要求，促进强化综合治理

17. 有效保障受害人权益。办理网络暴力案件，应当及时告知受害人及其法定代理人或者近亲属有权委托诉讼代理人，并告知其有权依法申请法律援助。

针对相关网络暴力信息传播范围广、社会危害大、影响消除难的现实情况，要依法及时向社会发布案件进展信息，澄清事实真相，有效消除不良影响。依法适用认罪认罚从宽制度，促使被告人认罪认罚，真诚悔罪，通过媒体公开道歉等方式，实现对受害人人格权的有效保护。对于被判处刑罚的被告人，可以依法宣告职业禁止或者禁止令。

18. 强化衔接配合。人民法院、人民检察院、公安机关要加强沟通协调，统一执法司法理念，有序衔接自诉程序与公诉程序，确保案件顺利侦查、起诉、审判。对重大、敏感、复杂案件，公安机关听取人民检察院意见建议的，人民检察院应当及时提供，确保案件依法稳妥处理。完善行政执法和刑事司法衔接机制，加强协调配合，形成各单位各司其职、高效联动的常态化工作格局，依法有效惩治、治理网络暴力违法犯罪。

19. 做好法治宣传。要认真贯彻"谁执法谁普法"普法责任制，充分发挥执法办案的规则引领、价值导向和行为规范作用。发布涉网络暴力典型案例，明确传导"网络空间不是法外之地"，教育引导广大网民自觉守法，引领社会文明风尚。

20. 促进网络暴力综合治理。立足执法司法职能，在依法办理涉网络暴力相关案件的基础上，做实诉源治理，深入分析滋生助推网络暴力发生的根源，通过提出司法建议、检察建议、公安提示函等方式，促进对网络暴力的多元共治，夯实网络信息服务提供者的主体责任，不断健全长效治理机制，从根本上减少网络暴力的发生，营造清朗网络空间。

2.2.17 《未成年人网络保护条例》

第一章 总则

第一条 为了营造有利于未成年人身心健康的网络环境，保障未成年人合法权益，根据《中华人民共和国未成年人保护法》、《中华人民共和国网络安全法》、《中华人民共和国个人信息保护法》等法律，制定本条例。

第二条 未成年人网络保护工作应当坚持中国共产党的领导，坚持以社会主义核心价值观为引领，坚持最有利于未成年人的原则，适应未成年人身心健康发展和网络空间的规律和特点，实行社会共治。

第三条　国家网信部门负责统筹协调未成年人网络保护工作，并依据职责做好未成年人网络保护工作。

国家新闻出版、电影部门和国务院教育、电信、公安、民政、文化和旅游、卫生健康、市场监督管理、广播电视等有关部门依据各自职责做好未成年人网络保护工作。

县级以上地方人民政府及其有关部门依据各自职责做好未成年人网络保护工作。

第四条　共产主义青年团、妇女联合会、工会、残疾人联合会、关心下一代工作委员会、青年联合会、学生联合会、少年先锋队以及其他人民团体、有关社会组织、基层群众性自治组织，协助有关部门做好未成年人网络保护工作，维护未成年人合法权益。

第五条　学校、家庭应当教育引导未成年人参加有益身心健康的活动，科学、文明、安全、合理使用网络，预防和干预未成年人沉迷网络。

第六条　网络产品和服务提供者、个人信息处理者、智能终端产品制造者和销售者应当遵守法律、行政法规和国家有关规定，尊重社会公德，遵守商业道德，诚实信用，履行未成年人网络保护义务，承担社会责任。

第七条　网络产品和服务提供者、个人信息处理者、智能终端产品制造者和销售者应当接受政府和社会的监督，配合有关部门依法实施涉及未成年人网络保护工作的监督检查，建立便捷、合理、有效的投诉、举报渠道，通过显著方式公布投诉、举报途径和方法，及时受理并处理公众投诉、举报。

第八条　任何组织和个人发现违反本条例规定的，可以向网信、新闻出版、电影、教育、电信、公安、民政、文化和旅游、卫生健康、市场监督管理、广播电视等有关部门投诉、举报。收到投诉、举报的部门应当及时依法作出处理；不属于本部门职责的，应当及时移送有权处理的部门。

第九条　网络相关行业组织应当加强行业自律，制定未成年人网络保护相关行业规范，指导会员履行未成年人网络保护义务，加强对未成年人的网络保护。

第十条 新闻媒体应当通过新闻报道、专题栏目（节目）、公益广告等方式，开展未成年人网络保护法律法规、政策措施、典型案例和有关知识的宣传，对侵犯未成年人合法权益的行为进行舆论监督，引导全社会共同参与未成年人网络保护。

第十一条 国家鼓励和支持在未成年人网络保护领域加强科学研究和人才培养，开展国际交流与合作。

第十二条 对在未成年人网络保护工作中作出突出贡献的组织和个人，按照国家有关规定给予表彰和奖励。

第二章 网络素养促进

第十三条 国务院教育部门应当将网络素养教育纳入学校素质教育内容，并会同国家网信部门制定未成年人网络素养测评指标。

教育部门应当指导、支持学校开展未成年人网络素养教育，围绕网络道德意识形成、网络法治观念培养、网络使用能力建设、人身财产安全保护等，培育未成年人网络安全意识、文明素养、行为习惯和防护技能。

第十四条 县级以上人民政府应当科学规划、合理布局，促进公益性上网服务均衡协调发展，加强提供公益性上网服务的公共文化设施建设，改善未成年人上网条件。

县级以上地方人民政府应当通过为中小学校配备具有相应专业能力的指导教师、政府购买服务或者鼓励中小学校自行采购相关服务等方式，为学生提供优质的网络素养教育课程。

第十五条 学校、社区、图书馆、文化馆、青少年宫等场所为未成年人提供互联网上网服务设施的，应当通过安排专业人员、招募志愿者等方式，以及安装未成年人网络保护软件或者采取其他安全保护技术措施，为未成年人提供上网指导和安全、健康的上网环境。

第十六条　学校应当将提高学生网络素养等内容纳入教育教学活动，并合理使用网络开展教学活动，建立健全学生在校期间上网的管理制度，依法规范管理未成年学生带入学校的智能终端产品，帮助学生养成良好上网习惯，培养学生网络安全和网络法治意识，增强学生对网络信息的获取和分析判断能力。

第十七条　未成年人的监护人应当加强家庭家教家风建设，提高自身网络素养，规范自身使用网络的行为，加强对未成年人使用网络行为的教育、示范、引导和监督。

第十八条　国家鼓励和支持研发、生产和使用专门以未成年人为服务对象、适应未成年人身心健康发展规律和特点的网络保护软件、智能终端产品和未成年人模式、未成年人专区等网络技术、产品、服务，加强网络无障碍环境建设和改造，促进未成年人开阔眼界、陶冶情操、提高素质。

第十九条　未成年人网络保护软件、专门供未成年人使用的智能终端产品应当具有有效识别违法信息和可能影响未成年人身心健康的信息、保护未成年人个人信息权益、预防未成年人沉迷网络、便于监护人履行监护职责等功能。

国家网信部门会同国务院有关部门根据未成年人网络保护工作的需要，明确未成年人网络保护软件、专门供未成年人使用的智能终端产品的相关技术标准或者要求，指导监督网络相关行业组织按照有关技术标准和要求对未成年人网络保护软件、专门供未成年人使用的智能终端产品的使用效果进行评估。

智能终端产品制造者应当在产品出厂前安装未成年人网络保护软件，或者采用显著方式告知用户安装渠道和方法。智能终端产品销售者在产品销售前应当采用显著方式告知用户安装未成年人网络保护软件的情况以及安装渠道和方法。

未成年人的监护人应当合理使用并指导未成年人使用网络保护软件、智能终端产品等，创造良好的网络使用家庭环境。

第二十条　未成年人用户数量巨大或者对未成年人群体具有显著影响的网络平台服务提供者，应当履行下列义务：

（一）在网络平台服务的设计、研发、运营等阶段，充分考虑未成年人身心健康发展特点，定期开展未成年人网络保护影响评估；

（二）提供未成年人模式或者未成年人专区等，便利未成年人获取有益身心健康的平台内产品或者服务；

（三）按照国家规定建立健全未成年人网络保护合规制度体系，成立主要由外部成员组成的独立机构，对未成年人网络保护情况进行监督；

（四）遵循公开、公平、公正的原则，制定专门的平台规则，明确平台内产品或者服务提供者的未成年人网络保护义务，并以显著方式提示未成年人用户依法享有的网络保护权利和遭受网络侵害的救济途径；

（五）对违反法律、行政法规严重侵害未成年人身心健康或者侵犯未成年人其他合法权益的平台内产品或者服务提供者，停止提供服务；

（六）每年发布专门的未成年人网络保护社会责任报告，并接受社会监督。

前款所称的未成年人用户数量巨大或者对未成年人群体具有显著影响的网络平台服务提供者的具体认定办法，由国家网信部门会同有关部门另行制定。

第三章　网络信息内容规范

第二十一条　国家鼓励和支持制作、复制、发布、传播弘扬社会主义核心价值观和社会主义先进文化、革命文化、中华优秀传统文化，铸牢中华民族共同体意识，培养未成年人家国情怀和良好品德，引导未成年人养成良好生活习惯和行为习惯等的网络信息，营造有利于未成年人健康成长的清朗网络空间和良好网络生态。

第二十二条　任何组织和个人不得制作、复制、发布、传播含有宣扬淫秽、色情、暴力、邪教、迷信、赌博、引诱自残自杀、恐怖主义、分裂主义、极端主义等危害未成年人身心健康内容的网络信息。

任何组织和个人不得制作、复制、发布、传播或者持有有关未成年人的淫秽色情网络信息。

第二十三条　网络产品和服务中含有可能引发或者诱导未成年人模仿不安全行为、实施违反社会公德行为、产生极端情绪、养成不良嗜好等可能影响未成年人身心健康的信息的，制作、复制、发布、传播该信息的组织和个人应当在信息展示前予以显著提示。

国家网信部门会同国家新闻出版、电影部门和国务院教育、电信、公安、文化和旅游、广播电视等部门，在前款规定基础上确定可能影响未成年人身心健康的信息的具体种类、范围、判断标准和提示办法。

第二十四条　任何组织和个人不得在专门以未成年人为服务对象的网络产品和服务中制作、复制、发布、传播本条例第二十三条第一款规定的可能影响未成年人身心健康的信息。

网络产品和服务提供者不得在首页首屏、弹窗、热搜等处于产品或者服务醒目位置、易引起用户关注的重点环节呈现本条例第二十三条第一款规定的可能影响未成年人身心健康的信息。

网络产品和服务提供者不得通过自动化决策方式向未成年人进行商业营销。

第二十五条　任何组织和个人不得向未成年人发送、推送或者诱骗、强迫未成年人接触含有危害或者可能影响未成年人身心健康内容的网络信息。

第二十六条　任何组织和个人不得通过网络以文字、图片、音视频等形式，对未成年人实施侮辱、诽谤、威胁或者恶意损害形象等网络欺凌行为。

网络产品和服务提供者应当建立健全网络欺凌行为的预警预防、识别监测和处置机制，设置便利未成年人及其监护人保存遭受网络欺凌记录、行使通知权利的功能、渠道，提供便利未成年人设置屏蔽陌生用户、本人发布信息可见范围、禁止转载或者评论本人发布信息、禁止向本人发送信息等网络欺凌信息防护选项。

网络产品和服务提供者应当建立健全网络欺凌信息特征库，优化相关算法模型，采用人工智能、大数据等技术手段和人工审核相结合的方式加强对网络欺凌信息的识别监测。

第二十七条　任何组织和个人不得通过网络以文字、图片、音视频等形式，组织、教唆、胁迫、引诱、欺骗、帮助未成年人实施违法犯罪行为。

第二十八条　以未成年人为服务对象的在线教育网络产品和服务提供者，

应当按照法律、行政法规和国家有关规定，根据不同年龄阶段未成年人身心发展特点和认知能力提供相应的产品和服务。

第二十九条 网络产品和服务提供者应当加强对用户发布信息的管理，采取有效措施防止制作、复制、发布、传播违反本条例第二十二条、第二十四条、第二十五条、第二十六条第一款、第二十七条规定的信息，发现违反上述条款规定的信息的，应当立即停止传输相关信息，采取删除、屏蔽、断开链接等处置措施，防止信息扩散，保存有关记录，向网信、公安等部门报告，并对制作、复制、发布、传播上述信息的用户采取警示、限制功能、暂停服务、关闭账号等处置措施。

网络产品和服务提供者发现用户发布、传播本条例第二十三条第一款规定的信息未予显著提示的，应当作出提示或者通知用户予以提示；未作出提示的，不得传输该信息。

第三十条 国家网信、新闻出版、电影部门和国务院教育、电信、公安、文化和旅游、广播电视等部门发现违反本条例第二十二条、第二十四条、第二十五条、第二十六条第一款、第二十七条规定的信息的，或者发现本条例第二十三条第一款规定的信息未予显著提示的，应当要求网络产品和服务提供者按照本条例第二十九条的规定予以处理；对来源于境外的上述信息，应当依法通知有关机构采取技术措施和其他必要措施阻断传播。

第四章　个人信息网络保护

第三十一条 网络服务提供者为未成年人提供信息发布、即时通讯等服务的，应当依法要求未成年人或者其监护人提供未成年人真实身份信息。未成年人或者其监护人不提供未成年人真实身份信息的，网络服务提供者不得为未成年人提供相关服务。

网络直播服务提供者应当建立网络直播发布者真实身份信息动态核验机制，不得向不符合法律规定情形的未成年人用户提供网络直播发布服务。

第三十二条 个人信息处理者应当严格遵守国家网信部门和有关部门关于

网络产品和服务必要个人信息范围的规定，不得强制要求未成年人或者其监护人同意非必要的个人信息处理行为，不得因为未成年人或者其监护人不同意处理未成年人非必要个人信息或者撤回同意，拒绝未成年人使用其基本功能服务。

第三十三条　未成年人的监护人应当教育引导未成年人增强个人信息保护意识和能力、掌握个人信息范围、了解个人信息安全风险，指导未成年人行使其在个人信息处理活动中的查阅、复制、更正、补充、删除等权利，保护未成年人个人信息权益。

第三十四条　未成年人或者其监护人依法请求查阅、复制、更正、补充、删除未成年人个人信息的，个人信息处理者应当遵守以下规定：

（一）提供便捷的支持未成年人或者其监护人查阅未成年人个人信息种类、数量等的方法和途径，不得对未成年人或者其监护人的合理请求进行限制；

（二）提供便捷的支持未成年人或者其监护人复制、更正、补充、删除未成年人个人信息的功能，不得设置不合理条件；

（三）及时受理并处理未成年人或者其监护人查阅、复制、更正、补充、删除未成年人个人信息的申请，拒绝未成年人或者其监护人行使权利的请求的，应当书面告知申请人并说明理由。

对未成年人或者其监护人依法提出的转移未成年人个人信息的请求，符合国家网信部门规定条件的，个人信息处理者应当提供转移的途径。

第三十五条　发生或者可能发生未成年人个人信息泄露、篡改、丢失的，个人信息处理者应当立即启动个人信息安全事件应急预案，采取补救措施，及时向网信等部门报告，并按照国家有关规定将事件情况以邮件、信函、电话、信息推送等方式告知受影响的未成年人及其监护人。

个人信息处理者难以逐一告知的，应当采取合理、有效的方式及时发布相关警示信息，法律、行政法规另有规定的除外。

第三十六条　个人信息处理者对其工作人员应当以最小授权为原则，严格设定信息访问权限，控制未成年人个人信息知悉范围。工作人员访问未成年人个人信息的，应当经过相关负责人或者其授权的管理人员审批，记录访问情况，并采取技术措施，避免违法处理未成年人个人信息。

第三十七条 个人信息处理者应当自行或者委托专业机构每年对其处理未成年人个人信息遵守法律、行政法规的情况进行合规审计，并将审计情况及时报告网信等部门。

第三十八条 网络服务提供者发现未成年人私密信息或者未成年人通过网络发布的个人信息中涉及私密信息的，应当及时提示，并采取停止传输等必要保护措施，防止信息扩散。

网络服务提供者通过未成年人私密信息发现未成年人可能遭受侵害的，应当立即采取必要措施保存有关记录，并向公安机关报告。

第五章 网络沉迷防治

第三十九条 对未成年人沉迷网络进行预防和干预，应当遵守法律、行政法规和国家有关规定。

教育、卫生健康、市场监督管理等部门依据各自职责对从事未成年人沉迷网络预防和干预活动的机构实施监督管理。

第四十条 学校应当加强对教师的指导和培训，提高教师对未成年学生沉迷网络的早期识别和干预能力。对于有沉迷网络倾向的未成年学生，学校应当及时告知其监护人，共同对未成年学生进行教育和引导，帮助其恢复正常的学习生活。

第四十一条 未成年人的监护人应当指导未成年人安全合理使用网络，关注未成年人上网情况以及相关生理状况、心理状况、行为习惯，防范未成年人接触危害或者可能影响其身心健康的网络信息，合理安排未成年人使用网络的时间，预防和干预未成年人沉迷网络。

第四十二条 网络产品和服务提供者应当建立健全防沉迷制度，不得向未成年人提供诱导其沉迷的产品和服务，及时修改可能造成未成年人沉迷的内容、功能和规则，并每年向社会公布防沉迷工作情况，接受社会监督。

第四十三条 网络游戏、网络直播、网络音视频、网络社交等网络服务提供者应当针对不同年龄阶段未成年人使用其服务的特点，坚持融合、友好、实用、有效的原则，设置未成年人模式，在使用时段、时长、功能和内容等方面按照国家有关规定和标准提供相应的服务，并以醒目便捷的方式为监护人履行监护职责提供时间管理、权限管理、消费管理等功能。

第四十四条　网络游戏、网络直播、网络音视频、网络社交等网络服务提供者应当采取措施，合理限制不同年龄阶段未成年人在使用其服务中的单次消费数额和单日累计消费数额，不得向未成年人提供与其民事行为能力不符的付费服务。

第四十五条　网络游戏、网络直播、网络音视频、网络社交等网络服务提供者应当采取措施，防范和抵制流量至上等不良价值倾向，不得设置以应援集资、投票打榜、刷量控评等为主题的网络社区、群组、话题，不得诱导未成年人参与应援集资、投票打榜、刷量控评等网络活动，并预防和制止其用户诱导未成年人实施上述行为。

第四十六条　网络游戏服务提供者应当通过统一的未成年人网络游戏电子身份认证系统等必要手段验证未成年人用户真实身份信息。

网络产品和服务提供者不得为未成年人提供游戏账号租售服务。

第四十七条　网络游戏服务提供者应当建立、完善预防未成年人沉迷网络的游戏规则，避免未成年人接触可能影响其身心健康的游戏内容或者游戏功能。

网络游戏服务提供者应当落实适龄提示要求，根据不同年龄阶段未成年人身心发展特点和认知能力，通过评估游戏产品的类型、内容与功能等要素，对游戏产品进行分类，明确游戏产品适合的未成年人用户年龄阶段，并在用户下载、注册、登录界面等位置予以显著提示。

第四十八条　新闻出版、教育、卫生健康、文化和旅游、广播电视、网信等部门应当定期开展预防未成年人沉迷网络的宣传教育，监督检查网络产品和服务提供者履行预防未成年人沉迷网络义务的情况，指导家庭、学校、社会组织互相配合，采取科学、合理的方式对未成年人沉迷网络进行预防和干预。

国家新闻出版部门牵头组织开展未成年人沉迷网络游戏防治工作，会同有关部门制定关于向未成年人提供网络游戏服务的时段、时长、消费上限等管理规定。

卫生健康、教育等部门依据各自职责指导有关医疗卫生机构、高等学校等，开展未成年人沉迷网络所致精神障碍和心理行为问题的基础研究和筛查评估、诊断、预防、干预等应用研究。

第四十九条 严禁任何组织和个人以虐待、胁迫等侵害未成年人身心健康的方式干预未成年人沉迷网络、侵犯未成年人合法权益。

第六章 法律责任

第五十条 地方各级人民政府和县级以上有关部门违反本条例规定，不履行未成年人网络保护职责的，由其上级机关责令改正；拒不改正或者情节严重的，对负有责任的领导人员和直接责任人员依法给予处分。

第五十一条 学校、社区、图书馆、文化馆、青少年宫等违反本条例规定，不履行未成年人网络保护职责的，由教育、文化和旅游等部门依据各自职责责令改正；拒不改正或者情节严重的，对负有责任的领导人员和直接责任人员依法给予处分。

第五十二条 未成年人的监护人不履行本条例规定的监护职责或者侵犯未成年人合法权益的，由未成年人居住地的居民委员会、村民委员会、妇女联合会，监护人所在单位，中小学校、幼儿园等有关密切接触未成年人的单位依法予以批评教育、劝诫制止、督促其接受家庭教育指导等。

第五十三条 违反本条例第七条、第十九条第三款、第三十八条第二款规定的，由网信、新闻出版、电影、教育、电信、公安、民政、文化和旅游、市场监督管理、广播电视等部门依据各自职责，责令改正；拒不改正或者情节严重的，处 5 万元以上 50 万元以下罚款，对直接负责的主管人员和其他直接责任人员处 1 万元以上 10 万元以下罚款。

第五十四条 违反本条例第二十条第一款规定的，由网信、新闻出版、电信、公安、文化和旅游、广播电视等部门依据各自职责责令改正，给予警告，没收违法所得；拒不改正的，并处 100 万元以下罚款，对直接负责的主管人员和其他直接责任人员处 1 万元以上 10 万元以下罚款。

违反本条例第二十条第一款第一项和第五项规定，情节严重的，由省级以上网信、新闻出版、电信、公安、文化和旅游、广播电视等部门依据各自职责责令改正，没收违法所得，并处 5000 万元以下或者上一年度营业额百分之五以下罚款，并可以责令暂停相关业务或者停业整顿、通报有关部门依法吊销相关业务许可证或者吊销营业执照；对直接负责的主管人员和其他直接责任人员处 10 万元以上 100 万元以下罚款，并可以决定禁止其在一定期限内担任相关企业的董事、监事、高级管理人员和未成年人保护负责人。

第五十五条　违反本条例第二十四条、第二十五条规定的，由网信、新闻出版、电影、电信、公安、文化和旅游、市场监督管理、广播电视等部门依据各自职责责令限期改正，给予警告，没收违法所得，可以并处 10 万元以下罚款；拒不改正或者情节严重的，责令暂停相关业务、停产停业或者吊销相关业务许可证、吊销营业执照，违法所得 100 万元以上的，并处违法所得 1 倍以上 10 倍以下罚款，没有违法所得或者违法所得不足 100 万元的，并处 10 万元以上 100 万元以下罚款。

第五十六条　违反本条例第二十六条第二款和第三款、第二十八条、第二十九条第一款、第三十一条第二款、第三十六条、第三十八条第一款、第四十二条至第四十五条、第四十六条第二款、第四十七条规定的，由网信、新闻出版、电影、教育、电信、公安、文化和旅游、广播电视等部门依据各自职责责令改正，给予警告，没收违法所得，违法所得 100 万元以上的，并处违法所得 1 倍以上 10 倍以下罚款，没有违法所得或者违法所得不足 100 万元的，并处 10 万元以上 100 万元以下罚款，对直接负责的主管人员和其他直接责任人员处 1 万元以上 10 万元以下罚款；拒不改正或者情节严重的，并可以责令暂停相关业务、停业整顿、关闭网站、吊销相关业务许可证或者吊销营业执照。

第五十七条　网络产品和服务提供者违反本条例规定，受到关闭网站、吊销相关业务许可证或者吊销营业执照处罚的，5 年内不得重新申请相关许可，其直接负责的主管人员和其他直接责任人员 5 年内不得从事同类网络产品和服务业务。

第五十八条 违反本条例规定，侵犯未成年人合法权益，给未成年人造成损害的，依法承担民事责任；构成违反治安管理行为的，依法给予治安管理处罚；构成犯罪的，依法追究刑事责任。

第七章 附则

第五十九条 本条例所称智能终端产品，是指可以接入网络、具有操作系统、能够由用户自行安装应用软件的手机、计算机等网络终端产品。

第六十条 本条例自 2024 年 1 月 1 日起施行。

2.2.18 《全球人工智能治理倡议》

人工智能是人类发展新领域。当前，全球人工智能技术快速发展，对经济社会发展和人类文明进步产生深远影响，给世界带来巨大机遇。与此同时，人工智能技术也带来难以预知的各种风险和复杂挑战。人工智能治理攸关全人类命运，是世界各国面临的共同课题。

在世界和平与发展面临多元挑战的背景下，各国应秉持共同、综合、合作、可持续的安全观，坚持发展和安全并重的原则，通过对话与合作凝聚共识，构建开放、公正、有效的治理机制，促进人工智能技术造福于人类，推动构建人类命运共同体。

我们重申，各国应在人工智能治理中加强信息交流和技术合作，共同做好风险防范，形成具有广泛共识的人工智能治理框架和标准规范，不断提升人工智能技术的安全性、可靠性、可控性、公平性。我们欢迎各国政府、国际组织、企业、科研院校、民间机构和公民个人秉持共商共建共享的理念，协力共同促进人工智能治理。

为此，我们倡议：

——发展人工智能应坚持"以人为本"理念，以增进人类共同福祉为目标，以保障社会安全、尊重人类权益为前提，确保人工智能始终朝着有利于人类文明进步的方向发展。积极支持以人工智能助力可持续发展，应对气候变化、生物多样性保护等全球性挑战。

——面向他国提供人工智能产品和服务时，应尊重他国主权，严格遵守他国法律，接受他国法律管辖。反对利用人工智能技术优势操纵舆论、传播虚假信息，干涉他国内政、社会制度及社会秩序，危害他国主权。

——发展人工智能应坚持"智能向善"的宗旨，遵守适用的国际法，符合和平、发展、公平、正义、民主、自由的全人类共同价值，共同防范和打击恐怖主义、极端势力和跨国有组织犯罪集团对人工智能技术的恶用滥用。各国尤其是大国对在军事领域研发和使用人工智能技术应该采取慎重负责的态度。

——发展人工智能应坚持相互尊重、平等互利的原则，各国无论大小、强弱，无论社会制度如何，都有平等发展和利用人工智能鼓励全球共同推动人工智能健康发展，共享人工智能知识成果，开源人工智能技术。反对以意识形态划线或构建排他性集团，恶意阻挠他国人工智能发展。反对利用技术垄断和单边强制措施制造发展壁垒，恶意阻断全球人工智能供应链。

——推动建立风险等级测试评估体系，实施敏捷治理，分类分级管理，快速有效响应。研发主体不断提高人工智能可解释性和可提升数据真实性和准确性，确保人工智能始终处于人类控制之下，打造可审核、可监督、可追溯、可信赖的人工智能技术。

——逐步建立健全法律和规章制度，保障人工智能研发和应用中的个人隐私与数据安全，反对窃取、篡改、泄露和其他非法收集信息的行为。

——坚持公平性和非歧视性原则，避免在数据获取、算法设计、技术开发、产品研发与应用过程中，产生针对不同或特定民族、信仰、国别、性别等偏见和歧视。

——坚持伦理先行，建立并完善人工智能伦理准则、规范及问责机制，形成人工智能伦理指南，建立科技伦理审查和监管制度，智能相关主体的责任和权力边界，充分尊重并保障各群体合法权益，及时回应国内和国际相关伦理关切。

——坚持广泛参与、协商一致、循序渐进的原则，密切跟踪技术发展形势，开展风险评估和政策沟通，分享最佳操作实践。在此通过对话与合作，在充分尊重各国政策和实践差异性基础上，推动多利益攸关方积极参与，在国际人工智能治理领域形成广泛共识。

——积极发展用于人工智能治理的相关技术开发与应用，支持以人工智能技术防范人工智能风险，提高人工智能治理的技术能力。

——增强发展中国家在人工智能全球治理中的代表性和发言权，确保各国人工智能发展与治理的权利平等、机会平等、规则平等，开展面向发展中国家的国际合作与援助，不断弥合智能鸿沟和治理能力差距。积极支持在联合国框架下讨论成立国际人工智能治理机构，协工智能发展、安全与治理重大问题。

2.2.19 《科技伦理审查办法（试行）》

第一章 总则

第一条 为规范科学研究、技术开发等科技活动的科技伦理审查工作，强化科技伦理风险防控，促进负责任创新，依据《中华人民共和国科学技术进步法》《关于加强科技伦理治理的意见》等法律法规和相关规定，制定本办法。

第二条 开展以下科技活动应依照本办法进行科技伦理审查：

（一）涉及以人为研究参与者的科技活动，包括以人为测试、调查、观察等研究活动的对象，以及利用人类生物样本、个人信息数据等的科技活动；

（二）涉及实验动物的科技活动；

（三）不直接涉及人或实验动物，但可能在生命健康、生态环境、公共秩序、可持续发展等方面带来伦理风险挑战的科技活动；

（四）依据法律、行政法规和国家有关规定需进行科技伦理审查的其他科技活动。

第三条 开展科技活动应坚持促进创新与防范风险相统一，客观评估和审慎对待不确定性和技术应用风险，遵循增进人类福祉、尊重生命权利、坚持公平公正、合理控制风险、保持公开透明的科技伦理原则，遵守我国宪法、法律法规和有关规定以及科技伦理规范。

科技伦理审查应坚持科学、独立、公正、透明原则，公开审查制度和审查程序，客观审慎评估科技活动伦理风险，依规开展审查，并自觉接受有关方面的监督。涉及国家安全、国家秘密、商业秘密和敏感事项的，依法依规做好相关工作。

<h2 style="text-align:center">第二章　审查主体</h2>

第四条　高等学校、科研机构、医疗卫生机构、企业等是本单位科技伦理审查管理的责任主体。从事生命科学、医学、人工智能等科技活动的单位，研究内容涉及科技伦理敏感领域的，应设立科技伦理（审查）委员会。其他有科技伦理审查需求的单位可根据实际情况设立科技伦理（审查）委员会。

单位应为科技伦理（审查）委员会履职配备必要的工作人员、提供办公场所和经费等条件，并采取有效措施保障科技伦理（审查）委员会独立开展伦理审查工作。

探索建立专业性、区域性科技伦理审查中心。

第五条　科技伦理（审查）委员会的主要职责包括：

（一）制定完善科技伦理（审查）委员会的管理制度和工作规范；

（二）提供科技伦理咨询，指导科技人员对科技活动开展科技伦理风险评估；

（三）开展科技伦理审查，按要求跟踪监督相关科技活动全过程；

（四）对拟开展的科技活动是否属于本办法第二十五条确定的清单范围作出判断；

（五）组织开展对委员的科技伦理审查业务培训和科技人员的科技伦理知识培训；

（六）受理并协助调查相关科技活动中涉及科技伦理问题的投诉举报；

（七）按照本办法第四十三、四十四、四十五条要求进行登记、报告，配合地方、相关行业主管部门开展涉及科技伦理审查的相关工作。

第六条　科技伦理（审查）委员会应制定章程，建立健全审查、监督、保密管理、档案管理等制度规范、工作规程和利益冲突管理机制，保障科技伦理审查合规、透明、可追溯。

第七条 科技伦理（审查）委员会人数应不少于 7 人，设主任委员 1 人，副主任委员若干。委员会由具备相关科学技术背景的同行专家，伦理、法律等相应专业背景的专家组成，并应当有不同性别和非本单位的委员，民族自治地方应有熟悉当地情况的委员。委员任期不超过 5 年，可以连任。

第八条 科技伦理（审查）委员会委员应具备相应的科技伦理审查能力和水平，科研诚信状况良好，并遵守以下要求：

（一）遵守我国宪法、法律、法规和科技伦理有关制度规范及所在科技伦理（审查）委员会的章程制度；

（二）按时参加科技伦理审查会议，独立公正发表审查意见；

（三）严格遵守保密规定，对科技伦理审查工作中接触、知悉的国家秘密、个人隐私、个人信息、技术秘密、未公开信息等，未经允许不得泄露或用于其他目的；

（四）遵守利益冲突管理要求，并按规定回避；

（五）定期参加科技伦理审查业务培训；

（六）完成委员会安排的其他工作。

第三章　审查程序

第一节　申请与受理

第九条 开展科技活动应进行科技伦理风险评估。科技伦理（审查）委员会按照本办法要求制定本单位科技伦理风险评估办法，指导科技人员开展科技伦理风险评估。经评估属于本办法第二条所列范围科技活动的，科技活动负责人应向科技伦理（审查）委员会申请科技伦理审查。申请材料主要包括：

（一）科技活动概况，包括科技活动的名称、目的、意义、必要性以及既往科技伦理审查情况等；

（二）科技活动实施方案及相关材料，包括科技活动方案，可能的科技伦理风险及防控措施和应急处理预案，科技活动成果发布形式等；

（三）科技活动所涉及的相关机构的合法资质材料，参加人员的相关研究经验及参加科技伦理培训情况，科技活动经费来源，科技活动利益冲突声明等；

（四）知情同意书，生物样本、数据信息、实验动物等的来源说明材料等；

（五）遵守科技伦理和科研诚信等要求的承诺书；

（六）科技伦理（审查）委员会认为需要提交的其他材料。

第十条　科技伦理（审查）委员会应根据科技伦理审查申请材料决定是否受理申请并通知申请人。决定受理的应明确适用的审查程序，材料不齐全的应一次性完整告知需补充的材料。

第十一条　科技伦理审查原则上采取会议审查方式，本办法另有规定的除外。

第十二条　国际合作科技活动属于本办法第二条所列范围的，应通过合作各方所在国家规定的科技伦理审查后方可开展。

第十三条　单位科技伦理（审查）委员会无法胜任审查工作要求或者单位未设立科技伦理（审查）委员会以及无单位人员开展科技活动的，应书面委托其他满足要求的科技伦理（审查）委员会开展伦理审查。

第二节　一般程序

第十四条　科技伦理审查会议由主任委员或其指定的副主任委员主持，到会委员应不少于 5 人，且应包括第七条所列的不同类别的委员。

根据审查需要，会议可要求申请人到会阐述方案或者就特定问题进行说明，可邀请相关领域不存在直接利益关系的顾问专家等提供咨询意见。顾问专家不参与会议表决。

会议采用视频方式的，应符合科技伦理（审查）委员会对视频会议适用条件、会议规则等的有关制度要求。

第十五条　科技伦理（审查）委员会应按照以下重点内容和标准开展审查：

（一）拟开展的科技活动应符合本办法第三条规定的科技伦理原则，参与科技活动的科技人员资质、研究基础及设施条件等符合相关要求。

（二）拟开展的科技活动具有科学价值和社会价值，其研究目标的实现对增进人类福祉、实现社会可持续发展等具有积极作用。科技活动的风险受益合理，伦理风险控制方案及应急预案科学恰当、具有可操作性。

（三）涉及以人为研究参与者的科技活动，所制定的招募方案公平合理，生物样本的收集、储存、使用及处置合法合规，个人隐私数据、生物特征信息等信息处理符合个人信息保护的有关规定，对研究参与者的补偿、损伤治疗或赔偿等合法权益的保障方案合理，对脆弱人群给予特殊保护；所提供的知情同意书内容完整、风险告知客观充分、表述清晰易懂，获取个人知情同意的方式和过程合规恰当。

（四）涉及实验动物的科技活动，使用实验动物符合替代、减少、优化原则，实验动物的来源合法合理，饲养、使用、处置等技术操作要求符合动物福利标准，对从业人员和公共环境安全等的保障措施得当。

（五）涉及数据和算法的科技活动，数据的收集、存储、加工、使用等处理活动以及研究开发数据新技术等符合国家数据安全和个人信息保护等有关规定，数据安全风险监测及应急处理方案得当；算法、模型和系统的设计、实现、应用等遵守公平、公正、透明、可靠、可控等原则，符合国家有关要求，伦理风险评估审核和应急处置方案合理，用户权益保护措施全面得当。

（六）所制定的利益冲突申明和管理方案合理。

（七）科技伦理（审查）委员会认为需要审查的其他内容。

第十六条 科技伦理（审查）委员会对审查的科技活动，可作出批准、修改后批准、修改后再审或不予批准等决定。修改后批准或修改后再审的，应提出修改建议，明确修改要求；不予批准的，应说明理由。

科技伦理（审查）委员会作出的审查决定，应经到会委员的三分之二以上同意。

第十七条 科技伦理（审查）委员会一般应在申请受理后的 30 日内作出审查决定，特殊情况可适当延长并明确延长时限。审查决定应及时送达申请人。

第十八条 申请人对审查决定有异议的，可向作出决定的科技伦理（审查）

委员会提出书面申诉，说明理由并提供相关支撑材料。申诉理由充分的，科技伦理（审查）委员会应按照本办法规定重新作出审查决定。

第十九条　科技伦理（审查）委员会应对审查批准的科技活动开展伦理跟踪审查，必要时可作出暂停或终止科技活动等决定。跟踪审查间隔一般不超过12 个月。

跟踪审查的主要内容包括：

（一）科技活动实施方案执行情况及调整情况；

（二）科技伦理风险防控措施执行情况；

（三）科技伦理风险的潜在变化及可能影响研究参与者权益和安全等情况；

（四）其他需要跟踪审查的内容。

根据跟踪审查需要，科技伦理（审查）委员会可以要求科技活动负责人提交相关材料。

第二十条　因科技活动实施方案调整、外部环境变化等可能导致科技伦理风险发生变化的，科技活动负责人应及时向科技伦理（审查）委员会报告。科技伦理（审查）委员会应对风险受益情况进行评估，提出继续实施、暂停实施等意见，必要时，重新开展伦理审查。

第二十一条　多个单位合作开展科技活动的，牵头单位可根据实际情况建立科技伦理审查协作与结果互认机制，加强科技伦理审查的协调管理。

第三节　简易程序

第二十二条　有下列情形之一的可以适用简易程序审查：

（一）科技活动伦理风险发生的可能性和程度不高于最低风险；

（二）对已批准科技活动方案作较小修改且不影响风险受益比；

（三）前期无重大调整的科技活动的跟踪审查。

科技伦理（审查）委员会应制定适用简易程序审查的工作规程。

第二十三条　简易程序审查由科技伦理（审查）委员会主任委员指定两名或两名以上的委员承担。审查过程中，可要求申请人就相关问题进行说明。审查决定应载明采取简易程序审查的理由和依据。

采取简易程序审查的，科技伦理（审查）委员会可根据情况调整跟踪审查频度。

第二十四条 简易程序审查过程中出现下列情形之一的，应按规定调整为会议审查，适用一般程序：

（一）审查结果为否定性意见的；

（二）对审查内容有疑义的；

（三）委员之间意见不一致的；

（四）委员提出需要调整为会议审查的。

第四节 专家复核程序

第二十五条 建立需要开展专家复核的科技活动清单制度，对可能产生较大伦理风险挑战的新兴科技活动实施清单管理。清单根据工作需要动态调整，由科技部公开发布。

第二十六条 开展纳入清单管理的科技活动的，通过科技伦理（审查）委员会的初步审查后，由本单位报请所在地方或相关行业主管部门组织开展专家复核。多个单位参与的，由牵头单位汇总并向所在地方或相关行业主管部门申请专家复核。

第二十七条 申请专家复核的，科技活动承担单位应组织科技伦理（审查）委员会和科技人员按要求提交以下材料：

（一）本办法第九条所列材料；

（二）科技伦理（审查）委员会初步审查意见；

（三）复核组织单位要求提交的其他相关材料。

第二十八条 地方或相关行业主管部门组织成立复核专家组，由科技活动相关领域具有较高学术水平的同行专家以及伦理学、法学等方面的专家组成，不少于 5 人。科技伦理（审查）委员会委员不得参与本委员会审查科技活动的复核工作。

复核专家应主动申明是否与复核事项存在直接利益关系，严格遵守保密规定和回避要求。

第二十九条　复核专家组应按照以下重点内容和标准开展复核：

（一）初步审查意见的合规性。初步审查意见应当符合我国法律、行政法规、国家有关规定和科技伦理要求。

（二）初步审查意见的合理性。初步审查意见应当结合技术发展需求和我国科技发展实际，对科技活动的潜在伦理风险和防控措施进行全面充分、恰当合理的评估。

（三）复核专家组认为需要复核的其他内容。

第三十条　复核专家组采取适当方式开展复核，必要时可要求相关科技伦理（审查）委员会、科技人员解释说明有关情况。

复核专家组应当作出同意或不同意的复核意见，复核意见应经全体复核专家的三分之二以上同意。

第三十一条　地方或相关行业主管部门一般应在收到复核申请后 30 日内向申请单位反馈复核意见。

第三十二条　单位科技伦理（审查）委员会应根据专家复核意见作出科技伦理审查决定。

第三十三条　单位科技伦理（审查）委员会应加强对本单位开展的纳入清单管理的科技活动的跟踪审查和动态管理，跟踪审查间隔一般不超过 6 个月。

科技伦理风险发生重大变化的，应按照本办法第二十条规定重新开展伦理审查并申请专家复核。

第三十四条　国家对纳入清单管理的科技活动实行行政审批等监管措施且将符合伦理要求作为审批条件、监管内容的，可不再开展专家复核。审批、监管部门和科技活动承担单位应严格落实伦理监管责任，防控伦理风险。

第五节　应急程序

第三十五条　科技伦理（审查）委员会应制定科技伦理应急审查制度，明确突发公共事件等紧急状态下的应急审查流程和标准操作规程，组织开展应急伦理审查培训。

第三十六条　科技伦理（审查）委员会根据科技活动紧急程度等实行分级

管理，可设立科技伦理审查快速通道，及时开展应急审查。应急审查一般在 72 小时内完成。对于适用专家复核程序的科技活动，专家复核时间一并计入应急审查时间。

第三十七条 应急审查应有相关专业领域的委员参会。无相关专业领域委员的，应邀请相关领域顾问专家参会，提供咨询意见。

第三十八条 科技伦理（审查）委员会应加强对应急审查的科技活动的跟踪审查和过程监督，及时向科技人员提供科技伦理指导意见和咨询建议。

第三十九条 任何单位和个人不得以紧急情况为由，回避科技伦理审查或降低科技伦理审查标准。

第四章 监督管理

第四十条 科技部负责统筹指导全国科技伦理监管工作，有关科技伦理审查监管的重要事项应听取国家科技伦理委员会的专业性、学术性咨询意见。地方、相关行业主管部门按照职责权限和隶属关系负责本地方、本系统科技伦理审查的监督管理工作，建立对纳入清单管理科技活动的专家复核机制，加强对本地方、本系统发生的重大突发公共事件应急伦理审查的协调、指导和监督。

第四十一条 高等学校、科研机构、医疗卫生机构、企业等应履行科技伦理管理主体责任，健全本单位科技伦理监管机制和审查质量控制、监督评价机制，经常性开展单位工作人员科技伦理教育培训，加强对纳入清单管理的科技活动的动态跟踪和伦理风险防控。

国家推动建立科技伦理（审查）委员会认证机制，鼓励相关单位开展科技伦理审查认证。

第四十二条 科技部负责建设国家科技伦理管理信息登记平台，为地方、相关行业主管部门加强科技伦理监管提供相应支撑。

第四十三条 单位应在设立科技伦理（审查）委员会后 30 日内，通过国家科技伦理管理信息登记平台进行登记。登记内容包括科技伦理（审查）委员会组成、章程、工作制度等，相关内容发生变化时应及时更新。

第四十四条　单位应在纳入清单管理的科技活动获得伦理审查批准后 30 日内，通过国家科技伦理管理信息登记平台进行登记。登记内容包括科技活动实施方案、伦理审查与复核情况等，相关内容发生变化时应及时更新。

第四十五条　单位应于每年 3 月 31 日前，向国家科技伦理管理信息登记平台提交上一年度科技伦理（审查）委员会工作报告、纳入清单管理的科技活动实施情况报告等。

第四十六条　对科技活动中违反科技伦理规范、违背科技伦理要求的行为，任何单位或个人有权依法向科技活动承担单位或地方、相关行业主管部门投诉举报。

第四十七条　科技活动承担单位、科技人员违反本办法规定，有下列情形之一的，由有管辖权的机构依据法律、行政法规和相关规定给予处罚或者处理；造成财产损失或者其他损害的，依法承担民事责任；构成犯罪的，依法追究刑事责任。

（一）以弄虚作假方式获得科技伦理审查批准，或者伪造、篡改科技伦理审查批准文件的；

（二）未按照规定通过科技伦理审查和专家复核擅自开展纳入清单管理的科技活动的；

（三）未按照规定获得科技伦理审查批准擅自开展科技活动的；

（四）超出科技伦理审查批准范围开展科技活动的；

（五）干扰、阻碍科技伦理审查工作的；

（六）其他违反本办法规定的行为。

第四十八条　科技伦理（审查）委员会、委员违反本办法规定，有下列情形之一的，由有管辖权的机构依据法律、行政法规和相关规定给予处罚或者处理；造成财产损失或者其他损害的，依法承担民事责任；构成犯罪的，依法追究刑事责任。

（一）弄虚作假，为科技活动承担单位获得科技伦理审查批准提供便利的；

（二）徇私舞弊、滥用职权或者玩忽职守的；

（三）其他违反本办法规定的行为。

第四十九条 高等学校、科研机构、医疗卫生机构、企业等是科技伦理违规行为单位内部调查处理的第一责任主体，应及时主动调查科技伦理违规行为，依法依规追责问责。

单位或其负责人涉嫌科技伦理违规行为的，由其上级主管部门调查处理，没有上级主管部门的，由其所在地的省级科技行政管理部门负责组织调查处理。

第五十条 地方、相关行业主管部门按照职责权限和隶属关系，加强对本地方、本系统科技伦理违规行为调查处理的指导和监督，组织开展对重大科技伦理案件的调查处理。

第五十一条 科技伦理违规行为涉及财政性资金设立的科技计划项目的，由项目管理部门（单位）按照项目管理有关规定组织调查处理。项目承担（参与）单位应按照项目管理部门（单位）要求，主动开展并积极配合调查，依据职责权限对违规行为责任人作出处理。

第五章　附则

第五十二条 本办法所称科技伦理风险是指从伦理视角识别的科学研究、技术开发等科技活动中的风险。最低风险是指日常生活中遇到的常规风险或与健康体检相当的风险。

本办法所称"以上""不少于"均包括本数。本办法涉及期限的规定，未标注为工作日的，为自然日。

本办法所称"地方"是指省级地方人民政府确定的负责相关领域科技伦理审查和管理工作的省级管理部门，"相关行业主管部门"是指国务院相关行业主管部门。

第五十三条 地方、相关行业主管部门可按照本办法规定，结合实际情况制定或修订本地方、本系统的科技伦理审查办法、细则等制度规范。科技类社会团体可制定本领域的科技伦理审查具体规范和指南。

第五十四条 相关行业主管部门对本领域科技伦理（审查）委员会设立或

科技伦理审查有特殊规定且符合本办法精神的，从其规定。

本办法未作规定的，按照其他现有相关规定执行。

第五十五条　本办法由科技部负责解释。

第五十六条　本办法自 2023 年 12 月 1 日起施行。

附件：需要开展伦理审查复核的科技活动清单

1. 对人类生命健康、价值理念、生态环境等具有重大影响的新物种合成研究。

2. 将人干细胞导入动物胚胎或胎儿并进一步在动物子宫中孕育成个体的相关研究。

3. 改变人类生殖细胞、受精卵和着床前胚胎细胞核遗传物质或遗传规律的基础研究。

4. 侵入式脑机接口用于神经、精神类疾病治疗的临床研究。

5. 对人类主观行为、心理情绪和生命健康等具有较强影响的人机融合系统的研发。

6. 具有舆论社会动员能力和社会意识引导能力的算法模型、应用程序及系统的研发。

7. 面向存在安全、人身健康风险等场景的具有高度自主能力的自动化决策系统的研发。

本清单将根据工作需要动态调整。

2.2.20　《数字经济促进共同富裕实施方案》

数字经济有利于加快生产要素高效流动、推动优质资源共享、推进基本公共服务均等化，是推动实现共同富裕的重要力量。为全面贯彻党的二十大精神，深入落实党中央、国务院决策部署，推动数字技术和实体经济深度融合，不断做强做优做大我国数字经济，通过数字化手段促进解决发展不平衡不充分问题，推进全体人民共享数字时代发展红利，助力在高质量发展中实现共同富裕，特制定本实施方案。

一、总体要求

（一）指导思想。以习近平新时代中国特色社会主义思想为指导，全面贯彻党的二十大精神，坚持把实现人民对美好生活的向往作为现代化建设的出发点和落脚点，发挥数字经济在助力实现共同富裕中的重要作用，推动数字技术赋能实体经济发展、优化社会分配机制、完善数字治理方式，不断缩小区域之间、城乡之间、群体之间、基本公共服务等方面差距，持续弥合"数字鸿沟"，创造普惠公平发展和竞争条件，促进公平与效率更加统一，推动数字红利惠及全民，着力促进全体人民共同富裕，推动高质量发展。

（二）发展目标。到 2025 年，数字经济促进共同富裕的政策措施不断完善，在促进解决区域、城乡、群体、基本公共服务差距上取得积极进展，数字基础设施建设布局更加普惠均衡，面向重点区域和中小企业的数字化转型工作进一步落地，数字经济东西部协作有序开展，数字乡村建设助力乡村振兴、城乡一体化发展取得积极成效，数字素养与技能、信息无障碍和新形态就业保障得到有效促进，数字化推动基本公共服务均等化水平进一步提升，数字经济在促进共同富裕方面的积极作用开始显现。

到 2030 年，数字经济促进共同富裕形成较为全面政策体系，在加速弥合区域、城乡、群体、基本公共服务等差距方面取得显著成效，形成一批东西部协作典型案例和可复制可推广的创新成果，数字经济在促进共同富裕方面取得实质性进展。

二、推动区域数字协同发展

（一）推进数字基础设施建设。深入实施"东数西算"工程，加快推动全国一体化算力网建设。以 8 个国家算力枢纽、10 个国家数据中心集群为抓手，立体化实施"东数西算"工程，深化算网融合，强化网络支撑，推进算力互联互通，引导数据要素跨区域流通融合。组织实施云网强基行动，增强中小城市网络基础设施承载和服务能力，推进应用基础设施优化布局，提升中小城市信息基础设施水平，弥合区域"数字鸿沟"。

（二）推进产业链数字化发展。制定制造业数字化转型行动方案，分行业制定数字化转型发展路线图，深入实施智能制造工程和工业互联网创新发展工程，加快推进智能工厂探索，系统解决方案攻关和标准体系建设，推进智能制造系统深入发展。以工业互联网平台为载体，加强关键核心技术研发和产业化，打造数字化转型应用场景，健全转型服务体系，推动形成以平台为支撑的大中小企业融通生态。推动一二三产业融合发展，支持互联网平台企业依托自身优势，推动反向定制，大力发展数字文化产业，拓展智慧旅游应用，为中西部地区和东北地区发挥自然禀赋优势带动就业创业、促进增收创造条件。支持中小微企业数字化转型，加强公共服务供给力度，依托已有的数字化服务机构、创新载体等，推动区域型、行业型数字化转型促进中心建设，面向中小微企业提供转型咨询、测试实验、人才培训等服务。建设一批面向数字经济、数字技术的专业性国家级人才市场。

（三）加强数字经济东西部协作。推进产业互补，支持协作双方共建数字经济产业园区，推动产业向中西部、东北地区合理有序转移，强化以企业合作为载体的帮扶协作，动员东部企业发挥自身优势，到中西部、东北地区投资兴业。促进技术协作，支持协作双方发挥东部地区数字技术和人才优势，中西部、东北地区资源环境和试验场地优势，聚焦中西部、东北地区数字经济发展卡点难点，共同开展攻关协作。支持人员互动，健全数字经济领域劳务协作对接机制，支持协作双方搭建数字经济领域用工招聘、就业用工平台，畅通异地就业渠道。

三、大力推进数字乡村建设

（四）加快乡村产业数字化转型步伐。深入实施数字乡村发展行动，以数字化赋能乡村振兴。提升农村数字基础设施水平，持续推进电信普遍服务，深化农村地区网络覆盖，加快"宽带边疆"建设，不断提升农村及偏远地区通信基础设施供给能力，深入推进智慧广电，开展智慧广电乡村工程，全面提升乡村广播电视数字化、网络化、智能化水平。大力发展智慧农业，结合不同区域、不同规模的农业生产特点，以先进适用为主攻方向，推动智能化农业技术装备应用，提升农业科技信息服务。积极培育发展新业态新模式，深入发展"数商兴农"，实施"互联网 +"农产品出村进城工程，开展直播电商助农行动，培育一批电商赋能的农产品网络品牌和特色产业，深化电子商务进农村综合示范。强化农产品经营主体流量扶持，为偏远地区农产品拓宽销售渠道，借助互联网推进休闲农业、创意农业、森林康养等新业态发展，推动数字文化赋能乡村振兴。

（五）加大农村数字人才培养力度。提升农民数字素养与技能，持续推进农民手机应用技能培训，开展智慧农业应用、直播电商等课程培训，让手机成为"新农具"，数据成为"新农资"，直播带货成为"新农活"。创新联农带农机制，完善各类经营主体与农民农村的利益联结机制，鼓励大型农业企业加大对公益性技术和服务的支持力度，保障广大农民共享数字红利，吸引更多人才返乡创业。强化数字化应用技能培训，打造一支"有文化、懂技术、善经营、会管理"的高素质农民队伍。

（六）提升乡村数字治理水平。运用互联网手段，不断提升乡村治理效能和服务管理水平，促进多元联动治理。健全完善农村信息服务体系，拓宽服务应用场景、丰富服务方式和服务内容。深化乡村数字普惠服务，大力发展农村数字普惠金融，因地制宜打造惠农金融产品与服务，促进宜居宜业。

四、强化数字素养提升和就业保障

（七）加强数字素养与技能教育培训。持续丰富优质数字资源供给，推动各类教育、科技、文化机构积极开放教育培训资源，共享优质数字技能培训课程。不断完善数字教育体系，将数字素养培训相关内容纳入中小学、社区和老年教育教学活动，加强普通高校和职业院校数字技术相关学科专业建设。构建数字素养与技能培训体系，搭建开放化、长效化社会培训平台，加大重点群体培训力度。

（八）实施"信息无障碍"推广工程。持续推动各类应用开展适应性改造，聚焦老年人、残疾人等群体的特定需求，重点推动与其生产生活密切相关的网站、手机 App 的适应性改造。探索建立数字技术无障碍的标准和规范，明确数字产品的可访问标准，建立文字、图像、语音等多种交互手段标准。

（九）加强新就业形态劳动者权益保障。持续落实新就业形态劳动者权益保障相关政策措施，加快探索适合新就业形态劳动者特点的社会保障参保办法。指导平台企业充分听取依托平台就业的新就业形态劳动者意见，依法合规制定和调整劳动规则，并在实施前及时、有效公开。对新就业形态劳动者以及吸纳重点群体就业的相关企业，按规定落实就业创业相关扶持政策。

五、促进社会服务普惠供给

（十）促进优质数字教育资源共享。支持面向欠发达地区开发内容丰富的数字教育资源，改善学校网络教学环境，实现所有学校数字校园全覆盖，促进优质教育资源跨区域、跨城乡共享。教育服务精准化供给，依托政务数据共享交换平台，加强部门间数据共享交换，提高家庭经济困难学生认定精准度和异地申请便利性。建立专业化数字教育人才队伍，培养数字教育系统设计、开发、运维人员，开发适应当地发展阶段的软硬件，提高设备使用效率和维护水平。

（十一）强化远程医疗供给服务能力。深入推进智慧医联体平台建设，改善基层医疗卫生机构服务能力。积极完善省市县乡村五级远程医疗服务网络，推动优质医疗资源下沉，促进远程医疗服务健康发展，利用互联网技术将医疗服务向患者身边延伸，提升医疗服务可及性、便捷性。加强基层医疗卫生数字化基础设施建设，推进人口信息、电子病历、电子健康档案和公共卫生信息互联互通共享，到2025年统筹建成县域卫生健康综合信息平台。

（十二）提升养老服务信息化水平。开展基本养老服务综合平台试点，推动实现服务清单数字化、数据赋能便利化、供需对接精准化、服务监管智慧化。支持引导各地加快建设面向社会公众的养老服务综合信息平台，实现养老服务便捷可及、供需精准对接，配备助行、助餐、助穿、如厕、助浴、感知类老年人用品，满足社交、康养、生活服务等多层次、多样化养老服务。

（十三）完善数字化社会保障服务。完善社会保障大数据应用，依托全国一体化政务服务平台开展跨地区、跨部门、跨层级数据共享应用，实现社保"跨省通办"。加快推进社保经办数字化转型。拓展社保卡居民服务"一卡通"应用，为群众提供电子社保卡"扫码亮证"服务，丰富待遇补贴资金发放、老年人残疾人服务等应用场景。

六、保障措施

（十四）加强组织领导。依托数字经济发展部际联席会议制度强化统筹协调，各相关部门和单位要按职责推进分工，并纳入本单位重点工作。各地区要因地制宜将相关工作形成具体措施、落到实处、形成实效，国家数字经济创新发展试验区、共同富裕示范区、数字乡村引领区等要发挥先行示范作用，各地区与相关部门间，东部与中西部、东北地区间要加强对接沟通、工作协同、信息共享、优势互补，建立横向协同、上下联动工作机制，形成数字经济促进共同富裕工作合力。

（十五）强化要素保障。各地方、各部门要将数字经济促进共同富裕作为政策规划重点方向，统筹资金、数据、人才、项目等各类要素资源，积极利用各级财政资金，落实好配套建设资金及设施运行保障资金，遵循绿色、低碳、环保原则，严格控制建设规模和建设标准，避免重复建设、投资浪费。加强公共数据资源开发利用，促进数据高效合规利用，培育数据要素企业，繁荣数据要素市场，进一步激活数据要素红利。鼓励开放相关应用场景，发挥企业创新主体作用，利用社会资本、市场化手段、专业化人才提升服务供给水平。

（十六）建立评价体系。加快建立数字经济促进共同富裕评价监测机制，坚持定量与定性、客观评价与主观评价相结合，全面反映目标成效。加强评价结果运用，有效指导政策制定、任务实施，及时发现解决推进中存在的问题。加强动态监测分析、定期督促指导，保障各项任务有序推进。

（十七）加大宣传力度。强化政策宣传解读，充分利用各类媒体平台、宣传矩阵，大力宣传数字经济促进共同富裕理念和举措、进展和成效，加强政策影响力和号召力，提升各方积极性和参与度。及时总结凝练一批数字经济促进共同富裕的好经验、好做法、好案例，加强宣传推广、交流互鉴。

2.2.21 《"数据要素×"三年行动计划（2024—2026年）》

发挥数据要素的放大、叠加、倍增作用，构建以数据为关键要素的数字经济，是推动高质量发展的必然要求。为深入贯彻党的二十大和中央经济工作会议精神，落实《中共中央　国务院关于构建数据基础制度更好发挥数据要素作用的意见》，充分发挥数据要素乘数效应，赋能经济社会发展，特制定本行动计划。

一、激活数据要素潜能

随着新一轮科技革命和产业变革深入发展，数据作为关键生产要素的价值日益凸显。发挥数据要素报酬递增、低成本复用等特点，可优化资源配置，赋能实体经济，发展新质生产力，推动生产生活、经济发展和社会治理方式深刻变革，对推动高质量发展具有重要意义。

近年来，我国数字经济快速发展，数字基础设施规模能级大幅跃升，数字技术和产业体系日臻成熟，为更好发挥数据要素作用奠定了坚实基础。与此同时，也存在数据供给质量不高、流通机制不畅、应用潜力释放不够等问题。实施"数据要素×"行动，就是要发挥我国超大规模市场、海量数据资源、丰富应用场景等多重优势，推动数据要素与劳动力、资本等要素协同，以数据流引领技术流、资金流、人才流、物资流，突破传统资源要素约束，提高全要素生产率；促进数据多场景应用、多主体复用，培育基于数据要素的新产品和新服务，实现知识扩散、价值倍增，开辟经济增长新空间；加快多元数据融合，以数据规模扩张和数据类型丰富，促进生产工具创新升级，催生新产业、新模式，培育经济发展新动能。

二、总体要求

（一）指导思想

以习近平新时代中国特色社会主义思想为指导，深入贯彻落实党的二十大精神，完整、准确、全面贯彻新发展理念，发挥数据的基础资源作用和创新引擎作用，遵循数字经济发展规律，以推动数据要素高水平应用为主线，以推进数据要素协同优化、复用增效、融合创新作用发挥为重点，强化场景需求牵引，带动数据要素高质量供给、合规高效流通，培育新产业、新模式、新动能，充分实现数据要素价值，为推动高质量发展、推进中国式现代化提供有力支撑。

（二）基本原则

需求牵引，注重实效。聚焦重点行业和领域，挖掘典型数据要素应用场景，培育数据商，繁荣数据产业生态，激励各类主体积极参与数据要素开发利用。

试点先行，重点突破。加强试点工作，探索多样化、可持续的数据要素价值释放路径。推动在数据资源丰富、带动性强、前景广阔的领域率先突破，发挥引领作用。

有效市场，有为政府。充分发挥市场机制作用，强化企业主体地位，推动数据资源有效配置。更好发挥政府作用，扩大公共数据资源供给，维护公平正义，营造良好发展环境。

开放融合，安全有序。推动数字经济领域高水平对外开放，加强国际交流互鉴，促进数据有序跨境流动。坚持把安全贯穿数据要素价值创造和实现全过程，严守数据安全底线。

（三）总体目标

到 2026 年底，数据要素应用广度和深度大幅拓展，在经济发展领域数据要素乘数效应得到显现，打造 300 个以上示范性强、显示度高、带动性广的典型应用场景，涌现出一批成效明显的数据要素应用示范地区，培育一批创新能力强、成长性好的数据商和第三方专业服务机构，形成相对完善的数据产业生态，数据产品和服务质量效益明显提升，数据产业年均增速超过 20%，场内交易与场外交易协调发展，数据交易规模倍增，推动数据要素价值创造的新业态成为经济增长新动力，数据赋能经济提质增效作用更加凸显，成为高质量发展的重要驱动力量。

三、重点行动

（四）数据要素 × 工业制造

创新研发模式，支持工业制造类企业融合设计、仿真、实验验证数据，培育数据驱动型产品研发新模式，提升企业创新能力。推动协同制造，推进产品主数据标准生态系统建设，支持链主企业打通供应链上下游设计、计划、质量、物流等数据，实现敏捷柔性协同制造。提升服务能力，支持企业整合设计、生产、运行数据，提升预测性维护和增值服务等能力，实现价值链延伸。

强化区域联动，支持产能、采购、库存、物流数据流通，加强区域间制造资源协同，促进区域产业优势互补，提升产业链供应链监测预警能力。开发使能技术，推动制造业数据多场景复用，支持制造业企业联合软件企业，基于设计、仿真、实验、生产、运行等数据积极探索多维度的创新应用，开发创成式设计、虚实融合试验、智能无人装备等方面的新型工业软件和装备。

（五）数据要素 × 现代农业

提升农业生产数智化水平，支持农业生产经营主体和相关服务企业融合利用遥感、气象、土壤、农事作业、灾害、农作物病虫害、动物疫病、市场等数据，加快打造以数据和模型为支撑的农业生产数智化场景，实现精准种植、精准养殖、精准捕捞等智慧农业作业方式，支撑提高粮食和重要农产品生产效率。提高农产品追溯管理能力，支持第三方主体汇聚利用农产品的产地、生产、加工、质检等数据，支撑农产品追溯管理、精准营销等，增强消费者信任。推进产业链数据融通创新，支持第三方主体面向农业生产经营主体提供智慧种养、智慧捕捞、产销对接、疫病防治、行情信息、跨区作业等服务，打通生产、销售、加工等数据，提供一站式采购、供应链金融等服务。培育以需定产新模式，支持农业与商贸流通数据融合分析应用，鼓励电商平台、农产品批发市场、商超、物流企业等基于销售数据分析，向农产品生产端、加工端、消费端反馈农产品信息，提升农产品供需匹配能力。提升农业生产抗风险能力，支持在粮食、生猪、果蔬等领域，强化产能、运输、加工、贸易、消费等数据融合、分析、发布、应用，加强农业监测预警，为应对自然灾害、疫病传播、价格波动等影响提供支撑。

（六）数据要素 × 商贸流通

拓展新消费，鼓励电商平台与各类商贸经营主体、相关服务企业深度融合，依托客流、消费行为、交通状况、人文特征等市场环境数据，打造集数据收集、分析、决策、精准推送和动态反馈的闭环消费生态，推进直播电商、即时电商等业态创新发展，支持各类商圈创新应用场景，培育数字生活消费方式。培育新业态，支持电子商务企业、国家电子商务示范基地、传统商贸流通企业加强数据融合，整合订单需求、物流、产能、供应链等数据，优化配置产业链资源，打造快速响应市场的产业协同创新生态。打造新品牌，支持电子商务企业、商贸企业依托订单数量、订单类型、人口分布等数据，主动对接生产企业、产业集群，加强产销对接、精准推送，助力打造特色品牌。推进国际化，在安全合规前提下，鼓励电子商务企业、现代流通企业、数字贸易龙头企业融合交易、物流、支付数据，支撑提升供应链综合服务、跨境身份认证、全球供应链融资等能力。

（七）数据要素 × 交通运输

提升多式联运效能，推进货运寄递数据、运单数据、结算数据、保险数据、货运跟踪数据等共享互认，实现托运人一次委托、费用一次结算、货物一次保险、多式联运经营人全程负责。推进航运贸易便利化，推动航运贸易数据与电子发票核验、经营主体身份核验、报关报检状态数据等的可信融合应用，加快推广电子提单、信用证、电子放货等业务应用。提升航运服务能力，支持海洋地理空间、卫星遥感、定位导航、气象等数据与船舶航行位置、水域、航速、装卸作业数据融合，创新商渔船防碰撞、航运路线规划、港口智慧安检等应用。挖掘数据复用价值，融合"两客一危"、网络货运等重点车辆数据，构建覆盖车辆营运行为、事故统计等高质量动态数据集，为差异化信贷、保险服务、二手车消费等提供数据支撑。支持交通运输龙头企业推进高质量数据集建设和复用，加强人工智能工具应用，助力企业提升运输效率。推进智能网联汽车创新发展，支持自动驾驶汽车在特定区域、特定时段进行商业化试运营试点，打通车企、第三方平台、运输企业等主体间的数据壁垒，促进道路基础设施数据、交通流量数据、驾驶行为数据等多源数据融合应用，提高智能汽车创新服务、主动安全防控等水平。

（八）数据要素 × 金融服务

提升金融服务水平，支持金融机构融合利用科技、环保、工商、税务、气象、消费、医疗、社保、农业农村、水电气等数据，加强主体识别，依法合规优化信贷业务管理和保险产品设计及承保理赔服务，提升实体经济金融服务水平。提高金融抗风险能力，推进数字金融发展，在依法安全合规前提下，推动金融信用数据和公共信用数据、商业信用数据共享共用和高效流通，支持金融机构间共享风控类数据，融合分析金融市场、信贷资产、风险核查等多维数据，发挥金融科技和数据要素的驱动作用，支撑提升金融机构反欺诈、反洗钱能力，提高风险预警和防范水平。

（九）数据要素 × 科技创新

推动科学数据有序开放共享，促进重大科技基础设施、科技重大项目等产生的各类科学数据互联互通，支持和培育具有国际影响力的科学数据库建设，依托国家科学数据中心等平台强化高质量科学数据资源建设和场景应用。以科学数据助力前沿研究，面向基础学科，提供高质量科学数据资源与知识服务，驱动科学创新发现。以科学数据支撑技术创新，聚焦生物育种、新材料创制、药物研发等领域，以数智融合加速技术创新和产业升级。以科学数据支持大模型开发，深入挖掘各类科学数据和科技文献，通过细粒度知识抽取和多来源知识融合，构建科学知识资源底座，建设高质量语料库和基础科学数据集，支持开展人工智能大模型开发和训练。探索科研新范式，充分依托各类数据库与知识库，推进跨学科、跨领域协同创新，以数据驱动发现新规律，创造新知识，加速科学研究范式变革。

（十）数据要素 × 文化旅游

培育文化创意新产品，推动文物、古籍、美术、戏曲剧种、非物质文化遗产、民族民间文艺等数据资源依法开放共享和交易流通，支持文化创意、旅游、展览等领域的经营主体加强数据开发利用，培育具有中国文化特色的产品和品牌。挖掘文化数据价值，贯通各类文化机构数据中心，关联形成中华文化数据库，鼓励依托市场化机制开发文化大模型。提升文物保护利用水平，促进文物病害数据、保护修复数据、安全监管数据、文物流通数据融合共享，支持实现文物保护修复、监测预警、精准管理、应急处置、阐释传播等功能。提升旅游服务水平，支持旅游经营主体共享气象、交通等数据，在合法合规前提下构建客群画像、城市画像等，优化旅游配套服务、一站式出行服务。提升旅游治理能力，支持文化和旅游场所共享公安、交通、气象、证照等数据，支撑"免证"购票、集聚人群监测预警、应急救援等。

（十一）数据要素 × 医疗健康

提升群众就医便捷度，探索推进电子病历数据共享，在医疗机构间推广检查检验结果数据标准统一和共享互认。便捷医疗理赔结算，支持医疗机构基于信用数据开展先诊疗后付费就医。推动医保便民服务。依法依规探索推进医保与商业健康保险数据融合应用，提升保险服务水平，促进基本医保与商业健康保险协同发展。有序释放健康医疗数据价值，完善个人健康数据档案，融合体检、就诊、疾控等数据，创新基于数据驱动的职业病监测、公共卫生事件预警等公共服务模式。加强医疗数据融合创新，支持公立医疗机构在合法合规前提下向金融、养老等经营主体共享数据，支撑商业保险产品、疗养休养等服务产品精准设计，拓展智慧医疗、智能健康管理等数据应用新模式新业态。提升中医药发展水平，加强中医药预防、治疗、康复等健康服务全流程的多源数据融合，支持开展中医药疗效、药物相互作用、适应症、安全性等系统分析，推进中医药高质量发展。

（十二）数据要素 × 应急管理

提升安全生产监管能力，探索利用电力、通信、遥感、消防等数据，实现对高危行业企业私挖盗采、明停暗开行为的精准监管和城市火灾的智能监测。鼓励社会保险企业围绕矿山、危险化学品等高危行业，研究建立安全生产责任保险评估模型，开发新险种，提高风险评估的精准性和科学性。提升自然灾害监测评估能力，利用铁塔、电力、气象等公共数据，研发自然灾害灾情监测评估模型，强化灾害风险精准预警研判能力。强化地震活动、地壳形变、地下流体等监测数据的融合分析，提升地震预测预警水平。提升应急协调共享能力，推动灾害事故、物资装备、特种作业人员、安全生产经营许可等数据跨区域共享共用，提高监管执法和救援处置协同联动效率。

（十三）数据要素 × 气象服务

降低极端天气气候事件影响，支持经济社会、生态环境、自然资源、农业农村等数据与气象数据融合应用，实现集气候变化风险识别、风险评估、风险预警、风险转移的智能决策新模式，防范化解重点行业和产业气候风险。支持气象数据与城市规划、重大工程等建设数据深度融合，从源头防范和减轻极端天气和不利气象条件对规划和工程的影响。创新气象数据产品服务，支持金融企业融合应用气象数据，发展天气指数保险、天气衍生品和气候投融资新产品，为保险、期货等提供支撑。支持新能源企业降本增效，支持风能、太阳能企业融合应用气象数据，优化选址布局、设备运维、能源调度等。

（十四）数据要素 × 城市治理

优化城市管理方式，推动城市人、地、事、物、情、组织等多维度数据融通，支撑公共卫生、交通管理、公共安全、生态环境、基层治理、体育赛事等各领域场景应用，实现态势实时感知、风险智能研判、及时协同处置。支撑城市发展科学决策，支持利用城市时空基础、资源调查、规划管控、工程建设项目、物联网感知等数据，助力城市规划、建设、管理、服务等策略精细化、智能化。推进公共服务普惠化，深化公共数据的共享应用，深入推动就业、社保、健康、卫生、医疗、救助、养老、助残、托育等服务"指尖办""网上办""就近办"。加强区域协同治理，推动城市群数据打通和业务协同，实现经营主体注册登记、异地就医结算、养老保险互转等服务事项跨城通办。

（十五）数据要素 × 绿色低碳

提升生态环境治理精细化水平，推进气象、水利、交通、电力等数据融合应用，支撑气象和水文耦合预报、受灾分析、河湖岸线监测、突发水事件应急处置、重污染天气应对、城市水环境精细化管理等。加强生态环境公共数据融合创新，支持企业融合应用自有数据、生态环境公共数据等，优化环境风险评估，支撑环境污染责任保险设计和绿色信贷服务。提升能源利用效率，促进制造与能源数据融合创新，推动能源企业与高耗能企业打通订单、排产、用电等数据，支持能耗预测、多能互补、梯度定价等应用。提升废弃资源利用效率，汇聚固体废物收集、转移、利用、处置等各环节数据，促进产废、运输、资源化利用高效衔接，推动固废、危废资源化利用。提升碳排放管理水平，支持打通关键产品全生产周期的物料、辅料、能源等碳排放数据以及行业碳足迹数据，开展产品碳足迹测算与评价，引导企业节能降碳。

四、强化保障支撑

（十六）提升数据供给水平

完善数据资源体系，在科研、文化、交通运输等领域，推动科研机构、龙头企业等开展行业共性数据资源库建设，打造高质量人工智能大模型训练数据集。加大公共数据资源供给，在重点领域、相关区域组织开展公共数据授权运营，探索部省协同的公共数据授权机制。引导企业开放数据，鼓励市场力量挖掘商业数据价值，支持社会数据融合创新应用。健全标准体系，加强数据采集、管理等标准建设，协同推进行业标准制定。加强供给激励，制定完善数据内容采集、加工、流通、应用等不同环节相关主体的权益保护规则，在保护个人隐私前提下促进个人信息合理利用。

（十七）优化数据流通环境

提高交易流通效率，支持行业内企业联合制定数据流通规则、标准，聚焦业务需求促进数据合规流通，提高多主体间数据应用效率。鼓励交易场所强化合规管理，创新服务模式，打造服务生态，提升服务质量。打造安全可信流通环境，深化数据空间、隐私计算、联邦学习、区块链、数据沙箱等技术应用，探索建设重点行业和领域数据流通平台，增强数据利用可信、可控、可计量能力，促进数据合规高效流通使用。培育流通服务主体，鼓励地方政府因地制宜，通过新建或拓展既有园区功能等方式，建设数据特色园区、虚拟园区，推动数据商、第三方专业服务机构等协同发展。完善培育数据商的支持举措。促进数据有序跨境流动，对标国际高标准经贸规则，持续优化数据跨境流动监管措施，支持自由贸易试验区开展探索。

（十八）加强数据安全保障

落实数据安全法规制度，完善数据分类分级保护制度，落实网络安全等级保护、关键信息基础设施安全保护等制度，加强个人信息保护，提升数据安全保障水平。丰富数据安全产品，发展面向重点行业、重点领域的精细化、专业型数据安全产品，开发适合中小企业的解决方案和工具包，支持发展定制化、轻便化的个人数据安全防护产品。培育数据安全服务，鼓励数据安全企业开展基于云端的安全服务，有效提升数据安全水平。

五、做好组织实施

（十九）加强组织领导

发挥数字经济发展部际联席会议制度作用，强化重点工作跟踪和任务落实，协调推进跨部门协作。行业主管部门要聚焦重点行业数据开发利用需求，细化落实行动计划的举措。地方数据管理部门要会同相关部门研究制定落实方案，因地制宜形成符合实际的数据要素应用实践，带动培育一批数据商和第三方专业服务机构，营造良好生态。

（二十）开展试点工作

支持部门、地方协同开展政策性试点，聚焦重点行业和领域，结合场景需求，研究数据资源持有权、数据加工使用权、数据产品经营权等分置的落地举措，探索数据流通交易模式。鼓励各地方大胆探索、先行先试，加强模式创新，及时总结可复制推广的实践经验。推动企业按照国家统一的会计制度对数据资源进行会计处理。

（二十一）推动以赛促用

组织开展"数据要素 ×"大赛，聚焦重点行业和领域搭建专业竞赛平台，加强数据资源供给，激励社会各界共同挖掘市场需求，提升数据利用水平。支持各类企业参与赛事，加强大赛成果转化，孵化新技术、新产品，培育新模式、新业态，完善数据要素生态。

（二十二）加强资金支持

实施"数据要素 ×"试点工程，统筹利用中央预算内投资和其他各类资金加大支持力度。鼓励金融机构按照市场化原则加大信贷支持力度，优化金融服务。依法合规探索多元化投融资模式，发挥相关引导基金、产业基金作用，引导和鼓励各类社会资本投向数据产业。支持数据商上市融资。

（二十三）加强宣传推广

开展数据要素应用典型案例评选，遴选一批典型应用。依托数字中国建设峰会及各类数据要素相关会议、论坛和活动等，积极发布典型案例，促进经验分享和交流合作。各地方数据管理部门要深入挖掘数据要素应用好经验、好做法，充分利用各类新闻媒体，加大宣传力度，提升影响力。

2.2.22　《民用无人驾驶航空器生产管理若干规定》

（工业和信息化部令第 66 号公布，自 2024 年 1 月 1 日起施行）

第一条　为了规范民用无人驾驶航空器生产活动，促进民用无人驾驶航空器产业健康有序发展，维护航空安全、公共安全、国家安全，根据《无人驾驶航空器飞行管理暂行条例》以及相关法律、行政法规，制定本规定。

第二条　生产、组装、拼装（以下统称生产）在中华人民共和国境内销售、使用的民用无人驾驶航空器，应当遵守本规定。

本规定所称民用无人驾驶航空器，是指没有机载驾驶员、自备动力系统的民用航空器。

第三条　民用无人驾驶航空器生产者应当为其生产的民用无人驾驶航空器设置唯一产品识别码。自备动力系统的飞行玩具除外。

第四条　唯一产品识别码应当包含民用无人驾驶航空器生产者名称代码、产品型号代码和序列号。

民用无人驾驶航空器生产者名称代码、产品型号代码，由民用无人驾驶航空器生产者拟制，报工业和信息化部审核确认。

序列号由民用无人驾驶航空器生产者自行编制。

第五条　唯一产品识别码的编码规则应当符合有关国家标准的强制性要求。

不得重复、虚假设置唯一产品识别码。

第六条　民用无人驾驶航空器生产者应当在民用无人驾驶航空器投放市场前，将唯一产品识别码信息报工业和信息化部备案，但用于测试飞行以及组装、拼装的民用无人驾驶航空器，应当在首次飞行前将唯一产品识别码信息报工业和信息化部备案。

　　第七条　因维修、维护等原因，民用无人驾驶航空器生产者变更唯一产品识别码的，应当在民用无人驾驶航空器重新飞行前将唯一产品识别码变更情况报工业和信息化部备案。

　　第八条　生产民用无人驾驶航空器应当遵守无线电管理法律法规以及国家无线电管理有关规定。除微功率短距离无线电发射设备外，民用无人驾驶航空器无线电发射设备应当依法取得无线电发射设备型号核准。

　　第九条　民用无人驾驶航空器装载的接入公用电信网的电信设备应当依法取得电信设备进网许可。

　　第十条　民用无人驾驶航空器生产者不得在民用无人驾驶航空器中设置恶意程序；发现民用无人驾驶航空器存在网络或者数据安全缺陷、漏洞等风险时，应当立即采取补救措施，按照国家有关规定及时告知使用人，并向住所地的县级以上地方人民政府工业和信息化主管部门或者省级通信主管部门报告。

　　国家鼓励民用无人驾驶航空器生产者依法使用商用密码等技术手段保护网络与信息安全。

　　第十一条　民用无人驾驶航空器生产者应当加强民用无人驾驶航空器生产过程的数据管理和安全防护。

　　第十二条　工业和信息化部建立民用无人驾驶航空器产品信息系统，与县级以上地方人民政府工业和信息化主管部门、省级通信主管部门，以及无人驾驶航空器一体化综合监管服务平台等共享民用无人驾驶航空器生产企业信息以及唯一产品识别码等产品信息。

　　第十三条　县级以上人民政府工业和信息化主管部门、省级通信主管部门应当加强对民用无人驾驶航空器生产活动的监督检查；发现有违反本规定行为的，依照《无人驾驶航空器飞行管理暂行条例》以及相关法律、行政法规予以处罚。

　　第十四条　县级以上人民政府工业和信息化主管部门、省级通信主管部门及其工作人员违反本规定，在民用无人驾驶航空器生产管理工作中滥用职权、玩忽职守、徇私舞弊或者有其他违法行为的，依法予以处分。

第十五条 本规定所称自备动力系统的飞行玩具，是指最大飞行真高不超过 30 米，最大起飞重量小于 0.25 千克，最大飞行水平距离不超过 100 米，最大飞行速度不超过 18 千米 / 小时，且无线电发射设备符合微功率短距离技术要求，不搭载拍摄和测控设备，全程可以依靠人工操作进行飞行的遥控玩具。

第十六条 模型航空器的生产不适用本规定。

第十七条 本规定自 2024 年 1 月 1 日起施行。

第3章　中国数字发展专家观点

3.1　陈昌盛：关于当前促进数字经济发展的"六个优先"

尊敬的各位朋友，我主要从宏观的角度谈一谈对数字经济发展的几点感受。大家都说人工智能发展有算力、算法、数据三股支撑性力量，我认为数实融合与数字经济的发展同样也存在3个方面力量，分别是技术突破、商业创新和监管制度的力量。

这3个方面力量中，过去两年更多的聚焦在制度层面，大家普遍认为监管对数字经济发展产生了重大影响，而今年形势发生了一些积极变化。2022年11月，ChatGPT正式对外发布，AIGC这种革命性的技术力量，对全球竞争格局产生了一定冲击，人工智能在过去被认为无法从事创造性工作，在科学研究中处于辅助、从属性地位，但当前，人工智能本身成为了创新者和科学家。这些变化使今年大家对数字经济的讨论更侧重于技术和商业模式创新。当然，制度上也做了一些积极的回应，如组建国家数据局，颁布"数据二十条"等，大家很关心的公共数据开放、常态化监管机制等问题也都有所进展，这都是制度层面传递出来的一些积极信号。所以无论是从技术突破、商业创新，还是从国家监管层面来看，数字经济发展都在回归正轨，这是非常令人欣喜的现象。

如何更好地发展数字经济，从政策层面看其实是一个权衡与取舍的问题，是一个发展与安全的权衡，是一个新动能与旧势力的对抗和替代过程。权衡与取舍就涉及优先序，基于此，我就当前的一些热点问题，在去年提出的数字宏观"八大趋势"的基础之上，再谈"六个优先"。

一是数据的可及性优先于数据的确权。社会各界对此已经达成了一定共识，

2022 年 12 月颁布的"数据二十条"淡化所有权，提出建立数据资源持有权、数据加工使用权和数据产品经营权"三权分置"的数据产权制度框架。数据交易的一大特点是，确权不是交易的前提。科斯定理告诉我们，如果没有交易成本，确权本身并不重要。很多法学家认为，交易的发生与责任的认定建立在数据确权的基础之上，但实践表明，即便在当前世界各国都没有对数据进行确权的情况下，仍然存在责任追究机制，而只要形成了较好的责任认定和惩奖机制，数据确权就不一定是必须环节。当前，不少地方政府发文称地方公共数据属于当地政府，这是需要警惕的，其中的权属问题还有待商榷，数据的可及性比确权更重要，要先把数据用起来。

二是数据流通优先于数据交易。每当谈及数据，数据交易往往是各方关注的焦点，似乎数据只有发生过交易才能使用。数据交易当然是存在的，但是现实生活大量的数据使用不依赖于数据交易，如数据在垂直领域的流通、在供应链上下游的流转等，数据交易只是数据流通方式的一种，只占数据流通总量很小的一部分。此外，在数据交易中大家关注更多的是场内交易，而没有关注到大量的场外交易，之所以说"数据交易所悖论"，是因为数据交易所遍地开花，但数据交易所中的"交易"发展的并不是很好。市场主体之间自由的数据流通行为是大量存在的，在各地掀起的数据市场建设热潮下，应警惕形成"只有经过交易买卖的数据才是可用数据"的行为导向。

三是在数据监管中小步快跑要优先于看准了再干。实践发展领先于理论，也领先于政策监管。创新行为本身是容易辨别的，但创新行为的影响是难以预料的，这容易造成政策激励机制的扭曲。对于不清楚的事项为什么要批呢？审批行为产生的相关责任如何划分？"小步快跑"说的是，对于某项事情，本来有九点看得懂，一点看不懂，就应当放九点而保留一点，而非整个十点都拖着不放。"小步快跑"的监管模式对于推动人工智能的发展尤为重要，人工智能的未来确实充满了不确定性，在比较有把握的方面应先让它"走走看"。在当前的政策激励机制下，决策主体以"免责"为目标，这样的激励机制存在一定扭曲。对于新兴事物，看准之后再做决策是不可能的，没有人能完全看得准，因此监管的"小步快跑"就变得尤为重要。

四是公共数据的开放要远远优先于开发。由于"土地财政"已不可持续，在部分地方上出现了从"土地财政"转向"数据财政"的苗头。但是我一直认为，在本质上，民众对公共数据已经支付了费用，无论是从国际惯例还是法理道义上，公共数据都应优先开放。开放是最好的开发，公共数据开放后，来自社会各界的开发力量将大量涌现。政府仅依靠自身力量开发公共数据存在技术、经验等方面的短板，而政府授权企业开发公共数据，如果只选择一家国有企业进行授权，这很容易形成新一轮垄断。为什么只授权给一家？为什么不授权给民营企业？政府不少数据是机密的，但只要遵循一定的规制，国企民企的选择不应存在差别。在地方上，很多政府不愿、不敢或不想把数据开放出来，要警惕过度重视"开发"可能会造成新一轮扭曲。

五是个人数据的匿名化利用优先于确权分配。"数据二十条"颁布后，我们分析了互联网上几十万篇文章，有意思的是，个人对数据确权和利润分配的热情突然高了起来。但事实上"数据二十条"里讲的，公共数据、企业数据、个人数据三者不在同一维度，"数据二十条"也并非从所有权的角度展开论述的。从个人的角度出发，最重要的是保护个人隐私安全。这其中有很多复杂的问题，包括个人数据匿名化使用规则的制定，另外有一些数据无法匿名化，如个人的指纹、声纹、虹膜等，这类数据的使用应当遵照什么样的规则？欧盟已经颁布了一些可参考的规则，如 250 人以下的企业适用于一些免责条款等，国内在这方面规则的空缺应当尽快补齐。

六是重要数据的正负面清单结合要优先于准确的安全评估。重要数据的安全评估涉及利益相关方多、评估难度大，什么是重要数据、用什么方法评估安全数据等问题难以明确，可采用正面清单和负面清单相结合的模式。2023 年 9 月，国家网信办发布《规范和促进数据跨境流动规定（征求意见稿）》，正面列明了豁免清单，是数据流动规则制定的极大进步，但是其中仍存在很多问题，我个人的建议是"正面清单"或"负面清单"应看准一条放一条，不清晰的领域应在市场实践中形成答案，以避免不必要的企业合规成本。

以上是透过新一轮技术突破和商业创新反观政策制度所产生的一些思考。此外，平台企业的商业边界及其公共职能的界定同样值得重视。当互联网平台发展到一定规模，就自然具备了一定的公共属性，在这个问题上平台企业非常困扰。互联网平台的公共属性该如何界定？依托于平台产生的什么数据属于公共数据？哪些数据应当拿出来服务于公众？这是当前很多平台所担心的，也是需要尽快明确的。

近期斯坦福大学做了一个关于人工智能的全球调查，其中包括各国居民对人工智能的态度。调查结果表明，中国人对人工智能的态度是全球最积极的，78% 的中国人认为人工智能利大于弊，这一比例在美国只有 35%，中国人乐于且勇于尝试新鲜事物，这种好奇心文化难能可贵。当前，数字经济领域还有一些投资资金，有不躺平的投资热情，我们应该格外珍惜，创造更好的制度，使监管、技术与商业之间的互动更畅通，保证在这新一轮数字技术或数字经济的发展浪潮中，我们不被落下！谢谢大家！

（转载自伏羲智库，整理自作者 2023 年 10 月 29 日在第五届数字发展论坛上的发言）

3.2　邬贺铨：中国大模型发展的优势、挑战及创新路径

中国现有算力总规模

相比美国：有差距但不大

T：有人说中国的大模型开发距离国外有 1 ～ 2 年的差距，您怎么看当前中国大模型的发展状况？

邬贺铨：中国在大模型开发方面起步比美国晚，在 ChatGPT 出来后，国内不少单位纷纷表示在研发生成式大模型，与美国目前已知的仅有微软与谷歌等几个企业在研究大模型相比，我国研制大模型的单位比美国多，但研究主体数量多并不意味中国在大模型上研发水平高。据称国内某一大模型的参数量高达 1.75 万亿，超过了 GPT-4，但尚未看到其应用的报道。虽然已有中国公司声称可推出类似 ChatGPT 的聊天机器人，但就支持多语种能力方面目前不如 ChatGPT，就中文对话能力方面及响应速度而言也还有差距。

我们现在只注意到 ChatGPT，它以生成式任务为目标，主要是完成如聊天和写作等语言生成，谷歌公司的 BERT 模型更注重判断决策，强调如问答和语义关系抽取等语言理解相关的任务，BERT 模型的技术也值得我们关注。评价大模型水平应该是多维度的，如全面性、合理性、使用便捷性、响应速度、成本、能效等，笼统地说目前我国大模型开发与国外的差距为 1 ～ 2 年的依据还不清楚，现在下这一结论意义也不大。

中国企业在获得中文语料和对中国文化的理解方面比外国企业有天然的优势，中国制造业门类最全，具有面向实体产业、训练产业 AIGC 的有利条件。在算力方面中国已具有较好的基础。据 OpenAI 报告，训练 GPT-3 模型所需的算力高达 3.64 EFlops/ 天，相当于 3 ～ 4 个鹏城云脑 Ⅱ（鹏城云脑 Ⅱ 为 1 Eflops，即每秒百亿亿次浮点计算）。按 2022 年底的数据，美国占全球算力 36%，中国占 31%，现有算力总规模与美国相比有差距但不大，而以 GPU 和 NPU 为主的智能算力规模中，中国明显高于美国（按 2021 年底数据，美国智算规模占全球智算总规模 15%，中国占 26%），我国不仅大型互联网企业具有相当规模的算力，国家实验室和一些城市政府支持的实验室也有大规模的算力资源，可以说在训练大模型所需算力支持方面中国也能做到。据了解，鹏城实验室正在设计鹏城云脑 Ⅲ，算力达到 16 EFlops，比 GPT-3 所用算力高 3 倍，预计耗资 60 亿元，将为人工智能训练持续提供强有力的算力支持。

中国 AIGC 研发：需认清差距

重视挑战　实在创新

T：除了我们在算力方面有较好的基础之外，您认为在中国做大模型还面临哪些挑战？

邬贺铨：仅有算力还是不够的，在以下几个方面我们还面临不少挑战。

第一，大模型的基础是深度学习框架，美国的 TensorFlow 和 PyTorch 已经深耕深度学习框架生态多年，虽然国内企业也自主开发了深度学习框架，但市场考验还不够，生态还有待打造。

第二，将 AIGC 扩展到产业应用可能需要不止一个大模型，如何将多个大模型高效地整合，有标准化和数据融合的挑战。

第三，大模型需要海量数据训练，中国有数千年的文明，但丰富的文化沉淀绝大多数并未数字化，中文在 ChatGPT 训练所用到的语料中占比还不到 0.1%。虽然我国互联网企业拥有大量电商、社交、搜索等网络数据，但各自的数据类型不够全面，网上知识的可信性又缺乏严格保证，中文可供训练的语料还需要做大量的挖掘工作。

第四，大模型训练所依赖的 GPU 芯片以英伟达公司的 A100 芯片为代表，但该芯片已被美国限制向中国出口，国产 GPU 的性能还有待进一步考验，目前在算力的利用效率上还有差距。

第五，在中国从事 AI 研究的技术人员不算少，但具有架构设计能力和 AIGC 数据训练提示师水平的人才仍然短缺。在 ChatGPT 出现之前，有人认为中国在 AI 方面的论文和专利数与美国不相上下，ChatGPT 的上线使我们看到了在 AIGC 上中美的差距，现在需要清楚认识和重视我们所面对的挑战，做实实在在的创新，将挑战化为机遇，在新一轮的 AI 赛道上做出中国的贡献。

建议开放国家算力平台
支持各类大模型训练

T：ChatGPT 无疑是一个巨大的创新，中国未来应如何鼓励类似这样的创新，应该多做哪些方面的工作？

邬贺铨：人工智能从判别式发展到生成式是里程碑标志的创新，开始进入到走向通用人工智能的赛道。从 GPT-3 到 GPT-4 已经从文字输入发展到部分图形输入，即增加了对图形的理解能力，也在此基础上向实现一个深度学习架构和通用模型支持多模态数据输入的时间不远了，不过大模型的任务通用化和大模型按需调用的精细化还需要更大的投入与创新，对图形和视频做数据无标注和无监督学习比语言和文字输入情况要难得多。

现在处于向通用人工智能发展的关键时期，对我国来说这是跨越发展的难得机遇，也是严峻的挑战。算力、模型、数据是 ChatGPT 成功的必要条件，也将是通用人工智能成功的内在因素，除此之外，创新的生态、机制与人才更是关键。中国在算力总规模上可与美国相比，但跨数据中心的算力协同还面临体制机制的挑战，不少智算中心算力利用率和效率不高。不少单位各自独立研究大模型，难免低水平重复，建议在国家科技与产业计划的协调下合理分工形成合力。建议开放国家实验室的算力平台支持各类大模型训练，如鹏城云脑现在对外开放的算力达到了总能力的 3/4，可支持规模与 GPT-3 相当的两千亿参数的开源中文预训练语言大模型。同时建议组建算力联盟，集中已有高档 GPU 的算力资源，提供大模型数据训练所需算力。现在以鹏城实验室为主建设的"中国算力网（C2NET）"已接入 20 余个大型智算、超算、数据中心，汇聚异构算力达 3 EFlops，其中自主研发的 AI 算力超 1.8 EFlops。另外，聊天机器人的应用只是训练与检验 AIGC 的一种直观方式，但聊天不是刚需，需要基于大模型开发出各类面向行业应用的模型，尽快使大模型在产业上落地见效，在面向各行各业的应用中培养更多的人才。

大模型行业应用需

既懂行业技术又懂 AI 训练的综合人才

T：目前我们已经看到了 ChatGPT 在某些领域的应用，如聊天机器人、文本生成和语音识别等。未来在实体行业和领域，是否会有一些应用机会？大模型在实体行业应用还面临什么样的障碍？

邬贺铨：在现有 ChatGPT 类聊天机器人基础上经补充相关行业和企业知识的训练，可以在企业承担智能客服工作，代替工人面向客户提供售前与售后服务。在需要软件编程的设计与制造环节，ChatGPT 可代替程序员完成编程任务和检验软件的 Bug。可以承担设计与生产过程所需文件资料的收集、翻译和整理工作。经过专业的训练，AIGC 类大模型可以用于设计 EDA 软件，如 IC 设计用的工具软件。在动漫和游戏企业，基于 AIGC 类大模型训练的机器人可以按照提示编写剧本、创作游戏脚本并进行编程，完成 3D 动漫的渲染。

但 ChatGPT 不是通用模型，很难直接在实体产业的生产制造过程上应用，但可以基于训练 ChatGPT 的原理，利用行业与企业的知识图谱进行深度训练，有可能开发出企业专用的大模型，完成这一工作的挑战是需要既熟悉企业上传流程和关键环节技术，又能掌握人工智能大数据训练技术的人才。

从关注结果到关注过程

融合技术与法制

主导 AIGC 推理过程

T：ChatGPT 也会出现各种各样的错误，也会带来一些伦理、安全和隐私等方面的问题，未来在应用大模型的时候，如何才能营造一种既包容又兼顾安全和发展的环境？

邬贺铨：生成式人工智能的出现将社会对人工智能的关注推到一个前所未有的高度，在引发科技界和产业界对人工智能的研究热潮的同时，不少专家担心人工智能将毁灭人类，呼吁停止 GPT-5 的研究。一些专家的担忧并非杞人忧天，因为目前 ChatGPT 机器人的思考过程不透明，人类创造出 ChatGPT，但目前人类对它的推理过程并不能完全掌握，推理结果知其然不知所以然，可解释性不足，不确定、不可知就会出现不可控，存在机器人变态和伦理失范及行为失控的风险。

解决办法不是停止对人工智能的研究，而是对 AIGC 的研究从关注结果到关注过程，设计和主导其推理过程，做到结果可预期和行为可控。未来对大模型的推广应用需要经有资质的机构做安全可信的评价，经检验该大模型的推理过程是可追溯的。同时需要建立相应的人工智能治理法规，防止对 AIGC 训练的误导，追究 AIGC 训练主体的责任，严惩教唆作恶犯罪行为。通过技术与法制相辅，使人工智能成为人类真正忠诚的助手。

（转载自腾讯研究院，原文题目为《腾研专访 | 邬贺铨院士：中国大模型发展的优势、挑战及创新路径》）

3.3　邵广禄：云网数智安，助力数字湾区建设

2023 年 12 月 8—10 日，第二届数字政府建设峰会暨"数字湾区"发展论坛在广州举行。中国电信总经理邵广禄出席大会开幕式及高峰论坛并发表题为"云网数智安，助力数字湾区建设"的主题演讲。

邵广禄表示，中国电信一直积极参与规划、建设、运营和迭代升级，也积累了面向数字政府的云、网、数、智、安等核心技术能力和系统解决方案。

在云计算方面，中国电信构建了一云多芯、全栈自主可控的天翼信创云，全国一体化布局算力网络。"息壤"算力调度平台实现公、私、边、端的统一算力资源调度，入选国务院国资委央企十大超级工程；打造粤港澳"东数西算"核心枢纽节点及"一城一池"算力资源，成为政务云的主力军。

在网络方面，中国电信推出了天地一体的智能手机直连卫星业务，打造了大湾区的超低时延全光网络，通过"5G 政务专网 +SIM 卡安全接入 + 国密算法 + 量子城域网"，升级了端到端的安全防护能力。中国电信的视联网和物联网，已经成为资源规模最大的泛在感知体系。

在数据要素方面，中国电信打造的"灵泽"平台，面向社会提供一体化的数据汇聚、处理、流通、应用、运营、安全等数据要素流通服务，已经在海南、福州等地探索实践。在潮州打造的数据业务网，助力百千万工程，推动数字经济高质量发展。

在数字化平台方面，中国电信深度参与"粤省心"等"粤系列"平台建设和运营，在深圳打造的"民意速办"平台，实现了统一受理、统一分拨，达到100% 响应、100% 闭环，已成为深圳政府数字化的亮丽名片，并在全省推广。

在人工智能方面，中国电信的"星河"通用视觉大模型，模型参数升至百亿，数据量升至亿级，构建了"视频监控 +AI+ 云播"的智感安防体系，赋能千行百业。例如，在广东清远的交通违章治理、惠州的社会治安治理等场景中取得显著成效，形成全国标杆。中国电信的"星辰"政务大模型，与省市政府合作，开发 12345 政务咨询、辅助办理、基层治理、政务办公、辅助决策、专业工具等 6 大应用，在深圳"民意速办"平台，围绕平台的 8 类角色、17 个业务服务过程，规划了 44 个 AI 业务场景，助力政务服务的效率和效能进一步提升。

在安全方面，中国电信构建了云、网、边、端的一体化安全基座，实现了超 Tb 级的网络攻击秒级处置能力，我们正在开发关基安全大模型，运用商密技术，助力政府构建本质安全。在广东 21 个地市建设了属地级的安全能力池，构建了医保专网安全防御体系，连续 3 年获得"粤盾"攻防演练优秀防守单位。

当前，中国电信正积极与各级政府合作，把 AI 大模型纳入数字政府、数字经济和数字社会的发展规划，作为推进产业转型升级的关键着力点。预计在未来两三年内，大模型技术将把各类平台应用重耕一遍。大模型技术将驱动数字政府更有效、更智能、更有力地推进中国式现代化。

邵广禄表示，中国电信积极服务国家重大战略，围绕数字政府，将大幅度增加投资，大规模增加人才队伍，大力度攻关核心技术，以科技创新驱动数字湾区建设、数据赋能高质量发展，让人民群众的获得感、幸福感、安全感更加充实，共创智能时代的美好未来。

（转载自中国电信政企服务，原文题目为《中国电信总经理邵广禄：云网数智安 助力数字湾区建设》，整理自作者在第二届数字政府建设峰会暨"数字湾区"发展论坛上的发言）

3.4　郑纬民：构建开放生态，真正促进数字经济快速发展

随着人工智能、云计算等新一代信息技术不断涌现，数字经济正在蓬勃发展，国家也视其为发展新征程的助推器。数字经济的发展对算力提出新需求。在此背景下，传统计算架构也将面临诸多挑战，备受关注的异构计算也将迎来新机遇。

郑纬民说："在数字经济时代，摩尔定律的持续实现，为人工智能的进一步发展提供了关键的基础，当前需要通过软硬件密切结合，才能解决我们面临的各种挑战，以及进一步提高算力。算力、网络具备很强的公共基础设施特性，只有开放性的产业生态，把选择权交给用户，才能促进用户大规模加速投资数字技术，从而真正促进数字经济的快速发展。"

（1）摩尔定律是数字经济高速发展的基石

数据是数字经济的关键元素。对数据进行处理、分析并获得有用的价值，这对计算机算力提出了很高的要求。据郑纬民介绍，算力可以分为高性能计算 HPA、数据中心和人工智能计算机三大类。其中，人工智能计算机对数据开展

深度的分析，是数字经济的核心驱动力之一，近年来在整体计算中的比例在逐渐增加。

人工智能计算具有计算密度高、需要大量低精度计算的特点，基于 CPU 的传统架构主要面向事务处理和高精度计算，在处理人工智能计算的适应性上有较大欠缺。GPU 及各种人工智能加速器在低精度计算单元密度、矩阵和立方体计算结构及高速访存架构上针对智能计算开展了很多针对性的优化，对人工智能计算的支持效率大大提升。郑纬民说，今后以 GPU 和人工智能计算器为代表的异构计算架构有望进一步高速发展，为人工智能支持数字经济建设提供更有力的工具。

提及算力，"摩尔定律"是绕不开的一个词。半个世纪以来，摩尔定律一直是支撑半导体行业发展的背后驱动力。郑纬民表示，摩尔定律是指每 2 年（或 18 个月）在芯片上集成的晶体管数量可以翻倍，主要依据集成电路制造工艺的进步来实现。集成度的提高，配合体系结构上的改进，为算力的持续指数增长提供了保证，也使单位算力成本越来越低。

从近年来人工智能的发展来看，无论是深度神经网络，还是大模型等，都是算法与算力协同发展结合的产物。郑纬民认为，在数字经济时代，摩尔定律的持续实现，为人工智能的进一步发展提供了关键的基础，也是数字经济高速发展的基石。

（2）软硬件协同一体化是提升算力的关键

针对应该如何通过"软硬件一体化"进一步加速算力提升这一问题，郑纬民认为，软件主要提供的是灵活性和效率提升，硬件算力提供了最基本的资源基础，这二者需要密切结合才能解决我们在数字经济时代面临的各种挑战。

举例来说，隐私计算是很重要的发展方向，其目标是既能够保证个人的隐私，又能够利用数据开展分析和决策，为数字经济提供动能。现有几条技术路线中，如全同态加密和多方计算在理论方面较好地保证了隐私性，但在现有处理器架构上其计算性能非常不足，大大阻碍了其应用范围。

据郑纬民介绍，为了解决这一问题，业界在隐私计算加速硬件上开展了很多探索工作，相关算法也在演进之中，因此如何确定软硬件的界限，什么操作用硬件加速，什么功能用软件来灵活组合是当前的研究热点问题，软硬件协同一体化是解决这一问题的核心思路，也是整体进一步加速算力提升和使用效率的关键。

人工智能、无所不在的计算、无处不在的连接、从云到边缘的基础设施——这四大超级技术力量，正驱动着世界对半导体的空前需求，开启无限可能，实现从真正的混合算力环境到全新的沉浸式体验。在郑纬民看来，Intel 在芯片方面拥有丰富的生态和完整的功能，近年来在虚拟化支持、以 SGX 为代表的安全计算环境及新型持久化存储设备等硬件功能上发展迅速，并为其提供了高性能的软件生态。企业未来面对更加泛在、异构、复杂的信息基础设施，迫切需要 Intel 等 IT 巨头企业进一步加强开放标准和开发生态方面的协作，推动未来社会的数字化发展。

（3）开放生态，促进数字经济快速发展

"开放生态才能共赢未来"的理念如今已经成为行业共识。信息技术已经渗透到整个社会的各个方面，其广度和深度是历史上其他技术没有过的，算力、网络具备很强的公共基础设施特性，一家公司主导一个封闭的信息产业链已经不再可行。只有开放性的产业生态，才能促进不同环节、不同角色的百花齐放、优胜劣汰，进而构建更加有竞争力的产业生态，可以说没有开放就没有成功的生态。

郑纬民说："开放生态对数字经济的意义也是不言而喻的，避免锁死在单一技术体系中，把选择权交给用户，才能促进用户大规模加速投资数字技术，从而真正促进数字经济的快速发展。"

（转载自余杭科协，原文题目为《院士观点 | 郑纬民：构建开放生态，真正促进数字经济快速发展》）

3.5 薛澜：新兴科技领域国际规则制定：路径选择与参与策略

摘要：新兴科技的创新发展正塑造着全球经济、贸易与政治格局。围绕新兴科技的国际规则建构，不仅是主要科技大国占据发展高地、引领产业方向的战略部署，更是国家安全的重要关切。随着全球科技竞争与战略博弈日益加剧，突破科技与贸易封锁，运筹深度参与国际规则制定是保障国家安全、促进产业发展、增强国际话语权的关键。当前，我国应从规则形式、战略目标、行动机制等维度综合考虑和理解全球新兴科技领域国际规则制定的总体格局，立足议题重要性、争议性、关联性，从新兴科技的战略议题图谱中着重考虑和选择适宜领域发力。在整体把握全球新兴科技创新与发展规律的基础上，增强互信共识理念引导、融合制度设计与执行路径、培育参与主体和协作组织、强化技术交流与战略合作，以构成我国参与全球新兴科技治理的多层次思路。

全球化进程下的人类科技创新活动已进入空前密集活跃期。以新一代信息技术、生物技术、新能源技术等为代表的新兴科技正在催生和孕育重大的产业变革。相比以往的科学技术，这些前沿科技的创新发展规律、产业发展方式、全球红利释放速度等均具有新特点，使科技领域的国际公约、协定、准则、标准等国际规则框架建构呈现出了新博弈形态。例如，地缘政治考虑和冷战思维抬头引致大国科技竞争日益加剧，部分国家将涉及人权、民族安全、社会公平等意识形态议题与新技术发展应用挂钩，导致既有国际规则执行频受国际贸易冲突挑战。新兴科技领域占据优势地位的"权力行为体"开始活跃，更具弹性的规则制定方式和包容性的治理工具成了前沿科技的普遍治理选择。由此可见，在科技全球化的当下，围绕新兴科技的国际规则建构是关乎人类命运共同体构建和全球科技治理的重要命题。

运筹新兴科技领域国际规则制定是主要科技大国占据未来全球经济格局优势地位、引领全球经济发展方向、展现科技大国责任与形象的重要战略部署。一方面，作为新兴产业国家，我国参与国际规则制定是破局当前相对不利国际环境的路径之一。全球科技博弈已深刻影响我国国家安全与新兴产业发展，如美国限制科技人才流动，出台芯片法案和科技投资禁令等做法对我国关键产业链安全造成了一定程度的威胁，尤其是拜登政府签署的"对华投资限制"行政命令，更是涉及量子技术、人工智能、先进半导体等前沿科技。另一方面，不断提升的科技创新实力对我国参与全球科技治理的责任担当也提出了更高的要求。随着科技创新能力增长及企业在全球产业链中优势地位趋显，我国参与国际规则与标准制定更为积极，全球治理贡献逐步获得国际社会认可。虽然部分小群体试图"污名化"我国全球科技治理的参与行动，并将我国排斥于一些国际治理体系外，但是我国推动构建人类命运共同体的目标始终不变。2023 年 9 月，我国外交部发布《关于全球治理变革和建设的中国方案》，提出新兴科技领域是全球治理新疆域，各国应推动形成具有广泛共识的治理框架和标准规范。这一在国际舞台上发出治理倡议的新举措，引起了国际社会的广泛关注，开启了我国在复杂国际形势下，肩负新兴科技大国责任担当，保障国家科技与产业安全，积极探索和参与新兴科技领域国际规则制定的新局面。

（1）运筹新兴科技领域国际规则制定的战略意义

在当下，基于不断提升的科技创新实力，运筹新兴科技领域的国际规则制定，在国际上更多地发出中国声音、提供中国方案、贡献中国智慧，既是我国肩负大国责任的体现，也是促进新兴科技为全人类谋取福利的题中之义。具体而言，我国运筹新兴科技领域国际规则制定具有四方面的战略意义。

第一，新兴科技发展过程中的动态性、交叉性、不确定性等特征，将推动全球科技治理进入新一轮变革期。新兴科技的动态性表现为技术方法、应用功能迭代速度快，在累进式创新过程中新风险频现，这要求相应的国际治理规则应时而变；新兴科技的交叉性往往体现为跨领域、跨边界的知识与应用创新，这对原本建立在学科或产业边界基础上的传统全球科技治理规则产生了重大冲击；新兴科技的不确定性既有内在发展规律、逻辑的不确定性，也存在变革价值与潜在风险，这都要求治理规则的执行者准确把握时机并及时干预，实现敏捷反应。这三方面新特征在影响既有全球科技治理规则有效性的同时，将推动新规则的建构与改革。在此变革进程中，任何国家都没有绝对优势，尤其是在全球科技治理体系建设和发展方向共识均滞后的情况下，对后发新兴科技大国而言实际上存在新的参与机遇。

第二，新兴科技领域的国际规则制定是提升国家竞争力、推动全球共同发展的关键举措。新兴科技关乎国家竞争力与全球共同发展，参与其国际规则制定可使各国兼顾国家产业发展和参与全球治理的共同需求。国家竞争力表现为全球博弈视野下的国家能力相对优势，这既包括技术与产业优势，也包括治理优势，尤其是参与全球科技治理的能力。与此同时，全球共同发展需要国际社会联手，合理地应对新兴技术风险，推动技术包容性发展。在此基础上，新兴科技领域国际规则的形成将有助于进一步减少市场逐利下的"公地悲剧"现象，在对新兴技术应用所带来的全球性风险进行治理的同时，推动各国走向利益汇合点，共享技术红利。鉴于新兴科技领域国际规则对各国技术和产业发展具有差异化影响，基于本国比较优势而提议、主导的国际规则将更有利于本国深度参与全球技术占位和产业分工合作。

第三，运筹新兴科技领域国际规则制定，既有助于"反击"西方大国技术压制，也助益我国产业获益。纵观科技发展历史，以美、德、日、英等为主的工业制造强国，无一不在抢占国际规则制定的制高点和话语权。当前我国正处于从制造大国向制造强国转变的高质量发展阶段，越来越多的中国企业实施国际化战略，布局海外市场，参与全球产业链竞争。但受国际规则制定与参与中的后发劣势，以及贸易和技术竞争、地缘政治摩擦影响，我国在新兴科技的全球化发展中面临更多风险与掣肘。例如，美国发布的《民主技术合作法案》号召美国主导下的技术合作国，针对中国在新兴及关键技术领域的国际标准与规范制定、联合研究、出口管控等方面进行联手遏制。当前，深度参与全球科技治理、运筹国际规则制定是扭转被动局面，为我国技术及新兴科技产业发展保驾护航的必然选择。

第四，运筹国际规则制定是我国在新兴科技优势领域承担大国责任，彰显良好国际形象的契机。当今世界正经历百年未有之大变局，全球科技与产业革命正深刻影响世界发展格局和国际竞争范式，其中新兴技术发展将各国推向全新竞争领域。当前，以中国为代表的新兴国家在全球产业链中的"新赛道"上逐渐展示出优势，为推动全球共同发展贡献力量。反观部分技术先驱国家，不仅没有发挥正面作用，反而将技术出口管制、禁止科技产业投资等作为打击别国产业发展的工具，制造"贸易脱钩""科技脱钩"等局面，或以安全化需求"借口"降低全球合作的主观意愿和动力。鉴于此，我国更应在优势产业和技术领域积极参与国际规则制定，传播中国声音、展现良好国际形象。

（2）战略分析框架与议题图谱

以新产业革命和科技变革为代表的新兴科技广泛涵盖大数据、人工智能、生物技术、量子计算等诸多技术类型。不同类型技术发展规律和治理需求的异质性决定了其相应国际规则形式的差异。与此同时，把握新兴科技领域国际规则的总体格局，还应建立在对各国参与目标和行动方案进行全面研判的基础上。因此，本文提出"规则形式、战略目标、行动机制"的战略分析框架，以整体把握当前新兴科技领域国际规则的情况。

首先，科技领域国际规则呈现出多种形式，可分为硬性规则和软性规则。新兴科技领域的国际规则包括国际技术标准、接口协议、合同范本等"硬性"规则，如国际标准化组织（International Organization for Standardization，ISO）制定的各类技术标准、东盟发布的《数据跨境流动合同范本（MCC）》、网络层的各类接口协议等。这些"硬性"规则主要服务于技术发展过程中的"控制性"治理需求，如核心技术厂商形成企业联盟巩固垄断地位、保障国际贸易中商品和服务的一致性等场景，以实现技术标准推广、技术壁垒、专利产业化、产业霸权、市场锁定等。但是，国际规则还包含围绕特定议题或产业形成的发展指南、原则共识、倡议协议等"软性"规则，如经济合作与发展组织发布的《隐私保护与个人数据跨境流通指南》、联合国教科文组织发布的《人工智能伦理建议书》、机器人三定律等。这些"软性"规则通常服务于技术发展过程中的"发展性"治理需求，适用于国际争议较小的宏观议题、难以达成共识的国际谈判、政治敏感度高的议题等场景，以实现凝聚共识、利益合作、利益交换等需求。这其中既包括官方层面达成的共识，也包括由企业、非政府组织、科学家等民间力量推动形成的国际合作与规则。

其次，国家参与国际规则制定目标多元，涵盖技术、产业、外交、全球等层面。一是技术层面，积极参与国际规则制定有助于本国推行其领先技术的标准，抢占技术贸易市场，并为本国企业的海外布局铺平道路；二是产业层面，寻找在全球产业链中的优势领域及可合作的利益共通领域参与国际规则的制定，有助于谋取产业竞争主动权和扩大产业市场份额，争取话语权；三是外交层面，建立或推动全球治理制度的形成是大国外交的重要组成部分，参与国际规则的制定一方面是向全球展示负责任的大国形象，另一方面也便于回应他国对本国提出的外交批评或质疑；四是全球层面，参与国际规则制定是谋求国际和平与安全、促进经济与社会发展的主要路径。

最后，国际规则参与的一般性行动方案有主导、参与、对话、倡议 4 种主要形式。基于各国与本国间长期形成的关系性质和全球经贸格局情况，国际治理环境大致可分为合作导向和对抗导向两种类型。针对各国优势领域和非优势领域两种情境，结合期望达成的参与目标，国家有 4 种主要的参与路径。在合作导向的优势领域形成"主导"，即政府、企业等主体牵头发布国际规则、组织国际标准，发挥国际合作领导力；在合作导向的非优势领域保持"参与"，一国在非优势领域的国际合作中未必具备号召力和影响力，但也需要积极寻找利益共同点，参与国际话语体系、发出本国声音；在对抗导向的优势领域争取"对话"，即在国际合作意向较弱，但本国的优势发展领域，领衔全球各国展开对话，通过官方或非官方渠道主动搭建对话平台，主导话语体系；在对抗导向的非优势领域提出"倡议"，在国际合作概率较小、本国不具有足够话语优势的领域，积极提出倡议，参与国际规则的塑造和形成。

基于以上战略分析框架，一个相对适用于各国的新兴科技领域战略议题图谱跃然而出（表 3.1）。在技术层面，在基础类技术研发、开源类技术平台领域，各国倾向于国际合作，而在高端芯片等关系着企业甚至国家科技竞争力强弱的核心关键技术领域，各国则处于对抗局面。在产业层面，对于如自动驾驶、智能机器人、新材料等大多数新兴产业，企业联盟之间的合作居多，而对于具有公共风险，如关系民族的生物安全类产业，各国则倾向于独立研发；在外交层面，对于一些更具公共性的产品，如互联网、5G、跨境数据等，更需要国际合作释放其衍生价值和边际红利，而关系着国民安全，如生物特征识别产品的跨国运营，则更易受到他国的质疑、批判或抵制；在全球层面，关系着全球可持续发展的可再生能源、低碳技术、生命科学等方面更易达成国际共识，而涉及国际安全，如在军事方面的致命性自主武器、生物武器等研发领域相关国家常处于对抗性局面。

表 3.1　新兴科技领域国际规则制定的战略分析框架

国际环境和参与机制		合作导向的国际环境		对抗导向的国际环境	
		本国优势领域【主导策略】	本国非优势领域【参与策略】	本国优势领域【对话策略】	本国非优势领域【倡议策略】
技术层面参与目标	议题领域	技术合作：基础技术研发、开源平台、先进制造技术、区块链		技术封锁：高端芯片、核心算法模型、行业关键技术	
	增加领先技术出口	·技术标准与政策协调	·促进企业合作	·加强海外布局	·联合弱势国家主张开放共享
	抢占技术贸易市场	·牵头国际技术标准	·搭建技术合作平台	·主导国际标准制定	·寻找利益共同点
产业层面参与目标	议题领域	新兴产业：智能机器人、自动驾驶、新材料、精准医疗		公共风险：基因工程、生物产业	
	获取产业竞争主导权	·牵头标准和规则制定	·参与搭建合作平台，优劣互补	·牵头搭建对话平台	·自主研发、更新现有规则
	扩大产业市场份额	·合作参与标准和规则制定	·自主创新、弯道超车	·自力更生、迂回合作	·合作创新
外交层面参与目标	议题领域	国家战略：基础设施建设、5G、网络安全、数据安全		军事安全：致命性自主武器、核武器、生物武器	
	展示负责任大国形象	·设置目标与议程	·发出中国声音	·先发制人、表明立场	·积极参与、合作倡议
	回应外交批评/误解	·掌握话语权	·争取话语权	·主导话语体系	·参与现有规则、倡议
	议题领域	可持续发展：新能源汽车、低碳技术、生命科学、可再生能源		国际安全：自主性武器、化学品、生物特征识别、太空武器	

续表

国际环境和参与机制		合作导向的国际环境		对抗导向的国际环境	
		本国优势领域【主导策略】	本国非优势领域【参与策略】	本国优势领域【对话策略】	本国非优势领域【倡议策略】
全球层面参与目标	谋求国际和平与安全	·营造国际舆论	·参与国际规则制定	·主导与制衡	·占据道德制高点
	促进经济与社会发展	·发挥国际合作领导力	·加强合作、参与共同话语体系的形成	·以强促弱、寻求共同目标	·共同发起倡议

（转载自清华大学人工智能国际治理研究院，原文题目为《薛 澜｜新兴科技领域国际规则制定：路径选择与参与策略》）

3.6　李星：从 ChatGPT 的诞生中，我们学到了什么？

对于人工智能领域，ChatGPT 是一个崭新的起点。虽然它给出的内容对错参半，但是它可以帮助我们拓宽思路，给予我们新的灵感。ChatGPT 的成功无疑是巨大的，那么它为什么成功，我们能从中学到点什么，理解出什么，都值得进一步分析。

（1）ChatGPT 的理论基础与"无限猴子定理"

ChatGPT 是一个大语言模型（large language model）。一般来说，语言模型有两种，分别是 next token prediction 和 masked language modeling。next token prediction 指单向推导，即知道最前面的话，一步步推导出后面的话，每次推导时都找最有道理的一个字，从而递归串出一整句话。masked language modeling 则是先确定开头结尾的内容，据此去推测中间的内容。

有一个定理叫"无限猴子定理"，而 ChatGPT 可以说就是一只升级版的、讲逻辑、懂道理的猴子。

"无限猴子定理"认为，让一只猴子在打字机上随机地按键，当按键时间达到无穷时，猴子几乎必然能够打出任何给定的文字，如莎士比亚的全套著作，也曾有人用电脑虚拟的猴子来模拟执行这一定理。2004 年 8 月 4 日，电脑模拟的猴子在经过 4.21625×10^{28} 个猴年之后，打出了以下内容 "VALENTINE. Ceasetoldor：eFLPOFRjWK78aXzVOw– m）–;8t......" 而这胡乱敲打出的前 16 个字母，正属于莎士比亚的剧作《维洛那二绅士》的第一行："VALENTINE：Cease to persuade，my loving Proteus。"

如果说猴子的选择来自纯粹的巧合、运气与概率，那么 ChatGPT 的选择则是基于模型运算，把大概率有用的字词留下，无用的字词撤去，从而得到一句符合人类逻辑的话。

（2）没有试错就没有 ChatGPT

人工智能的发展历程大概可分为 3 个阶段。1950 年图灵最早提出了人工智能的概念，他在论文中直截了当地提问，"机器是否可能具有人类智能？"开创了人工智能领域的先河。

1997 年，IBM 的超级计算机"深蓝"（Deep Blue）以 2 胜 1 负 3 平的成绩战胜了当时世界排名第一的国际象棋大师加里·卡斯帕罗夫，一时间轰动全球。但是，"深蓝"还算不上足够智能，因为它的算法核心是暴力搜索，换言之，它每走一步，都是在穷举后续所有可能的情况下再做出决策。再后来，机器学习算法如雨后春笋般涌现，包括线性回归法、逻辑回归法、决策树法、随机森林法、最近邻居法、贝叶斯法、支持向量机法、K– 平均算法、强化学习法等，每一个新算法都是对旧算法的改进与提升（图 3.1）。

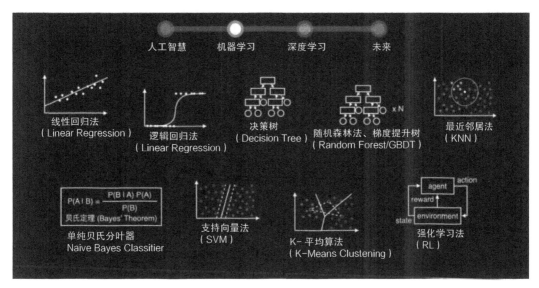

图 3.1　机器学习的常见方法

　　最简单的方法是线性回归法，如果对数据进行线性回归后发现依然有问题，那就在此基础上做逻辑回归；但选项也可能不止 A、B 两种，此时我们就需要构造决策树呈现出多种选择；但决策树是一门走过去，如果决策错了怎么办？于是就出现了随机森林法，用多棵随机生成的决策树来生成最后的输出结果。

　　所以说每一个理论、算法都是研究人员在前人的基础上探索、摸索而来的，是一代代人不断在已有的基础上创新、更新，思考下一步如何做得更好，而非一开始就设计、锚定了最终结果。

　　机器学习中主要有 3 类学习方式，分别是监督学习、非监督学习和强化学习。监督学习是从外部监督者提供的带标注训练集中进行学习（任务驱动型）。非监督学习则是一个典型的寻找未标注数据中隐含结构的过程（数据驱动型）。强化学习则会告诉模型自身好不好，给予模型更大的探索自由，从而突破监督学习的天花板。

　　三者之间也是渐进式前进的关系，为了应对更多问题，人们总是基于一个已有的方法，想方设法找出一个更一般性的方法进行超越，超越完成后自然进入下一个阶段。

随着数据量的增加，传统的机器学习方法表现得不尽如人意。在监督学习下就出现了一个崭新的分支——深度学习。深度学习的基础是神经网络，即通过模拟人的神经元系统做出判断。神经网络有输入层、输出层和隐藏层，输入通过非线性函数的加权后得到了最终的输出，而我们要做的就是根据误差准则调整权重参数，不需要也不可能完全知道这些参数选择的具体原因（图 3.2）。

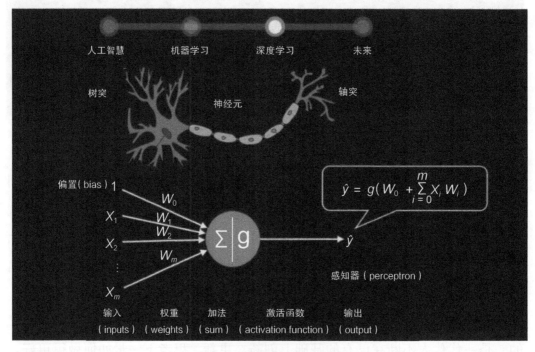

$$\hat{y} = g\left(W_0 + \sum_{i=0}^{m} X_i W_i\right)$$

图 3.2 神经网络模型示意

什么叫深度学习？神经网络的层数直接决定了它对现实的刻画能力，但是原来隐含层只有一层，对稍微复杂一些的函数都无能为力。为此，就可以多加一些隐含层，深度学习由此诞生。早期的深度学习有两个常用的方法，即卷积神经网络（CNN）与循环神经网络（RNN），前者专门解决图像问题，最大利用图像的局部信息，将局部特征拼接起来，从而得到整幅图的特征，类似于通过拼图来还原图像；后者则专门解决时间序列问题，用来提取时间序列信息，其最重要的特征是具有时间"记忆"的能力，就像人只有记住前面的对话内容，才能决定之后该说什么一样。

此外，生成模型也是深度学习领域内较为重要的一类模型。生成对抗网络（GAN）是一种让两个神经网络相互博弈从而完成学习的生成模型，其由一个生成器和一个判别器组成。例如，生成器生成了一只虚拟狗，判别器需要将其与真实世界中的狗做对比，并判断虚拟狗是否"过关"，生成器和判别器相互对抗、不断学习，最终目的是使虚拟狗无限接近于真实的狗，让它通过判别器的检验。

自此，三大模型流派形成——CNN、RNN 和 GAN，语言模型属于 RNN 模型之流。但 RNN 模型依旧有其缺陷，对于相隔越久的信息，它的记忆力就越差，那么对于过去很久但有用的信息，它就很容易遗漏。为了提高 RNN 的记忆力，人们又开发了 Self-attention 自注意力模型，运用抓大放小的思想，不管重要的东西在哪，都更注重对它的加权，强化对它的注意力，让模型牢牢将其印入"脑海"。

在上述各类模型的基础上，ChatGPT 的核心结构——Transformer 模型横空出世，中文翻译也很恰切，译为变形金刚。

那什么是变形金刚？简单来说，它就像是一个黑盒子，在做文本翻译任务时，我们输入一个中文，经过这个黑盒子，就得到了翻译后的英文。

如果我们探秘黑盒子中的内容，就可以看到黑盒子由若干个编码器（encoder）和解码器（decoder）组成，同时盒子里还具备并行（multi-headed）和自注意力（self-attention）机制，自注意力机制负责挑选出重要的、有用的信息，并行机制则负责对这些信息进行并发处理，有了这两大特性，变形金刚也就可以与成千上万人同时对话，奠定了商业化的基础与可能。

回溯人工智能的历史，可以发现模型的成功归根结底来源于试错。一开始是简单的人工神经网络，后来是卷积神经网络、递归神经网络，每一步都使我们对模型的理解越发深入。而在用其解决问题的过程中，一旦发现现有方法的不足，研究人员就会想方设法在原有基础上改进，从而开发出新的模型。

虽然我们看到了成功的 CNN 模型、RNN 模型，但在我们的视野之外，可能还会有别的模型沉寂于历史长河中。但是，看不到不意味着不重要。如果没有那些失败的尝试帮助我们排除了错误的技术路线，就不会有 CNN 模型、RNN 模型的成功，变形金刚的成功和 ChatGPT 的出现更无从谈起。

所以创新、创造都是在不断试错、迭代中出现的，不可能预先设计好路线，一蹴而就。因此，若想有创新，就必须有配套机制，允许科研人员大量试错，尽快改进。只要有成熟的机制，能快速迭代、改进，科研人员就不怕犯错，不怕冒险，不怕没有成果，也就不怕再接再厉、不停尝试。因此，要鼓励大胆思考、大胆试验，即便失败了也要表扬、肯定。否则就会形成"丧事当喜事办的坏习惯"，创新也就没戏唱。

（3）创新与机制密不可分，失败也是创新成功的基础

ChatGPT 是初创公司的产物，不是大公司，更不是国企，这其中有一定的必然性。大公司激励机制的依据是职工的 KPI，但小公司是创业公司，一旦做出了大的成果，公司就可以上市或收到巨大的市场效益，这种激励举足轻重。如果激励机制不合适，如所有人都是低工资，那么人们的积极性就会降低；所有人都是高工资，也无法激发进取心与积极性。只有科研人员的投入、兴趣与其回报成正比才能激励人们全力以赴。

德国、日本的工业很发达，但是德国、日本的创新程度依旧不及美国，这是因为它们的激励机制不同。美国的产业是高度市场化的，资金筹集来自风险投资，而德国、日本依旧依靠大银行资助。

真正的颠覆性的创新，一定来自市场驱动的机制。风险投资一百个公司，可能九十几个都失败了，成功的只有一两个，但只要有一个成功了，回报就是成百上千倍的。虽然德国、日本也可以做一些辅助性的创新，但是它们的创造很难具有完全的革命性，因为在它们的激励机制下，投资方对成果、回报有要求，创造者就要为错误负责，那么人们就会害怕犯错，小心翼翼不敢轻举妄动，只敢在"安全区"内做一些小成果。而这也再次证明，创新是一种可能，带有必然的风险，如果要求资金投入就一定要有相应成果，那么一定会扼杀创新的空间。

此外，很多人没有意识到的是，当我们发现一个东西错了，错误本身就是

一个非常大的成果，虽然投入的成本泡汤了，但是这条路不用走了，错误选择被排除了，那么我们离最终的成功一定是更近了。

我曾有机会去了美国国家科学基金会（NSF），那里的人给我看了他们之前资助过的项目，其中一些项目好像还有些道理，但是有的看上去就天马行空，似乎是胡说八道。他们却表示，美国 NSF 资助的项目只会成功不会失败，这是为什么呢？

NSF 的人给出了两条解释：第一，真正的创新项目可能看上去就是胡说八道，如果都是自圆其说、在我们理解范围内的东西，那就说明还不够新，所以我们必须要容忍看上去胡说八道或不靠谱的项目，说不定它们就是大成果的孵化器；第二，此类项目一般是由教授和他们指导的研究生去承担。实际上，一个研究生完成了一个失败项目，他本人的收获和对于社会进步的贡献一定比做一个成功的项目更大。而且在美国，即使项目没有正向成果，对失败原因进行有效总结后也可以拿到学位。

这两条解释可以说意味深长、引人深思，尤其是第二条。第二条正是在说明，我们必须要允许人失败、犯错，因为犯错之后，就会收获相应的教训、经验，将来就不会再犯相同的错误，后来者也不会再犯同样的错误，因此犯错也是一种贡献，甚至可能比成功的贡献更大。创新正是在千千万万次尝试与犯错后修正路线、逼近成功，这是个人成长和创新出现的必然且科学的过程，这也是为什么我们必须要有允许犯错的体制机制。

（4）ChatGPT 后，教育何为？

ChatGPT 可以把海量的信息和数据汇集起来，非常全面，在这一层面上，人类难以望其项背。既然 ChatGPT 能回答各式各样稀奇古怪、刁钻、偏僻的问题，那我们就要思考人的价值是什么？如果我们的教育最终让人回答出了与 ChatGPT 同样的答案，那么教育还有何意义？如果要我回答，教育的价值就应当是培养孩子想出不同于 ChatGPT 的答案的能力，未来教育的目标也应当如此。

因此，未来的教育，应当注意培养批判性思维、逻辑能力，并且允许年轻人畅所欲言、自由思想，再给予他们充分的试错空间。

首先，要培养孩子们的批判性思维。有些国家对孩子的教育是，谁说的话都可以被挑战、质疑。而且孩子必须讲不同于老师的话，而不是对老师的观点全盘接受、信以为真。在这种教育理念下，孩子们更倾向于拥有自己的判断，相信自己的判断，勇于质疑。

其次，要培养孩子们的逻辑能力，ChatGPT 的回答基本符合人类逻辑，一言一语都有因果关联，都是由前推后、由此及彼，所以它的回答有意义，也能解决我们提出的问题。而我们培养孩子的思考能力、逻辑能力，就是培养他们真正解决现实问题的能力。

最后，要有探索的空间，否则无法创新。为什么 ChatGPT 由初创公司而非大公司创造而成？除激励机制外，还因为社会对它们的容忍度更高，所以初创公司的自由度更高，即便发表了错误、出格的内容大家也并不在意。但对于微软、谷歌等大公司来说，"小心驶得万年船"才是值得恪守的原则，万一出现错误，就难免对名誉造成巨大影响，公司效益也会因而受损。因此，做 AI、前沿科技的一定是小公司，小公司的自由度更高，不怕犯错，探索空间就更大，而这也证明只有言论自由、思想自由后，探索才能自由，探索自由后，创新才能生根发芽。

（5）未来教育的目标

未来教育的目标是，年轻人会提出正确的问题，并且判断答案是否合理，中间的过程就是人和机器的交互，让机器、人工智能帮助我们去完成很多工作。但这并不代表人与人之间无须再有交流，相反，人和人的交互依然需要，而且更加重要。

知名组织理论家罗素·艾可夫曾提出由数据、信息、知识、智慧组成的知识金字塔（图 3.3）。在知识金字塔中，每一层都比下一层多拥有一些特质。数据来源于我们的原始观察与度量，信息来源于我们对数据的筛选、整理与分析，知识则来源于我们对信息的加工、提取与评价，而智慧作为我们独有的能力，意味着我们可以收集、加工、应用、传播知识，以及预测事物的发展与未来走向。

ChatGPT 之后，甚至在其出现之前，计算机对于数据处理、信息处理及知识处理都已经非常在行。虽然机器和人工智能并不"懂"知识，但是它可以存储、调用知识，可以在特定的情境里与人交互，给出的答案也合乎情理。因此，未来的教育应当是教人拥有智慧，而不仅仅是拥有知识、信息与技能。智慧是设计体系结构的能力，而技能仅仅是依照设计搬砖添瓦的能力，智慧与思维是创新真正的来源，而知识与技能则相当次要。

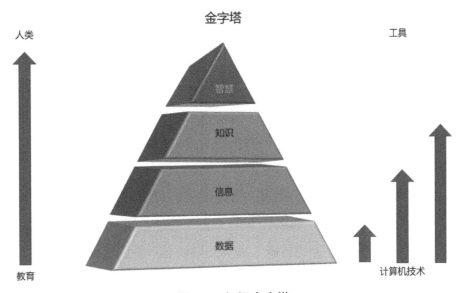

图 3.3　知识金字塔

有些大学为防止学生作弊而禁止其使用 ChatGPT，我觉得此举值得商榷。ChatGPT 是个工具，是种技术，而技术是道德中立的，关键在于老师应改变传统的考核方式以适应它的出现。斯坦福大学曾统计，50% 的学生做学期论文时都用到了 ChatGPT。因此在这种趋势下，老师必须学会如何考核。

一个可用的考核方式是：学生用 ChatGPT 完成一道题后，必须能给别人讲清楚答案中哪些是对的，又有哪些是错的。可能学生又会把这个问题抛回给 ChatGPT，再采用它的答案，但关键是，如果你问得太深入，ChatGPT 自己就会"崩溃"，答案也会漏洞百出。在这种情况下，学生就必须要动脑子，要靠自己找到最初答案的漏洞。而老师正可以对这一点做考察，看学生能否找到 ChatGPT 的漏洞，能找到，就说明学生已将知识掌握透彻。

我们这一代人是"数字移民"，新一代的孩子是"数字原住民"，所以我们一定要为他们创造自由的空间，而不是让他们因循守旧、依照传统行事。

（6）科研的层次与大学的包容

科研必须区分层次。大型项目是国家发展、社会前进的根本，如美国 NASA 牵头的各类航天、物理项目，中国举国体制支持的各种重大项目，这些目的明确、规模投入巨大的项目是不可或缺的。

但与此同时，小型的、看上去"没用"的项目也必须存在。因为科研是一种探索未知的活动，未来哪个项目能开花结果，哪个能"冒泡"，我们当下都是雾里看花，看不真切。所以我们必须要包容一些人，去做一些可能毫无用处的东西，或者是有点出格、方向冷僻的东西，我们必须要让这些人生存，让一些可能存在。

如果大学的考核制度过于严苛，青年教师们只能为了保住自己的工作去做"短平快"、功利性的研究，那么优秀的人会无法静心思考真正的问题，只能为科研而科研，只做实用性强的科研，这对于科研是一种实质性的损害。

所以我也有个理论：大学，要培养精神境界高的、有教养的人，还要包容一些特立独行的看似是在胡思乱想的"无用的人"的存在。有些研究当下看似没有一点用处，但可能百年之后就有了大用，这都是我们预料之外的事。

有些全球顶尖大学就会保留不同类型的人才，把一些聪明、能干但怪异、另类的人养在大学里。未来，我们也可以尝试包容各式各样的人才，让他们做些有意思的、胡思乱想的、短期内没有结果甚至没用的东西，或许现在的无心插柳，在未来就变成了夏日炎炎里茂密浓郁的柳荫。

（转载自中国教育网络，原文题目为《李星：从 ChatGPT 的诞生中，我们学到了什么？》）

3.7　陆志鹏：推动文化数据要素化，创新文化传承新路径

2023 年 9 月 20 日，由江苏省文化改革发展领导小组办公室主办的"文化数字化专题报告会暨第 5 期紫金文化产业沙龙"在南京市举办，中国电子党组成员、副总经理，中国电子数据产业有限公司党委书记、董事长陆志鹏出席会议并作主旨报告。

陆志鹏指出，新一轮科技革命为优秀文化的传承和发展提供了强有力的技术支撑，繁荣数字文化成为数字中国建设的重要内容。文化数据要素和人工智能技术的有机融合，将推动文化数字化战略的高效实施和文化产业的高质量发展，是数字化浪潮下优秀传统文化传承创新的有效路径。进入数字时代，文化数字化与数据要素化双轮驱动，一方面，文化数字化为数据要素提供了丰富资源，扩展了数据要素应用场景，推动了数据要素开放共享；另一方面，数据要素化丰富了文化内容供给，推动了文化智能化发展，促进了文化创新。

文化的价值在于传播与传承，人工智能技术与文化软实力充分融合，能够丰富文化生产、传播和消费方式。在新技术背景下推动文化资源有序流通，文化产权开发是关键，而现阶段文化产权开发仍存在着文化主体多元交织、权属关系复杂交错等难题，导致文化传播、收益保障受阻。

陆志鹏认为，文化产权开发的基本思路是在文化内容和文化消费之间构筑文化数据中间态，让产权更清晰、流通更通畅、估价更便捷，这需要制度、技术、市场"三位一体"的工程解决方案。为此，中国电子联合清华大学的 7 所学院、近一百位专家进行了联合攻关，形成了"一元两网，三类市场"总体方案。通过对传统四大生产要素市场化路径的深度剖析，提出构筑数据中间态"数据元件"，实现数据由"资源"到"要素"再进行"流通"的核心理论和关键技术路线。

数据元件同时具备安全属性和价值属性，以数据元件为核心，中国电子构建了数据要素化流通模型和数据要素化安全模型，提出了"三三制"数据确权法、数据价值计量模型、数据市场分级模型、数据要素化安全模型等一系列切实可行的理论体系和技术路径，从根本上解决了数据要素化流通交易难题。

陆志鹏强调，制度体系的规范作用、市场体系的激励作用、技术体系的支

撑作用是数据要素化治理的三大支柱，在安全前提下实现规模化流通，三者缺一不可。目前中国电子已经在德阳、郑州、大理、武汉等城市开展试点工作，完成体系性验证，切实以数据安全与数据要素化工程体系方案，有效解决数据要素化所面临的数据确权、数据计量、数据定价、数据安全"四大难题"。

在文化领域，大模型已经开始用于内容生产，而高质量的文化语料库是构建文化大模型的基础必要条件。我国是文明古国，也是文化资源大国。新中国成立以来，国家已组织开展多次全国性文化资源普查，形成了海量文化资源数据。通过融合文化数据元件和通用数据元件，构建安全、高质量的文化语料库，供给大模型训练和知识库建设，能够提升大模型的有效性和准确性，重构资源端到消费端供需对接新模式。

陆志鹏认为，文化数据资产化的路径创新将经历 3 个阶段：一是文化数据要素归集阶段，主要通过数据资源要素化授权或出售的转让收入，激活更多高价值数据资源市场化流通；二是文化数据元件开发阶段，主要通过数据要素经营收入和数据要素流转税、所得税，持续繁荣数据要素产业生态，催生数字经济新业态和商业模式；三是文化数据产品开发阶段，主要通过数据要素产业生态企业的增值税和所得税收入，推动基于数据要素的多轮收益分配和市场化调节。江苏不仅拥有雄厚的经济实力和发达的工业体系，同时也是文化底蕴深厚、文化产业繁荣的重要省份，文化语料库在江苏落地具有扎实的基础。中国电子愿携手江苏，推动文化数据要素化，创新文化传承新路径。

（转载自中国电子数据产业集团的文章《陆志鹏：推动文化数据要素化，创新文化传承新路径》，整理自作者在"文化数字化专题报告会暨第 5 期紫金文化产业沙龙"上的发言）

3.8　余晓晖：加快促进数实深度融合推动数字经济高质量发展

当前，数字经济规模迅速扩大，全球数字化转型加速，成为影响世界经济格局的重要因素。数字经济未来如何发展，成为社会各界关注的焦点问题之一。

"结合我的专业领域，今年带来了 3 个与数字经济发展相关的提案。"全国政协委员、中国信息通信研究院院长余晓晖向记者表示，"一是加快数字经济和实体经济深度融合，促进工业互联网规模发展；二是构建数据基础制度，更好发挥数据要素作用；三是更好参与全球数字治理，推动形成公正合理的全球数字治理体系。三者是层层递进的关系，有一个逐渐深入的过程。"

大力建设工业互联网，深化工业数字化转型

"促进数字经济与实体经济深度融合，是党的二十大报告中明确提出的战略任务。"余晓晖认为，下一阶段，数实融合关键在工业。"我国工业数字化水平依然较低，我国工业数字化渗透率仅为德国的 1/2、约为美国的 2/3，尤其是我国量大面广的中小微工业企业数字化基础差，面临技术、资金和人才等多重限制。因此，今年加快发展数字经济，重点应在工业数字化转型方面发力。"

"工业互联网是新一代信息通信技术与工业经济深度融合的新型基础设施、应用模式和产业生态，是促进数字经济和实体经济深度融合的关键路径，目前已全面融入 45 个国民经济大类，进入到规模发展的新阶段，将在带动传统工业体系变革、引领技术产业换道超车、打造我国经济新增长点等方面持续释放价值。"余晓晖表示，当前及未来阶段为确保在更大范围、更宽领域、更深层次赋能实体经济高质量发展，需要进一步增强技术、产业和设施支撑能力，加快在经济社会各行业、各领域落地应用方案探索，加强跨部门、跨系统协同推进力度。对此，余晓晖提出了几条建议：一是持续加大工业互联网网络、标识、平台、安全基础设施体系化建设力度。拓展"5G + 工业互联网"支撑能力，扩大标识解析体系节点规模和覆盖范围，发展具有全球竞争力的工业互联网平台，完善国家工业互联网安全监测和保障体系。二是深化工业互联网在制造各行业应用，加快向矿山、能源、医疗、交通、物流等行业及安全生产、应急保障、质量追溯、节能减排等领域的拓展。加快工业互联网与传统基础设施统筹规划、协同建设、融合应用。推进 5G 全连接工厂、工业互联网平台、标识解析等与各工业园区深度结合，推动工业园区和产业集群数字化转型与智能化发展。三是集中力量破解制约规模化发展的技术短板，同时加快平台、标识解析在重点产业链的普及应用，打造网络化智能化供应链体系，赋能产业链供应链韧性和安全水平提升。四是将工业互联网有机融入国家重大工程、重大科技攻关项目中并予以支持，加大财政、税收、金融等政策统筹支持力度。

推动基础制度落地实施，充分释放数据要素价值

加快构建数据基础制度，是中央全面深化改革委员会第二十六次会议明确提出的。2022 年 12 月，中共中央、国务院《关于构建数据基础制度更好发挥数据要素作用的意见》（"数据二十条"）发布，以数据产权、流通交易、收益分配、安全治理为重点，系统搭建了数据基础制度体系的"四梁八柱"，为充分激活数据要素潜能、做强做优做大数字经济、增强经济发展新动能指明了方向。下一步，推动"数据二十条"落地实施，成为各部委、地方、行业、企业等面临的重大任务。

"由于数据本身可复制，能够被多主体占有或控制，数据交易存在阿罗信息悖论及数据泄露风险。因此，推动数据产权落地、增强数据交易流通互信成为落实'数据二十条'面临的首要挑战。"为此，余晓晖建议，一方面，在多层级数据要素市场建设中探索数据产权，在数据分类分级、完善授权机制的基础上，建立三级数据交易市场，活跃产权流转机制。另一方面，在可信数据空间建设中探索数据流通互信，探索利用其体系化的技术安排，确保数据流通协议的确认、履行和维护，解决数据流通主体间的安全和信任问题。

"首要任务是加快数据产权制度的落地实施。"余晓晖表示，我国数据资源丰富，总规模居全球第二位。数据要素价值释放进入初级阶段，数据驱动经济发展的能力逐渐显现，根据中国信息通信研究院测算，我国数据对农业、工业、服务业经济发展的贡献度分别为 0.07%、0.16%、1.07%，数据赋能产业发展仍有较大潜力。构建有效的数据产权制度是进一步挖掘数据要素价值、加速数据要素市场化配置的前提，产权明晰才能实现资源配置最优。

"充分释放数据要素价值，是一项长期、系统的工程，可以考虑从制度、市场、技术三方面协同发力。"余晓晖认为，以数据三权分置的产权制度为突破口，加快推动数据基础制度的完善、细化和落地；以数据确权、定价、交易流通机制的建立完善，推动构建多层级数据要素市场；以打造可信任、可控制的数据空间为方向，探索形成体系化技术保障的可信安全数据流转环境。

积极参与全球规则制定，建设全球数字治理体系

"当前，全球数字治理体系改革和建设正处在关键窗口期。"余晓晖向记者表示，全球数字治理呈现出新特点：一是数字技术发展推动治理议题快速演变；二是多方主体协调成为数字治理重要模式；三是数字治理话语权更加集中。我国拥有较好的数字经济发展基础和数字技术应用优势，初步形成了以《携手构建网络空间命运共同体》等为代表的数字治理基本主张，还需进一步加大参与全球数字治理工作力度。

针对相关问题，余晓晖提出四点建议：一是强化我国参与全球数字治理工作统筹；二是把握关键路径，围绕网络与数据安全加强与各方在数据跨境流动、人工智能等领域贡献中国方案；三是加大力度推动产业界参与全球数字治理工作；四是加强数字治理人才培养和储备。

有效发挥引领作用，推动数实更好融合

"信息通信业是数字经济发展的主力军、先锋队。"作为来自信息通信业的全国政协委员，余晓晖认为，信息通信业作为数字经济核心产业，将在三大方面发挥引领带动作用：

一是以信息基础设施建设打通数字经济发展大动脉。我国已建成全球规模最大、技术最先进的光纤和移动通信网络，逐步构建了"算、存、运"一体化的算力基础设施应用体系，并持续向智能化综合性数字信息基础设施演进升级，不断畅通海量数据流动路径，打造数字经济发展的坚实基础。

二是以数字技术创新提升数字经济竞争力。我国 5G 专利全球占比达 40%，人工智能、云计算、大数据、区块链等新兴技术水平跻身全球第一梯队，数字技术有望与制造、能源、材料、生物等技术交叉融合，带动新兴领域与相关产业短板突破，持续提升我国技术实力。

三是以数字化赋能带动数字经济融合发展。信息通信技术已成为放大生产力的"乘数因子"，信息通信业将持续赋能我国服务业、工业数字化发展，催生一大批极具活力的新模式、新业态、新产业，拓展经济发展新空间。

"促进数字经济和实体经济深度融合是数字经济发展的核心任务，其重点是推进工业数字化转型。"余晓晖强调，下一步，要立足工业主阵地，以新一代信息通信技术与制造业深度融合为发展主线，以工业互联网为新方法论和新途径，以智能制造为主攻方向，推动数字经济和实体经济全面深度融合。"重点推进方向可以有以下几方面考虑：一是利用数字技术推动制造业高端化、智能化、绿色化发展，促进数字化、绿色化高效协同，提升产业发展质量效益水平；二是梯次推动大中小企业数字化转型，促进大中小企业融通发展；三是以数字化接补链、锻链、延链，提升产业链供应链韧性和竞争力；四是利用数字化带动工业控制、工业软件等传统薄弱领域突破，牵引产业平台化、生态化、共享化发展。"

（转载自中国信通院 CAICT，原文题目为《全国政协委员、中国信通院院长余晓晖：加快促进数实深度融合 推动数字经济高质量发展》）

3.9　田杰棠：抓关键环节提升创新体系整体效能

实施科教兴国战略，必须完善科技创新体系。党的二十大报告强调，完善党中央对科技工作统一领导的体制，健全新型举国体制，强化国家战略科技力量，优化配置创新资源，优化国家科研机构、高水平研究型大学、科技领军企业定位和布局，形成国家实验室体系，统筹推进国际科技创新中心、区域科技创新中心建设，加强科技基础能力建设，强化科技战略咨询，提升国家创新体系整体效能。抓住这些关键环节，对于加快实现科技自立自强，具有重要意义。

新时代以来，我国科技创新能力持续提升，但与世界科技前沿仍有较大距离，高技术制造业研发强度低于领先国家，知识密集型服务业依然落后。从外部看，美国对我国科技遏制力度不断升级、手段更加多样。在这种背景下，仅靠创新主体的单打独斗已经不能适应新形势发展需要，必须在党中央的统一领导和指引下，尊重科技创新的内在客观规律，凝聚政府、市场和国际合作的合力，着力提升国家创新体系整体效能。

（1）高效组织科技资源持续固本强基

科技创新是一个全链条循环过程，从自由探索导向的基础研究到应用基础研究，再到技术开发、工程实验，然后走向市场实现产品化、规模化，最后获得的收益再以投资等方式反哺研发投入。从世界各国创新发展的普遍经验来看，处于科技前沿国家的创新过程更多是从科学发现开始，正向走完上述过程。而处于后发追赶阶段的发展中国家的创新次序则更多是逆向的，往往先从引进高科技设备开始，逐步改进工艺、吸纳先进技术并进行二次开发，然后自主研发应用技术，最终会加强基础研究，这意味着走向更加注重基础研究和原始创新是一种历史必然。而且，当前我们面临的国际形势比历史上其他实现了技术追赶的国家更为严峻，我们必须加速推进重大关键技术攻关和强化基础研究，才能在错综复杂、风急浪高的大国科技博弈中站稳脚跟。

推进科技管理体制改革，不断完善党中央对科技工作统一领导的体制。建立科技、教育、产业、人才等各类创新资源的统筹协调机制，系统推进、深入实施科教兴国战略、人才强国战略、创新驱动发展战略，避免各自为战，形成科技创新再上新台阶的强大推动力。科技管理职能应更聚焦于确立战略、推进改革、制定规划、优化组织和提供服务。

强化国家战略科技力量，协同推进资源投入和体制机制改革。一是以国家实验室建设为契机，深化科研院所改革。围绕重大关键技术攻关，集中优质科研设施和优秀研究骨干重组高水平、多学科合作的国家科研机构，与国家实验室体系形成优势互补。主要从事行业研究、地方科技研究或科技成果转化的科研院所，可根据各自特点采取多种灵活管理及组织方式。二是围绕强化基础研究，全面提升大学治理能力。高水平研究型大学是基础研究的主力军，基础研究从其规律来讲要保障科学家的自由探索环境，同时与时俱进推动有组织的大科学研究。在党的统一领导下有序推进现代大学制度建设，发挥科学共同体在决策咨询和学术监督中的关键作用。三是在少数重大关键核心技术领域发挥新型举国体制的独特作用。综合考虑技术突破和市场化，组织高水平高校院所和科技领军企业共同参与，通过多种政策工具给予全方位、全链条支持。

（2）充分调动市场机制激发创新活力

把我国建设成为世界科技强国，一方面，需要发挥社会主义国家集中力量办大事的制度优势，在关键领域集中投入、重点攻关，在一批重大科技领域取得有效突破；另一方面，也需要注重培育创新生态系统，形成对科技发展的长期支撑，持续激发经营主体的创新活力，培育科技型创业企业、专精特新中小企业和具备较强研发能力的科技龙头企业，形成能够不断涌现出未来技术和颠覆性创新的动态机制。

持续优化政策环境，推动创新创业高质量发展。支持和引导各类创新创业服务和孵化平台，提供更加优质的服务，降低创新创业成本、提高创新创业效率。鼓励建设面向小微企业的研发平台、试验检测平台和其他形式的公共服务平台，创新服务机制，不断提高平台服务于创新创业的水平。充分释放政府采购支持小微企业创新产品和服务的潜力，提高采购资金用于小微企业的比例，扩大政策受益面。积极支持创业投资发展，畅通并购、境内外上市等退出渠道，为科技创新企业提供有效、可持续的融资支撑。

坚持发展和规范并重，优化新经济发展环境。既要坚持包容创新，避免简单用老办法管理新业态，为新经济发展留足空间，又要注意发现苗头性问题并及时纠偏，强化企业依法依规经营。常态化监管要体现公开透明、科学论证、依法行权、鼓励探索等原则。实施监管政策要有法律法规依据，具体程序应清晰明确、向经营主体公开。

不断完善技术标准、知识产权等激励创新的基础制度体系。扩大技术标准体系覆盖范围，构建从研发、推广到产品检验检测、监督执法的全链条标准化体系。完善认证认可制度，明确企业和认证机构责任，推进认证机构改革、培育认证市场。确保强制性标准实施效果，强化多部门联合执法机制，统一执法标准、加大执法力度。加强知识产权保护，大幅提高侵权成本，健全侵权惩罚性赔偿制度，切实保护创新者的合法权益。加强对商业秘密、保密商务信息及其源代码等的有效保护，健全数字经济等新业态新领域保护制度。落实科研人员职务发明成果权益分享机制，不断提高全社会创新的积极性。

（3）持续提升开放水平助推国际合作

从全球科技和产业发展规律来看，一个国家技术水平最高、国际竞争力最强的产业，往往都具备紧密嵌入全球创新链和产业链的特征；顶尖科技企业的高额研发投入，也必须依靠全球大市场的回报作为可持续的支撑。我们推动科技自立自强并不是闭门造车，而是要更加善于在开放的大环境中与世界各国加强交流合作，既吸收人类共有的先进技术成果，又为世界科技发展贡献更多的中国力量。

第一，建立有利于吸引全球顶尖科技人才的制度环境，打造世界重要人才中心和创新高地。根据高校、科研院所及企业的实际需求，为符合条件的科技人才提供签证和出入境便利，建立高质量、数字化的海外高端科技人才服务体系。

第二，设立面向全球的科学研究基金，鼓励在我国境内设立国际科技组织。建设基础研究国际合作平台网络，加强同发达国家的合作，为跨境科研资金流动给予便利，共同开展前沿科学研究。探索建立国际科技组织登记注册绿色通道，支持高水平国际科技组织来华建立总部，更好促进科学交流和开放合作，支持外籍科学家在我国科技学术组织任职。

第三，在保障安全的前提下逐步推动数据跨境便利流动。推动跨境互联网数据流动监管模式改革创新，按照网络安全等级要求探索跨境数据分级、分类监管。在高新区、科技园区、自贸区、自贸港等特定区域和高校、科研机构、创新型企业等特定主体范围内，率先优化监管环境，同时逐步完善数据安全保障技术体系。抓住我国申请加入《数字经济伙伴关系协定》等高标准国际数字规则的契机，加强与主要国家的规则谈判和对接。

（转载自中经理论，原文题目为《田杰棠：抓关键环节提升创新体系整体效能》）

3.10　王继业：能源电力行业数字技术应用及其发展趋势探讨

国家电网副总信息师王继业近日在 2023 北京部委央企及大型企业 CIO 年会（春季）上发表"能源电力行业数字技术应用及其发展趋势探讨"主题分享时提到："在过去的 3 个月里，国家密集出台了一系列与数据相关的政策，这标志着在数据基础制度建设、数据资源整合共享和开发利用、数字中国、数字经济等领域得到进一步强化。"

王继业从多个角度对"数据二十条"、《数字中国建设整体布局规划》及"国家数据局"的成立进行了全面解读。同时，他对2023年能源电力数字技术趋势进行了整体研判，基于基础设施层、应用层、技术层和安全层四大层面，分析了适合能源电力企业逐步发展和完善的16项技术趋势。

他表示：数字技术正在深嵌到电力系统的生产、运营和经营决策中，实现与电力系统、经济社会系统更广泛的互动，重塑电力系统的创新发展边界。

（1）能源电力行业发展面临"绿色化、数字化"新形势

王继业提到：能源电力行业面临两大发展趋势：一是绿色化；二是数字化。

党的二十大报告提出"要积极稳妥推进碳达峰碳中和，加快规划建设新型能源体系。"要在2030年前实现二氧化碳排放达到峰值、2060年前实现碳中和，作为占据80%碳排放的能源行业，直接成为主战场。

电力行业是能源行业的主力军，我国电力碳排放在国家总排放中占比近50%，推动电力行业绿色转型是实现碳达峰碳中和目标的重中之重。

与此同时，数字化浪潮正迎面而来，2022年我国数字经济规模为2017年的186%，预计到2025年，全球经济总值的一半将与数字经济有关。这些数字充分反映了数字经济在未来全球经济发展中的重要性。

构建清洁低碳、安全高效的新型能源体系，是实现"双碳"目标的重要途径，而数字技术正是构建新型能源体系的关键驱动力。

对能源行业而言，正处于数字化、绿色化"两化融合""两化并进"的快速发展阶段。

国家密集出台数据相关政策，数字产业发展呈现新形势。

从2022年12月19日发布"数据二十条"，到2023年2月27日发布《数字中国建设整体布局规划》，再到2023年3月7日宣布组建"国家数据局"，王继业认为："近几个月国家在数字技术、数字化领域给出了很多政策红利，正面迎击数字化浪潮，并且做出了一系列国家层面的布局。"

1）数据二十条

他认为，"数据二十条"对数据要素价值释放具有里程碑意义，并对其进行了多层次解读。

第一，把握一条主线：促进数据合规高效流通使用，赋能实体经济。

第二，找准两个平衡点：找准数据流动和安全发展之间的平衡点，既要对数据权利进行保护，确保数据安全，又要在更大程度上促进数据的流通和使用。

第三，明确区分 3 种权利：建立数据资源持有权、数据加工使用权、数据产品经营权"三权分置"的数据产权运行机制，这是"数据二十条"中最大的突破。

"数据作为一种基础要素，易复制性是其显著特点，大家不太容易分清数据究竟归谁，该数据所有者是谁。数据在产生、传输和加工处理的过程中，往往找不到数据的原始主人，这是之前大家一直纠结的问题。"王继业说，"现在二十条明确，不必再纠结数据归谁所有（所有权），而是强调数据的持有权，数据合理合法的在谁的手上，就作为机构对数据进行持有，换句话说就是拥有权。基本解决了数据的确权问题，为数据后续的流通和交易奠定了基础。"

王继业以淘宝、京东等互联网平台型企业举例，老百姓在电商平台上消费的交易数据在平台上生成，企业拥有这些数据，属于数据的持有者，可以在此基础上进行一系列的加工和使用，甚至形成产品进行经营，均合理合法。电网企业在"数据二十条"明确以后，可以合理合法地对智能电表每日产生的数据进行加工处理，甚至生成产品进行经营。

第四，提出建立 4 个制度：分别是数据产权制度、流通交易制度、收益分配制度和安全治理制度。国家数据局成立后，这 4 项制度的建设将进一步加快。

2）数字中国

"数字中国"的理论与实践源于新一代信息技术革命的大背景，但最直接的动因是习近平同志在福建工作期间的"数字福建"实践探索及他在 2015 年底有关"数字中国"的重要讲话。"数字中国"的发展经历了萌芽起步、地方探索、国家战略 3 个阶段，现已成为中国国家信息化体系建设的标志。

随着《数字中国建设整体布局规划》的发布，"数字中国"建设正式成为国家战略，并首次明确按照"2522"的整体框架进行布局。

第一个"2"是夯实数字基础设施和数据资源体系"两大基础"。数字基础设施是硬件，数据资源的基础底座是软件，这是数字中国的两大基础。

"5"指推进数字技术与经济、政治、文化、社会、生态文明建设"五位一体"深度融合。其中，数字经济是核心，产业数字化、数字产业化、数字化治理皆属于数字经济范畴。数字政务被进一步明确成为数字中国建设的一部分，此外，数字文化、数字社会及数字生态也被纳入数字中国的建设范围。

第二个"2"是强化数字技术创新体系和数字安全屏障"两大能力"。数字化能力得以创新一系列适用于各行业的数字技术、数字产品和数字化解决方案，同时数字安全是保证数字中国建设可信可控的重要屏障。

最后一个"2"是优化数字化发展国内国际"两个环境"。一是建设公平规范的数字治理生态，包括法律法规、制度、标准、治理等。二是拓展数字领域国际合作空间，搭建数字领域开放合作新平台，积极参与数据跨境流动等相关国际规则构建。

"数字中国规划"特别提到了"将数字中国建设工作情况作为对有关党政领导干部考核评价的参考"，进一步凸显了中央建设数字中国的决心及其紧迫性。

3）国家数据局

组建国家数据局，超出了多数人的预期。实际上，2022 年全国两会上已经有代表提出相应建议。

据统计，截至 2019 年 6 月，我国共有 18 个省（自治区、直辖市）设有省级大数据管理机构，占全部省级行政区的 58%。全国 333 个地级行政单位中共有 208 个地区设有大数据管理局、大数据发展局、大数据中心等名称各异的大数据管理机构，占比 62.5%。大数据管理机构虽多，但在其运行中仍存在机构性质不明确、职能定位不清晰、职能配置不科学等挑战，尚未发挥显著作用。

国家数据局主要负责协调推进数据基础制度建设，统筹数据资源整合共享和开发利用，统筹推进数字中国、数字经济、数字社会规划和建设等，有利于从顶层设计的层面推动数据要素的安全有序流动，它的成立使国家自上而下统一数据组织，改变了现有的运行方式、运行结构和建设思维，将进一步推动国家在数据管理、数据治理、数据流通、数据交易全环节加速发展。

王继业归纳总结了组建国家数据局后的十二大变化：

① 数据基础制度体系加速构建；

② 推动国家数据管理体系一体化；

③ 国家数据治理体系一体化加速；

④ 国家公共数据资源体系建设加速；

⑤ 国家数据统一大市场建设加速；

⑥ 要素数字化加速；

⑦ 数据流通加速；

⑧ 数字中国建设加速；

⑨ 数字社会建设加速；

⑩ 智慧城市建设加速；

⑪ 国家数字基础设施一体化建设加速；

⑫ 数据资源化、资产化、资本化进一步形成。

对企业未来的数字化发展而言，以上三大事件将发挥重要的引领和指导作用。

（2）数字技术为能源电力发展带来更多可能

在王继业看来，传统能源行业的发展模式，难以兼顾安全、经济、绿色的协同发展，这是能源行业发展公认的不可能三角。而今，通过数字技术的融合应用，来驱动能源的企业转型、能源转型和数字化转型，实现源网荷储协同互动，为破解能源电力发展不可能三角难题，找到了新的平衡点，创造了更多可能。

人工智能是对人们工作和生活影响最大的技术。王继业表示："Gartner 每年都会发布战略性技术趋势。2022 年排名第一的是生成式人工智能，2023 年 ChatGPT 的大火，也切实印证了这一点。实际上，从图 3.4 中可以看出自 2017 年开始，人工智能就占据了重要的位置。"

其次影响较大的是信息安全，包括数字免疫、隐私增强计算、人工智能信任、数字道德和隐私等等。

云计算的发展也有所变化，分布式云、分布式企业、云原生平台、行业云平台等，仍然是数字技术发展的关键内容（图 3.4）。

年份排名	2013	2014	2015	2016	2017	2018	2019	2020	2021	2022	2023
1	移动设备和应用	移动设备的多样性管理	无处不在的计算	情境网络	AI和高级机器学习	AI基础	自主设备	超自动化	行为互联网	生成式AI	数字免疫系统
2	私人云端	移动APP和应用程序	物联网	高级用户体验	智能应用	智能应用与分析技术	增强分析	多重体验	全面体验	数据管理架构	应用可观测性
3	物联网	万物互联	3D打印	3D打印新材料	智能对象	智能物件	AI驱动的开发	专业知识的民主化	隐私增强计算	分布式企业	AI信任、风险和安全管理
4	战略性大数据	混合云和混合IT作为服务代理	无处不在却又隐于无形的先进分布计算	万物信息	虚拟现实和增强现实	数字孪生	数字孪生	人体机能增强	分布式云	云原生平台	行业云平台
5	混合IT	云端/客户端架构	充分掌握情境的系统	高级机器学习	数字孪生	云向边缘计算演进	自主性的边缘	透明度与可追溯性	隐私运算	自愈系统	平台工程
6	云计算	个人云时代	智能机器	自主代理与物件	区块链与分布式记账	对话式平台	沉浸式体验	边缘赋能	网络安全网格	决策智能	无线价值实现
7	行动化分析	软件定义一切	云/用户端计算	自适应安全系统	对话系统	沉浸式体验	区块链	分布式云	组装式智能企业	组装式应用程序	超级应用
8	内存计算	网络规模IT	软件定义应用程序和基础架构	高级系统体系架构	网络应用和服务体系架构	区块链	智能空间	自动化物件	人工智能工程化	超级自动化	自适应AI
9	集成生态系统	智能机器	网络规模IT	网络应用和服务架构	数字技术平台	事件驱动	数字道德和隐私	实用型区块链	超级自动化	隐私增强计算	元宇宙
10	企业应用商店	3D打印技术	3D打印技术	物联网架构与平台	自适应安全架构	持续自适应风险信任	量子计算	人工智能安全	随域接入	网络安全网格	可持续性技术

图例： 大数据　云计算　物联网　移动应用　人工智能　区块链　元宇宙　网络　信息安全　应用技术　平台与计算　其他

图 3.4　Gartner 发布的年度战略性技术趋势

ChatGPT 确实带来了一场颠覆性的技术革命。其实质是大模型、大数据和大算力。从 GPT 到 GPT-3，参数量达到了 1750 亿，增长了近 1500 倍，GPT-4 的参数量未公布，但从 ChatGPT 模型问世到形成千亿级参数规模，只用了 5 年左右的时间。

ChatGPT 是在高性能算力加持下，通过优质数据的不断迭代演变而来的产物，应用场景丰富，将带来大模型时代变革、大数据要素重要性提升、大算力与网络设施建设成为刚需等变化。

王继业认为，政府和央国企应积极探索大模型在具体工作中的应用，未来我们需要兼容的训练模型，采用通用的模式进行训练，以此为基础结合企业内部的语料和数据不断训练，才能真正为"我"所用。

（3）能源技术和数字技术深度融合

构建新型电力系统，对国家能源电力转型发展、实现"双碳"目标具有重要意义，也是能源电力行业下一步发展的重要内容。而构建新型电力系统的过程，就是能源技术和数字技术深度融合应用的过程，在双向融合的过程中形成价值形态的重塑、功能形态的重塑和生产管理方式的重塑。

（4）2023 年能源电力数字技术趋势研判

王继业基于四大层面对 2023 年能源电力数字技术趋势进行了整体研判，分析了适合能源电力企业逐步发展和完善的 16 项技术趋势。

①基础设施层：

云为基础；

一体化平台逐步成为标配；

IOT 为使能者；

超级计算是核心生产力。

②应用层：

企业级信息系统建设逐渐形成；

移动应用普遍普及；

应用构建技术发生变化；

基于 CPS 理念的新型融合应用场景不断涌现。

③技术层：

人工智能成为必选项；

大数据分析为常态；

区块链进入调整期；

元宇宙找到突破口。

④安全层：

网络空间安全得到真正重视；

数据安全治理提上日程；

信息系统创新持续推进；

IT 技术进一步驱动实现柔性和韧性、连通性、互操作性、安全性。

（转载自 CIO 信息主管 D1Net，原文题目为《国家电网副总信息师王继业：能源电力行业数字技术应用及其发展趋势探讨》）

3.11 李晓东：数据互操作技术助力数字经济发展新阶段

数字经济是经济未来转型发展的必然趋势，不断做强做优做大数字经济已经成为我国经济发展的重要目标。数据作为发展数字经济的关键生产要素，其价值有效释放对于打造数字经济新优势至关重要。随着互联网发展从网间互联、网站互联逐渐走向数据互联阶段，数据与应用解耦将成为一种大趋势，这将进一步促进数据要素流动和价值释放，但同时也亟待从底层基础技术层面构建创新数字基础设施。数据互操作技术创新正在成为支撑未来数据要素价值释放和数字经济发展的关键。

（1）国家颁布多项政策促进数字经济发展

数字经济是农业经济和工业经济之后的新经济形态。农业经济时代，社会生产基本上以家庭为基本单元，以土地和劳动力作为关键生产要素，主要发展种植业、畜牧业等第一产业；工业经济时代，出现了企业法人这种中心化组织形式参与社会生产，资本和技术与劳动力相结合，实现了大规模工业生产，但是减量制造的生产模式产生了大量的污染和浪费；而数字经济时代，数据与其他各类生产要素结合，将产生以数字平台连接为基础的非中心化自组织形态，实现基于大数据的按需供给和基于 3D 打印的增量制造，推动实现碳达峰和碳中和。

国家高度重视数字经济发展，积极促进数据要素价值释放，先后出台了一系列法律法规和政策措施。2020 年 4 月，中共中央、国务院发布《关于构建更加完善的要素市场化配置体制机制的意见》，将数据作为与土地、劳动力、资本、技术等传统要素并列的第五大生产要素，并在后续出台的《"十四五"数字经济发展规划》（2022 年 1 月）、《关于加快建设全国统一大市场的意见》（2022 年 4 月）等文件中就数据要素价值释放提出了更加细致的原则和要求。同时，在此过程中还出台了《数据安全法》《个人信息保护法》两部重要法律，为数据要素价值释放保驾护航。

2022 年 12 月 2 日，中共中央、国务院《关于构建数据基础制度更好发挥数据要素作用的意见》出台，从数据产权、流通交易、收益分配、安全治理 4 个方面构建数据基础制度，提出二十条政策举措，特别是在数据产权制度方面提出了建立数据资源持有权、数据加工使用权、数据产品经营权等分置的产权运行机制，并明确提出"促进数据整合互通和互操作"。数据要素价值释放要从以数据"为我所有"转向"为我所用"，使用权、经营权等围绕"用"的权益增加。

（2）数字经济发展面临数据与应用解耦的必然趋势

信息化进程可划分为数字化、网络化、智能化 3 个阶段，数据与应用之间关系的演变是信息化发展的主要特征之一。在数字化阶段，由于互联网技术还没有出现和普及，数据和应用只能在用户本地，用户对数据具有完全的控制权。互联网的诞生标志着信息化进程进入网络化阶段。互联网服务的发展催生了数据和应用均在网络云端的新模式，用户数据由服务提供者掌握，用户失去了对数据的绝对控制权，数据隐私和权属等问题逐渐显现。对数据价值的挖掘和利用，推动信息化进程进入智能化阶段。"数据和应用解耦"的模式成为发展趋势，个人隐私数据和关键重要数据以用户可选择、可信任、可控制的方式存储，应用服务提供方在经过用户许可的前提下，"按需使用"个人数据来提供服务。同时，通过建立数据价值分配机制，使用用户可以依靠数据获取收益。

（3）数据互操作技术成为支撑数字经济发展和数据价值释放的关键

第一，数据互操作是数据与应用解耦并承载数据全生命周期的技术基础。互联网数据互操作贯穿从采集、传输、存储到计算、应用、消亡的数据全生命周期。互联网数据互操作应解决标识确权、认证授权和安全交换三方面关键问题。通过构建统一标识体系来实现数据的可达性和可访问性，标识体系应内嵌确权功能，从而保障数据所有者和持有者的合法权益。数据访问和使用的前提是数据使用者的身份经过认证、对数据的请求通过数据所有者的授权，认证和授权保证了数据互操作流程的安全性和合法性。安全交换需要解决数据分类分级和算法管理等与数据治理相关的问题，是数据互操作流程中承载数据治理规则的关键步骤。互联网数据互操作应遵循数据治理"共权、共享、共赢"的基本原则，以开放包容的互联网精神推动互联网的发展。

第二，数据互操作技术支撑数据应用从数据中台模式到数据中枢模式。跨域数据互联互通的传统模式是数据中台模式，其特点是存在一个集中的平台，收集原始数据以满足数据流通的需求，但数据的离域面临着不可控的数据安全风险，不利于数据的价值释放，进而阻碍数据要素的盘活。数据互操作系统作为连接应用与数据的枢纽，支撑跨域数据互联互通的模式从"数据中台"发展为"数据中枢"，以保护数据交换的可信。数据互操作系统需在不集中收集数据和存储数据的前提下完成跨域数据的互联互通，用跨域数据索引与确权替代传统数据中心存储数据的方式，在归还数据管理与授权的基础上，为数据与应用解耦后的数据高效利用夯实基础。

第三，数据互操作技术支撑构建数字经济发展范式。数字经济的发展具有层次性的结构，它建立在传统经济形态和基础设施之上，并向上承载了数字文明的发展。数字经济的发展离不开三大模块的支撑：物理数字基础设施、逻辑数字基础设施（如数据互操作系统）和数字化发展应用。数据互操作系统作为连接物理数字基础设施和数字化发展应用的中枢，遵循数据与应用解耦的模式，充分尊重数据所有权和持有权，并通过内化数据治理规则保证数据互操作流程中的安全合规。同时，数字经济的发展需要技术和标准、政策和产业等多方的共同努力，协力驱动以数字化数据为要素的数字经济高质量、可持续发展。

（转载自伏羲智库，原文题目为《李晓东：数据互操作技术助力数字经济发展新阶段》）

3.12　高红冰：如何看"数实融合"

（1）如何理解数实融合的两种表述？

习近平总书记在 2022 年 1 月 16 日的《求是》杂志上发表了《不断做强做优做大我国数字经济》的重要文章，总结回顾了中国数字经济的政策，并对未来发展数字经济提出了七方面的举措，是指引数字经济高质量发展的纲领性文件。文中提到"要推动数字经济和实体经济的深度融合，打造具有国际竞争力的数字产业集群。"背后是因为中国互联网的独特发展路径，先是在用户和消费侧崛起，然后只有向产业的纵深去渗透和应用，才会带来整个经济的全方位增长。

目前，怎么理解"数实融合"，不同的人有着不同的看法，从不同角度看，甚至还存在着一定对立的解读。在国家《"十四五"数字经济发展规划》里，其表述是"以数字技术与实体经济深度融合为主线"，在习近平总书记《求是》杂志的那篇文章里，既提到了"促进数字技术和实体经济深度融合"，也提到了"推动实体经济和数字经济融合发展"。这两种不同的表述，在社会上引发了一些争论，就是数字经济是不是实体经济？我的理解是，数字经济当然是实体经济。既然数字经济是实体经济，为什么还要和实体经济相融合？这背后其实隐含了两层重要的含义。

第一层含义是，数字化的各个要素，包括数字技术、互联网、云计算、大数据、人工智能、数字化人才等，这些数字化的要素要跟非数字化的实体经济融合。

第二层含义是，数字经济本身就是数字技术及所有数字要素原生的一个产业，是数字技术的产业化，数字各个要素的应用化，它当然是实体经济，而且是一个高质量的实体经济。因此数字经济跟实体经济融合，就是要把代表数字经济的新技术、新产业、新业态，包括数字技术产业创造的新模式、新思想、新方法、新工具，与非数字化的实体经济去融合，推动其升级转型。

从这两个层面去理解数实融合的两种表述，就不存在矛盾了。

（2）如何理解做强做优做大我国数字经济?

习近平总书记在《求是》杂志的那篇文章中，还有非常重要的一句话，就是它的标题"不断做强做优做大我国数字经济"。在文章开篇就提到，2016 年提出要"做大做强数字经济，拓展经济发展新空间"，但到 2022 年 1 月，新提出要"做强做优做大我国数字经济"，这一变化表明，"大"不再是第一目标，"强"和"优"更加重要，这体现了对数字经济高质量发展的根本要求。

"强"就是要加强技术，加强自主技术，防止"卡脖子"，让技术为经济产生更大的支撑。所以"强"更加意味着在技术含量上要提高，而不只是在规模上扩大。

"优"就是要让产业朝一个好的方向发展，因为在之前以"规模"和"大"为目标的快速发展过程中，产生了一些新问题，出现了一些不平衡、不充分的现象，需要政府建立一些制度，规范产业发展。所以要把握好发展与规范二者的平衡。

（3）如何看待汽车工业的数实融合？

以汽车工业为例。两大因素决定了今天汽车行业的发展方向，一个是电动化，另一个是智能化。如果汽车进一步电动化，发动机不再用燃油系统，那么德国、美国、日本领先的发动机技术将不再成为大国市场竞争的主要优势，中国抓住并大力发展电动技术，就有机会实现换道超车。汽车工业这一轮产业升级，更重要的是智能化，如果不利用互联网、云计算、大数据、智能化来构造网络体系化的汽车工业，而只是大力发展制造单台电动汽车，那么汽车产业的竞争力也就无从谈起。在电动汽车与智能汽车的发展战略中，中国的产业政策应引导更多的资源投入到汽车工业的智能化中去。

我们来回顾一下整个汽车工业的发展史。

最早是机械化汽车阶段。1705—1834 年，英国最早发明了蒸汽汽车，然后法国、德国将汽车技术进一步放大。英国发明了汽车，但没有把汽车产业化，因为英国当时出台了一个"红旗法案"，要求汽车的行驶速度不能超过 5 英里[①]/小时，而且要在汽车的前方挥舞红色旗帜示警。红旗法案这样一个保守的制度，导致英国未能发展起汽车工业。燃油汽车在德国发明发展以后，汽车走了一条小批量个性化制造的发展道路。后来，在美国，福特汽车厂发明了 T 型车，在将其生产设计为大规模的流水线作业后，才使汽车在全球普及成为一种可能。自此，汽车从单件小量生产，进入大规模生产制造的时代。

紧接着汽车工业进入第二阶段。从二十世纪五六十年代开始，汽车里加入了电子器件和电子系统，整车的电子化占比越来越高，一辆车贵不贵，性能好不好，主要取决于电子元器件装了多少。尤其是高端汽车，电子器件的使用量特别高，包括刹车系统、安全系统、控制系统等的电子化，显著提升了汽车的安全性能和舒适度。

第三阶段，就是智能化汽车的阶段。智能化汽车是在电动化的基础上进一步

---

① 1 英里 =1.61 千米。

数据化。例如，特斯拉为什么对整个汽车工业造成这么大影响，因为它有几个非常重要的特征：

第一个特征，特斯拉汽车的驱动方式是电池，并建设了全球充电桩网络和工业标准。

第二个特征，与之前汽车 4S 店的销售方式完全不同，它完全是直销，就是直接用 App 购买，然后是单点发货全国。这是典型的电商模式，没有 4S 店式的经销商体系，因此也不存在 4S 店向汽车厂家买货及库存的问题。

第三个特征，生产系统是全自动化。一辆传统汽车大约有 3 万 ~ 4 万个零部件和组件，特斯拉通过深度集成和模组化，大约降低到只有 1 万多个组件。提高了生产效率的同时，维修也更容易。

第四个特征，每一次汽车的软件升级，都通过数据卡从空中投放下来。不用开车到 4S 店去升级，整个车的维护及服务就通过这个车联网来进行。

第五个特征，每一辆特斯拉在路上行驶时会不断产生数据，车就是一个大数据的生产单元。然后通过进一步加工处理，让自动驾驶系统得到进一步优化，这会构成市场竞争门槛。所以单个车不重要，是后面的这套网络系统、数据系统和智能系统更加重要，在后台用神经网络技术去处理摄像头拍下的所有照片流，形成一套智能系统来指挥车的运行。特斯拉已经不是一辆汽车，而是一个网络，是一套系统和体系。

今天的产业已经没办法在一个单机上竞争，要活下去，就必须变成一个整体的系统。未来汽车真正发展的方向就是智能。

这就是汽车产业发展的 3 个阶段，机械化、电子化和智能化，智能化是汽车工业的第三阶段。因此，汽车工业高质量发展一定是依靠人工智能、大数据，通过数据的采集、加工、处理和应用，走智能化之路。整个汽车产业的数实融合就是这样一条路径和一套体系。

（4）如何看待纺织工业数实融合？

第一个阶段，是机械化纺织。

纺织工业最早出现在英国。为什么英国在一次世界大战之前会变成全球经济的领头羊？是因为它发生了动力革命，发明了蒸汽机，蒸汽机装配到车上变成汽车，装配到船上就开始海外扩张、在全球建立殖民地，装配到纺车上就成就了纺织工业，然后进一步把纺织产业规模化，这是最早期阶段。

第二个阶段，通过信息技术进行全球协作的阶段。

在信息技术、网络技术支撑下，建立纺织工业的全球分工体系，就是在哪种棉花、在哪生产化纤材料、在哪纺织、在哪制作成衣，与地理位置没关系，与销售、存货和劳动力在哪里有更低的成本和效率有关。所以纺织工业在全球形成了规模化的分工，如面料的生产制造大部分在中国，通过集装箱运送所有原材料。发展到后面，生产制造的机器系统也已经不重要，而是价值链的组织变得更重要。我们发现，纺织服装业的原材料供应、生产制造，如果不与营销体系及营销网络相结合，制造业就没有出路，因为找不到消费者。

第三个阶段，是智能化阶段。

现在这个时代，由于每个单件的制作成本降低，生产效率提高，原料供应及服装生产均出现大量过剩。今天的服装产业，不论是中国品牌商，还是国外品牌商都面临着一个巨大的挑战，就是如何满足消费者个性化需求，如何把 1 个人、10 个人或 100 个人，甚至 1000 个人的个性化需求组织起来，让上游服装生产企业快速生产制造。现在的消费者，希望两周之内收货，如果超过两周，工厂将丢失大量的订单。犀牛智造，构建了一套新的云上智能化生产系统，从消费者下订单到收货，可以在一周内完成。

服装工业也正在走这样一条路，未来也应该走这样一条路，就是借助云计算、大数据或互联网来满足个性化需求。所以高质量发展的要义里，一定是利用数字技术，利用新的数字业态来完成。

（5）数实融合的 3 次浪潮

"数实融合"，也就是数字技术及其各个要素在经济、生活、社会中的应用，经历了 3 个浪潮。

第一个浪潮是由 IT 驱动的。

大约从 20 世纪 50 年代开始，以 PC 为代表的技术逐步进入到人们的生活和工作中。工厂开始使用信息系统，如银行系统开始用 ERP 部署大型的数据库软件。这个阶段产生了一家领头的公司"IBM"，这家公司大约在 2010 年时，市值达到最高点，约 1.36 万亿元。当然，这个阶段还有很多代表性的公司，如微软、英特尔等，也有很多其他代表性的事件。

第二个浪潮是由互联网驱动的。

2000 年以后，随着互联网的普及，类似雅虎这样的门户网站开始一路发展，从电脑到手机，从 PC 互联网到移动互联网，其中具有代表性的企业就是苹果公司。苹果公司一方面定义了智能手机，另一方面开发了 App store，是一个应用市场的分发系统。苹果公司市值最高的时候达到 3 万亿美元，其主要利润来自手机和 App store 的分账。这个阶段，产生了大批量的科技平台企业。

第三个浪潮是由人工智能驱动的。

从 IBM 的 Waston 开始，到后面谷歌的知识图谱，到 2016 年 AlphaGo 下棋战胜人类高手，再到如今最火热的 ChatGPT 和 AI 大模型，人类社会正在走进一个智能化的新时代。如果苹果公司 3 万亿美元市值是第二浪潮时公司的市值巅峰，那么预测在第三浪潮会诞生市值 10 万亿美元的公司。在这一轮浪潮下，领先的企业未必还能立于潮头，当然个别企业可能例外，但绝大多数企业将会被新一代的创新企业所取代。

今天要实现数实融合、数字化转型，如果还继续沿用 IT+、互联网 + 的做法，很快就将落伍。高质量发展就是要不断开发最先进的数字技术，并将这些新技术、新数字化要素，用来升级我们的管理流程、发展理念，用智能化的新技术、新模型和新思路来实现数实融合。

（转载自阿里研究院，原文题目为《高红冰：如何看"数实融合"》）

3.13　安筱鹏：关于数据要素的 8 个基本问题

2023 年 12 月 22 日，在北京市"马连道·数据街"合作发展联盟成立大会上，信百会执委、阿里研究院院长安筱鹏分享了智能时代数据如何创造价值的理解和洞察，以下是发言内容整理。

（1）讨论数据要素的"锚点"是什么？

当下人们围绕"数据要素"有许多讨论的议题，如权属、流通、交易、市场、跨境、隐私、安全、治理等，各界有许多共识、也有些分歧。我们需要探讨的是，人们讨论数据这一议题的"锚点"是什么？"前提"是什么？没有"锚点"和"前提"，就没有对数据议题对错、利弊、好坏、优劣、得失的评价标准。

"如何促进数据要素创造价值"是讨论数据要素议题的"锚点"，而系统科学理解"数据要素如何创造价值"是"前提"。这个"前提"是，人们要清晰地理解，在微观具象世界中数据要素创造价值的技术、原理、路径、模式，在宏观抽象世界的数据要素创造价值的机理、逻辑和意义。事实上关于数据这个议题，我们无论对具象世界的深度观察，还是对抽象世界的规律认知都是不充分的。

历史上，人们对生产要素的讨论首先关注的是，它是如何创造价值、促进人类生产力进步的。400 年前威廉·配第（1623—1687）提出，"土地是财富之母""劳动是财富之父"，后来"资本""技术"先后成为当年新的生产要素的原因，在实践中，资本、技术为人类物质财富创造、生活水平提高及生产力进步做出了巨大贡献，这些生产要素成为人类创造价值不可或缺的必要充分条件。

相对于土地、劳动、资本、技术创造价值的机理和逻辑，数据如何创造价值是复杂的。这种复杂性来自数据要素既会作用于生产力，也会作用于生产关系；既会作用于看得见的物理世界，也会作用于看不见的赛博空间；既会作用于传统单一要素的价值倍增，也会作用于整个生产要素的资源优化；既会突显单一场景的价值，也会呈现全局系统的意义；既会呈现有形可见的现实价值，也会沉淀无形的潜在优势。

从这个意义上讲，学习《"数据要素 ×"三年行动计划（2024—2026 年）》重要的体会是，它重新定义了数据要素议题的"锚点"，夯实了数据要素议题讨论的"前提"，校准了数据要素工作部署的"方向"，将数据要素工作的重心放在"数据如何创造价值"上，回答了数据要素的作用机理、核心瓶颈、优先领域、价值导向、实现路径等重大议题。将数据要素的主流话语体系聚焦在如何加快应用上，锁定在如何服务中国现代化全局上。

（2）实践中数据到底是如何创造价值的？

实践是检验真理的唯一标准，"应用是检验数据价值的唯一标准"（姜奇平），想要理解数据，还是要回到技术和商业的一线，回到数据创造价值的现场。我们从快递物流、制造行业、宾馆服务、国防军事等好像没什么关系的几个领域，看看数据是如何创造价值的。

快递物流。10 多年前，国内一家物流公司每天的快递订单量达到 1500 万单，之后尽管采取了各种方法，但订单量很难有大的突破。过了几年快递行业出现了一项新技术——电子面单，快递公司在车辆、人员、仓库等实物资源没有大的变化的背景下，每天订单量达到了 5000 万单，提高了 3.3 倍。电子面单最大的价值是实现了快递订单端到端的数字化，以数据流优化了物流资源配置效率。

制造行业。10 年前，马斯克在他的网站上发表了一篇文章，文章的标题是"why the US can beat China：the facts about SpaceX cost"，在所有人都认为中国是全球成本最低的国家时，马斯克说"我要把美国航空发射器的成本降到中国的1/7"。这个 10 年前的预言今天实现了。SpaceX 每公斤发射成本从 18 500 美元降到 2720 美元。这背后的一个重要因素在于：SpaceX 在产品开发早期阶段，通过数据 + 算法的模拟择优，替代传统实物试验，大幅降低了研制成本、缩短了周期，提高了研发效率和产品质量。

宾馆服务。旅游宾馆行业是一个非常传统的行业，但国内有一家公司，它拥有的房间数量不是全国第一，但是市值最高的时候是这个行业的第 2 名到第 9 名的市值之和。这背后是什么原因呢？背后是数据驱动的决策，重新构建了一套系统性运营体系。它针对客户提供差异化的极致服务，私域拥有会员数达 1.7亿，86% 的订单来自私域流量渠道。就像他们董事长所说的，这个宾馆连锁企业以前是最懂技术的酒店管理公司，未来是最懂酒店的技术服务公司。

国防军事。2020 年 10 月，美国国防部发布了首份《数据战略》报告，最重要的一句话是：基于数据决策重新定义美国国防部。美国国防部的愿景是"成为一个以数据为中心的机构，通过快速规模使用数据来获得作战优势和提高效率。"在美国国防部看来：数据日益成为国防部各个流程、算法和武器系统的"燃料"；数据的价值在于，在联合全域作战上，在战场上形成数据优势；在高级领导决策支持上，利用数据改进国防部管理工作；在具体业务分析上，使用数据推动所有层级的明智决策。说来说去，核心就是用数据推动所有美国国防部各层级的科学决策。

概括起来，无论是快递物流、制造行业、宾馆服务，还是国防军事，数据作为一种要素的底层逻辑是一致的，就是基于数据＋算法的科学决策，优化资源配置的效率，提升核心竞争力。

（3）数据创造价值的本质是两场革命：工具革命和决策革命

当我们去追问数据到底是怎样创造价值的，或许我们可以先追问数字化的本质到底是什么？在我看来是两场革命：一个是工具革命；另一个是决策革命。

1）什么叫工具革命呢？

马克思曾说"手推磨产生的是封建主的社会，蒸汽磨产生的是工业资本家的社会。""各种经济时代的区别，不在于生产什么，而在于怎样生产，用什么劳动资料生产。"

回到今天的数字时代和智能时代，我们看到：传统的机器人、机床、专业设备等传统工具正升级为3D打印、数控机床、自动吊装设备、自动分检系统等智能工具，传统能量转换工具正在向智能工具演变，大幅提高了体力劳动者效率；同时CAD、CAE、CAM等软件工具提高了脑力劳动者的效率。无论是体力劳动者，还是脑力劳动者，都通过新的工具，提高了生产、研发效率。"工具革命"的核心价值在于帮助人们"正确地做事"。

2）什么叫决策革命呢？

但光"正确地做事"还远远不够，更重要的是"做正确的事"。今天我们讨论数据，数据带来的是一场决策的革命，帮助人们做正确的事。就像图灵奖和诺贝尔经济学奖获得者西蒙所说，管理的核心就是决策。决策可以分成两类：程序化决策和非程序化决策。

程序化决策，是常规的、有规律可循的决策，可以制定出一套规则流程，可以用数据＋算法进行描述的决策，是有确定性答案的决策。今天数字化的一个重要方向就是在企业研发、设计、生产、运营、管理过程中的每一个决策行为，无论是人的决策还是机器的决策，都在尝试通过数据＋算法的方式进行替代。这就是基于历史经验的、有规律可循的程序化决策，这种决策可以称为经理人决策。

非程序化决策，过去尚未发生过，或其确切的性质和结构尚捉摸不定或很复杂。例如，企业家的决策，企业家（entrepreneur）是敢于承担一切风险和责任去开创并领导一项事业的人。企业家的决策是基于未来洞察的决策，无法用数据＋算法来描述，事前没有标准答案。过去可能没有发生或它的性质和规律还没有被发现的决策领域，主要靠企业家们去作决策。

所谓的数字化，就是不断地把经理人对管理的、物流的、采购的、研发的规律，不断地模型化、算法化、代码化，用数据驱动构建一套新的决策体系。

3）基于数据决策的 3 个核心要素：在线实时＋端到端＋科学精准

对于这套用数据驱动构建的新的决策体系，我们可以从制造业的场景中感受一下：在一个制造业的物理场景中，无论是生产一辆汽车、一架飞机、一件衣服还是一部手机。当你获得一个个订单后，这个订单信息就会在企业的经营管理、产品设计、工艺设计、生产制造、过程控制、产品测试、产品维护等各个环节去流动。而流动的背后是决策。什么叫决策？就是你能够把正确的数据，在正确的时间，以正确的方式，传递给正确的人和机器，以这种方式优化资源配置的这样的一个效率。

过去我们经常讲什么叫智能制造。智能制造的核心和本质不在于你有更多的机器人、数控机床、AGV 小车及先进的各种设备，而在于数据在企业各个环节的流动过程中，是不是可以越来越不需要人去参与，这才是智能制造的最本质的核心。

所以，当我们讲数据驱动决策的时候，面对一个复杂的业务场景，我们要提出 3 个基本的核心要素。

第一，你的数据是不是实时在线的。第二，你的数据是不是端到端的。第三，你的数据是不是科学精准的。

基于这 3 个要素，才能真正地实现数据在正确的时间，以正确的方式，传递给正确的人和机器。

4）数字化转型的本质：基于数据＋算法的决策重构运营机制

今天对数字化转型来说，数据要素在实体经济中发挥作用的核心在于：基于数据＋算法的决策重构企业的运营机制。今天无论是 C 端还是 B 端，无论是对消费者的洞察，还是对企业客户的洞察，不仅仅是需要升级你的客户关系管理系统、制造执行系统、PLC 等各类软件系统，更重要的是，数据驱动的核心在于：今天所有的企业决策应当是基于需求的动态决策。

无论是产品研发创新、智能制造、渠道管理、销售和分销、品牌建设、数字化营销还是用户运营，所有的决策都是基于对客户需求的精准决策。不仅可以在前端（C 端）实时感知客户的需求，同时可以在 B 端迭代自己的解决方案，更重要的是它可以基于对客户的感知，满足客户的实时需求。而这个才是数据发挥作用的核心，也是数据要素创造的价值所在。

（4）数据要素创造价值的 3 种模式：价值倍增、投入替代、资源优化

数据要素创造的价值不是数据本身，数据只有跟基于商业实践的算法、模型聚合在一起的时候才能创造价值。数据和算法、模型结合起来创造价值，主要有 3 种模式。

第一种模式：比特引导原子（价值倍增）。数据要素能够提高劳动、资本、技术等单一要素的生产效率，数据要素融入劳动、资本、技术等每个单一要素，使单一要素的价值产生倍增效应。

第二种模式：比特替代原子（投入替代）。数据可以激活其他要素，提高产品、商业模式的创新能力，以及个体及组织的创新活力。数据要素可以用更少的物质资源创造更多的物质财富和服务，会对传统的生产要素产生替代效应。移动支付会替代传统 ATM 机和金融机制的营业场所，波士顿咨询（BCG）估计过去 10 年由于互联网和移动支付的普及，中国至少减少了 1 万亿传统线下支付

基础设施建设。电子商务减少了传统商业基础设施大规模投入，政务"最多跑一次"减少了人力和资源消耗，数据要素用更少的投入创造了更高的价值。

第三种模式：比特优化原子（资源优化）。数据要素不仅带来了劳动、资本、技术等单一要素的倍增效应，更重要的是提高了劳动、资本、技术、土地这些传统要素之间的资源配置效率。数据生产不了馒头，生产不了汽车，生产不了房子，但是数据可以低成本、高效率、高质量地生产馒头、汽车、房子，高效率地提供公共服务。数据要素推动传统生产要素革命性聚变与裂变，成为驱动经济持续增长的关键因素。这才是数据要素真正的价值所在。

（5）AI 大模型：是数据创造价值的最短路径

数据只有被计算才能产生价值。从数据流动的视角看，数字化解决了"有数据"的问题，网络化解决了"能流动"的问题，智能化解决了"自动流动"的问题。数据流动的自动化，本质是用数据驱动的决策替代经验决策。

基于数据＋算力＋算法可以对物理世界进行状态描述、原因洞察、结果预测和科学决策。"数据＋算法"将正确的数据（所承载知识），在正确的时间，传递给正确的人和机器，以信息流带动技术流、资金流、人才流、物资流，优化资源的配置效率。

当 AI 大模型到来的时候，这套逻辑体系发生了什么变化呢？

第一个变化是 AI 大模型产生高质量、在线、精准的数据。例如，在自动驾驶领域，corner cases（长尾场景）是指自动驾驶场景中那些不常见或一些极端的场景数据，数据比例可能只有 1%，难以获取，影响自动驾驶的有效检测能力，可能引发很多安全问题。而 AI 大模型可以生成数百万个 corner cases，助力完成算法训练、测试验证和迭代优化。

第二个变化是 AI 大模型自动生成高效率、场景化、高质量算法。2023 年11 月，特斯拉宣布已开始向员工推出完全自动驾驶（FSD）V12 版本，FSD V12 的 C++ 代码只有 2000 行，减少了车机系统对代码的依赖，相比之下，FSD V11 有 30 多万行代码。背后是 FSD V12 完全采用神经网络进行车辆控制，从机器视觉到驱动决策都将由神经网络进行控制。FSD V12 有望打造自动驾驶领域的基础底座，引领视觉算法的 GPT 时刻。

（6）智能时代：数据 + 算法的"两个不等式"

自从 2022 年 11 月 ChatGPT 推出后，经常有人会问"为什么中国没有 ChatGPT ？"如果你想真正找到答案，正确的提问姿势应该是"中国为什么没有 OpenAI ？ 中国为什么没有 Snowflake ？ 中国为什么没有 Palantir ？"今天，我们把所有的聚光灯都聚焦在 ChatGPT 上。

在我看来，ChatGPT 只是美国数字技术创新森林里的一棵树上的两片叶子，今天我们把所有的聚光灯都聚焦在这片叶子上，把这片叶子烤黄。我们需要思考的是：这棵树是什么样子？ 树根长成了什么样子？ 它有什么样的土壤？ 创新的森林生态是什么样子？ 只有我们把这片森林、这片土壤、这片树的规律都搞清楚了，我们才能找到这一轮数字技术创新的底层逻辑和规律。为什么美国会有这么多数字创新企业？ 原因有很多，但在我看来，最重要的原因是："云计算 +AI+ 数据"已成为数字时代创新的基础设施，是孕育孵化新企业、新产品的摇篮。

在这个新的创新基础设施之上，如果我们把时间尺度放到 5 年、10 年或 15 年，智能时代数据要素创造价值的方式，将与两个重要的"不等式"密切相关。

第一个是"数据不等式"：未来 AI 生成的数据量，将远远大于人类生产的数据量。AI 过去一年生成的图像，超过过去 150 年人类拍摄的所有照片数量。欧盟执法机构"欧洲刑警组织（Europol）"的一份报告预测，到 2026 年互联网上多达 90% 的内容将是由 AI 创建或编辑的。

第二个是"算法不等式"：AI 生成的代码量，将远远大于人类编写的代码量。ChatGPT 已经通过了谷歌 L3 级代码工程师（入门级，18 万美元年薪）测试。国内研究机构 CSDN 测试结果是，GPT–4 的软件编程能力相当于中国月薪 3 万元的程序员水平。GitHub 的一项测试表明，完成同样的一个软件最小可行产品（MVP）开发任务，AI 工具帮助一位只有 4 年编程经验的巴基斯坦程序员，只用两周就完成了开发任务。而另一位拥有 19 年编程经验的资深程序员，因为没有使用 AI 工具，完成同样任务花费了 5 倍的时间、20 倍的成本。

数据要素的问题要看当前，更要看长远。未来，更多的数据叠加、更多的算法，意味着 AI 将彻底改变数据要素创造价值的方式，并带来指数级的价值增量。

（7）公共数据开放：抢占 AI 大模型行业应用制高点的"先手棋"

今天的 AI 竞争不是单一技术的竞争，而是一场体系化竞争。美国不仅有芯片、模型、云计算，我们还观察到，在数据开放领域，美国公共数据的开放力度更大。目前美国已经将发明专利、金融数据、科研论文书籍、历史文化、交通运输、医疗健康、气象海洋、航天航空等高质量数据开放出来。

发明专利：美国专利及商标局（USPTO）开放大量科学、技术和商业记录，包括数百万项专利、已发布的专利申请和注册商标，提升模型对问题产生解决方案的能力。

金融数据：美国证券交易委员会（SEC）开放上市公司财务报表及注释数据，用于提升模型金融领域的知识水平。

科研论文书籍：美国国家医学图书馆（NLM）（由国家卫生局维护）开放最著名的是 PubMed 论文索引数据库，记录 3600 万余篇生物医学文献的引用和摘要及原文链接。

交通运输：美国交通运输部（USDOT）开放事故发生数据、公路清查数据、交流流量数据等高质量的标准化数据，分析评估影响公路安全的因素。

医疗健康：美国国立卫生研究院（NIH）开放 138 个数据库，涵盖了生物医药领域的科研和基因组数据，如蛋白质结构、癌症纳米技术等。

气象海洋数据：美国国家海洋和大气管理局（NOAA）开放卫星、雷达、船舶等每天新产生的数十太字节（TB）的数据，数据存储在云端，方便数据处理和公众使用，按季度更新 150 个数据集。

（8）范式迁移数据驱动重构人类认识世界的方法论

进入新的智能时代，如何理解数据驱动？它带来的不仅是成本的降低和效率的提升，它还是人们认识和改造世界方法论的一个新的阶段。

在牛顿、爱因斯坦的"理论推理阶段"，人们通过观察、抽象和数学认识这个世界；爱迪生在一百多年前发明电灯泡的这个"实验验证阶段"，人们通过假设、实验、归纳总结来认识这个世界；到了 20 世纪 80 年代进入"模拟择优阶段"，随着飞机的研发，高铁的研发，人们基于样本数据和机理模型，通过数字仿真的方式去认识和改造这个世界。

今天，以 AI 为代表的"大数据分析"形成一种新的范式。如果说模拟择优是基于对机理模型的认知，那么今天对大数据分析来说，很多的模型，我们其实搞不清楚它为什么会有涌现，为什么会有泛化。虽然我们还不能完全搞清楚，但可以肯定的是，新的认识和改造世界的方法论已经出现，而且必将深度影响人类经济社会的发展。

（转载自信百会，原文题目为《安筱鹏：关于数据要素的 8 个基本问题》，整理自作者在北京市"马连道·数据街"合作发展联盟成立大会上的发言）

3.14 孟庆国：一体化推进政务数据体系建设的思考——基于数据权责的视角

2023 年 7 月 4 日，中国数字经济发展和治理学术年会（2023）在清华大学顺利举办。本次大会以"数据要素治理，数据价值释放，数字经济创新"为主题，邀请了国内外 40 余位数字经济领域著名专家及在数字产业实践中取得优异成果的机构代表进行主旨演讲和交流。来自清华大学、北京大学、中国人民大学、中国科学院大学、中国社会科学院大学、南开大学、上海交通大学、复旦大学、中山大学、南京大学等高校和数字经济相关科研机构及企业的代表共 400 余人出席线下会议，会议通过多个平台进行同步直播，当天信息浏览量超过 11 万人次。

清华大学计算社会科学与国家治理实验室执行主任、北京国际数字经济治理研究院院长、年会主席团秘书长孟庆国教授以《一体化推进政务数据体系建设的思考——基于数据权责的视角》为题进行了主旨演讲。本文根据孟庆国教授现场发言内容整理。

孟庆国教授作主旨演讲：

非常高兴能和大家面对面地交流！我今天跟大家分享的内容是：基于数据权责的视角来看如何推进一体化政务数据体系的建设问题。刚才陈龙老师讲到数据分级分类的内容，国家数据文件的确也要求对数据进行分级分类治理。今天我要重点探讨的是一类数据——政务数据。政务数据是指政府部门在履职过程中产生的数据，这一类数据从它的特征、形态，以及涉及的治理方式与企业数据、个人数据都是非常不一样的。从目前国家对政务数据的治理思路来看，是希望能在政府之间把这些数据整合共享起来，形成全国一体化政务大数据体系，以便更好地在各级政府、各个部门之间能够共享和使用政务数据，同时推进政务数据的社会化利用。所以，一体化政务数据体系建设就构成了当前数据治理工作中的重要内容。

我今天想从 3 个方面谈一下自己的观点。首先，我想谈一下当前政务数据体系建设的背景与存在的难题；其次，在这个问题基础上，给出一个基于"职责 – 业务 – 数据"的分析框架；最后，确立数据权责的意义和重要性，以及推进一体化政务数据体系建设的思路。

（1）政务数据体系建设的背景与难题

国务院办公厅 2023 年发布了关于印发《全国一体化政务大数据体系建设指南》的通知，在这个指南中对于一体化政务数据体系建设提出了 8 个方面"一体化"的要求，目的是希望从中央到地方形成一体化政务数据整体技术架构和管理体系，以利于政务数据的社会化开发利用。另外，文件中 8 个方面的"一体化"建设要求实际上是非常高的，凸显了多个"全"的问题。例如，一体化政务数据体系的范围应覆盖全国各层级、各地方、各部门；实现政务数据资源的全量编目、高效汇聚、统筹管理和按需共享；包括政务数据的采集、治理、分析、管理、共享、开放等全部方面；为各级各类政务工作开展提供全方位支持。按照这些文件要求，国家相关部门与一些地方不断探索和推进，工作取得了很好的成效，但也存在着诸多制约与挑战。经过调研和梳理，我们认为最为迫切的难题有 4 个方面：一是一级政府部门间的数据共享问题；二是跨层级政府间的数据管理协调问题；三是垂管部门的垂直系统与地方平台间的数据共享交换；四是属地化部门的垂直系统的"数据回流"问题。

要破解这些难题，就需要对这些问题精耕细作，做更细致深入的分析。如果只是大而化之，把政务数据建设放在一个很表面的层次上思考，而不能具体地分门别类把数据与职能业务关联去找思路，把握其遵循的内在逻辑，那难题就很难解决。

对于第一个难题，政务数据不能有效整合共享的一个根本性的原因，我们对此的理解是因为部门业务应用与数据强耦合关系，这种强耦合关系处理不好导致了政务数据整合共享困难。虽然一些地方系统平台经过集约化、上云等建设之后，部门业务应用与政务数据平台建设形式上分离了，但是政务数据与本部门的业务活动是紧密关联的，实际上是分不开的。针对存在的这种强关联、强耦合的关系，业务部门和数据管理部门之间在职能分工上如何做到步调一致？因此，把彼此的职责定位做好和理顺，是我们当前面临的首要问题。只有解决好这种强耦合关系带来的数据职责分工，才能更好地推进跨业务部门的数据打通和共享问题。

对于第二个难题，目前的政务数据管理格局存在国家与地方在职能配置方面的较大差异。从具体情况类别上看，有的地方专门设立了政务数据管理部门，如广东、上海等；有的地方将政务数据管理职责纳入大数据部门，如贵州、浙江、山东、广西等；有的地方将政务数据管理职责纳入政务服务部门职责范畴，如江苏、河南、河北、湖南等；也有的地方是由网信办、营商环境、相关领导小组等部门负责的情形。以上这些情形，带来了在政务数据建设规划、项目审批、资金管理、系统建设、人员等方面的职责权限的巨大差异，国家相关部门在统筹推进政务数据一体化建设时面临较大困难。

对于第三个难题，垂直系统中的数据，如何与地方实现交互，以支撑地方履职中合理的数据使用需求，是亟待破解的难题。垂直系统从上到下垂下来，和属地化系统平台如何进行数据打通？如税务、海关等数据，如何用于支撑本地的智慧城市建设、数字政府建设，必然需要将这些垂直系统的数据与本地化的其他政务数据相融合。这些方面目前依然面临着较大障碍。

对于第四个难题，与第三个有点类似，所以有时会归为一类，但我们认为还是有比较大的差异的。部门是属地化的，但实际上从行业管理的角度，自上而下垂下来很多系统。在这些系统上，属地部门归集填报很多信息数据，这些数据如何与地方的数据平台进行整合共享，其实也面临很多现实困难。当然，这里边的核心就是通常讲的数据回流问题。

对以上四方面的难题的初步分析可以看出，其根本性的成因是与各级各部门数据职责的配置有关。要破解这些难题，就要对一体化政务数据体系建设中涉及的部门关系及其权责配置进行深入研究，只有这样才有可能找出破解的办法，从而更好地推动一体化政务数据体系的建设。

（2）一个基于"职责 – 业务 – 数据"的框架

我们尝试构建一个基于"职责 – 业务 – 数据"的分析框架，试图基于这个框架来厘清部门在数据整合上的权责体系与职能配置，从而有利于认识和解决一体化政务数据体系建设的问题。

基于数据和业务应用的耦合关系，当前一些地方政府是通过设立数据管理部门，在技术管理上实现数据与业务应用分离来统筹管理的。将业务和数据分离，使二者的"强耦合"转向"弱耦合"，以实现数据部门管数据、业务部门管业务的职能配置形态。但客观上，数据与业务密不可分，也分不开，即使新的数据管理部门成立了，这种数据与业务"强关联"的关系也没有改变，业务部门在数据归集整合与利用上的角色并没有减弱。

为了讲清楚，我们提出了一个基于"职责 – 业务 – 数据"的分析框架，并用图例的方式进行说明。从图 3.5 中可以看出，图的左边一半是传统的以部门主导的信息化建设形态，业务部门基于自身业务应用的需要，自己开发了系统平台，支撑业务需求，以提升业务效率。这种传统的模式是各自一体的，部门自行规划、自行建设，系统平台是数据部门自己的，数据也是自己的。这是过去信息化建设的长期形成的一个格局。每一个业务部门，都有各自建的平台系统，这些平台系统一般都是不同的开发主体建设运维，通常在技术上异构，标准也不一样，所以导致了普遍的数据孤岛，数据不易共享和融合利用。

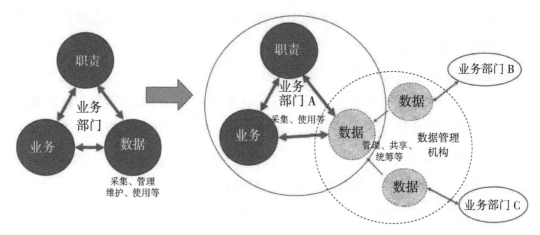

图 3.5　基于"职责 – 业务 – 数据"的框架

　　现在的解决方式是图 3.5 的右边一半，通过成立数据管理机构，把各部门的数据进行统筹管理，然后归集到统一的大数据平台上，把数据管理职能交给专门的数据管理机构。数据管理机构的职能范围就是图中虚线的范围，主要是把各部门的数据通过物理集中和逻辑共享的方式进行统筹，通过统一规划、统一标准、统一基础设施等，形成一盘棋的数据治理思路，进行政务数据打通、共享及开发利用。

　　除了虚线内的这些工作要做好，还有与虚线外的各业务部门的关系问题，即图中的"数据管理机构"和"业务部门 B、业务部门 C"之间的问题。只有把这个问题中彼此的权责体系梳理清楚，才能更好地统筹数据管理部门和业务部门在数据治理上的角色分工和定位。

　　前一段时间我们在一个地方做了调研，就是基于部门"三定"职责事项，梳理其对应的业务系统及其数据，发现部门职能、业务事项、关联数据存在密切对应关系，可以说部门的每一个数据集与其所对应的那个业务事项是强耦合的关系。当我们通过物理集中或逻辑共享整合管理数据的时候，其业务属性和特征不可能完全由数据管理机构来定义，单纯意义上由数据管理机构来管理数据不成立，一定离不开业务部门的参与甚至还要发挥主导作用。

正如表 3.2 中举例说明的那样，在业务部门履行职能的过程和结果中，与业务事项开展直接归集或生成大量政务数据资源信息。这些业务事项一般可分成两类：一是在业务运行过程和结果中采集生成大量有价值的结构化数据的工作事项，以及通过自动化手段采集生成视频、图像、传感器数据的工作事项。例如，职能话术中包含以下工作内容的：绩效考核、管理、预算、资金、调查、普查、监测、分析评价、资产核算、评估、依申请权力事项（如许可、审批、登记、审查、备案、确认、核准、认定、给付、奖励等）、依职权事项（执法、处罚、征收、强制等）、统计。二是以产生文本型非结构化数据信息为主的工作事项。例如，职能话术中包含以下工作内容的：法规、制度、政策、规范性文件、标准、规范、机要、档案、调研、文稿、政务公开、新闻宣传、合同等。

如果这些业务事项是由系统平台支撑运行的话（通过信息化建设），便形成了政务数据资源信息。这些政务数据资源信息与对应的业务密切相关，如果要对这些数据进行规划、管理和开发利用，离开了业务部门单纯靠数据管理机构是很难开展的。所以，从更具象的场景视角来看，基于部门"三定"，必须厘清业务部门和数据管理机构之间的逻辑关系，如图 3.6 所示。

从图 3.6 中可以看出，其中的核心就是数据责任问题，也就是说要建立起业务部门和数据部门的协同机制，就要明确各自的责任属性，构建起政务数据权责体系。从一般意义上来说，就如同其他领域的政府工作一样，责任明晰了，履行到位了，工作落实和成效也就有了。数据整合共享工作一直解决得不好，其根本原因就是缺乏清晰明了的数据责任体系。有了明确的责任分工，以及相应的考核、评价和问责，就容易把工作落实到位。

表 3.2　从部门职能到部门数据资源信息

★职能依据	业务事项信息					政务服务事项信息			责任机构信息			数据资源信息				
	★业务名称	★事项名称	所属领域	业务事项描述	业务事项类型	管理服务对象	实施清单名称	事项实施清单编码	责任机构	责任机构统一社会信用代码	责任机构具体部门	★来源系统名称	来源系统访问地址	信息资源名称	★数据资源主要信息项	备注
……指导、监督学校饮食、消防、校车许可工作；安保工作；制定学校后勤管理规范和办法，监督学校后勤服务管理和服务工作		校车使用许可	交通运输	中小学、幼儿园取得校车使用许可	证照类	校车	中小学、幼儿园取得校车使用许可	114403000 075428147 344210206 800001	市教育局	11440300 0007542 8147	学校安全管理处	市校车使用许可系统	10.2.×××.××	市中小学、幼儿园校车使用许可信息	学校名称、学校地址、校车许可证编号	

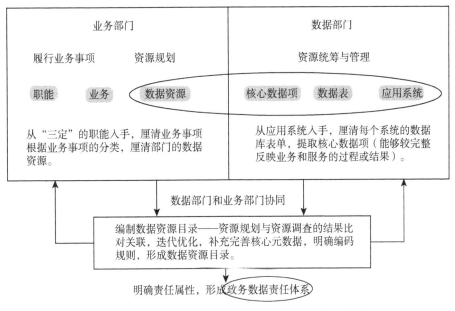

图 3.6　业务部门与数据部门在数据管理上的逻辑关系

（3）确立部门数据权责的意义与思路

基于上述框架讨论，我们提出了能不能对政府职能业务部门在涉及数据治理上进行数据的确权定责的解决思路，因此认为，在当前阶段把政府业务部门数据责任体系确立起来，应列为政务数据治理和数字政府建设的核心工作来抓。甚至我们之前也提出，对政府部门在数据治理上要从"三定"（定职能、定机构、定编制）到"四定"（定职能、定机构、定编制、定数据）。"定数据"是指什么？就是定部门的数据责任，即在"三定"方案中加上一个数据职责，把该部门或机构在履职中的数据权利、责任、义务确立清楚，这样从整个一级政府来说就可以建立起本级政府的数据权责体系。

1）确立业务部门数据权责的意义和重要性

对业务部门进行数据的确权定责、构建政府数据权责体系的意义在哪里呢？建立起数据权责及其体系，它的意义在于：能够规范部门的数据归集、更新、维护和使用等工作，保障部门数据的质量、标准、完整性和合规性等要求，为实现部门间的数据共享，提供高质量的、可靠的数据资源，也能够实现"一数一源"工作要求，避免重复采集，便于数据统筹和管理。

2）如何厘清和确立业务部门数据权责？

如何建立起部门数据权责？其核心内容是什么？我们认为其原则是，要从数字政府建设的整体性角度，按照统一规划、统一标准和统一框架体系等的建设要求，遵循统一集中和分工协作的原则，清晰界定政府每一个职能部门的数据权责内容，并将其纳入到其机构编制管理方案中。主要包括以下5个方面：

一是在与部门业务相关的数据采集上，对数据采集的范围、方式，是否按权限范围最小化原则进行采集，并按"一数一源"要求进行；

二是在本部门数据维护上，对本部门数据存储、加工、更新、维护和安全进行管控；

三是在数据治理和管理维护上，对数据完整性、有效性、合规性和符合标准性等方面负责；

四是在数据共享中作为数据提供方所应履行的权利、责任和义务；

五是在数据的使用上，对部门归集数据的使用权利，以及作为数据共享数据使用方使用别的部门提供的数据所应履行的权利、责任和义务。

目前，国家的相关文件也已开始做类似要求，如数据共享的事项清单、数据清单、责任清单等政策制度的设计。

3）厘清数据管理部门和业务部门的权责分工

按照图3.6中数据职责体系的分工，在规划设计上，数据管理部门着重整体规划设计，着重在核心数据定义、数据标准等方面统筹数据管理规划，业务部门负责本领域规划设计，做好本部门的数据资源规划。在数据管理上，数据管理部门着重开展数据整合共享与管理数据，业务部门主要是按照标准和定义，采集数据、使用数据等。

数据管理部门在数据统筹管理上定位主要包括：通过制定政策、规划、标准等，对政务数据整合共享与应用建设发展进行总体设计；统筹与组织协调一级政府在数据资源上的采集分工、归集、共享、开发利用和安全管理；通过项目审批、资金管理等手段，实现对业务部门数据工作的统筹；开展数字基础设施建设与运维。

4）建立一体化的政务数据权责体系

在一级政府的部门之间，有了对业务部门数据权责体系做基础，在实现跨部门的数据共享中，就可建立起基于数据提供部门、数据使用部门和数据管理部门之间的基于归集权责、使用权责和共享管理权责"三权分置"的政务数据共享机制，以此来破解政府数据归集和共享的难题。

在解决跨层级政府间的数据管理协调问题时，基于数据权责体系的界定，可厘清上级之间的管理权责关系，解决好部门隶属于归口不一致的问题、数据标准建设与实施的问题，再加上上下系统对接与平台互操作性的技术性问题的解决，就能有效破解跨层级政府间数据的共享联通问题。

在解决垂管部门和地方部门间数据共享交换的问题时，重点要建立起明晰的数据共享权责分工。在数据整合共享中，垂管部门（含地方的垂管业务部门）要按职责采集数、更新维护数据、按需提供数据，有权利获得相应资源支持（如编制、资金等）；地方部门可按职责获取共享数据、使用数据，并承担使用过程中的管理责任。

在垂直系统所属上级部门和地方部门间，明晰数据权责，着力落实解决数据"回流"问题。对于垂直系统的属地上级部门，在数据物理归集数据、治理数据等方面，做好与各级数据平台对接，按需按责"回流"数据。对于垂直系统的地方本级部门，主要责任包括采集数据、更新维护、获取"回流"数据等。

最后简单小结一下，要推进一体化的政务的数据体系建设，确立政务数据的权责体系是重要前提，如果没有数据权责体系做保障，一体化政务数据体系就难以建立起来，因此要关注和重视数据整合共享背后的责任问题。

（转载自清华大学人工智能国际治理研究院，原文题目为《孟庆国教授在中国数字经济发展和治理学术年会（2023）上的主旨演讲：一体化推进政务数据体系建设的思考——基于数据权责的视角》，整理自作者在中国数字经济发展和治理学术年会（2023）上的发言）

3.15 朱岩：数据资产化时代的养老产业变革

作为 2023 年中国国际服务贸易交易会的重磅论坛之一，2023 年 9 月 5 日，2023 智慧康养高峰论坛在北京首钢园成功举办。本次论坛由北京市卫生健康委员会、北京市老龄工作委员会办公室、北京市老龄协会、北京商报社共同主办，由清华大学互联网产业研究院协办，论坛以"积极老龄观，健康老龄化"为主题，汇集了来自政府和主管部门的有关领导、康养医疗领域的权威专家学者及涉足智慧康养领域的企业代表共同出席，通过主题发言、权威发布、案例分享等形式共话康养产业新模式。

清华大学经济管理学院教授、清华大学互联网产业研究院院长朱岩出席本次论坛，发表了题目为《数据资产化时代的养老产业变革》的演讲。

以下为朱岩教授的主要演讲内容：

很荣幸再一次参加服贸会，清华大学互联网产业研究院已经连续 4 年参加服贸会智慧康养高峰论坛。犹记得在去年的大会上，很多嘉宾提到了数字鸿沟问题。一年后的今天，我们可以看到这种数字鸿沟已逐渐缩小，伴随人工智能的发展、ChatGPT 等工具的出现，康养产业变得更加智慧化和便捷化。今天我将从数据的角度出发，从 3 个方面进行探讨，当数据成为一种资产，养老产业会发生哪些改变。

（1）数字经济时代下，康养产业的新机遇

今年 2 月 27 日，中共中央、国务院印发了《数字中国建设整体布局规划》，该规划为康养产业的数字化转型指明了方向。规划中提出了两个主要目标，第一个目标是到 2025 年基本形成横向打通、纵向贯通、协调有力的一体化推进格局。康养领域的数据也需要实现横向打通、纵向贯通，目前，我国在打通康养产业数据方面开展了大量工作，接下来我们可以进一步思考，如何将已经打通的康养数据更加充分地应用起来，创造出更多康养产业新模式和新的发展方法。第二个目标是到 2035 年我国数字化发展水平进入世界前列。放眼全球，荷兰等国家在养老技术，尤其是数字化养老方面做了大量工作，非常值得我们对标和学习，但是从中国的角度来看，我们更需要借助全国数字化大发展的态势，做好养老产业数字化发展的底层布局，这些布局更多的是规则和范式的布局，而不仅仅是技术的布局，这就是我们所说的经济、政务、文化、生态、社会五位一体的发展模式，基于这样五位一体的发展模式，在中国形成一套系统化的养老数据体系及基于养老数据体系的养老产业体系，使我国的养老公共服务和养老产业在银发经济时代走在世界前列。

去年 12 月，《关于构建数据基础制度更好发挥数据要素作用的意见》（简称"数据二十条"）正式发布，"数据二十条"进一步明确了数据产业化时代可以开展的一些工作。

首先是数据确权层面：对养老产业而言，当其具有了大量可共享、可打破壁垒的数据之后，其权属如何？哪些数据是个人的？哪些数据是政府的？哪些数据是产业可以使用的？一连串问题代表着数据确权工作已经到了不得不做的阶段，在数据确权的基础上，才能将养老数据加以开发和利用，我们希望数字技术的发展能够让老人无感地享受数据时代带来的便利性。"数据二十条"里分别对公共数据、企业数据、个人信息数据的确权和授权进行了初步的规划，但是养老产业数据的确权和授权工作如何开展，目前还有待于政府相关部门对一体化的养老数据做确权授权机制的设立。我们也期待在明年服贸会的智慧康养论坛中，可以看到养老产业数据的确权和授权相关政策的发布。

其次是交易层面：数据定价机制。数据作为资产，需要有对资产价格评估的方法，目前来看已有的各种评价模型未见得适合养老产业，养老产业数据资产的价值评估，也极可能成为下一个热点问题。我们如何评估养老产业数据背后的价值？养老机构如何贡献数据价值，以及利用公共数据创造更多的社会福利？这都是数据流通交易机制建立之前，必须思考和解决的问题。至于流通交易自身，需要建立合规高效、场内外结合的数据要素流通和交易制度，数据进行场内外交易的前提是数据资产的封装技术，以确保该数据资产是唯一的、可确权的、不可篡改的，使养老产业数据真正发挥出自身的作用和社会价值。

总的来说，我们希望能够建立体现效率、促进公平的数据要素收益分配制度。目前，社会已经给予银发产业大量的支持并注入了大量的资源，我们如何保证这些资源能够得到公平的使用？或者说让老年人尽可能透明地享受到各类养老资源带来的福利，这就需要更好地发挥政府在数据要素收益分配中的引导和调节作用，借助数据要素建立更加公平的社会。

北京在推动数字经济发展布局方面走在全国前列。今年1月1日开始实行的《北京市数字经济促进条例》对数据要素的共享、开发和利用做出了相应规划。基于这些规划，养老产业需要有更具体、更有针对性的想法和做法，使养老产业数据要素市场化的过程更有利于老年人、更有利于未来将占人口比例30%的老年人生活质量的提升。

今年8月21日，财政部制定印发了《企业数据资源相关会计处理暂行规定》。简单来说，就是数据资产的入表。数据资产入表意味着数据资产纳入GDP，这对地方经济和企业发展而言具有巨大的意义，开启了数据资产化、价值化的新时代。老年人群体的健康数据是海量级别的，如何按照财务要求将老年健康数据资源进一步丰富，如何用数据要素助推康养产业的进一步发展？这就讲到了我们今天要讲的第二方面内容。

（2）释放康养产业的数字内需

康养产业的进一步发展需要不断释放数字内需，这种数字内需的释放要在康养产业的全产业链上进行，从上游的设备器械、食品药品，到中游的养老地产、养老金融、养老服务等，再到下游的养老保险及老年人自身，实现全产业链的数据打通，让康养数据真正成为产业发展相关的基础资产。

实现全产业链上的数据打通需要建立新的社会规则，其中最重要的就是信用体系的建立。无论是养老机构还是老年人自身，对养老产业数字化带来的变化都缺乏信任感，不知如何辨认真伪和好坏，所以我们急需建立康养产业相关的数字信用体系。这一数字信用体系应当由政府端牵头，从养老政策入手，通过数字技术和资金的投入，打造一系列数字设施，同时加强监管力度，将每一个市场端的需求进行融合，逐步打通。市场端分为供给端和需求端，其中供给端为康养机构及大、中、小型康养企业，需求端则为60岁及以上的已老群体和小于60岁的未老群体，他们都是康养产业数字信用体系建设的参与者，也是

第 3 章　中国数字发展专家观点

康养数据的贡献者和受益者。这样，就能够建立康养产业数字化转型的基础设施，也可以称之为软性基础设施，在建立适老食堂、改善公交车乘坐制度等公共环境的硬性基础设施之上，进一步助推康养产业的数字化转型（图 3.7）。

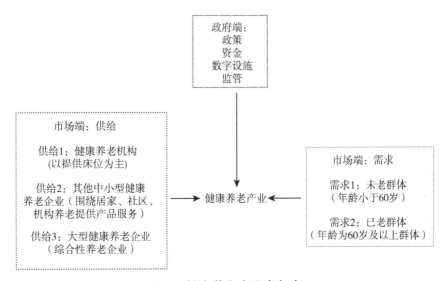

图 3.7 健康养老产业参与者

（3）康养产业实现数字化转型的路径

康养产业的数字化转型需适应医学范式的数字化，具体方法可以从 3 个方面来看。

第一，从组分到链接。就像对人体的研究一样，中医所强调的经络理论是将人体作为一个链接的整体来看待，养老产业也进入互联网时代，需要从组分到链接来思考如何填补人体未知的空间。

第二，从群体到个性。当前人工智能、大数据、云计算等技术逐渐成熟，可以更有针对性地把个体的数据价值进行开发，从而加速推进康养产业的大数据化、个性化、互联化进程，用数字化工具为老年群体中的每一个个体解决相应的问题。

第三，从专业到民主。要充分发挥全过程人民民主的力量，让每个人都参与到养老的互帮互助当中，这正是互联网时代对于养老产业的巨大帮助，也就是说养老资源不仅靠国家和企业来提供，还可以通过人与人之间的信息互通和经验分享，通过政府引导建立既有公益性又有市场化的相关平台，从而真正建立起新的数字化的康养体系。

康养产业数字化转型的重要特点在于要充分发挥康养市场的多边市场效应，以民众为核心，建立民众与民众、民众与产品供应方、民众与医疗服务供应方、民众与金融机构、金融机构与医疗服务供应方等各种连接网络，并在这一全新的价值网络上，重新思考康养的价值分配机制，定义各种新兴的服务内容。在这样一个多边市场当中，很重要的一点是建立起康养金融的配套服务，如保险的互联网化、支付的多样化及民众健康的金融化等，数字技术与金融的创新融合在康养产业中的应用还有许多创新点等待着我们去突破。

总结而言，康养产业的数字化转型路径可参考以下 5 点：

1）加快建立以数字信用为基础的康养的信用体系；

2）构建安全、透明、可信的康养数据要素市场；

3）补全康养产业数字产业链，鼓励无感数字化服务。也就是让老年人感受不到数字鸿沟，尽可能做到利用人工智能等技术帮助他们更好地面对老年生活；

4）在政府引导下进行全产业链数字化转型升级；

5）鼓励康养数字金融的创新。

衷心希望在大家的共同努力下，在每一年的服贸会智慧康养高峰论坛上，我们都能够展现出更多康养产业数字化发展领域的新成果，共同助推中国康养产业发展，同时让愈加增多的老年人更好地享受美好的晚年生活，谢谢大家！

（转载自清华大学互联网产业研究院，原文题目为《2023 服贸会｜朱岩：数据资产化时代的养老产业变革》，整理自作者在 2023 智慧康养高峰论坛上的发言）

3.16 李振华：数据要素流通与数字技术支撑

2023 年 3 月，由中国计算机学会主办的"CCF 中国数字经济 50 人论坛高端峰会"在杭州举行。蚂蚁集团研究院院长、中国数字经济 50 人论坛委员李振华受邀出席，并在峰会上做了题为"数据要素流通与数字技术支撑"的主题报告。为充分梳理和展现峰会成果，现将李振华院长的主题报告内容做以下分享。

数字化是未来发展的确定性方向，而实现多方数据融合是企业数字化转型成功的重要保障。以当前应用较多的精准营销为例，精准营销是指让包括公域数据和私域数据在内的多方数据实现融合，更加精准地投放广告或实施用户推荐，提高营销效果效率，降低企业的营销成本，其中关键点便是多方数据融合。又如数字风控，基于多元化数据来源（内部数据、公共数据、第三方数据），结合数据开发工具、模型开发能力、优化信用风险评估能力，让需要贷款的企业和个人便捷地获得与其信用水平匹配的贷款。再如反诈反赌等场景，通过数据分享进行源头欺诈信号识别、模型策略持续优化，降低欺诈风险。在这些应用领域，实现多方数据融合都是根本。

当前，在数据要素流通过程中面临很多挑战。第一是数据不敢流通，即数据在流通、共享时是否安全合规。具体来看，一是合规解释和边界不确定，里面存在许多模糊地带；二是不同行业的安全要求差别非常大，商业企业和金融企业对安全性的要求存在较大不同；三是不同技术路线的安全水准也有很大差别。所以，在不清楚是否合规的情况下往往不敢轻易流通数据。第二是数据不会流通，即在数据流通中使用技术的门槛非常高。例如，保障数据安全可信流通的隐私计算技术，当前只有少数公司机构具备该能力，并且多数企业缺少专业人员及技术能力。第三是数据流通成本高，即现有数据流通技术使用成本较高。构建保障数据安全可控流通的技术平台投入高，多数业务需要定制化，前期投入大于收益预期，高昂的成本让很多企业望而却步。

要想破解前述三大挑战，让数据安全、合规、高效地流通起来，一方面需要制度创新，另一方面需要数字技术行业的发展。在制度创新方面，已经推出的"数据二十条"是一个非常好的起点，"数据二十条"中提出了数据的三权分置原则，即把持有权、加工使用权和经营权进行分离，淡化所有权问题，这为制度性解决数据相关难题奠定了非常好的基础。接下来，很重要的一个环节是通过数字技术行业的发展，支撑相关制度的落地和数据要素安全、合规、高效地流通起来。

在数据流通相关的数字技术中，数据密态和跨域管控技术体系发展是关键。数据流通，核心不是自己使用，而是对外开放提供和利用，那么如何有效保障提供方的权益，消除安全隐患，从而让数据持有者愿意把数据开放出来让外部使用，就极为关键。

传统的数据安全侧重"域内"安全保障，权责相对集中且相对明确，这也是传统的网络安全防护体系要做的事情。而数据要素流通的关键是"跨域"，数据流转往往在企业数据主体的运维管控域外，已经脱离了企业自身的管理能力，需要依靠行业监管的驱动及技术手段共同来保障整个流转过程中数据的安全。

在数据跨域流转中，如果数据采用明文形式，则容易泄露，无法保障数据的安全性和数据价值。过去的数据流通都是针对原始数据的流通，但明文的数据流转，会导致整个数据持有权的失控，也会导致数据滥用，从而在很大程度上会导致整个数据价值体系的崩塌，这是由数据本身的特性所决定的，已经被多年的实践验证是不成功的。因此，要实现数据要素的安全流通，密态计算逐步代替明文计算是大势所趋。

所以，如何结合密态计算来有效管控数据的出域使用，防止数据被泄露，避免数据被滥用，这就要求通过"数据使用权跨域管控"的体系化建设，保障数据安全流通和可控使用。

未来，数据技术行业的发展，应该是"三步走"战略，逐步突破相应卡点：第一步是让大家"敢用"数字技术，消除合规不确定性；第二步是让技术"好用、易用"，降低使用门槛，丰富整个技术行业生态；第三步是让更多的人用得起，不断降低成本，最终实现全行业"会用易用，渐进普惠"。

第一个卡点是使用数据技术安全合规方面的顾虑。这里最重要的是要明晰相关认证、合规标准。例如，如何落地匿名化方案，这是一个较为技术的问题，又是一个极其重要的问题。《个人信息保护法》中提出的"匿名化"规定是平衡个人信息保护和个人信息流通利用的重要制度创新，但目前仍缺乏可落地的方案，达到哪些标准后，就可以被视为达到了"匿名化"的要求呢？需要通过一些试点落地一些匿名化方案，只有当个人信息"匿名化"的技术标准、管理标准和相应合规要求获得认可，才能真正落地匿名化方案。

另外，针对不同行业、不同的技术路线，安全认证机制和等级标准有非常大的差异，但多方数据融合又往往是跨行业、融合多种不同技术的，非常需要通用的认证标准，来消除安全、合规的不确定性。

在图 3.8 中，我们提出一种落地匿名化和数据使用权的跨域管控的技术实践方案。在数据流入阶段，数据提供方数据经评估审批通过后，对个人可识别信息（PII）字段进行密态化处理，将处理后的数据输入可信受控环境。在数据融合阶段，先通过构建安全可信的受控环境，保障数据融合处理过程的严格管控，包括数据的存储、加工、分析、建模、挖掘、查看等，做到对任何一个操作可管控、可审计、可追溯。再通过建设匿名化效果监测治理系统，对重标识风险进行识别与处置，持续保障数据在受控环境中的匿名化状态。在数据流出阶段，通过差分隐私、泛化、动态脱敏等技术实现输出数据的精度控制，对于需要重新识别个人的场景请求，前提是获得个人用户的授权。

由于敏感性不同的数据，所要求的密态化处理程度和控制程度也有所不同，所以可以对数据进行分类分级，并匹配相适应的技术处理手段。为了增强整个过程的可追溯、可审计，隐私计算相关技术可以与区块链技术相结合，利用区块链技术建立分布式数据流转协作网络，实现数据使用的全流程监督与审计，如图 3.9 所示。

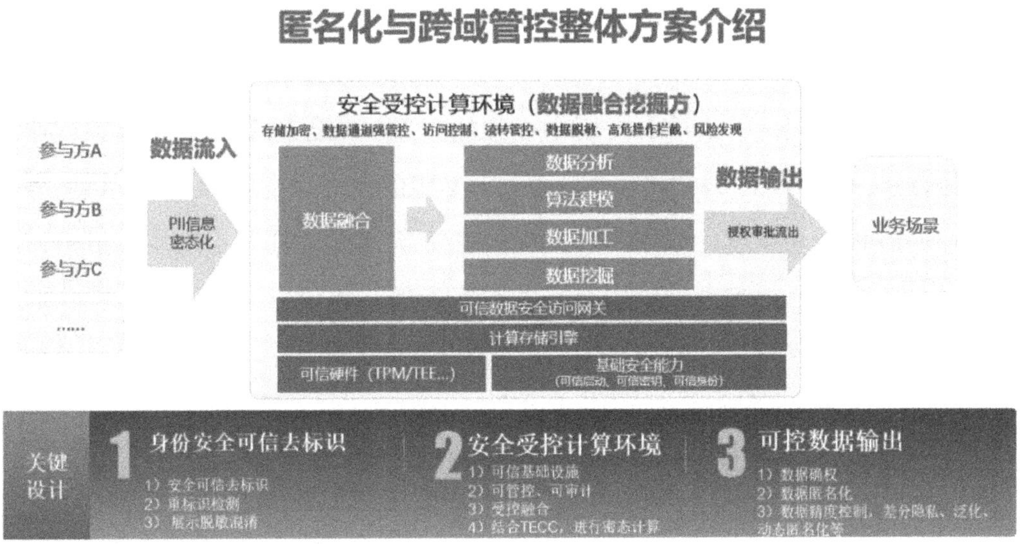

图 3.8　落地匿名化和数据使用权的跨域管控的技术实践方案

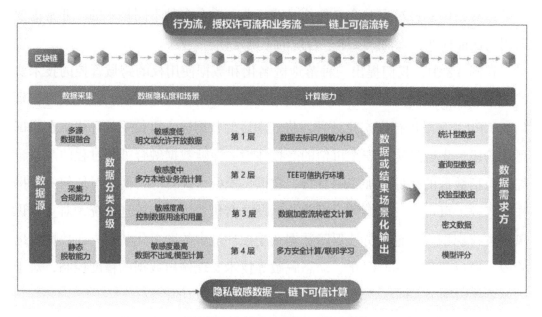

图 3.9　隐私计算与区块链技术融合支持审计的技术实践方案

　　第二个卡点是使用数据技术的门槛问题。第一是不同规模的企业采用不同的策略。首先，头部企业有技术和资金实力，能进行技术研发和自主创新。应鼓励头部企业结合实际应用进行技术重构和创新投入，逐步扩大应用范围，挖掘新的数据流通和应用场景，培养企业内部人员对于隐私计算等新技术的使用习惯和能力。其次，中型企业一般很难有时间精力长期投入技术创新，更需要在业务中直接应用，解决业务发展中面临的问题。应鼓励数据要素相关行业之间强强合作，形成开放的技术生态，通过 ISV 集成化为这类中部企业提供服务，降低业务流程的复杂度，让用户可以在业务中快速验证并落地应用。最后，针对小微企业，一般很难主动采用或研发类似产品，建议可以通过平台服务形式为小微企业提供成型的、模块化的、简单易用的 SaaS，让小微企业可以更关注自身的业务场景，并能轻松使用相关技术参与数据流通提升业务。

　　第二是通过技术生态协同发展来降低成本。通过开源构建互联互通生态，打破各种技术解决方案的壁垒，凝聚技术合力，降低隐私计算开发者和使用者的技术门槛。鼓励头部机构提供可信 PaaS 服务，同时大力发展密态 SaaS 生态，从而降低开发者和终端使用者的使用门槛。依靠产学研合作，通过多种形式的教育培训，加大人才梯队建设，推动行业做大做强。

蚂蚁集团在开源方面做了一些探索尝试。2022 年 7 月，蚂蚁集团面向全球开发者正式开源"可信隐私计算框架——隐语"，开发者可免费使用隐语的代码，从而实现技术普惠和行业生态共建。2022 年 9 月，蚂蚁集团发布可信隐私计算"隐语开放平台"，为终端用户提供"拎包入住"式服务。

第三个卡点是要解决整个行业层面的数据技术使用成本问题。目前隐私计算相关技术的性能还是个很大的问题。例如，现在最广泛使用的 GBDT 树模型，即使是 30 万的样本，在专线条件下联邦学习完成训练也往往需要 8 个小时以上。对比一下，同样的样本与训练量如果在明文状态下，可以做到在分钟级就能完成，相差甚大。深度学习的复杂度就更高，这方面传统隐私计算和明文分布式计算的性能差距更加显著。

一是可以通过技术融合创新，让性能差距从千倍降至十倍以内；二是平台型企业通过可信硬件的规模化部署，降低平均成本；三是通政府指导，头部企业引领，推动应用的规模化，从而分摊固定成本投入，实现全行业的渐进普惠。

蚂蚁集团在此过程中进行了技术融合创新性探索：将目前的可信计算技术和密码技术进行融合，降低成本，消除跨网密态计算瓶颈及对算力的需求，对算力成本的需求增加可以控制在明文分布式计算一个数量级之内。此外，可以在一个小时内实现亿级密态样本的建模分析。这仅仅是一个方面的突破，想要实现全行业突破和成本降低，需要全行业的努力。只有大大降低了成本，才能真正实现隐私计算相关技术的大规模应用，从而支撑数据的安全、合规、高效流通。

（转载自中国计算机学会的文章《蚂蚁李振华：数据要素流通与数字技术支撑 | "50 人论坛"报告》，整理自作者在 "CCF 中国数字经济 50 人论坛高端峰会"上的发言）

第4章　中国数字发展特色案例

　　中国互联网协会是由中国互联网行业及与互联网相关的企事业单位、社会组织自愿结成的全国性、行业性、非营利性社会组织。2020年10月，中国互联网协会支持成立数字化转型与发展工作委员会，致力于推动中国经济社会数字化转型发展。"互联网助力经济社会数字化转型"案例征集与评审活动是中国互联网协会在第21届中国互联网大会框架下特别发起的，由数字化转型与发展工作委员会承办，并计划将其打造成为大会的一项重要品牌特色活动，旨在进一步梳理总结中国数字化发展过程中不同领域积累的成功案例和经验，并不断释放和放大这些案例和经验的价值与作用。本次活动是自2022年4月首次成功征集以来，第二届全国范围内、全行业领域的数字化转型案例征集活动。受中国互联网协会委托，数字化转型与发展工作委员会和伏羲智库共同承办了数字化转型案例的征集与评审工作，并由清华大学互联网发展与治理研究中心的研究团队展开案例分析研究。在社会各界的广泛关注、支持、参与及有关主管部门和协会领导的高度重视下，活动成功遴选出百余个各行各业数字化转型优秀案例，涵盖了数字经济、数字社会、数字文化、数字政务、数字生态文明、数字基础设施、数字资源利用等多个方向。此外，此次案例的申报单位在行业分布上具有极高的多样性，但各产业内分布不均的情况仍较为显著，预示数字化转型发展相对滞后的领域还有很大的发展空间。同时，案例涉及的经济规模也十分庞大，表明这些案例作为样本对中国数字化转型的图景具有足够的代表性。

4.1　数字化转型方案供应方的整体特征

4.1.1　地域分布

案例申报企业的地域分布如图 4.1 所示。

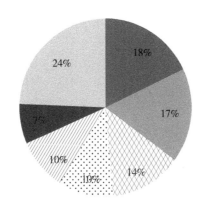

▨ 浙江省　▧ 贵州省　⧄ 山东省　⋮ 江苏省　▩ 北京市　■ 广东省　▦ 其他

图 4.1　案例申报企业的地域分布（省级）

互联网助力数字化转型申报入库案例在地域分布上覆盖广泛，全国共计覆盖 25 个省份，将近 70 个城市。以省级计数，2023 年，共计入库的来自 25 个省份的 222 个数字化转型案例中，浙江省在国内数字化转型案例申报中处于领先地位，其数字化转型入库案例达到 40 项，占全国总入库案例的 18%，贵州省次之，入库案例数量占到全国总量的 17%，山东省、江苏省、北京市及广东省紧随其后。以地市级计数，贵州省贵阳市数字化转型案例在所有地市级区域中拔得头筹，共计 24 项，除贵阳市外，本次入库案例数量超过 10 项的地级市区域还包括浙江省杭州市、浙江省宁波市、山东省枣庄市、江苏省无锡市及北京市海淀区（图 4.2）。由此可看出，数字化转型方案的供应方主要集中在经济发达地区，一方面，经济发达地区能够给予足够的资金支持；另一方面，在经济发展水平较高的地区，企业能够与政府达成数字发展共识。此外，中西部地区在数字化转型上有异军突起之势，这说明曾经以中国互联网的发源地北京为中心向外发散的数字化转型格局已被打破，有更多的地区认识到了数字经济对高质量发展的支撑与促进作用，并积极加入城市数字化转型的队伍中，力争成为新的试点。总结来说，我国数字化转型的参与者所在地域辽阔，但先锋队伍较为集中，还处于数字化转型观望阶段或摸索阶段的地区可以把先锋城市作为范例，吸取数字化转型经验，明确自身发展潜力，灵活调整发展策略，着力引进并掌握最新的技术，从而更加敏锐地探索到数字经济市场中待开发的区域。

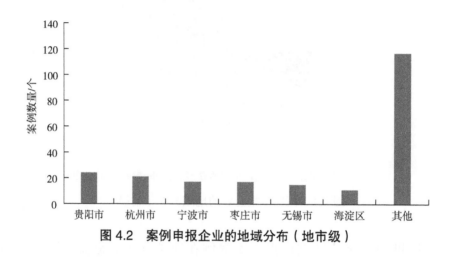

图 4.2 案例申报企业的地域分布（地市级）

4.1.2 行业分布

入库案例具有极高的行业多样性，横跨第一、第二、第三产业。这说明数字化转型需求既具有普遍性，又具有迫切性，已快速渗透到了各行各业中。行业分类的设定来自国民经济行业分类，具体行业分布如图 4.3 所示。其中，软件和信息技术服务业企业所提供的案例在所有案例中拔得头筹，其与电信、广播电视和卫星传输服务，互联网和相关服务，科技推广和应用服务业共同占据了整体案例的 64%，说明以软件和信息技术服务业为代表的数字产业持续在数字化转型中发挥主力作用，且奠定了所有数字化转型方案的基石。此外，软件和信息技术服务业、互联网和相关服务及科技推广和应用服务业的相关案例之和已经超过总体案例的一半，远远超过了单纯的通信传输服务，进一步论证了中国数字化的进程已经跨越到新阶段，多数注重数字化转型的企业也更注重扎根基础的系统架构改造和深层次的技术创新。同时，结合各案例的地域分布能够看出，信息技术产业发展与地区经济发展是相辅相成的，经济发展支撑信息技术产业，进而支撑数字化转型。反之，数字化转型促进数字经济发展，数字经济规模的不断扩大使资源利用更有效、资源配置更优化、人民生活更便利、社会收益更可观。

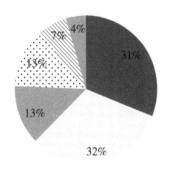

软件和信息技术服务业　　　　　　　其他
电信、广播电视和卫星传输服务　　　互联网和相关服务
科技推广和应用服务业　　　　　　　研究和试验发展

图 4.3　案例申报企业的行业分布

4.1.3　企业情况

从企业组成结构来看，案例申报企业的性质归类如图 4.4 所示。有限责任公司所提供的案例占比达到了 69%，且这些公司几乎全部为自然人投资或控股。股份有限公司所提供的案例大约只有有限责任公司的 1/3。其中，已上市公司的案例约占股份有限公司的案例的一半，这其中又以控股类型为自然人控股的公司提供的案例数量最多。一般来说，相较于股份有限公司，有限责任公司的规模较小，出资人固定，因此决策较为灵活。此外，因为有限责任公司的保护模式更吸引投资人，可以推测其更容易融资，从而进行技术升级和改革，所以在数字技术环节中，大量民营企业有充足的资金扶持科技创新，从而对传统实业企业进行全面数字化升级。整体来看，案例申报企业中，民营企业数量较多，表明民营企业的力量在数字经济中发挥着重要作用。这说明得益于中小企业呈

现"量质齐升"的发展态势，以中小企业为主的民营企业数字化转型进程势如破竹。同时，也说明党的二十大报告提出的"支持中小微企业发展""支持专精特新企业发展""促进数字经济和实体经济深度融合"等方针为推进中小企业数字化转型做出了有力的支撑，且已见成效。

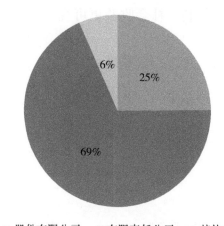

图 4.4　案例申报企业的性质归类

　　案例申报企业的资产情况如图 4.5 所示，有约 1/4 的案例来自小微企业，对这些企业来说，机遇与挑战是并存的。一方面，它们在企业体量较小的发展初期，能够与数字化转型携手在技术实力方面寻求突破以拓展其发展空间，并寻求更多机会完成科技投入向实际收益的转化；另一方面，这也说明了数字化转型正在向下深入兼容，在逐步形成一个个性化和差异化都更大的市场。

　　此外，如图 4.6 所示，专精特新及专精特新小巨人企业提供的案例约占整体案例的 11%。这说明数字化转型对企业知识产权的质量和数量、研发费用的投入及营收规模都在稳步树立更高的要求。专业化、精细化、特色化、创新化是专精特新企业的主要特征，其最广泛且明显的特点是同时有着人才和技术优势，企业中的人才可以发挥核心和决定性作用。在未来，这些研发水平高、成长潜力大、技术能力强的创新型企业将成为数字化转型的中坚力量，它们不仅拥有自主知识产权，还拥有稳定的产出或资金注入来发展科技这一新质生产力。事实上，技术人员在数字化转型中发挥的作用非常重要。他们的创新精神、专精技术和行业经验是数字化转型的基础。技术人员含量过低将无法给予企业稳定高质的技术，进而使企业的数字化发展进程受阻，因此从原始数据中可知，方案供应方中包含大量的网络企业和科技企业，这类企业技术人员占比普遍较高，能够为企业的数字化发展提供充分的保障。给其他想提升数字化转型能力的中小型企业也提供了一定的启示，推进数字化转型离不开一支专业化的人才队伍，引进数字人才才是提升创新能力、增强企业发展韧性的关键举措。

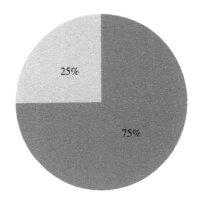

图 4.5　案例申报企业的资产情况

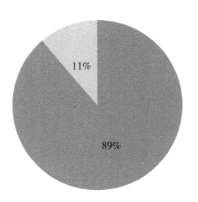

图 4.6　案例申报企业的资质情况

关于企业注册资本，从图 4.7 可以看出，去除没有注册资本数据的企业，注册资本在 1 亿元以下和 1 亿元以上的企业贡献了基本相当的案例，说明不同体量的企业都参与了数字化转型进程，呈现出百舸争流之势。其中，注册资本在 1000 万~1 亿元的企业所提供的案例占比最多，虽然本次未呈现企业的营收规模，但通过原始数据比对，可判断案例分布与前文中小企业案例分布基本一致，说明数字化转型方案供应方具有相应的盈利能力。

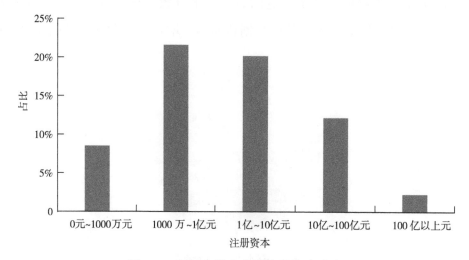

图 4.7　案例申报企业的注册资本分布

　　根据企业成立时间进一步细化企业不同发展阶段，由图 4.8 可知，将近 30% 的案例来自成立不足 5 年的新兴企业，成立时间在 10 年以内的企业合计提供了接近一半的案例，这再次说明很多年轻的企业能够积极地抓住机遇，以迅猛势头发展创新技术。成立时间在 10 ~ 20 年的企业贡献了最多的案例，这些企业通常已经完成了第一轮融资，在当今数据市场高速发展的形势下，它们重新定位，加快步伐迎接数字化转型的挑战，与初创企业齐头并进。剩下还有不足 20% 的案例由成立超过 20 年的企业提供，这些企业一般具有稳定的现金流和合理的资源配置，在搭乘市场数字化转型列车的同时也有助于完成企业自身的转型。

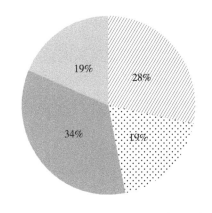

// 0~5年　‥ 5~10年　■ 10~20年　■ 大于 20 年

图 4.8　案例申报企业的成立时间分布

4.1.4　政府机构情况

　　政府数字化转型主要包括数据管理和分析、政府门户网站建设、数字政府治理、数字化公共服务和基础设施等方面。从各地的数字政府建设实践来看，中国目前已成为一个政府数字化转型的巨型实验场，然而，聚焦入库案例，可发现政府数字化转型存在着明显的行政级别分布不均情况。具体来说，政府数字化转型目前仍以市级政府领跑，由图 4.9 可知，市级单位案例占比超过了一半，达到了 54%；区级次之，约市级政府的一半；接下来是县级和街道，分别占 8% 和 6%；最后是省级和乡镇级，其案例都只占总数的 3%。可以发现，除省级外，其余各级政府案例数量随行政级别降低而层层递减，且差异明显，说明数字化转型的经验和需求仍然很难下放至县和乡镇。结合数据，对于省级政府机构，其案例占比较低的原因猜测如下：一是省级项目体量太大，还未找到最优投入比例；二是省级项目级别更高，审批标准更严格，审核难度更大。对于乡镇级政府机构，其案例占比较低的原因猜测如下：一是乡镇级政府机构仍对数字化转型认识不到位；二是可能存在政府供给与乡镇居民需求之间的矛盾，城乡之间存在巨大的"数字素养鸿沟"；三是乡镇级政府机构或面临和中小企业同样的数字人才短缺问题。因此，要坚定不移地响应党的战略规划，通过"自上而下"的宏观顶层设计，充分调动层级间的数字化转型主动性，全方位、多区域地推行试点，才能使案例在政府机构间的分布更优化，实现全国范围内的政府数字化转型。

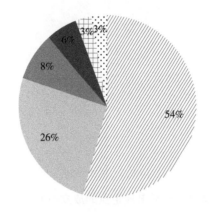

图 4.9　案例政府级别分布

　　总的来说，通过以上对各申报企业的特征总结，基本可以明确当前中国数字化发展的主要驱动力和困难处理的落脚点。一是持续推进沿海及经济发达省市利用集聚地的优质营商环境和经济发展水平加速数字化转型，同时鼓励其他地区积极加入到数字化转型的队伍中来。二是中小企业在数字化转型中具有先天优势，新兴企业应抓住数字化转型的机遇，注重科技人才的吸纳与培养，不断完善技术研发进程，提升整体竞争力，迅速成长为更多数字化转型方案的供应方。三是将服务理念转型、业务模式转型、组织结构转型及组织文化转型的政府数字化转型目标深入践行，推动数字经济、数字社会和数字政府的相互助力和互动协调发展，建构起以人民为中心的智能化社会治理结构，城乡协同，最终共同促进全社会数字经济的高质量发展。

4.2　数字化转型案例的普遍特点

　　《中共中央关于制定国民经济和社会发展十四个五年规划和二〇三五年远景目标的建议》中指出，加快数字化发展，推进数字产业化和产业数字化，推动数字经济和实体经济深度融合，加强数字社会、数字政府建设。其中，数字产业化是指数据要素的产业化、商业化和市场化，产业数字化是指在新一代数字科技的支撑和引领下，以数据为关键要素，以价值释放为核心，以数据赋能为主线，对产业链上下游的全要素数字化升级、转型和再造的过程。基于此目标，对于 2023 年度入库的案例，在原有的数字经济、数字政务、数字社会、数字文化及数字生态文明的划分体系下，我们进一步优化细分出数字基础设施和数字资源利用两大类。如图 4.10 所示，数字经济方向的案例独占鳌头，合计占总体案例的 40%，其中数字经济（服务业）的占比在三大产业中稳居第一，说明服务业转型快于工业和农业。仅从案例分布来看，数字经济（工业）与数字经济（服务业）相差不大，说明工业数字化已步入发展新阶段。而数字经济（农业）则仍旧面临一定的发展障碍。数字政务和数字社会方向的案例占比分列第一、第三位，分别占到总体案例的 23% 和 16%。正面反映出政府与企业都在积极践行规划与目标发展纲领，同时也反映出现阶段数字经济方向的产业数字化发展势头依旧迅猛。究其原因：一是这类产业数字化改革的启动较早，因此发展模式更为成熟；二是各行各业都催生出数字经济的需求，数字经济的实现是必然趋势。尽管目前各案例应用方向的分布仍不均衡，但可以看出各方向都得到了有效的拓展，案例库在不同应用方向的逐步壮大，使数字化转型的产业蓝图愈加丰富，跨产业的发展也将产生更加可观的规模效应，达到更快速、更充分的发展。特别是新添加的分类数字基础设施与原有的分类数字生态文明平分秋色，各自贡献了 7%，再次验证了数字化转型正在向下深入，扎根基础建设。值得一提的是，数字基础设施的案例涉及医疗控制中心、通信工程、物联网管理、云平台管理及政府业务系统等多个方面，与居民生活息息相关，这将充分提升全民数字技能，实现信息服务全覆盖。而数字生态文明的建设大到资源循环，小到垃圾分类，势必使生态文明建设实现新进步，利在千秋万代。此外，数字资源利用方向的案例只占全部案例的 4%，而最少的案例占比依旧落在了数字文化方向，尽管数字文化的发展现在处于弱势，未来却能有可为，也大有可为。一方面，该方向的发展空间巨大，多样需求亟待挖掘。另一方面，发展数字文化，有助于提高人民数字素养，而建立数字素养是迈向数字经济的基础，也是实现数字文明的前提。

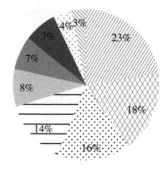

图 4.10　案例应用方向分布

　　为充分了解案例特征，我们通过词频分析提取了所有入库案例描述中出现的高频词汇，包含了数据、服务、平台、城市、工业等词（图 4.11）。诚然，健全数据要素市场是数字化转型的第一要务，也是核心需求，"城市"在高频词中出现也并不稀奇，与前文中关于案例地域分布和政府机构分布的结论相同，说明现阶段城市为数字化转型应用场景的主体。"服务"作为高频词之一，既对标了数字经济中占比最大的方向服务业，也内含了数字化转型以人为本的核心要义，而"平台"则是数字化转型的载体。"工业"印证了中国数字化转型正处于以人工智能、大数据为标志的第四次工业革命浪潮中。

　　总的来说，中国数字化转型仍处于从服务业向工业、农业传递的阶段，数字经济案例作为比重最大的部分是稳增长、促转型的重要引擎，预计会获取资本市场更多的资金支持。此外，应对数字政务正确引导，使其协同服务效能实现大幅提升，并持续对数字基础设施建设进行规划布局，扎实推进。同时，要完善数字资源利用，并兼顾数字文化和数字生态文明建设，最终使各方向案例齐头并进，更好地调动各方力量建设数字中国。

图 4.11　案例描述词频分析

第 5 章　数字经济农业特色案例

5.1　整体案例分析

5.1.1　市场构成与用户特征

农业是国民经济的基础，数字农业是农业现代化发展的高级形态，数字化是农业现代化的制高点和发展方向，《数字农业农村发展规划（2019—2025 年）》《数字经济发展战略纲要》等一系列重要政策文件强调，要大力发展数字农业，实施数字乡村战略，推动农业数字化转型，以数字化驱动农业农村现代化发展。然而，受制于小农经济的发展基础、农业数字化投资回报率较低等问题，农业数字化发展总体滞后，体现在第一产业的数字经济渗透率偏低，农业是数字经济建设的短板。

随着数字化发展浪潮向农业农村加速渗透，数字技术在农业中的应用以经营为主，向生产、管理、经营均衡发展转变，农业数字化发展落后的局面正逐步得到改善。

农业生产数字化收益明显。农业农村部统计的数据显示，2022 年全国农业生产信息化率达到 27.6%，较上年增长了 2.2 个百分点，全国大田种植信息化率已经超过 21.8%，全国植保无人机保有量达到 16 万架，作业面积达 14 亿亩次，带有北斗定位功能的智能化农机超过 90 万台，作业效率提高 20% 以上。

农业管理数字化多维开花。我国农产品质量安全追溯体系日益完善，国家农产品质量安全追溯管理信息平台已实现与 31 个省级平台及农垦平台的对接互通，截至 2022 年 6 月，已有 46.5 万家生产经营主体完成注册。自农业农村部实施农作物种子生产经营备案制度以来，我国种子生产经营备案率显著提升，

2022 年 8 月，备案用户数量较上年增长 21.1%。"空、天、地"立体化新型农作物对地调查体系初步建立，粮、棉、油等 8 类 15 个品种的全产业链大数据试点取得初步成效，完成 4 种农作物种植面积、长势和产量遥感监测。

在经营环节，农村电子商务在带动农村经济、保障农产品供给、防止规模性返贫等方面的作用愈发凸显。中国食品安全电商研究院与北京工商大学发布的《2023 年中国农产品电商发展报告》显示，2022 年我国农村网络零售达到了21 700 亿元，同比增长了 3.6%，其中农产品网络零售销售达到了 5313.8 亿元，同比增长 9.2%，农产品跨境电商零售进出口总额 81 亿美元。截至 2022 年底，脱贫地区农副产品网络销售平台（832 平台）[①]入驻脱贫地区供应商超 2 万家，2022 年交易额超过 136.5 亿元，同比增长 20%。

以生产、管理、经营不同环节为划分依据，可将数字农业市场供给方企业划分为如下类型（表 5.1）。

表 5.1　数字农业市场供给方企业主要类型

领域	企业类型	服务内容	代表性案例
生产	农作物监测和气象数据服务提供商	通过构建天地空一体化的农业生产感知系统，实时监测农作物长势与环境数据，将不同高度层设备监测所得的数据进行融合分析，形成全面的农业生产环境信息网络	中国联合网络通信有限公司菏泽市分公司研发的农业大数据服务平台，内嵌农业大数据资源库、农情监测、气象服务等模块，支持农户对作物进行科学、精细化管理
	农业生产性服务企业	提供直接完成或协助完成农业产前、产中、产后各环节作业的社会化服务，如农业生产托管服务、金融服务、农业培训和教育、农资供应服务等	枣庄市台儿庄区运丰良蔬农业科技有限公司构建的"按揭农业"智慧产业示范园，制定了"合作联产计酬""短期租赁""按揭租赁""按揭销售"4 种服务模式，破解了农户发展现代高效农业的融资瓶颈

_____

① 该平台是在财政部、农业农村部、国家乡村振兴局、中华全国供销合作总社四部门指导下建设和运营的。

续表

领域	企业类型	服务内容	代表性案例
管理	供应链管理服务提供商	帮助农产品从原材料采购到最终产品实现的全过程管理，包括生产计划、农资供应、加工、运输和市场销售，确保农产品的新鲜度和质量	广东欣农互联科技有限公司提供一站式数字化采购和数字化营销管理解决方案，促进供给侧协同效能的提高和产业生态圈的形成
管理	生产监控和工厂管理提供商	通过网络与终端设备实现远程管理，对农作物生产、经营环节全流程所需的人力、财务、技术进行全面的组织控制与管理规划	中国电信股份有限公司黔东南分公司打造的智慧茶园物联网系统中的视频监控系统可通过云端形式同步转播给消费者远程查看，提高信任度，并对茶园进行有序管理，实时监控
经营	农产品电商和批发平台	通过互联网电商让农产品生产者和购买者进行有效的供需对接，源头农户、商家也能通过短视频、直播来宣传和推介优质农产品，与消费者直接连接，减少中间环节，提高销售效率	鲁南直播电商智慧产业园积极开展村播助农扶持和新农人主播培训，逐渐形成以电商平台＋网红产业＋金融资本三大赋能为主导的特色电商园区
经营	数字营销企业	利用数字技术和互联网工具进行市场推广，帮助农户和农业企业扩大产品知名度和市场覆盖，助力农户拓展销量，实现特色农产品的精准营销，为农产品进城打开销路	贵州电子商务云运营有限责任公司推出的贵荟馆省外仓，在全国重要市场打造全方位立体式融合推广的平台与形象展示窗口，服务本土特色产业系列产品
经营	市场分析和预测服务提供商	提供先进的数据分析工具和解决方案，助力农户了解不同地区的农产品市场价格，分析农产品价格趋势，进而优化生产与销售策略	山东开创集团股份有限公司搭建的开创云智慧农业平台可以通过对网上的农产品价格进行抓取、整理与分析，帮助农民以合理的价格销售农作物

此外，个体农化、农业企业与有关政府部门也是数字农业的主要参与群体。

一是"新农人"群体日益壮大。不同于传统农民，"新农人"对数字技术的应用程度普遍较高。据农业农村部数据，2012—2022 年底，返乡入乡创业人员累计达到 1220 万人，在大多领办或参与的新型农业经营主体和服务主体中，50% 以上的创业人运用了智慧农业、遥感技术等现代信息手段。2022 年国家高素质农民培育计划共培养高素质农民 75.39 万人，71.76% 的高素质农民对周边农户起到了辐射带动作用。电商拼多多发布的《2021 新新农人成长报告》显示，截至 2021 年 10 月，在拼多多平台推行农产品的"新新农人"数量已超过 12.6 万人，在涉农商家中的占比超过 13%。

二是新型农业经营主体数量快速增长，发展质量不断提升。农业农村部数据显示，截至 2023 年 10 月，纳入全国家庭农场名录管理的家庭农场近 400 万个，依法登记的农民合作社 221.6 万家，组建农民专业合作社联合社（简称"联合社"）1.5 万家。越来越多的农民合作社选择加入联合社，以解决单一合作社发展规模小、经营实力弱、市场竞争力有限等问题，2022 年农业 500 强合作社中加入联合社的数量为 268 家，占农业 500 强合作社总数的 53.6%。为促进小农户和现代农业有机衔接，实现农业生产过程的专业化、标准化、集约化，全国超过 107 万个组织开展农业社会化服务，服务面积超过 19.7 亿亩次，服务小农户 9100 多万户。新型农业经营主体积极参与粮油作物大面积单产提升，促进技术集成组装应用和在地熟化推广，在稳粮扩油中发挥了骨干作用，并且全国已有 19.6 万个家庭农场获得"一码通"赋码，农业规范运营程度得到明显提高。

三是政府从项目孵化、政策保障、公共服务等方面为农业数字化发展保驾护航。农业部加强智慧农业重点项目建设，2023 年已累计建设 31 个国家智慧农业创新中心、分中心和 97 个国家智慧农业创新应用基地。各级政府引导农业融入数字经济的发展体系，在数字农业技术研发、数字农业产业化、数字农村建设等方面提供政策支持，打造良好的政策环境。在公共服务方面，截至 2022 年 8 月，农村农业部打造的国家农业科技服务云平台注册用户超过 1300 万，累计访问超过 35 亿次，日均服务超过 400 万人次，在线提问解答率保持在 92% 以上。

本次数字经济农业特色案例覆盖种植业、渔业、牧业等子行业，企业普遍重视农业生产过程的绿色环保，综合应用云计算、大数据、人工智能、物联网、区块链、5G 等数字技术，搭建各具特色的农业生产云平台，通过汇总、分析农业活动过程中的各类数据，为农业生产者提供综合性、一站式的服务解决方案，并与相关部门、农业企业开展广泛合作，搭建数字农业产业生态。

5.1.2　解决方案总结

数字农业领域的解决方案呈现出融合发展趋势，整体朝更加综合性、一站式的方向发展。例如，淘天集团致力于推动从"餐桌"到"土地"的全链路数字化转型升级，黑龙江虎林市政府联合黑龙江省农科院、天猫超市探索大米产业带"联合种植＋品牌孵化＋销售保证"的产、加、销一体化发展模式。

在生产环节，数字农业推动地理信息系统、全球定位系统、计算机技术等高新技术与地理学、生态学、农学等基础学科有机结合，不同于传统农业生产的"土地＋机械"，而是以"信息＋知识＋智能装备"为特征，助力农业生产的网络化和智能化。为了完整地采集农场生态环境和植物生长状态等信息，打造农业物联网，贵州贵谷农业股份有限公司融合多传感器技术，研发设计针对山地农业生产环境的无线传感器网络节点和数据汇聚节点，最终形成一套功能完备的山地农业大数据精准管理服务系统。

在管理环节，农业管理系统连接生产端与经营端，尽可能涵盖包含生产监控、供应链体系、农产品溯源等环节在内的全部流程。例如，为维护五常大米的品牌形象，提升消费者对品牌的信任度，新华网股份有限公司搭建的"溯源中国·稻乡五常"数字经济平台把从种子产地，到水稻种植、加工、销售等全链路数据存入区块链溯源平台，实现数据的不可篡改、可追溯等。

在经营环节，数字农业拓宽了线上直销渠道，搭建了数字化营销体系，推动了从"以产定销"到"以销定产"模式的转变，能够有效稳定销路，避免大规模生产浪费。例如，为解决农民合作社、生产基地的农产品销路问题，贵州山久长青科技集团研发的"学生营养餐智慧云＋校农云"大数据平台，推行"以销定产"的订单农业模式，围绕学生营养餐需求，供应多样化的农副产品。

5.1.3　收益成效

粮食是人类生存和发展最基本的物质条件，中国拥有近14亿人口，粮食安全是国之大计、强国之基。然而，我国农业大而不强、多而不优，农业科技含量不高，土地产出率、劳动生产率和资源利用率较低，部分农产品长期依赖进口，与美国、加拿大、澳大利亚、荷兰、日本等农业强国相比仍有较大差距。数字化发展是扭转上述局面的重要举措，农业数字化已成为促进农业发展的新动力、新潮流和新趋势，以农业产业数字化转型赋能农业现代化，对加快农业强国建设、推动我国经济高质量发展和实现中国式现代化意义重大。

在经济效益方面，一方面，数字农业有助于化解传统农业"靠天吃饭"和散、乱、小的无序低效状态，帮助农业生产主体应对自然因素造成的不确定性与风险损失。另一方面，对农业进行网络化、智能化改造，运用现代农业机械设备，可以大幅提高农业生产效率，起到增收减损的效果。

在社会效益方面，第一，推动乡村振兴，促进区域协调发展。我国城乡发展不均匀、不协调，农村发展普遍落后于城市，而数字农业建设有助于解放和发展数字生产力，激发乡村振兴内生动力，其带来的普惠性增长，深刻改变着乡村的发展道路，推动农业全面升级、农村全面进步、农民全面发展，助力解决城乡发展不平衡、不充分的问题。

第二，助力共同富裕，提升农户议价能力。在传统农产品销售模式中，农民议价能力较弱，获得利润低，数字平台的介入能够提升市场透明度、减少信息不对称，拓宽农产品销售渠道和市场，甚至直接连接生产者和消费者，回避中间商或龙头企业的介入，从而起到增收效应。

第三，推动农业生态环境可持续，实现环境友好型农业发展。农业用水占全国总用水量的 60% 以上，水利部门大力发展农业节水灌溉，提升灌区管理能力。数字灌溉系统按管道流量和各田块面积设定各田块出水阀的启闭时间，按田块顺序逐个依次定量灌溉，有效避免农户高田有水、低田漫灌的用水浪费，实现精准灌溉。

5.2　案例 1："学生营养餐智慧云 + 校农云"大数据平台

5.2.1　案例简介及解决行业痛点

（1）公司介绍

贵州山久长青科技集团于 2011 年落地碧江，2015 年 9 月进驻贵州碧江高新区智慧产业园，是铜仁市碧江区高新科技重点招商引资企业；公司业务已涵盖数字平台经济产业、实体产业、农业发展、物流配送、大健康产业等。

（2）案例基本情况

"学生营养餐智慧云＋校农云"大数据平台的开发与建设，同时参与了农业种养殖和实体加工与配送工作，业务涵盖数字平台经济产业、实体产业、农业发展、物流配送、大健康产业等。目前，平台在贵州省内已实现 67 个县的覆盖，全国已建成 1 个省级和 13 个市级大数据平台调度中心，172 个（区）县级云指挥中心，4416 个乡镇级数据云仓，15 000 多所大学、高中、中小学及幼儿园消费体系。

（3）案例解决痛点

案例主要面临以下几个痛点。

一是供需资源对接不精准。现有学生营养餐难以实现需求与种植的精准对接，影响了乡村振兴。二是校农产销对接困难。学校订单采购难以有效撮合生产商与当地合作社及农户的交易，校农结合效果不佳，阻碍了乡村经济的发展。三是食品安全保障不足。农产品从种植到餐桌的整体链条安全难以保障，现有的溯源和农残检测方法不够全面，影响学生营养餐的安全性。四是营养均衡管理不全面。学生的营养状况缺乏有效的分析和管理手段，现有措施不足以保证学生在校和校外餐食的营养均衡，影响学生的健康管理。

5.2.2　解决方案

平台采用 PHP+JS+MySQL 开发语言和数据库语言，进行系统开发和数据管理。采用云计算架构为平台底层提供基础资源支撑，选用云数据库集群，提高数据库存储和读取性能，增强数据库安全性，同时配合 Redis 使用，极大地提高了数据检索速度和客户体验；以云主机作为应用服务器部署平台，保障了应用程序与数据库分离，同时以最佳性能响应客户需求；采用弹性 IP、弹性带宽作为网络硬件支撑，保障了应用服务器和数据库服务器的带宽需求，上不封顶，既能满足用户高并发需求，又能有效降低成本；开发语言采用市面上成熟的开放架构，通过 API 接口、WebService 等相关技术，可以灵活接入第三方功能和服务模块、丰富平台功能，同时以全新的技术框架、完善的业务流程、先进的管理模式打造独具特色的综合性校农结合平台（图5.1）。

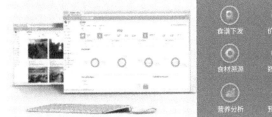

图 5.1　平台端口界面及功能

商业模式上，政府引导与市场主导有机结合，通过学校订单采购撮合生产商与当地合作社及农户进行交易，帮助解决农民合作社、生产基地的农产品销路问题。以学生营养餐农产品消费需求为重点，加大对当地农副产品采购力度。

"以销定产"订单农业模式以学生营养餐智慧云平台带量食谱为标准，根据学校就餐人数计算食材需求量，签订采购合同，并实行保底价收购，形成示范效应，以点带面与农户建立起长期稳定的利益链接机制。

5.2.3 应用成效

"学生营养餐智慧云＋校农云"大数据平台在贵州省内有较高的覆盖率，服务 67 个县，涉及 15 000 多所大学、高中、中小学及幼儿园的消费体系。2021 年平台撮合交易额达 98 亿元，2022 年平台撮合交易额达 128.8 亿元，2023 年到目前已达 50 亿元。平台现已聚集 4305 个企业＋合作社＋种养殖大户和 285 个配送中心。公司旗下子公司或投资企业 16 家（省内 11 家，其中 6 家为国营和民营混合制；省外 5 家，其中 3 家为国营和民营混合制），已涵盖数字平台经济产业、实体产业、农业发展、物流配送、大健康产业等。拥有自主发明专利和原始软著 60 余项。

5.2.4 先进性及创新点

第一，实时全程可视化，追踪确保食品安全。第二，实现系统智能操作，减轻人力资源投入。第三，报表自动生成，杜绝人为修改。第四，实现食谱科学营养，确保学生身体健康。第五，资金用途自动分流，自动独立建账独立核算。第六，实现库存智能管理，避免误食过期食材。

5.3 案例 2：开创云智慧农业平台

5.3.1 案例简介及解决行业痛点

（1）公司介绍

山东开创集团成立于 2003 年，是领先的数字化经济建设者，公司以流量和内容为驱动，利用云计算、大数据、人工智能、物联网、区块链等技术，为企业、政府等全行业提供数字化产品与解决方案。开创集团聚焦数字化营销、云计算与应用服务领域，独创"爬山虎生态"模式，秉承正直、创新、学习、共享、参与、感恩的价值观，致力于为用户提供有价值的产品和服务、为员工提供收获和成长的平台、为生态伙伴和社会创造价值。

（2）案例基本情况

开创云智慧农业平台在农业信息化建设方面做出了创新。平台通过"动态监测＋大数据处理"的新模式，极大提升了农业生产力的发展。和传统模式相比，其优势是信息收集全面、数据监测智能、管理方式自动化。

（3）案例解决痛点

案例主要面临以下几个痛点。

一是传统农业生产方式落后，生产效率低，对于水资源、人力、肥料投入较大，农业竞争力不强，生产工具相对落后，农作物生产销售渠道不畅通，农业生产抗风险能力弱。二是农业生产过程中各阶段对作物生长环境、生态指标感知弱，没有构建全面科学的作物全生长周期监测，不同区域或不同作物之间用水、用肥等管理上人为的误差导致作物质量不统一。

5.3.2　解决方案

开创云智慧农业平台，基于互联网、物联网、云计算、大数据、人工智能、5G 等前沿新兴技术，强化新一代信息技术与传统农业的深度融合，目的是实现农业现代化建设，通过高度集成的数字化农业建设方案，保障农作物增产增收，打造高端农业品牌。

针对不同的用户需求、不同的应用场景，开创云智慧农业平台提供了不同的解决方案。一方面，可以通过现有系统的各个模块，根据客户需求进行自由组合；另一方面，在系统模块无法支撑客户需求的情况下，对现有模块进行升级改造或开展客户需求分析，进行个性化打造。

针对政府端，系统集成了大数据监控平台，将各类农业数据信息整合到大数据一张图上，帮助政府快速了解土地种植情况，掌握农田数据的第一手信息。平台能够宏观监测本地农业有关数据指标，对农业发展进行动态数据调整，优化农业发展各个环节，合理分配农业资源；同时，农业管理平台集成从源头到销售一体化监管，实现了农产品从生产到进入批发、零售市场或生产加工企业前的各环节可追溯，真正从源头上为农产品安全保驾护航。

针对企业端，通过物联网、云计算、大数据，精准把控农业生产内容，运用云管家系统、知更鸟系统等智能系统代替人工操作，降低人工犯错风险，全面记录农作物灌溉、施肥、驱虫情况，降低农业生产投入成本。对于不同应用场景及客户的需求，开创云智慧农业平台，实现不同模块自由组合，灵活高效，极大提升了农业生产力。

5.3.3 应用成效

（1）经济效益

提高农业生产经营效率，运用农业物联网技术和标准化生产管理技术，实现农业生产高效规模化、集成化、工厂化。提升了特色品牌影响力，扩大了优质农产品在全国范围内的影响力，打造特色优质农产品名片。进行信息化、智能化改造，节约了 30% 的人力投入，将土壤有机含量提升 15 克 / 公斤，整体费用投入降低了 28%，作物产品质量提升了 18%。

（2）社会效益

改善农业生态环境，强调生态整体的概念，进行系统精密运算，节约资源，保障农业生产的生态环境可持续发展。提高农业就业人数，规模化生产，延长产业链，形成多个特色产业带，增加就业机会，吸引了一大批农民工和新生代农民回乡创业就业，提高了农村居民的就业率。促进了产业结构调整和农业产业转型发展，融合了金融、旅游、养老等服务产业，促进了传统农业向一二三产业融合发展。

5.3.4 先进性及创新点

案例主要在以下方面进行了创新。

第一，大数据平台，整合了环境数据、农作物种植情况、农田地图、设备点位、预警数值等信息；第二，云感知系统，通过物联网技术，连接多种传感器硬件，实时获取农田环境数据；第三，云管家系统，借助物联网远程控制技术，实现了自动化操作，科学调节作物生长环境；第四，植物模型与精准种植系统，建立科学的作物生长模型；第五，知更鸟报警系统，通过传感器对环境、气候、土壤、虫情、设备等进行 24 小时监控预警；第六，云端溯源系统，自动化种植过程中，记录农作物的浇水、施肥、除虫等环境的信息，并记录成溯源数据；第七，市场分析系统，通过对网上农产品价格抓取，了解不同地区市场价格，分析农产品价格趋势。

5.4　案例 3：一站式数字海洋（渔业）服务平台

5.4.1　案例简介及解决行业痛点

（1）公司介绍

宁波海上鲜信息技术股份有限公司成立于 2015 年，是一家目前国内领先的基于"卫星＋互联网＋渔业"的一站式数字（海洋）渔业服务平台的国家高新技术企业。

（2）案例基本情况

一站式数字海洋（渔业）服务平台由宁波海上鲜信息技术股份有限公司打造，通过卫星技术结合互联网、大数据等新一代信息技术，整合渔业上下游，向各渔业产业链参与者提供海鲜交易服务、供应链管理服务、海上智慧加油服务、海上Wi-Fi 网络服务和信息技术解决方案服务等，打造数字渔业产业链发展新模式，构建海洋渔业智慧生态圈。

（3）案例解决痛点

案例主要面临以下几个痛点。

一是渔民海上作业过程中，渔业基础设施薄弱，信息传达效率低，渔民在海上处于"失联"状态。二是传统渔业中，渔民面临着海产品交易过程中信息不对称、价格不透明、中间环节过多等问题。三是渔船在海上作业期间，油品消耗大、质量要求高，来回加油既缩短作业时间又增加捕捞成本，亟须实惠又便捷的海上加油服务。四是由于海洋渔业是传统行业，广大从业人员和从业中小企业要通过传统征信方式从银行取得资金有很大的先天劣势。五是由于需求方企业对渔获的需求大，但传统渔业中渔获信息不透明，渔获供不应求的现象时常发生，供给侧矛盾凸显。

5.4.2　解决方案

一站式数字海洋（渔业）服务平台基于北斗卫星导航系统及 Ku/Ka 高通量卫星系统，利用大数据整合分析渔获供需信息，构建线上渔获交易体系、渔获评估体系，打造"互联网 + 渔业"的销售模式，实现渔获交易数字化；以"智慧融资"为理念，联合银行等第三方金融机构，搭建供应链风控审核机制，依托"共享冷库"，引入定制化金融监管仓运营机制和应用技术，为交易上下游构建与资金渠道的链接，通过供应链创新解决融资难；以"共享加油"为理念，联动沿海多港口码头和加油船，通过海上智慧加油系统，为渔船提供油价查询、预约加油和智能导航服务，实现平台站点统一标准化管理。

一站式数字海洋（渔业）服务平台的技术架构分为 4 层：基础层、数据层、服务层和应用层。

基础层：该层主要提供平台的基础资源支撑，包括硬件资源、网络资源和软件资源。

数据层：该层主要负责平台的数据采集、存储、处理和分析。

服务层：该层主要提供平台的核心业务功能，包括海上 Wi-Fi 网络服务、海鲜交易服务、供应链服务及海上加油服务。

应用层：该层主要提供平台的用户界面和交互方式，包括网页端、移动端和终端设备等。网页端主要通过互联网为用户提供平台的信息展示和功能操作。

5.4.3　应用成效

①提升渔获供应链流通效率。提升海鲜购销效率、渔业供应链效率与保鲜质量。使渔获售前储存时间平均缩短 12 小时以上，渔获交易环节平均减少 15% 以上，采购者购入成本平均降低 10% 以上，综合购销效率提升约 20%，渔民收入平均提高 15%。

②提升仓储供应链管理效率。渔获冷冻成本平均降低 10% 以上，冷库日均使用率较共享前提升 30% 以上；为渔业从业者提供融资渠道，提高供应链服务效率，平台累计链接授信超 10 亿元。

③提高渔船油供效率。智慧加油服务平均为渔船节省加油所需行驶时间 3 天 / 次、燃油 4.5 吨，节约成本约 2 万元，降低渔船加油成本 10%。

5.4.4　先进性及创新点

案例主要在以下方面进行了创新：

第一，海上 Wi-Fi 网络服务。基于北斗卫星导航系统及 Ku/Ka 高通量卫星系统搭建海陆桥梁，支持渔民海上通信及上网。第二，海鲜交易服务。利用已搭建的卫星 + 互联网工具，渔民在海上将即时鱼货捕捞情况发布至海上鲜 App，岸上海鲜采购商（如冷库、海鲜加工厂、贸易商等）直接连接到渔船。第三，供应链管理服务。通过与第三方机构合作搭建渔业供应链服务平台，依托现有的海上通信和交易平台上的数据，链接银行等第三方机构，打通渔业融资渠道。第四，海上智慧加油服务。公司整合上游燃油供应资源，通过平台实现渔船智慧加油服务。

5.5　案例 4：数字农业－智慧茶园

5.5.1　案例简介及解决行业痛点

（1）公司介绍

中国联合网络通信有限公司贵州省分公司是中国联合网络通信有限公司在贵州省的分支机构，主要经营移动电话、固定电话、宽带、互联网等综合电信业务。

（2）案例基本情况

此项目通过 5G + MEC 在茶叶种植领域的应用，以技术创新、产业升级为导向，打造一种茶产业发展的新业态。加强先进技术运用，充分利用 5G、物联网、云计算、大数据等创新前沿技术，赋能茶叶种植、加工、生产等工作，使出茶过程更智能、更高效。通过智慧茶园建设，将茶叶种植前端数据处理功能（采集、加工、分析、呈现）与茶园智慧化管理功能相结合，打造一站式智慧茶园管理平台。

（3）案例解决痛点

案例主要面临以下几个痛点。

一是传统茶叶种植技术落后局限性较大。长期以来，茶产业"靠天吃饭，看天做青"。天气不但决定着茶树的生长情况，也影响着茶叶制作。传统茶业靠天吃饭、靠物化投入难以实现增收，科技含量低，劳动生产率低。二是简单的茶园设施能实现对茶叶生产环境的数据采集，但数据单一，不能实现智慧化分析与处理，无法实现灾害预警、智能联动、远程操控、智能管理等功能。三是传统茶园经营管理科学性较差。茶叶种植、加工、生产难以监督管理，茶园管理难以做到实时监控茶叶基地、企业土地资源、设施资源、生态环境数据、生产农事；难以统计、分析茶园生产经营情况以支撑茶企和政府决策等。

5.5.2　解决方案

本建设项目采用业内领先的新技术，如 5G＋MEC、物联网、云计算，以及以数据分析和数据挖掘为主的大数据技术、以机器视觉和深度学习为主的人工智能技术等，构建出一个智慧茶园控制系统，以解决传统种植茶叶过程中施肥、灌溉、除虫和茶叶收割等难题，实现茶叶种植过程精细化管理。通过这些新技术与传统茶产业结合，助力茶园生产管理良性发展。

总体技术路线：基于 5G 技术的智慧茶园管理系统，根据设计要求进行系统的布局及功能分解 → 包括基于多传感器数据融合的茶树生长环境数据采集技术、基于病虫害图像识别的视频监控技术等关键共性技术研究→进行茶树生长环境数据采集控制终端装备、水肥一体机等核心装置的选型→搭建茶树生长环境监测平台、视频监控平台、水肥药一体化调控平台、茶叶质量追溯平台、茶树生长过程综合管理平台于一体的智慧茶园基地云管理平台→结合高标准茶叶基地实际需求进行算法的仿真测试→算法改进→平台性能检测→完成基于 5G 技术的智慧茶园管理系统设计（图 5.2、图 5.3）。

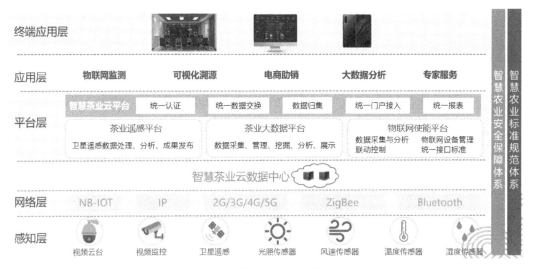

图 5.2 智慧农业体系架构

图 5.3 智慧茶园大数据综合平台大屏

5.5.3 应用成效

（1）生态效益

项目实施将进一步带动茶产业发展，在全国打开销售市场，助力"黔货出山"，有利于茶叶产业扩大种植面积，实现土地资源的整合，加快农业生态环境向良性发展，为实现农业可持续发展奠定良好基础。

（2）经济效益

一是实行数据采集分析后，生产过程的衔接更为紧密，减少了部分设备的生产等待时间，以及资源浪费。

二是茶叶园区视频监控画面通过 5G 网络传输至全国茶叶展销会现场，将贵州低纬度、高海拔、寡日照、多云雾的茶叶生长环境优势全方位呈现给顾客，实现茶叶有效宣传，提升品牌推广力度。

三是通过病虫害监测预警等技术实施，能够及时掌握茶树生长动态及病虫害动态，科学组织防治。茶叶种植规模、生产加工、品牌建设和经济效益全面提升。

四是技术创新取得经济效益的同时，降低了茶园管护投入成本，产出提高20%，带动更多农户发展致富；同时，可以总结出更合理的茶园管护流程，在全县、全市、全省、全国加以推广，惠及更多农户，更好地助力乡村振兴。

5.5.4　先进性及创新点

案例主要在以下方面进行了创新。

第一，土壤墒情监测系统，用于实时监测土壤湿度。第二，灾情、苗情监测系统，提供自然灾害和茶叶苗生长预警。第三，茶园虫情检测系统，专门监测茶园病虫害。第四，环境气象站，收集茶园气候数据。第五，视频监控系统，实时监控茶园状况。第六，溯源系统，记录茶叶生产全过程，实现产品追溯。第七，茶叶电商销售系统，提供线上销售渠道。

综合以上系统，通过数据采集程序的设计和部署，形成了一个大数据平台，该平台不仅支持数据的周期性运转和基础统计分析，还为农业大数据分析人员提供了一个交流和数据共享的场所（图 5.4）。

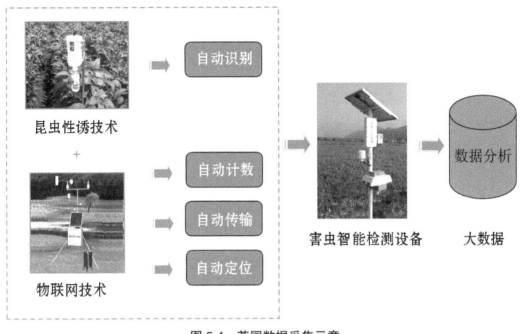

图 5.4　茶园数据采集示意

5.6　案例 5：从 "餐桌" 到 "土地"：全链路数字化助推农业转型升级

5.6.1　案例简介及解决行业痛点

（1）公司介绍

淘天集团是阿里巴巴集团全资拥有的业务集团，也是全球领先的科技商业公司。集团以淘宝 App 为主要服务载体，构建国内国际供给、线上线下场景、远场近场履约相结合的商业矩阵，汇聚数十万全球和中国品牌、上千万中小商家及内容创作者，满足 9 亿中国消费者多元化、个性化、品质化的生活需求。集团拥有淘宝、天猫、1688、闲鱼等商业品牌，并通过天猫国际、淘宝直播、天猫超市、淘宝买菜、阿里妈妈等业务，提供进口、直播、超市、买菜、数字营销等服务。按网站成交金额（gross merchandise volume，GMV）计算，淘宝是中国最大的数字零售平台。由天猫首创的双 11 全球狂欢季，已经成为全球最大的购物节之一。未来 3 年，淘天集团将全力实施用户为先、生态繁荣、科技驱动三大战略，在继续服务最大规模消费者和商家市场的同时，逐步升级成为一个一站式的消费及生活平台。

（2）案例基本情况

多年来，淘天集团基于数字技术和商业创新优势，推动农业生产、供应、销售等全链路数字化升级，以创新提升供应链透明度。该模式能够有效推动农业经营增收，提高产品流通效率，保障食品源头安全，促进农业全产业数字化转型，助力我国数字乡村的建设和发展。

（3）案例解决痛点

案例主要面临以下几个痛点。

一是生产端的数字化率和管理水平低；二是流通端数字化率仍有待提高，不确定性较大；三是营销端数字化应用有待深化，农业品牌化建设亟待加强。

5.6.2 解决方案

探索"基地＋产业＋销售"模式，助力产业高质量发展。2023 年 5 月 12 日，黑龙江虎林市政府联合黑龙江省农科院、天猫超市，就 10 万亩大米联合种植达成合作，推出大米产业带"联合种植＋品牌孵化＋销售保障"的产、加、销一体化发展模式，深入发展"稻"经济、深耕"稻"文化，进一步实现农民增收、企业增效、乡村振兴。

开展优质种子培育种植，促进产业降本增效。实现全链路食品安全管理，推动产业高质量发展。在开展种子研发培育的同时，在水稻种植工艺环节，开展土壤治理、农药使用管控，确保无重金属超标，并有效降低虫害；在稻谷生产及加工环节，加强虫鼠害治理，防止异物混入；在成品的仓储、运输、保存环节，实现温度控制、储运条件控制、虫鼠害控制。此外，三方联动定期巡查，提前预防食品安全问题的发生。

创新直采直销模式，推进全链路数字化转型。搭建直采直销网络，促进全链路降本增效。淘宝买菜充分发挥供应链优势，建立"从田间到餐桌"的直采直销网络，连接全国大市场，并通过全链路降本增效，获得大规模平价供应能力。淘宝买菜基于确定性的物流时效，以及分布在全国的冷链系统，确保了农产品到消费者手里时刚好可食用。

实现全链路溯源管理，推动网购食品安全建设。创新"GM2D 网购平台码"，实现网购商品全链路溯源管理。

5.6.3　应用成效

第一，促进农产品上行销售，助力农民增收。以虎林大米为例，在天猫超市"基地 + 产业 + 销售"的模式下，大米销售顺畅，受到消费者欢迎。618 促销活动期间，虎林大米约实现 600 万元销售额，累计销售 1800 吨，增加当地收入约 460 万元，预计年度销售约 1 亿元。

第二，实现全链路数字化升级，促进产业高质量发展。在该模式下，淘宝买菜为果农提供了确定性的订单，而且结款时间缩短，资金回流速度也随之提高，果农可以将更多的精力投入到种植中去。数据显示，2022 年，仅在陕西武功一地便将生产 400 万斤即食猕猴桃，为陕西武功当地的 600 余家农户平均每户创收 2.5 万元左右。

第三，实现全链路溯源管理，推动网购食品安全建设。通过从农田到餐桌全生命周期的信息追溯管理，进而有效推动网购食品安全建设，保障消费者合法权益，促进行业高质量发展。

5.6.4　先进性及创新点

案例主要在以下方面进行了创新。

第一，基于数字技术和商业创新，实现从餐桌到土地的全链路数字化转型升级。一方面，天猫超市探索大米产业带的"基地 + 产业 + 销售"模式，促农增收，助力产业高质量发展；另一方面，淘宝买菜创新"从土地到餐桌"的直采直销模式，建立一套全链路标准化且可大规模商业化的研发、生产、供应体系，推动国产猕猴桃开启"采后即食"模式并规模化销售。第二，利用数字技术，建立全链条食品安全治理体系，推动农业高质量发展。通过"GM2D 网购平台码"和溯源直播等创新方式，提高供应链透明度，有利于提升食品安全质量，促进农业高质量发展。

5.7 案例 6：菏泽市高标准农田科技示范区建设项目

5.7.1 案例简介及解决行业痛点

（1）公司介绍

中国联合网络通信有限公司菏泽市分公司作为本地境内最大、网络覆盖面最广的通信运营商，有非常完备的维护队伍，可以满足服务本地化的要求，提供较好的本地化服务。目前，该分公司现有员工 2000 余人。其中运维技术人员 502 名，包括高级工程师 120 名，工程师 250 名，中高级技工 132 名，本科及以上学历占比高达 67%。

（2）案例基本情况

菏泽市高标准农田科技示范区建设项目，是中国联合网络通信有限公司菏泽市分公司基于高标准农田建设方案，通过智慧服务与农业种植技术的深度耦合，整合全县土壤、气象、地形、水文、卫星遥感、无人机遥感、农机作业和管理、农产品市场、农产品供需、农村资源体系及畜牧养殖监测等海量数据，以大数据、云计算等核心技术，建立的具有数据管理、加工、处理、存储、备份、维护于一体的数字乡村时空数据体系。

（3）案例解决痛点

案例主要面临以下几个痛点。

一是数据采集系统不完善。目前缺乏通过前端物联设备、无人机监测和卫星遥感技术建立的天空地三位一体数据采集系统，数据的真实性和全面性难以保障。二是农业服务不精准。缺乏基于种植全流程在线监测数据及农作物生长模型的精准农业服务，无法为农业从事人员提供"产前、产中、产后"的全方位服务，手机尚未成为新农具，数据也未能成为新农资。三是数据共享与管理困难。现有系统难以通过数据中台实现各类业务数据库的建设，农地、作物、环境、农业资源等数据的汇聚和云服务支撑不足，信息资源的数据共享与交换、统一管理、调度、协同工作与展示存在障碍。

5.7.2　解决方案

商业模式上，高标准农田建设资金属于财政拨款，郓城县农业农村局按照建设进度进行付费，财政资金没有压力。在结合客户需求的情况下，结合当地农作物类型，推荐科技示范建设作物，结合全面广泛的农业数据信息、依托作物生长模型打造具有当地特色的智慧农业，是客户选择的关键。

菏泽市高标准农田科技示范区建设项目智慧农业物联平台总体架构分为业务应用层、数据资源层、接入层。

业务应用层：主要为用户提供包含各触点终端设备搭载的应用服务，在实现多个系统应用进程相互通信的同时，完成一系列业务处理所需的服务。其服务元素分为两类，公共应用服务元素（CASE）和特定应用服务元素（SASE）。

数据资源层：提供一个开放式数据访问层，将外联层与内联层中的数据进行整合，形成"生产、经营、管理、服务"标准数据资源库，通过大数据分析、挖掘、计算、存储、交换、共享等机制，为业务应用提供数据保障。

接入层：按照统一接入标准，包括互联网、物联网、大数据技术、云技术、GIS 等技术方式，将数据进行入库处理。

5.7.3　应用成效

截至 2023 年 6 月，中国联合网络通信有限公司菏泽市分公司收益 317 万元。通过农业物联网全产业链应用，来提高水肥利用率、农产品标准化生产和精细化管理水平，进一步夯实农产品质量安全基础，实现"藏粮于地，藏粮于技"。以产业兴旺为抓手，全面提升农业"三减"能力，借助数字化技术提高对农田的治理能力和治理水平。

此项目及时、准确地开展多元业务监测，随时随地、按照客户需求提供便捷式的信息查询服务，实现田间农业从数据资源采集到计划制订，从数据处理到数据存储再到全流程数据应用，形成智能分析及其他决策支持信息服务，为各类决策指挥提供综合科学分析与评估服务，整体提升了农业农村业务的监测水平。运用遥感、大数据、GIS 等技术深入农业发展的各个领域、各个环节，强化农业科技装备支撑，推动现代化农业快速发展。

5.7.4 先进性及创新点

案例主要在以下方面进行了创新。

第一，利用人工智能、区块链、云计算和大数据技术，实现农业数据的集中管理和互通。第二，通过这些技术手段，打破数据孤岛，形成质量安全管理和生产管理等农业全产业链的精准决策服务。第三，构建农业大数据服务平台，3 个主要功能为形成农业大数据资源库，进行农业结构大数据盘点，进行农情监测。

5.8 案例 7：温氏食品：打造数字农牧生态圈，产业互联网新玩法

5.8.1 案例简介及解决行业痛点

（1）公司介绍

金蝶国际软件集团有限公司（简称"金蝶国际"或"金蝶"）始创于 1993 年，是香港联交所主板上市公司（股票代码：0268.HK），总部位于中国深圳，是全球领先、中国第一的企业管理云 SaaS 公司。以"致良知、走正道、行王道"为核心价值观，以"全心全意为企业服务，让阳光照进每一个企业"为使命，致力成为"最值得托付的企业服务平台"。

（2）案例基本情况

温氏集团秉承"平台为基础，能力建设为中心"的信息化规划思路，及稳敏结合的双模 IT 建设理念，基于中台思想，不断提炼、沉淀和迭代优化温氏集团在业务、数据、技术领域的核心能力资产，通过金蝶云·苍穹一体化低代码平台实现系统和应用的敏捷开发，快速推进数字化转型。

（3）案例解决痛点

案例主要面临以下几个痛点。

一是对采购供应管理的信息化要求；二是对法务合同相关管理的信息化诉求；三是对于营销渠道相关管理的信息化要求；四是上游养殖的劳动效率难以

再提升；五是下游"批发市场"关键流通环节不畅。

5.8.2　解决方案

基于金蝶云·苍穹一体化低代码平台所提供的敏捷开发、集成和扩展能力，有力支撑了温氏商城平台各类业务创新场景的快速落地，同时依托温氏商城，搭建了全新的数字化营销体系，实现了对线上线下全渠道的覆盖（温氏商城、京东商城、传统门店、2B 客户）。通过网上商城下单、网上竞价、产品直配终端等方式，有效整合了销售渠道，降低了销售成本，在提升客户满意度的同时，有力助推公司整体收入的持续增长和市场份额的扩张（图 5.5）。

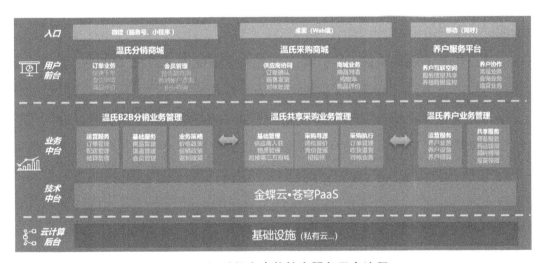

图 5.5　温氏数字农牧综合服务平台流程

在销售计划环节，运营服务中台通过采集全渠道营销业务数据，设计、优化和部署智能预测模型，支撑场景化的智能分析。

温氏集团通过统计和分析合作农户（或家庭农场）的生产指标来监督饲养流程，排查养殖问题，针对性给予补贴。合作农户（或家庭农场）的信息化管理系统有 3 种数据来源：公司记录、巡查记录和设备上传。其中，设备上传最大化地利用了物联网、智能移动终端等技术的力量，能实现生产数据的自动采集、实时上传、实时监控。

进行数据整合和清理，能分析出正常饲养管理条件下生产指标的合理变动范围，包括出栏体重、成活率、正品率、耗料量、耗药量等，据此判断观测到的生产指标是否有异常波动。借助数字化分析手段，温氏集团的合作农户实现了极高的养殖效益。

5.8.3 应用成效

在实施一年多后，2019 年温氏集团营业收入达到 731.2 亿元，同比增长 21.55%；同时带动 4.98 万户合作农户（或家庭农场）增收 81.47 亿元，户均 15.49 万元，让农户真正成了新型职业农民、家庭农场主。同时，客户满意度也大幅提升。线下营销成功转至线上，在线订货率达 60% 以上，销售人数减少七成。

通过阳光采购系统的上线，极大地提高了集团上下各级采购部门低值易耗品的采购效率，同时对温氏集团的采购供应管理流程进行了优化，降低了采购成本；通过合同管理系统的上线，各级公司合同管理效率显著提升，合同归档质量越来越高，集团对于全公司的合同总体管控能力也有了提升，节约人力成本约 1014 万元／年；通过温氏商城的竞价排名销售功能，20 天就为温氏集团增收 1000 多万元，同时温氏集团在各类渠道的销售数据可以快速传递到各业务生产部门，极大提高了企业运营的协同效能。

5.8.4 先进性及创新点

案例主要在以下方面进行了创新。

第一，一站式数字化采购解决方案，实现了企业供应协同服务的全面数字化。对采购类型进行细分，分别设计全场景全流程形式的一站式数字化采购，帮助各采购部门更高效地执行采购任务。第二，智慧合同管理解决方案为企业高质量发展保驾护航。合同的全生命周期管理，全面对接各业务板块，发挥信息化管理的大数据优势。第三，数字化营销管理解决方案构建全场景销售新生态。系统设计过程中充分考虑不同的渠道销售场景。第四，打通线上线下"共享平台"。这个平台打乱、糅合了所有产业链环节，消费者可消费，批发商可批发，屠宰场也可直接对接上游农场。第五，升级农牧体系。欣农互联将帮助温氏产业价值链数字化重构，赋能温氏集团及产业链上下游合作伙伴与农户，直链用户。

5.9　案例 8：溯源中国·稻乡五常数字经济平台

5.9.1　案例简介及解决行业痛点

（1）公司介绍

新华网是国家通讯社新华社主办的综合新闻信息服务门户网站，是中国最具影响力的网络媒体和具有全球影响力的中文网站。

（2）案例基本情况

由于当前五常大米市场鱼龙混杂，五常大米的溯源平台亟须建设。"溯源中国·稻乡五常"数字经济平台案例的提出，旨在提供五常大米的品质品牌溯源服务，协助政府解决地理标志品牌保护和数字经济发展中的难题，进而提升政府品牌保护的数字化治理能力。该平台包含"水稻销售卡系统""区块链溯源平台""溯源大数据中心"三大核心功能模块。从种子溯源开始，平台将水稻种植、加工、销售等全产业链数据存入区块链溯源平台，构建可视化的"产业总览、生产管理、品牌管理、溯源管理、水稻卡管理"等稻米产业数据中心图谱，从而建立起五常大米全过程的产业溯源服务体系。

（3）案例解决痛点

案例主要面临以下几个痛点。

一是，物联网平台数据整合困难。原有的物联网平台难以有效整合基础设施数据，无法有效进行数据溯源，品牌可信认证建设面临挑战。二是品牌保护机制复杂。五常大米地理标志产品品牌保护面临总量控制难题，水稻销售卡的发放和溯源机制复杂，影响稻农、大米企业和稻种企业的有效管理，阻碍五常大米产业的健康发展。三是数字经济建设不完善。五常大米在数字经济建设方面存在不足，缺乏完善的五常大米品质品牌区块链溯源云平台、产业大数据平台和溯源中国码系统，数字经济高质量发展受到制约。

5.9.2 解决方案

该平台采用"农业物联网设施＋区块链溯源数据"架构作为平台底层提供基础资源支撑，为消费者和企业提供可信查询服务，为政府提供产业数字化治理服务。平台技术架构分为 3 层，包括软件架构：区块链溯源云平台及产业大数据平台；硬件架构：物联网传感层；网络架构：采用移动互联网。

该平台基于区块链技术、国物标识技术、加密溯源中国码技术等，对接五常优质稻米行业追溯平台，打通优质稻米行业生产、加工、流通、销售等全产业环节。平台为广大消费者提供品质品牌五常稻米的原产地、检测认证、真伪验证的公共溯源查询和购买服务；为入驻企业提供品质品牌稻米的"一物一码＋一物一链"品牌保护、智能营销、数据管理等综合溯源营销服务；为政府提供可视化溯源数据监管服务。平台实现了区块链防伪、区块链商场、溯源大数据管理、职能部门管理、运营管理等综合服务功能，改变了过去溯源鉴真的单一功能局面，实施五常大米地标产品的"一物一链"品质溯源、品牌营销及溯源大数据可视化展示，实现五常大米品质可控、品牌可视、消费可信的多维度溯源功能，具有较强的市场竞争力和品牌传播效果（图 5.6）。

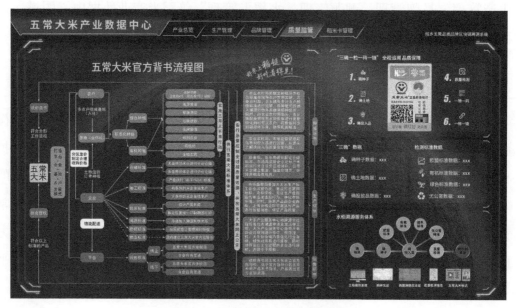

图 5.6　五常大米官方背书流程

5.9.3　应用成效

经济效益：平台以企业刷取农户身份证或水稻销售卡收购地产水稻为依据，以种植、生产、加工、销售等全过程进入溯源体系为载体，协会授权与政府背书相统一，对五常大米进行总量控制，确保各个环节闭环管理，全程可追溯。通过平台进一步提升品牌价值，在 2022 中国品牌价值评价榜单中，五常大米品牌强度值达 926，品牌价值达 710.28 亿元，位列区域品牌地理标志产品百强榜第 5 名，连续 7 年蝉联地标产品大米类全国第一。水稻价格与上年同期相比增长 0.1 元 / 斤左右。

社会效益："溯源中国·稻乡五常"数字经济高质量发展平台落户五常，让"购五常大米、认溯源标识"深入人心。在五常、深圳、北京三地成功举小五常大米节，加快推动五常大米产业高质量发展，将五常大米打造成顶级稻米品牌，引领黑龙江乃至全国稻米产业走出国门、走向世界。

5.9.4　先进性及创新点

案例主要在以下方面进行了创新。

第一，通过区块链技术，实现大米全产业链环节的数据唯一不可篡改、可追溯、多节点存储等特征。第二，通过大数据、人工智能、物联网等技术，实现五常市全区域内大米产业全景呈现总览，细分 24 个乡镇、上百家米企和数十万名稻农的实时展示，推动了政府对大米产业的数字化治理，提供了可视化的决策。

第 6 章　数字经济工业特色案例

6.1　整体案例分析

（1）市场构成与用户特征

中国工业数字化转型持续深化。《中国数字经济发展研究报告（2023 年）》[①]数据显示，2022 年第二产业数字经济渗透率达到了 24.0%，同比提高 1.2 个百分点，创近年新高，二产渗透率增幅与三产渗透率增幅差距进一步缩小，服务业和工业数字化共同驱动发展格局形成。工业和信息化部数据显示，截至 2023 年底，国家两化融合公共服务平台服务的 18.3 万家工业企业中，数字化研发设计工具普及率达到了 79.6%，关键工序数控化率达到了 62.2%，分别较上年提高 2.6 个百分点和 3.2 个百分点。

其他方面，2023 年全国已累计建成数字化车间和智能工厂近 8000 个，工业互联网核心产业规模超过 1.2 万亿元[②]，全国"5G＋工业互联网"项目超过 8000 个[③]，跨行业跨领域工业互联网平台达 50 家[④]，平均连接工业设备超 218 万台、

[①]　中国信通院：中国数字经济发展研究报告（2023 年），即上文提到的白皮书，https：//fdi.mofcom.gov.cn/resource/pdf/2023/05/12/9ae415c1970147ca9b90ebb8a97cdd09.pdf。

[②]　人民网：我国已累计建成数字化车间和智能工厂近 8000 个，http：//finance.people.com.cn/n1/2023/1018/c1004-40098401.html。

[③]　人民网：在建项目超过 4000 个，"5G＋工业互联网"为产业转型加力，http：//finance.people.com.cn/n1/2022/1122/c1004-32572044.html。

[④]　工业和信息化部办公厅关于公布：2023 年跨行业跨领域工业互联网平台名单的通知，https://wap.miit.gov.cn/zwgk/zcwj/wjfb/tz/art/2023/art_48434e39f10e4edbbf685666e1a457aa.html。

服务企业数量超 23.4 万家[①]，具备行业、区域影响力的工业互联网平台超过 340
个，连接设备近 9600 万台套，建设 5G 工厂 300 家[②]……数字技术与实体经济深
度融合，应用从辅助环节向核心环节拓展，在推动制造业向高端化、智能化、
绿色化转型方面取得重要进展。

工业数字化发展涉及领域广泛。以工业和信息化部发布的《2023 年 5G 工
厂名录》为例，名录中收录的 5G 工厂已经广泛覆盖 24 个国民经济大类，占
第二产业国民经济行业大类的 53.3%，通用设备制造业；计算机、通信和其他
电子设备制造业；电气机械和器材制造业 5G 工厂被选入名录数量位列前三。
截至 2023 年 9 月，全国已有 1800 余个 5G 工厂项目，涉及 29 个省（区、市），
已覆盖装备制造、电子设备制造、石化化工、港口等 10 个 "5G+ 工业互联网"
重点行业，以及有色金属、材料等其他行业，项目类型包括产线、车间、工厂
等各层级。

工业数字化发展的短板体现在产业上下游联合有待加强。《中国工业发展报
告 2022》指出，当前在企业业务流程没有全面数字化、数百个系统产生数据孤
岛、数据标准不统一、缺乏大数据平台、业务场景未开展有效运营等方面，产
业上下游还需要联合打通数字化转型。

就行业异质性而言，在华为与中国信息通信研究院发布的《工业数字化 /
智能化 2030 白皮书》中，根据企业数字化转型的基础场景和能力，结合行业盈
利能力，将 16 个工业子行业划分为（表 6.1）引领型行业、敏捷型行业、前瞻
型行业、谨慎型行业、沉稳型行业 5 种行业画像。

---

① 人民网：企业 "上云" 潮正涌——2023 中国国际数字经济博览会观察，http： //
finance.people.com.cn/n1/2023/0909/c1004–40073719.html。

② 数字化赋能产业转型专题研讨会（主题发言），https：//www.cdrf.org.cn/jjh/
pdf/0408di28qi.pdf。

表 6.1　企业数字化转型行业画像

分类类型	代表行业	数字化程度	未来发展
引领型行业	半导体、汽车、航空航天、石油化工行业	技术密集、固定资产投入高、生产规模大、生产精度高、流程标准化程度高，由于这些行业生产中人工操作相较于机器设备不再具备优势，因此数字化起步最早、转型最为成熟，当前生产过程数字化已经基本完成	未来将重点关注结合人工智能、数字孪生、传感系统等前沿技术，发掘更为丰富的智能化应用
敏捷型行业	轨道交通、3C 与家电、医药与食品、机械与设备行业	数字技术有利于这些行业精准洞悉市场需求并开展创新研发，同时对于生产活动的降本增效、精度与质量、可靠性提升效果显著，已具备一定的数字化基础	未来在补齐短板的同时，将关注应用的协同及集成，以及大数据应用
前瞻型行业	公共事业、钢铁、有色金属、船舶行业	数字化是必备的生产要素，也是降本增效的必要条件。如对钢铁、有色金属行业来说，流程制造的主生产环节的物理化学反应完全依赖于设备，人工仅作为辅助。在盈利能力不高的情况下，这些领域的企业仍然敢为人先，有动力去推动数字化转型	未来将进一步根据投入产出比进行数字化投资
谨慎型行业	采矿、建筑材料行业	生产模式较传统和粗放，工艺流程复杂度不高，长期以来都以人力劳作、经验传承为主。对数字化的价值认知较晚，因此行动相对谨慎和保守	在针对关键工序进行数字化改造的同时，将逐步扩大数字化范围，从点到面，拓宽应用场景，全面满足安全、环保的生产需求
沉稳型行业	轻工、纺织与服装行业	中小企业众多，除少数已深耕数字化的头部企业，大部分企业受制于自身盈利和资金能力，数字化转型相对迟缓	对这些行业内的中小企业来说，轻量、投入少、见效快的云化工业应用软件将是重点

就地域分异而言，工业和信息化部与中国电子技术标准化研究院推动的智能制造能力成熟度自评价体系数据[①]显示，全国 10 万余家制造业企业通过 CMMM 平台开展了智能制造能力成熟度自诊断，覆盖了 31 个行业大类、31 个省份。截至 2022 年底，江苏省达到智能制造能力成熟度二级及以上企业数量累计达到 3112 家，占比继续保持全国领先，山东省、湖南省、福建省、安徽省、湖北省、广东省、上海市、河南省等位居全国前列，均有超过 500 家企业达到智能制造能力成熟度二级市及以上（图 6.1）。

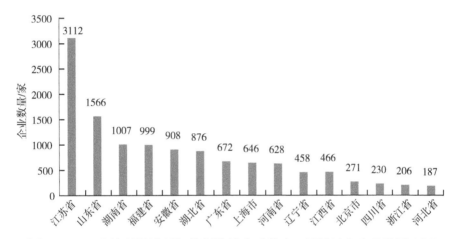

图 6.1　参与 CMMM 自诊断且达到智能制造能力成熟度二级及以上企业数量 TOP 15 省份

（数据来源：《智能制造成熟度指数报告（2022）》）

在工业和信息化部发布的《2023 年 5G 工厂名录》中（图 6.2），5G 工厂分布在全国 26 个省份，其中江苏省、山东省、湖北省、安徽省、浙江省、江西省、天津市、河北省、辽宁省、湖南省、广东省等的 5G 工厂数量位居全国前10，与图 6.1 中 CMMM 平台数据呈现出一定的相似性，排名前三的省份所拥有的 5G 工厂占全部 5G 工厂的 53%，呈高度集中趋势。

---

① 截至 2024 年 5 月 22 日官网数据，https：//www.c3mep.cn/home?subPlatformId=1。

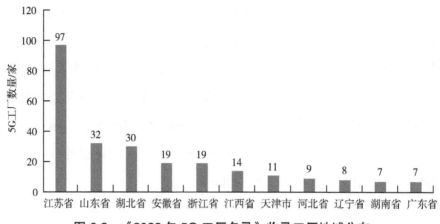

图 6.2　《2023 年 5G 工厂名录》收录工厂地域分布

（数据来源：工业和信息化部《2023 年 5G 工厂名录》）

就企业性质差异而言,《2023 年 5G 工厂名录》中 5G 工厂 50.3% 为民营企业,其他国有企业、中央企业、合资企业、外资企业分别占比 18.3%、16.0%、7.7%、7.7%,民营企业展现出强劲的创新活力。

本次数字经济工业特色案例覆盖电力热力生产、电子设备制造业、纺织制造业、设备租赁业、工业品电子商务、酒制造业、化工业、航空制造业等细分行业,涉及智慧热网建设、工业互联网安全防护、智能制造、生产设备 5G 连接化、物联网区块链建设、工业互联网标准体系建设、设备智能化、供应链数字化平台化、园区智慧平台建设、生产仓储大数据管理、ERP 协同管理等数字化转型路径。

（2）解决方案总结

工业领域数字化转型的代表性解决方案可以从生产、管理和经营 3 个维度进行总结。

在生产环节,普遍通过更迭工业芯片、操作系统升级工业装备,广泛应用数控机床、工业机器人等柔性好、自动化程度高、可编程性好、通用性强的工业装备,通过统一数据传输标准打造高性能工业互联网,利用数字孪生技术建立的 3D 可视化平台实时监测和分析生产线上的各个环节,并进行仿真预测。例如,浙江华工赛百数据系统有限公司推行的基于 HG-IIOT 工业物联网平台的乳制品数字化工厂，在设备物联上通过千兆以太网有线的方式与各类设备 PLC 控制器进行网络连接，实现 95 台设备 15 种工业协议的互联互通，在生产可视化上构建乳制品饮料生产数字孪生模型，能够与现场产线物理实体一一映射。

在管理环节，提供集资金流、信息流、物资流于一体的全链路供应链管理平台，既能实现从供应商管理、采购管理到最后一公里、溯源管理的全链路数字化、可视化管控，又能起到预警效果，及时发现和处理质量问题，优化质量管理体系并防范化解安全隐患。例如，鲁南高科技化工园区智慧园区搭建的智慧管控平台，融合安全、环保、应急、能源、封闭化、办公等多项智慧化应用，实现园区整体综合态势分析、安全生产监管、环境质量监测、应急救援指挥及封闭化管理等多功能一屏统管，从而提升园区监管的智能化水平。

在经营环节，数字化提升了工业生产与市场需求的契合程度。一方面，企业可以通过建模分析，预判市场需求变化和潜在供应风险，运用柔性生产系统根据订单变化迅速切换工作模式，提高供应链灵活性和产品交付速度；另一方面，企业可以通过智能客服系统和多渠道客户关系管理系统，即时回应并收集客户咨询与投诉，在根据客户意见改进产品的同时，增强客户忠诚度。例如，深圳市汉森软件有限公司基于工业互联网的柔性定制供应链平台，打通国内外各大电商平台、电商商家、代发工厂等端口的商品柔性定制和代发系统，满足个性化定制需求。

（3）收益成效

工业数字化为工业企业带来直接的经济收益。以我国工业和信息化部、发改委等发起的智能制造工程为例，截至 2022 年底，通过智能化改造的 110 家智能制造示范工厂，生产效率平均提升 32%，资源综合利用率平均提升 22%，产品研发周期平均缩短 28%，运营成本平均下降 19%，产品不良率平均下降 24%[1]。与传统工厂相比，智能工厂用工人数至少下降一半，生产效率却能提高

---

[1]　发改委 . 向智能制造要质量要增量，https：//www.ndrc.gov.cn/fggz/cyfz/zcyfz/202304/t20230428_1355217.html。

2.5 ~ 3 倍[①]。

除直接的经济收益外，工业数字化转型产生的外部性，能够为企业带来间接收益。数字化转型可以提高工业整体的开放、共享、协作程度，帮助企业捕捉外部信息与资源，实现与用户之间的自由沟通，促进用户深度参与价值创造，并形成"长尾效应"，或是形成更加紧密的产业联盟，缓解"牛鞭效应"共同抵御终端市场波动。

数字化带来了巨大的社会效益。第一，数字化转型促进了工业领域的可持续发展，减少了资源浪费和环境污染，有效推进"双碳"目标达成。第二，工业数字化使产品更加个性化、多样化，有助于提升消费者的满意程度和福利剩余。第三，工业时代的标准化、大规模生产难以满足异质性消费需求，在数字经济时代，信息充分从消费端流向生产端，促使工业生产者对生产线、生产组织形式等进行柔性化改造。第四，越来越多的工业企业开始主动承担社会责任。

6.2 案例 1：基于全网平衡及"源网站户"联动的工业互联网 + 智慧热网平台

6.2.1 案例简介及解决行业痛点

（1）公司介绍

太极计算机股份有限公司（简称"太极股份"）是国内电子政务、智慧城市和关键行业信息化的领先企业，于 1987 年设立，2010 年在深圳证券交易所中小企业板上市。公司面向政府、公共安全、国防、企业等提供信息系统建设和云计算、大数据等服务，涵盖云服务、网络安全与自主可控、智慧应用与服务、信息基础设施等综合信息技术服务。

（2）案例基本情况

建设一个基于大数据、云平台、人工智能技术的工业互联网平台全闭环的

---

① 人民网 . 孙丕恕：工业互联网推动数字经济与实体经济深度融合，http：//finance.people.com.cn/n1/2020/0523/c432653-31720779.html。

智慧化供热系统，建立供热信息化、智能化指挥调度中心，形成"热用户—二次网—热力站——次网—热源"五级联动的系统，促进供热系统的精细化节能运行，提高供热管理效率，为对外拓展热用户提供基础条件。

平台包含功能如下：

① 智慧热网软件平台业务功能模块。包括基础信息管理、全网数据采集监控、全网热负荷预测、一网在线水力计算、一网动态平衡、GIS 全网全景可视化、能源管控、经济分析、故障诊断及智能预警、智慧热力站（热力站负荷预测、一站一优化智能调控功能、二网负荷预测及按需精准调控）、收费系统、二网智能平衡调控、三维可视化升级、应急管理、设备管理、手机 App 等。

② 智能服务中心（智能视频监控分析平台、网络安全防护中心）。

③ 热力站智能安防系统（智能视频、智能门禁、智能安防）等。

（3）案例解决痛点

案例主要面临以下几个痛点。

一是供热企业供热调控手段缺乏，无法根据实际天气变化及具体需求灵活调节，能源浪费严重，供热质量低，热用户采暖舒适度差。二是国家 30、60 碳达峰、碳中和承诺，严厉的节能减排政策对能源企业绿色发展的要求日趋严格，企业生产成本逐年递增。三是由于国家政策变化及燃料成本增加，供热企业的盈利状况不佳，甚至处于亏损状态，迫切希望通过数字化转型，改变现状。四是我国采暖地区煤炭消耗量大，约占全国煤炭消耗量的 1/10，节能空间巨大。五是管网阀门需要工作人员手动调节，传统热力站需要人员定时巡检，效率低、时效性差、工作量大。六是面对不同的建筑结构、用户分布等，经常出现水量失衡、供热效果差、用户满意度低等情况，造成大量投诉。七是客服反馈的问题，无法实现工单的自动下发、执行和反馈的闭环，工作效率低。

6.2.2　解决方案

商业模式：基于工业互联网的智慧热网，主要面向集团型企业、热电联产供热企业、热力公司等，覆盖不同企业的核心需求。

平台基于工业互联网架构，为用户提供智慧热网服务平台技术架构，包括设备感知层、IaaS 基础设施层、PaaS 数据服务层、SaaS 业务应用层、展示层（图 6.3）。

为了保障通信安全，使用专用网络。为了进一步加强数据安全，通过安全通信网关实现数据加密传输，同时对网关身份进行安全认证，防止恶意入侵及数据的篡改。安全网关采用国密算法，使用芯片加密。

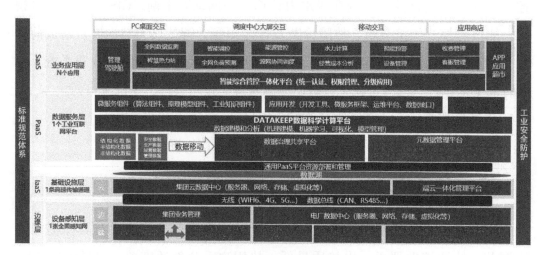

图 6.3 平台体系架构

6.2.3 应用成效

应用实例：京能东风十堰智慧热网项目，该项目是京能东风（十堰）能源发展有限公司基于面向大型蒸汽管网的智慧供热技术研究方案，建立的"源—网—站—户"智能调度模式，通过将原有的 116 个热力站优化整合为 57 个热力站，并采用智能 DCS 系统和智能安防系统，结合当地天气气候及建筑特性，实现自动调节控制功能（图 6.4）。

此项目从 2021 年 8 月 4 日开始，在湖北省十堰市京能东风（十堰）能源发展有限公司落地。通过一系列的智慧热网功能建设，最终实现了以下内容。

五级联动：形成"热用户—二次网—热力站——一次网—热源（分汽缸）"联动运行的系统；

三位一体：实现"生产系统、收费系统、客服系统"的数据互联互通；

数据共享：实现集团级平台与各子公司供热监控平台之间的数据共享。

图 6.4　京能东风十堰智慧热网项目

截至 2023 年 3 月 5 日，京能东风十堰智慧热网项目已完成 33 个热力站智慧化改造，实现节能减排同比降低 10%，供热网损两年内降低 12%，人工成本和能耗逐年下降，整体供热水平逐年提高，每年节省 70 多万吉焦热量，大幅减少污染物排放。

6.2.4　先进性及创新点

案例主要在以下方面进行了创新。

其一，"源—网—站—户"全闭环智慧供热。建设覆盖"源—网—站—户"的"工业互联网 + 智慧热网"全闭环系统，对供热系统进行数据分析、节能诊断、优化运行、能耗分析、指挥调度、经济成本动态测算分析，并可根据分析结果对换热站和用户端实现自动调控，促进供热系统的精细化节能运行。建设全网热负荷预测、在线水力平衡、费阀联动（市民供热缴费与用户阀联动）、智能安防等智能应用，实现"双碳"目标下能源供给企业的数字化转型。

其二，利用 DCS 组建智慧热力站。智慧热力站通过建立热力站数字模型，一站一曲线，实现按需精准供热，并以此推导热网供需态势，具备自感知、自分析、自诊断、自优化、自调节、自适应、自学习，实现泵、阀联调联控，下达调解指令到热力站智能DCS控制系统，在保证按需供热条件下，不断优化泵站运行性能，降低运行成本。

其三，实现收费系统与二网户阀调控联动。根据热用户的缴费情况，实现费阀联动，根据缴费状态，对户阀进行自动开关调控，避免了维护人员大批量手动开关阀的困扰，只需要对特殊情况进行人工干预。

6.3　案例2：工业互联网平台企业综合安全防护项目

6.3.1　案例简介及解决行业痛点

（1）公司介绍

北京天融信科技集团（证券代码：002212）是国内首家网络安全企业，集团从中国第一台自主研发防火墙的缔造者，成长为中国领先的网络安全、大数据与云服务提供商。

（2）案例基本情况

这个项目由工业互联网平台的安全建设和工业企业的数字化转型驱动，项目建立起针对工业互联网平台和工业企业的纵深安全防御体系，旨在实现工业企业安全运营，为工业企业的数字化转型提供保障。

案例主要实现的功能有以下几个。

1）综合网络状态监测能力

该项目通过安全设计，帮助企业全面掌握安全运行数据和安全情报，全局洞悉网络安全态势，及时发现可能面临的安全威胁和风险。

2）防范企业面临的安全风险，满足企业安全防护需求

项目有效防范如勒索攻击、APT攻击等网络安全风险，满足工业互联网平台在接入层、基础设施层、平台层、应用层和数据安全层的多层面安全防护需求。

3）助力工业企业安全运营

项目为企业建立动态化的安全防御体系和常态化的运维与应急响应能力，

降低企业运营成本。

4）提升资源优化配置能力

通过构建安全集中管理能力和态势动态监测能力，项目实现了工业互联网平台的纵深安全保障，进一步优化了安全资源的利用率。

5）降低企业安全事件的发生，为企业安全生产保驾护航

通过监控工业控制系统的运行状态并监测工控网络环境中的安全风险，项目提升了企业网络安全防护水平。

（3）案例解决痛点

企业选择工业互联网平台赋能转型升级，也会存在安全风险。确保工控系统和工业互联网平台的安全可控是工业企业数字化转型的核心。此项目针对富士康双跨平台工业互联网平台，构建安全防护体系，解决外部访问和内部安全问题。

案例主要面临以下几个痛点。

一是工控系统安全问题严重。当前工控系统面临的安全问题难以有效解决，无法有效地利用网络边界隔离和访问控制、工业主机安全防护、入侵检测技术、工控日志分析和运维审计等方法维护系统稳定与安全，无法最大限度地保护用户资源的安全。

二是工业互联网平台安全风险高。工业互联网平台面临多种安全风险，需要采用如用户接入风险管理、防护 DDoS 攻击、入侵防护、恶意代码防护、APT攻击防护、数据泄露风险防护、云环境安全监测、边缘计算节点安全、敏感数据安全防护、计算资源主机防护、容器服务安全、云化数据中心漏洞检测、安全态势感知和动态防护等方面的多种措施，否则难以维护网络平台稳定及用户信息安全，影响企业的数字化转型进程。

6.3.2　解决方案

（1）商业模式

此案例不进行商业模式的定量分析，只做定性分析。

（2）服务模式

此案例面向并贯穿于整个工业互联网平台，为富士康工业互联网平台构建

综合安全防护体系，从终端安全、接入安全、数据安全、云安全等多维度展开安全能力建设，服务模式包括综合安全防护体系建设服务和安全运维服务。

（3）运营模式

从防御的角度考虑，案例通过部署覆盖网络、主机、应用、数据等多个层面的安全产品，构建一个涵盖感知、分析、防护的闭环保障机制，通过平台进行整体联动与策略下发。

（4）技术架构

1）安全框架

①工业互联网安全框架的结构

基于 3 个核心视角构建：防护对象、防护措施及防护管理。

②相互关系与协同作用

从防护对象视角看，每个对象都需要配备合适的防护措施和完备的管理流程以确保安全。从防护措施视角看，每种措施都针对特定的防护对象，并在防护管理流程的指导下发挥作用。从防护管理视角看，实施管理流程需要明确界定防护对象，并依赖于各类防护措施的有效结合。

"工业互联网平台企业综合安全防护项目"正是采用这一安全框架，从防护对象、措施到管理层面全面构建。

2）安全防护体系

此项目从生产控制企业、边缘层、平台层、应用层等多维度开展安全能力建设，利用安全态势监测技术对平台运行状态进行监测，提高安全事件的预测及发现能力，实现工业互联网平台的纵深安全保障体系建设。

6.3.3　应用成效

应用案例之一的富士康科技集团项目，从 2019 年 10 月开始至 2022 年 3 月在广东省深圳市龙华新区落地实施。

（1）建设内容

北京天融信科技集团为富士康工业互联网平台及其下属生产制造单位提供了安全防护设计与建设服务。项目解决了平台内部安全、生产控制环境网络安全防护不足、网络边界模糊、缺乏入侵检测等问题。通过建立集中安全管理、动态态势监测能力，使企业全面掌握安全数据与情报，降低网络攻击风险，避免生产停滞，实现了显著的经济效益和社会效益。

（2）经济效益

提高企业安全防护和管理水平，优化资源利用率，降低运营成本，提升运行效率。及时发现异常行为并报警，降低网络攻击概率，提高应对能力。发现安全威胁和风险，追踪溯源，减少运维成本。通过安全态势感知体系降低工业互联网平台企业的网络安全风险，促进工业互联网安全行业的产业升级。

（3）社会效益

第一，有利于相关行业标准的建设及孵化。第二，工业互联网平台安全建设可助于营造良好的产业生态，助力工业企业数字化转型，驱动数字经济高质量发展。第三，有利于国家相关部门对工业互联网平台信息安全态势的管控，降低安全盲区带来的安全威胁。第四，可有效促进企业生产能力的供需对接，实现资源的网络化动态配置，形成制造能力资源共享的良好格局。

（4）复制推广及部署城市

该项目已在多个城市（如郑州、洛阳、宁波等）及 20 家以上工业互联网企业推广应用，具有示范效应，适用于工业互联网产业发展。

6.3.4　先进性及创新点

提出了创新性的分布式文件存储、创新性的工业互联网平台企业安全态势感知架构等新模式，其有着高实用性、高稳定性、可扩展性等特点。

第一，创新性的工业互联网平台企业安全态势感知架构；第二，创新性的格式范化技术及分布式存储技术；第三，创新性的深度攻击分析建模手段；第四，创新性的攻击轨迹技术；第五，创新性的大数据环境下的安全治理架构；第六，创新应用规则库持续更新技术；第七，创新的分布式文件存储及检索技术；第八，创新的面向数据流程的算子建模技术。

6.4 案例 3：纺织服装个性化定制 +5G 柔性生产解决方案

6.4.1 案例简介及解决行业痛点

（1）公司介绍

江苏红豆工业互联网有限公司（简称"红豆工业互联网公司"）是红豆集团旗下的创新型科技公司，成立于 2017 年，注册资本 3000 万元，拥有以纺织服装专业人才、IT 技术人才、复合型人才为核心的专业人才团队。目前，公司已开发多款适合纺织服装企业应用的行业 App，并申请注册 61 项软著、2 项专利，专注于物联网科技、智能科技、电子信息技术、通信技术和自动化技术。

（2）案例基本情况

通过纺织服装个性化定制 + 5G 柔性生产解决方案实现三大功能。

① 5G 智能量体仓融合了服装领域先进的制版、测量和 5G 通信技术，通过激光 3D 量体可以实现 720° 可视化量体，根据用户选择的版型自动生成符合用户身体尺寸的样板并实时上传至部署在 MEC 边缘云上的智创云平台。

② 5G 无轨柔性智造平台的主要功能为：智能 AI 和 5G AGV 赋能的智能矩阵柔性制造技术，打破传统生产流水线的物理维度固定限制，按需设计形成柔性产线；在线整合纺织服装产业链资源，包括整合研发、设计、制造、渠道和客户资源；形成纺织服装快反体系，缩短服装到货周期。

③ 智能标识服务系统以二维码和链接的形式为客户提供实时流程跟踪，包括原材料溯源、设计师图纸、生产工序环节及物流进度和售后服务等。

（3）案例解决痛点

案例主要面临以下痛点。

一是传统生产方式难以应对个性化需求。随着新消费时代的到来，90 后甚至是 00 后逐渐成为社会的主力，他们的个性化消费需求越来越旺盛。传统服装行业的标准化、大批量生产方式面临前所未有的挑战，难以满足定制化、个性化和小批量生产的需求。二是快速反应能力不足。制衣企业在面对个性化需求时，快速反应能力要求极高。传统流水线式规模化生产管理方式已无法满足当前市场需求，企业需要更加柔性的管理和生产服务方式，但现有的系统和流程难以实现这一转变。三是高库存和生产负债压力。当前成衣市场趋近饱和，各大服装厂商和品牌商面临高库存风险和生产负债压力。同时，尽管生产产能很高，但却不能有效满足日益增长的用户个性化需求，导致资源浪费和市场错位。

6.4.2　解决方案

（1）商业模式

1）数字新经济与新零售商业模式

新零售商业模式的兴起已显著改变了消费市场，这种变化要求服装企业提升标准，突破传统商业模式，更好地满足市场需求。

2）个性化定制＋5G 柔性生产解决方案

采用个性化定制＋5G 柔性生产的解决方案。该方案由合作的中国联通提供 5G 通信网络支持，由浙江大承机器人科技有限公司负责生产 AGV 相关硬件设备。

3）技术创新与知识产权

公司设立了算法研究中心，专注于智能量体仓、智能版芯和 AGV 运行算法模型的创新优化，力求实现自有知识产权的成果转化。

4）全免费合作模式

红豆工业互联网公司纺织服装个性化定制＋5G 柔性生产解决方案采取的是全免费合作模式，此模式特点包括零合作费用、销售利润全部返还及低库存运营。

5）产业链资源与市场支持

合作商将获供应链资源、设计研发、品牌宣传、客户管理支持，并通过互联网营销持续获得客户订单，确保市场竞争力。

（2）技术架构

纺织服装个性化定制＋5G 柔性生产解决方案主要建设内容包括：工业互联网平台建设、个性化定制（量体仓、Banjo 小程序、智能版芯）、柔性生产模式。

6.4.3 应用成效

（1）应用实例

本方案在集团衬衫及西服车间试点，与中国联通合作打造 5G＋工业互联网平台，部署 5G 基站，实现全覆盖。借助新一代信息技术，打造 20 个 5G 应用场景，实现设备联网、数据上传，推进工业互联网全面应用，实现个性化定制、智能化生产、网络化协同和数字化改造方面的突破。

（2）经济效益

完成智能改造升级后，工厂单耗成本下降 10%，提高生产效率 20%，在制品减少 30%。

（3）社会效益

1）前端技术应用

项目采用的前端 5G 智能量体仓整合了先进的制版技术与测量技术，包括激光 3D 量体和人工智能着装测量技术，提供数据支持给后续生产系统。

2）生产流程优化

人工智能版芯算法在 MEC 边缘云实时生成服装样板，与红豆智慧工厂的柔性生产线接轨，提高了服务体验，还大幅降低了个性化定制的门槛。

3）生产效率提升

生产端采用人工智能学习和预测算法，优化生产过程，显著提高生产效率并实现效能最大化。

4）制造能力革新

通过全球首创的 5G AGV 机器人，配合人工智能算法优化生产工序，实现多款式多订单并行生产、无损插单及动态交期调节，中间提高的生产效率超过 20%。

5）消费者互动增强

智能标识服务系统提供了与消费者交互的便捷渠道，使消费者能第一时间参与并跟踪实时制衣进度，显著提升了客户满意度和体验。

6）系统整体目标与创新

通过频繁的小规模创新来推动服装消费端、工厂端及品牌方等服装产业链各环节资源的优化配置，最终打造一个高效且响应迅速的服装快反体系。

6.4.4 先进性及创新点

案例主要在以下方面进行了创新。

第一，用户中心化。当前，企业价值链正加速由以产品为中心向以用户为中心转变。一是用户地位由被动变为主动，二是出售产品由标准化变为个性化，三是服务边界由销售部门变为企业全部门。

第二，数据贯通化。企业基于平台将用户定制数据贯通产品全生命周期，为协调各类资源开展个性化定制服务提供重要支撑。一是数据准确贯通，二是数据实时贯通，三是数据交互贯通。

第三，生产柔性化。企业提升研发设计、生产制造、原料供应等环节的快速响应和柔性切换能力，开展高精度、高可靠、高质量的个性化定制服务。一是设计协同，二是柔性制造，三是敏捷供应链。

6.5 案例 4：蚂蚁链可信物联网技术助力工业设备租赁行业数字化转型

6.5.1 案例简介及解决行业痛点

（1）公司介绍

蚂蚁区块链科技（上海）有限公司是一家位于上海市黄浦区的高新技术企业，成立于 2018 年 12 月 6 日。公司的主要经营范围包括第二类增值电信业务及软件开发、互联网数据服务、信息系统集成服务等。"蚂蚁链"的核心产品和服务包括蚂蚁链区块链平台、可追溯即服务（TaaS）、了解您的客户即服务（KYCaaS）、跨境支付等。

（2）案例基本情况

蚂蚁链可信物联技术助力工业设备租赁行业数字化转型方案由区块链 +IoT 技术驱动，旨在提供一个可靠、安全、高效的协作平台，让产业链中的上下游及其他服务机构能共享可信数据，让企业实现设备数据可信上链的能力，包含的功能有①可上链的物联网设备，保证了数据自设备源头可信与不可篡改；②蚂蚁链资产管理平台，使用者可清晰便捷地查询设备数据，被授权方也可查看对应设备的可信数据；③蚂蚁链资产管理驾驶舱，设备持有方所拥有的设备委托给设备运营方代为运营，其运营效率均可实时反映在蚂蚁链资产管理驾驶舱中。

（3）案例解决痛点

案例主要面临以下几个痛点。

一是管理难度大，设备数量众多，设备位置分散，很难实时了解设备的所处位置、运行状态等关键信息。二是资金需求大，工程设备单体价格较高，租赁企业的资金需求量大，资金回本周期长。三是维护成本高，客户作为非设备所有者，会发生不当使用、过度使用等问题，增加设备的维护成本。四是设备数据安全性低，设备和用户的隐私数据可能在流转过程中被篡改，可信度和安全性低。

6.5.2 解决方案

整体架构分为设备端和平台端，其中设备端采用蚂蚁链可信上链智能模组 MaaS（Module as a Service）架构作为平台底层提供基础资源支撑，MaaS 是一套端、云、链一体化的软件服务框架，可快速连接蚂蚁链 MaaS 平台的服务能力，提供开箱即用的标准化 API 接口，能够快速适配不同型号的模组，同时能够支持 4G、NB 等通信协议（图 6.5）。

区块链物联网平台主要通过 OpenAPI、HTTP 等方式从第三方服务器、Web 界面获取输入，并从 Mesh Central 拉取相关设备信息。可信平台主要通过 RPC、OpenAPI 等方式从数科网关等服务获取数据，并进行可信认证、流转。通过结合终端等技术手段，主要解决了实体产业中数据可信采集、可信传输等问题。通过透明、可信的方式连接了实体产业中的不同企业。

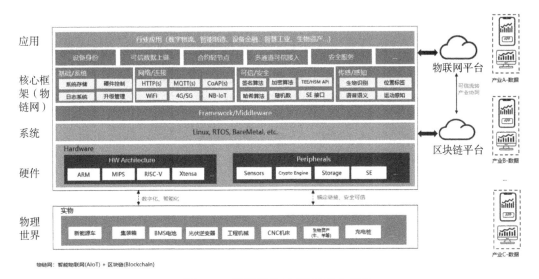

图 6.5　蚂蚁链资产管理平台架构

6.5.3　应用成效

华铁 – 蚂蚁链 T–Box 项目服务于浙江华铁应急设备科技股份有限公司，该公司是国内设备租赁的龙头企业。双方合作利用区块链 +IoT 技术，研发工程机械可信终端 T–box，实现高空作业设备自动连接区块链，上传运营数据，如运行轨迹、总里程数、连续开工时长等，为设备估值提供重要依据。

该方案基于蚂蚁链可信上链模组，对传统 T–Box 进行软硬件一体化改造，实现通电即上链、低功耗 / 低流量优化、独立加密通道和可扩展字段支持。

该款 T–Box 适用于临工等登高机主流生产商。通过物联网采集的数据在上链后，对外输出 3 个产品，分别为：① IoT 数据的登高机可信资产管理平台；②基于资管平台的高级运营管理驾驶舱；③基于不同用户的智能合约搭建。

该项目基于蚂蚁链"芯端云链"底座，运用"区块链 + 区块链"技术，实现通电即上链。利用芯片级 SDK 嵌入，实时上传设备运营信息至区块链。同时，满足产业级应用需求，实现设备端唯一可信身份等功能，并进行改进和拓展。

（1）经济效益

转型轻资产模式，降低资本压力，提高资本运作效率。华铁应急设备科技股份有限公司利用技术方案与东阳市城市建设投资集团有限公司达成轻资产合作，价值超 15 亿元。项目吸引 3 家投资，总投资额为 35 亿元。预计每年为应用企业带来 7000 万元收入，降低保险费用，促进二手设备流通。

（2）社会效益

实现了技术创新推广，提高了数据的透明度和可信度；提高了行业标准，推动了整个行业向数字化、智能化转型；创造了就业机会，项目的实施为近 2 万名工人提供了稳定的就业机会和收入来源。

6.5.4　先进性及创新点

蚂蚁链可信物联技术助力工业设备租赁行业数字化转型方案用到的软硬一体的蚂蚁链 MaaS 模组为行业首创，目前无类似可商用方案。而将 MaaS 模组与工程机械产业相连接也是蚂蚁链与客户首创。和传统模式或行业通用方案相比，优势是设备可信监控与数据追溯、信息安全性和隐私保护、高效率和透明性。蚂蚁链 AIoT 目前已获得超过 20 款专利。

6.6　案例 5：1688 工业品专业标准库：国内最大的工业互联网产品标准数据库

6.6.1　案例简介及解决行业痛点

（1）公司介绍

淘天集团是阿里巴巴集团全资拥有的业务集团，是全球领先的科技商业公司。集团以淘宝 App 为主要服务载体，构建国内国际供给、线上线下场景、远场近场履约相结合的商业矩阵。集团拥有淘宝、天猫、1688、闲鱼等商业品牌，并通过天猫国际、淘宝直播、阿里妈妈等业务，提供进口、直播、买菜、数字营销等服务。

（2）案例基本情况

我国工业互联网标准建设虽明显提速，但尚未形成全社会公认的线上产品标准体系，其中三大业内难题，制约着工业互联网的标准建设。分别是①长尾复杂的工业品类，使高适配度的类目体系难以形成；②迭代更新的品牌商品，导致实体产品到虚拟商品的数字化转换仍有门槛；③标准库构建不是单一的产品归类，需要行业知识与工程算法的深度融合。为突破上述三大瓶颈，1688 工业品团队自 2021 年起，启动"工业品专业化标准库项目"，通过站内资源整合、数据算法创新、品牌等多方合作，构建工业品平台专业标准库。

（3）案例解决痛点

案例主要面临以下几个痛点。

一是长尾复杂的工业品类，使高适配度的类目体系难以形成。工业品因专业性强、细分领域广、长尾商品多，商品属性差异大。同一品牌系列产品，因属性值排列组合形成独特商品单元。制造商和品牌商设置专业编码，渠道商和企业客户设置产品代码，导致采购标准不统一，上下游互通难，场景匹配困难，沟通成本高。

二是迭代更新的品牌商品，导致实体产品到虚拟商品的数字化转换仍有门槛。品牌商工业品从实体产品到虚拟商品的数字化转换存在技术门槛。单个品牌商的产品系列和型号有的多达数十万条，需要嵌入平台现有的类目体系，并实时更新维护，海量的数据无法仅依靠人工完成。此外，需要对工业品牌商家 PDF 格式的产品手册形式进行格式化拆解和数字化识别。

三是标准库构建不是单一的产品归类，需要行业知识与工程算法的深度融合。工业品的数字化标准建设，其本质是对行业全域产品和标准的纵深整合。此外，工业品标准库的建设，需要一套可挖掘工业品属性，实现结构化映射的算法技术方案，其背后需要将工业品的垂类行业知识与数据工程算法深度融合，这也是该项工作存在的另一个挑战。

6.6.2　解决方案

（1）规模化的专业标准库

1688 工业品专业标准库建立了行业内规模最大的专业化标准库，涵盖了 59 个垂类行业、9200 万件专业化商品（SKU），并收录了 116 个品牌的产品数据包。这为整个工业品市场提供了丰富的分类和详细的标准参考。

（2）动态发展能力

项目展示了快速更新和扩展的能力，每月能新增大约 100 万个工业商品的详细信息。

（3）技术创新与算法优化

1688 工业品专业标准库在多个技术领域实现了突破（图 6.6），如 AIMAP 映射算法、智能标题算法、多维 SKU 属性扩展矩阵、实物数字化转换模型（YOLOv5）。

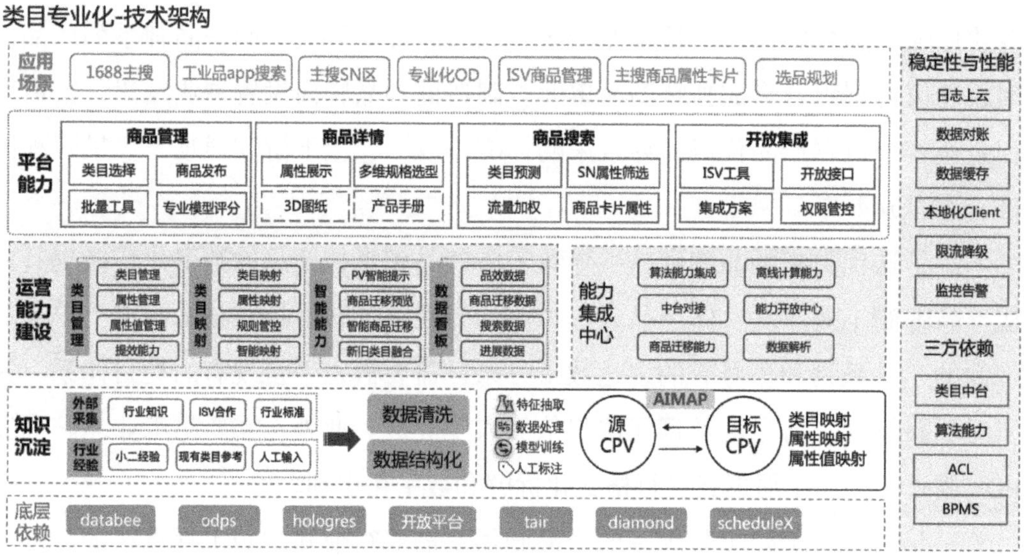

图 6.6　1688 类目专业化技术架构

（4）丰富的线上应用场景与行业经验

平台的深度行业经验和全品类经营布局提供了丰富的品类场景和数据基础，使标准库的建设和算法创新成为可能。同时，1688 的规模优势使其能够同时满足头部品牌和厂货的需求，保障了不同用户的适配体验。

（5）商业模式的竞争优势

1688 工业品专业标准库的商业模式具备明显的竞争优势，能够吸引更多的商家加入，提高用户的参与度和满意度。通过专业的标准数据库和算法支持，该平台能够有效提升市场运营效率和决策质量。

6.6.3　应用成效

1688 工业品专业数字标准库项目已建设 3 年，当前，该项目正推进加入工业和信息化部工业产品主数据标准，并在浙江开展试点。

商业实际应用与项目先进性：1688 工业品标准库具有行业内规模化、专业化优势，涵盖 59 个垂类行业，涉及 9200 万件商品，收录 116 个品牌产品数据包，累积 2500 个叶子类目树，沉淀超 5 万属性项，百万级标准属性值。此标准库推动国内工业品类目数据资产的结构化、标准化、生态化，促进行业统一大市场形成和良性竞争，支持产业链强链补链和数字化转型。

① 提高工业品线上采购效率，统一标准库可节约 30% ~ 50% 的采购时间，降低 10% ~ 20% 的沟通成本，增加 10% ~ 15% 的销量，并吸引 5% 以上的新客户。

② 工业品专业标准库的建设，可洞察行业技术创新与趋势，研判主流趋势，聚焦主力型号和规格，掌握制造业产品结构变化和技术演进趋势。

③ 标准库应用可促进工业品市场统一和价格合理竞争，避免不良竞争，营造公平合理的比价机制，健全市场机制和健康市场环境。

④ 标准库建设助力产业链供应链强链补链，提高产业链韧性，为市场同类型、同功能的产品检索提供支持。

⑤ 标准库是生产制造业产业数字化的有力抓手，可促进全链路数字化改造，激发数字技术对工业品的赋能价值。

6.6.4　先进性及创新点

第一，1688 工业品类目专业化建设——CPV 智能专业类目。重构原有类目，由三级扩至五级。1688 清洗归一工业品行业分类、属性、属性值数据，构建专业 CPV 类目。智能映射快速迁移商品，结合行业知识图谱补全属性，实现精准专业化表达。提供多维属性值的 SKU 选型矩阵，优化买家采购链路。商家发布商品时填写 SKU 属性矩阵信息，买家据此筛选产品，实现精准搜索。相比传统列表式，矩阵可实现快速筛选。项目研发了专业化评估系统，结合五大维度对

CPV 智能类目打分，输出优化建议，实时保障类目质量。

第二，1688 工业品牌商品数字标准化建设——品牌标品库。1688 创建了实物商品数字化转换模型，对品牌商品进行数字化处理，实现标品信息的结构化映射落库。同时，研发了工业品高清主图和智能标题匹配模型，优化了商品发布的关键信息，提高了发布效率。构建了大数据级选型矩阵，提供智能导购场景，解决了检索延迟问题。项目具备快速更新和高速扩展的动态发展能力，每月可沉淀大量专业工业商品信息。拥有前沿算法和高精度匹配水准，实现了关键技术和算法方案的突破。丰富的线上应用场景和行业深耕经验为标准库建设和算法创新提供了先决条件。

6.7 案例 6：康赛妮集团有限公司年产 1500 吨高档羊绒纱线智能工厂

6.7.1 案例简介及解决行业痛点

（1）公司介绍

康赛妮集团有限公司，原名宁波康赛妮毛绒制品有限公司，是特种纱线研发、生产、销售的国家高新技术企业。自 2000 年成立以来，采用先进数字化设备，建立了完整产业链。公司年供市场高档专业纱线超 10 000 吨，纯天然羊绒纱线占世界产量的 16% 以上，是中国行业示范企业，也是亚洲唯一加入国际奢侈品纱线俱乐部 Pitti Immagine Filati（PITTI）的企业。

（2）案例基本情况

1）项目概况

地点与规模：项目位于宁波市江北区海川路 65 号，总建筑面积 59 307.72 平方米。

投资：总投资约 4.5 亿元，其中 2.05 亿元用于购置智能生产和物流设备。

2）技术和设备

智能化设施：包括梳毛机、和毛机、细纱机等智能生产设备和 RGV、AGV、机械手、立体库等智能物流设备。

生产流程：实现了从和毛到倍捻的全流程自动化和信息化，包括 10 条并行的毛纺智能生产线。

软件系统：采用 PLM、ERP、MES、SCADA、WMS 等系统实现设计数字化、制造智能化及运营智能化。

3）管理与创新

部门组织：设立了安全生产保障部和信息工程部，后者由集团高级别副总经理领导，负责公司智能化、信息化工作。

技术创新：实现了生产过程的在线监测和自动化控制，采用高级算法和数据分析支持生产决策。

知识产权与标准：申请和获得多项国家发明专利和实用新型专利，以及软件著作权，推动了毛纺智能工厂团队标准的建立。

4）运营效果

生产效率与成本：生产订单周转率和库存周转率均大幅提升，交货周期缩短 50%，生产效率提升超过 20%，同时人力资源减少超过 30%。

质量提升：产品质量提升 25%，实现了毛纺生产的高标准化和可追溯性。

环境与经济效益：工厂实现高度自动化和无人化，兼顾节能、环保、低碳的高效生产。

（3）案例解决痛点

案例主要面临以下几个痛点。

一是传统羊毛羊绒纺纱行业面临高成本和低效率问题。现有的离散型加工模式导致用工和物流成本高昂，同时人为错误频发，严重影响生产效率。生产线难以高效且灵活地适应市场需求的多样性和个性化，企业难以通过精益管理来减少库存和加速物流、信息流和现金流的流动，无法快速响应市场变化和个性化需求。

二是花式纱线生产面临技术和设备的限制。自主研发和升级粗纺产线存在困难，无法满足服装个性化和多样性需求增长，现有设备和工艺技术的缺陷阻碍了新型花式纤维纱制品的开发和生产，如竹原纤维与羊绒混纺、高性能色纺纱、多组分纤维复合和随机性竹节纱花式纤维纱制品。这些问题限制了企业在服装、装饰品和家纺领域的竞争力。

6.7.2　解决方案

康赛妮集团建立毛纺行业智能化管理平台，包括平台架构、大数据与 AI 技术、生产管理创新服务等，形成行业级工业互联网平台。

（1）毛纺行业智能创新数据平台体系结构

以毛纺大数据为核心，参考中国智能制造与工业互联网架构，构建毛纺行业智能化管理数据平台，包括设备层、智能数据终端、大数据平台层和生产管理及智能创新服务层，提供生产管理和智能创新服务，分析毛纺产品品质和工艺参数等智能增值服务（图 6.7）。

（2）毛纺生产关键参数信息数据库建立

毛纺生产关键参数采集是产品全流程周期数据体系的基础，智能数据采集终端研发模拟量、数字量、现场总线采集模块，分别采集设备、环境、能耗、质量数据，建立生产管理、质量、工艺等资源数据库。

（3）毛纺行业智能化管理数据平台大数据处理技术

康赛妮集团研究毛纺大数据处理技术，如接入、转化、存储，为行业智能化管理数据平台提供智能支撑。基于生产信息模型构建数据知识图谱，提供智能化服务，包括生产信息管理、质量、工艺、排产、协同、统计分析等。毛纺大数据处理包括预处理、分步存储、协同生产与资源共享、宏观分析与评价服务，确保数据可靠、高价值，优化生产方案，服务于行业、企业分析与评价，指导产业升级与改进（图 6.8）。

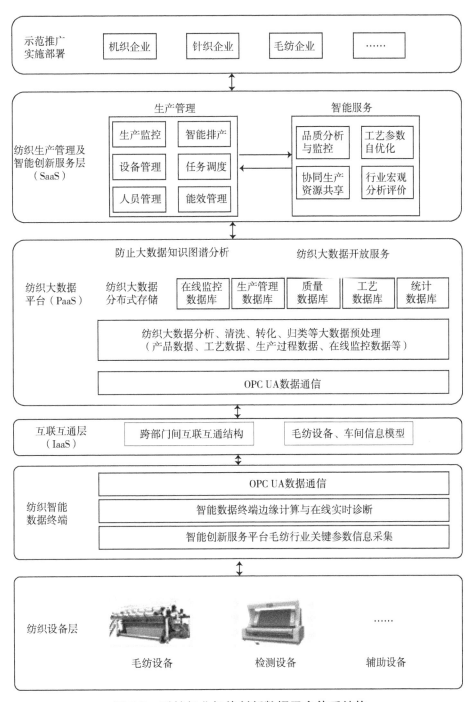

图 6.7　毛纺行业智能创新数据平台体系结构

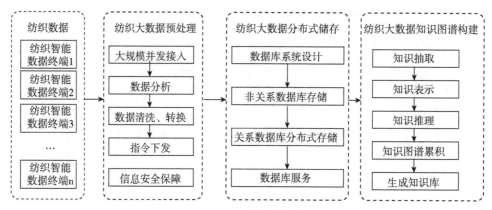

图 6.8　纺织大数据挖掘流程

6.7.3　应用成效

（1）应用实施

2019 年 1 月，康赛妮集团在宁波投资 4.5 亿元建年产 1500 吨高档羊绒纱线智能工厂，利用 AB 纱工艺等软件实现纺纱产品的智能化。设立安全生产保障部和信息工程部，监控产品质量，保障生产安全。投资 2.05 亿元购买智能设备及 10 条生产线，实现高度自动化、数字化、可视化，引入 5G 解决信息化、智能化问题。实施后，订单和库存周转率提升 100% 以上，交货周期缩短 50%，生产效率提升 20% 以上，人力减少 30% 以上，品质提升 25%。经济效益好，技术含量高，符合节能、环保、低碳要求，为中国首家毛纺智能工厂。期间申请发明专利 8 项、实用新型专利 4 项，授权 6 项发明专利，获得软件著作权 7 项，制定团队标准 3 项和企业标准 1 项。

（2）经济效益

智能工厂技术生产高档羊绒纱线，拥有 10 条智能生产线。2018—2022 年，累计销售 10.21 亿元，新增利润 1.12 亿元，税收 4054.8 万元。2023 年上半年销售额为 5.07 亿元，新增利润 5868 万元，税收 2095 万元。客户包括爱马仕、路易·威登、香奈儿等高档服饰品牌。

（3）社会效益

①为智能制造在纺织行业的推广应用提供示范，带动我国更多的毛纺、纺织企业参与开展自动化、信息化、智能化的改造工作；②培养毛纺行业智能制造人才；③带动我国毛纺相关产业发展；④带动下游高端织造与服装行业的发展，促进我国传统纺织产业的跨越式发展。

技术方案具有推广作用。对于经济强企，可以推广智能工厂方案，提升智能化，建立智能制造环境；对于经济较弱企业，可以推广关键技术，提高自动化、信息化水平。

6.7.4　先进性及创新点

案例主要在以下方面进行了创新。

第一，设计高端羊绒粗纺纱线全数字化生产线，采用"单元细胞化"模式提高设备柔性，优化工艺流程和设备布局，实现连续化生产。

第二，研发羊绒粗纺纱线生产设备间的数字化物流系统，通过自动喂毛、移动毛卷架、细络联装置等技术实现全流程自动化物流。

第三，开发适用羊绒粗纺纱线生产的信息管理系统，包括 MES、ERP、PLM、WMS 等，实现数据共享和协同，优化排产和维护，降低质量风险（图 6.9）。

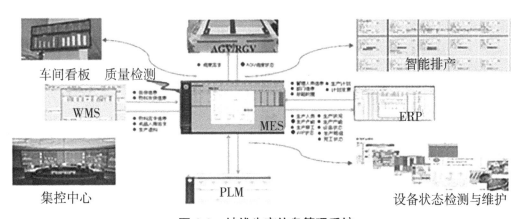

图 6.9　纱线生产信息管理系统

6.8 案例 7：酱香酒行业产供销协同解决方案 [①]

6.8.1 案例简介及解决行业痛点

（1）公司介绍

贵州习酒股份有限公司（简称"习酒公司"），源于明代殷姓白酒作坊，于 1952 年转为国营，1998 年加入茅台集团，2022 年更名为"贵州习酒股份有限公司"。公司拥有 5 万余吨基酒年生产和包装能力，18 万吨储存能力，并有众多高级人才和专业技术技能人才。主要产品有君品系列、窖藏系列、金钻系列等，主导品牌"习酒"先后被评为省优、部优、国优，荣获"国家质量奖"，被认定为"国家地理标志保护产品"等。

（2）案例基本情况

酱香酒业遇新挑战，需多方协同解决。习酒公司需实现产供销整体协同，包括采购、仓储、生产、管理、营销等。通过一码管理提升效率，解决智能制造、防伪溯源、市场营销等问题，实现快速响应市场需求、风险识别、辅助决策等能力。

主要功能和创新点如下。

1）技术面

①私域 5G＋内网 Wi-Fi 保障生产经营不受网络故障影响；② 5G＋SA＋i5GC 架构确保园区数据保密，实现运输环节的可视、可管、可控；③ AI 视觉识别保障品质统一；④自有知识产权中台实现多场景逻辑共用、全面管理和数据兼容；⑤白酒行业首创五码独立身份识别，有效防伪；⑥习酒公司重视数据安全，配备先进设备，构建主题数据库和仓库，确保设备、网络及数据库的性能、安全性、可靠性等方面的需求。

2）管理面

一是重构内部管理流程，用数据指导生产与管理，规范库存。二是全面接入智慧仓储、自动化生产线等，用数据分析识别风险，保障生产经营。三是分

---

① 图片均为论文、证书、荣誉证明材料。

析营销、分销、会员管理、广告资源等数据，减少不必要支出。四是调整 JIT 供货模式，实现多方共赢，确保供应商生产符合公司要求。五是优化业务环节，提升办理效率，满足环保、节能等要求。六是全过程管理材料采购、质检等，可出具电子报告。

（3）案例解决痛点

案例主要面临以下几个痛点。

一是习酒公司面临自动化程度低、投入高、仓储效率低、生产成本高、响应市场需求慢等问题，需降低员工劳动强度并实现产业转型升级、提质增效。二是市场制假售假问题困扰白酒产品防伪溯源，需解决行业难点与痛点。三是如何将线上营销与线下营销相结合，更好地服务经销商、终端门店及消费者。四是习酒公司多个应用系统相对独立，导致工作重复、数据不统一和数据孤岛现象，需整合系统以满足业务快速发展需求。五是习酒公司需确保生产经营数据不出园区且得到保护，同时保障业务系统的服务及数据的完整性、可靠性、安全性。

6.8.2　解决方案

① 硬件架构：利用"两地三中心"架构，构建集中式数据库和私有云机房，满足设备管理、网络及数据库需求。采用"0851"模式，建立企业数据库和仓库，以云数据中心为核心。贵阳和总部建设数据机房和灾备机房，实现信息及时安全传递。现已实现办公网络化、业务审批流程化等效果。

② 数据库架构：集团统一规划数据库架构，采用国产化集群和实时同步方案，构建主题库和仓库，支持独立集群环境。采用达梦集群和 DMHS 软件，确保数据的一致性和性能。

③ 应用架构：习酒公司"1352"战略规划包括建立中台基础架构和私有云服务，构建主题数据库，建设数据仓库，探索酒体骨架模型，建立酱香白酒微机辅助勾调模型。

④ 数字工厂架构：运用创新技术重构业务，实现数据规范化，借助 5G、物联网等技术，实现仓储、生产、控制一体化。创新 JIT 供货模式，实时掌握供应

商动态。采用 5G 风筝、物联网、AI、无线定位等技术实现自动化存取，提高空间利用率。

6.8.3 应用成效

酱香酒行业产供销协同案例在习酒集团及下属公司实施，自 2020 年 1 月 15 日起，平台结合新一代信息技术与酱香酒产业，应用于生产、防伪、打假、市场、促销、大数据和质量 7 个领域。

① 标准化生产：平台运用 5G 数字化工厂和应用系统，实现工序标准化并推广至流水线。能力提升，包括包装、仓储和物流。

② 防伪溯源：利用一物一码和五码合一，实现全流程追溯，提高物流数据准确性，消费者可查询防伪信息。

③ 打假防窜：扫描产品二维码，查询生产及流通信息，减少复制造假。

④ 市场营销：利用微信小程序收集用户数据，开展扫码领红包等活动，会员数已达 960 余万人。

⑤ 促销酒管理：采用一物一码技术，实现促销酒的使用管控，节省促销成本。

⑥ 大数据分析：建立大数据分析平台，提供决策支持，分析产品动销情况，为产品改进和市场精准营销提供数据支撑。

⑦ 质量管理：在质量及食品安全环节，整合产业链的全过程数据，建立质量管控门户，为企业提供监管服务，提升产品质量并避免食品安全事故（表 6.2）。

表 6.2 质量管理具体数据

项目	2023 年合格率	上年合格率	同比百分点提升
包材合格率	97.87%	96.03%	1.84 个百分点
原辅料合格率	98.73%	97.28%	1.45 个百分点
成品酒合格率	100.00%	100.00%	0
综合材料合格率	98.15%	96.52%	1.63 个百分点

运用防伪溯源、质量安全、智慧营销、供应链监管、大数据分析等手段，强化产品全周期管理，提升效率，实现高效协同，重塑生产组织和创新机制，夯实酱香酒产业品类、品牌和产区价值，推动酱香酒行业振兴和高质量发展（表 6.3）。

表 6.3　2020—2022 年习酒公司销售情况　　　　　　单位：元

年份	新增销售收入	新增税前利润	新增税金	增收（节支）总额
2020	240 000	130 300	85 400	1850
2021	520 000	402 500	136 300	1850
2022	450 000	237 400	390 600	1850
累计	1 210 000	770 200	612 300	5550

6.8.4　先进性及创新点

案例主要在以下方面进行了创新。

第一，技术面创新。一是私域 5G ＋ 内网 Wi-Fi 保障网络稳定，实现园区数据可视化管理；二是 AI 视觉识别技术提升品质一致性；三是构建中台基础架构，共性服务抽象化；四是业务、数据中台服务多场景逻辑，建立统一门户；五是白酒行业采用五码独立身份识别解决防伪溯源问题，提供数字化营销管理模式；六是习酒公司重视数据安全，执行法规，构建企业数据库和仓库。

第二，管理面创新。一是重构内部管理流程，数据驱动生产与管理，规范库存；二是接入智慧仓储等系统，利用数据分析预防风险；三是精准营销、分销等数据分析，优化开支；四是调整 JIT 供货模式，协同供应链，实现共赢；五是建立中台服务等优化业务，提升效率，助力环保等要求；六是材料全过程管理，出具电子报告。

第三，营销模式创新。一是全方位监控产品生产、流通、消费环节；二是营销建设，促进公司与各方协同；三是分销系统建设，打通公司与经销商、门店的协同。

第四，人才模式创新。一是导入人才战略，结合"师带徒"方式，发现、培养人才；二是坚持引进与派出，与高校、科研院所、组织机构合作，打造开放的习酒科研平台，共建共享习酒信息化。

6.9 案例 8："园区 OS+ 工业 App"模式的智慧化工园区工业互联网平台

6.9.1 案例简介及解决行业痛点

（1）公司介绍

卡奥斯化智物联科技（青岛）有限公司，成立于 2017 年，是海尔数字科技（青岛）有限公司的全资子公司。其运营的海智化云平台是全国领先的化工行业工业互联网平台。公司专注于研发、应用和推广工业互联网平台技术，旨在构建绿色化工技术创新体系，为政府、化工园区和企业提供数字化转型的定制服务。

（2）案例基本情况

基于"园区 OS+ 工业 App"模式，聚焦九大场景，整合园区信息资源与技术平台，建立集多功能于一体的信息化管理平台。推动园区信息系统和公共数据互联互通，实现化工园区数据集中、整合、智能分析，实现重点防控面的智能预警与分析评价。创新"园企共建"模式，以轻量化 SaaS 产品赋能园区内企业，实现数字化转型升级。

① "智慧运营"基于 GIS 构建 5 张图，动态更新园区信息，发现异常和隐患。

② "智慧安全"构建风险模型和评估体系，实现风险感知、隐患告警和智能监管。

③ "封闭化管理"全方位管控化工园区关键要素，端到端识别，及时解决问题。

④ "智慧应急"构建应急体系，实现信息采集、预案管理、预测预警、联动指挥和视频会议。

⑤ "智慧环保"构建园区环境监控网络和监管系统，掌握环境质量变化和风险。

⑥ "智慧能源"实现园区能源监控、统计、分析和优化,推动分布式能源应用,实现精细化管理。

⑦ "智慧管廊"建立园区公共管廊管理平台,提升运维和监管效率。

⑧ "智慧服务"为园区和企业提供政策解读、通知公告、服务指南等,满足企业服务需求。

⑨ "产业发展分析"利用工业互联网平台数据,掌握园区情况,精准招商,优化产业结构。

(3)案例解决痛点

案例主要面临以下几个痛点。

一是化工园区信息化建设水平低,数字化和智能化等设施缺乏统一规划,无法进行精细化管理。二是化工园区方安全环保等管理问题突出,但缺少有效的智能化监管和应急处置手段。三是园区、企业信息系统建设各自为政,一体化程度低,园区内数据信息资源共享困难,企业数字化转型成本高。四是园区内产业规划和布局缺少科学指导和分析手段。

6.9.2 解决方案

(1)商业模式

政府采购平台模式,客户是政府,获利分三类:平台盈利、服务盈利、生态盈利。平台盈利是靠搭建智慧化工园区工业互联网平台获利;服务盈利通过提供运营服务及增值服务,如评估认定、复审、试点示范承建等获利;生态盈利则依托平台开放能力,汇聚第三方 App,与生态伙伴共同为化工园区赋能。

(2)技术结构

构建智慧园区运营平台,整合九大场景资源,实现一图管理。融合大数据、GIS、物联网技术,实现实时监测与智慧化管理。创新"园企共建"模式,以 SaaS 产品推动数字化转型。平台分 3 层:通用 PaaS 层、BaaS 层和应用层。技术路线强调边缘计算和物联网采集能力,分步推进"园区 OS+ 工业 App"模式,利用技术构建 IaaS 和 PaaS 平台,集成核心能力,在应用层打造九大场景应用标杆。

6.9.3 应用成效

（1）应用实例

1）山东垦利胜坨智慧化工园区管理平台

分二期构建智慧化工园区 OS 系统，提高安全环保管控能力，降低人工成本。一期（2021.12—2022.08）完成。二期（2022.06—2022.11）通过标准化、低成本 SaaS 产品降低企业数字化转型成本，推进园企一体化。现有 59 家企业，其中 22 家规模以上企业，存在系统孤立、无安全预警等问题。

2）山东临沂郯城智慧化工园区管理平台（一期）

郯城经济开发区，面积 8.12 平方公里，2018 年省级认定。面临信息化水平低、管理被动等问题。建设 5 张图（综合、安全、环境、应急、经济能源）整合数据资源，提升安全风险、环保、应急指挥能力，降低人工投入。

（2）经济效益

1）山东垦利胜坨智慧化工园区管理平台

该项目分两期，一期注重安全、环保、应急和能源管理，二期重视园企共建和标准化产品布局。一期人工成本降低 45%，二期数字化转型成本降低 50%。产业关联度增加 10% 以上，安全环保能力提升 50%，降低风险。

2）山东临沂郯城智慧化工园区管理平台（一期）

园区 2013 年建，现产值 70 亿元，效益显著，安全风险与事故率降低，安全监控能力提升 50%，事故率下降 45%。环保管控能力提升 30%，减少污染事故。人工成本降低 45%，提升应急指挥和安全巡检效率 50%，释放人力资源，减轻运营压力。

3）综合效益

两个项目提升园区管理和安全性，实现智慧化平台风险控制和资源优化，促进数字化转型，增强环保和安全管理，对提升地区安全和环保做出重要贡献。

（3）社会效益

该项目服务超十家化工园区，在山东、安徽市场领先。降低成本、提高安全管控，减少事故，助力数字化转型，提升园区经济效益 25%。社会效益包括落实《中国制造 2025》，推进信息技术与制造业融合，提高安全生产水平；创新"园区 OS+ 工业 App"模式，为数字化建设提供基础；实现"园企共建"，为协同发展提供新模式。

6.9.4　先进性及创新点

案例主要在以下几点进行了创新。

第一，工业互联网 + 新技术。利用云计算、互联网、物联网、大数据分析和移动应用等 IT 技术，针对园区数据量大、利用率低、监管难、产业规划弱、信息孤立等问题，整合业务数据，通过 GIS+ 大数据分析，多维数据融合，全方位、多维度处理数据，构建具有工业互联网特性的智慧化工园区解决方案，涵盖安全、环保、应急、能源、产业链等场景。

第二，创新"园区 OS+ 工业 App"模式。"园区 OS+ 工业 App"模式构建智慧化工园区管理平台，涵盖九大场景，如智慧运营、安全等。依托园区 OS 和优质工业 App，满足政府和企业管理需求，提升园区能力和效率。同时，创新"园企共建"模式。

第三，平台推行"园企共建"模式。针对园区与企业的共同需求，促进双方协同合作。通过共享平台资源，提供全面的云服务与 SaaS 软件服务，减少企业软件投入，提高智能化水平。数据实时共享，降低上报成本，增强监管实时性和效率，实现园区与企业的紧密连接，打造服务型园区，统一人事物管理。

第四，产业发展分析。平台通过建设产业分析、知识图谱等模块，评估产业结构、企业链接、产业创新等指标，助力化工园区规划并精准招商。

6.10　案例 9：链长牵头引领的航空制造产业链数字化转型自主生态构建

6.10.1　案例简介及解决行业痛点

（1）公司介绍

成都飞机工业（集团）有限责任公司（简称"航空工业成飞""成飞"），原名

"国营 132 厂"，是隶属中国航空工业集团公司（航空工业）的特大型企业，集科研、生产、试验、试飞为一体的大型现代化飞机制造企业，是中国重要歼击机研制生产基地。

（2）案例基本情况

1）通途 CAPP 系统

①工艺配置管理：维护系统基础信息，如组织机构、工艺人员、角色及其权限等，实现工艺文件编制系统的用户管理功能。

②工艺文件编制：管理多种工艺文件（如 FO、工序说明书等）的编制、更改、签审、发布等流程，支持基于多种信息的快速编制和多人协作，是核心功能模块。

③工艺资源管理：承接资源基础信息，定义资源能力，实现设备、刀具、工装等资源的解耦和拓展。

④工艺知识库：将历史工艺文件、标准等转换为结构化工艺知识，为快速编制提供支持。

⑤工艺流程管理：管理用户提交的工艺文件审签流程，支持查看详细流程信息和文件，用于审签人管理待办事项。

⑥通知栏管理：为用户提供待办任务提示，包括编制、审签和协作待办信息。

2）通途 MES 系统

①主数据管理涵盖数据字典、资源信息（班别、专业、实测记录等）、产品信息、图纸信息、物流区域及检验项目等。

②合同订单管理接收经营管理部门的市场预测、意向订单、新研任务和销售合同信息，支持结构化信息的维护或导入系统。

③生产计划管理通过计划管理系统，实现订单、主生产计划、物料需求计划、计划变更及系统集成的管理。

④制造执行管理依据工艺文件来管理工序、实测记录、质量信息和物流交接，统一处理现场问题，并实现设计与制造间的变更双向传递。

⑤仓储物流管理改造原有库存管理系统，实现物资入库、出库、盘点的自动生成和条码化管理，以及配送任务的分派和调度管理。

⑥检验检测执行管理采集生产现场质检数据，基于工序作业计划，关联实测记录和检验规程，创建检验任务并反馈结果，形成质量闭环。

（3）案例解决痛点

随着航空产业链生态圈快速发展，现有产业链面临"造管难、协同难"等挑战，影响产业健康和供应链安全。成飞作为区域链长，致力于数字化转型，通过"成飞通途"数字化制造解决方案，探索航空产业链数字化转型新路径。

一是航空制造业供应链与生态圈"造不好"问题。成飞作为航空制造业的龙头企业，积累了数字化转型经验，但配套企业和协作单位数字化能力不足。需要将成飞的经验转化为可推广的产品和服务，解决供应商的问题，提升行业数字化水平。

二是航空制造业供应链与生态圈"管不住"问题。我国过去行业主要依赖航空工业造飞机，随着供应链扩大，管理难度加大。成飞作为航空产业链的关键角色，面临更多挑战。

三是航空制造业供应链与生态圈"协同难"问题。我国航空装备供应链规模庞大、结构复杂、区域跨度大，主体间独立运作、资源难共享、数据难利用，传统沟通方式效率低，信息缺失严重。成飞有数字化转型经验，但配套企业和协作单位数字化能力不足。需推广成飞经验，解决供应商问题，提升行业数字化水平。

6.10.2　解决方案

秉持"开放合作、核心自主"理念，构建"开放共赢、共建共享"商业生态，实施基础服务免费、赋能服务付费模式，进行私有化部署和云服务订阅。

① 咨询付费模式：提供咨询、培训和解决方案等服务，实现咨询收入，并推广数字化整体解决方案，实现软件与咨询打包销售。

② 商品化软件销售模式：直接销售软件产品（授权 License），在客户网络环境下私有化部署。

③ 云服务订阅模式：基于公有云平台提供 IT 资源订阅和工业软件订阅服务，按服务量收费。

④ 资源租用模式：提供 5G 盒子等软硬一体服务，包括服务器、存储和算力等云服务资源租用。

6.10.3　应用成效

（1）应用实例

通途系列软件覆盖工艺设计、加工、资源管理等全过程，提升数字化水平，采用先进 IT 架构和自主创新技术确保稳定运行。通过成飞通途平台为供应链企业提供信息共享与供应生产配合。已与 10 余家单位建立销售合作。

1）降低时间成本与企业运营成本

利用高开放性和集成性的系统实现信息化管理，减少数据采集时间，消除文书工作，降低时间成本和运营成本，同时与原有系统集成，增强沟通交流，实现全局统筹。

2）提高生产效率

实施可优化企业管理，强化过程管理，实时监控各环节，提高生产效率。

3）改善产品质量

系统通过现场检验、质量记录和问题追踪保证产品质量，降低次品率，实现结构化管理，为质量提升提供数据支撑。

（2）经济效益

推广通途航空制造云平台至成飞、航空工业集团及上下游企业。2022 年营收超 1000 万元，计划未来 1 ~ 2 年拓展至 10 家以上，满足成飞供应链需求；未来 3 ~ 5 年拓展至 15 家以上，预期年营收超 3000 万元，经济效益超 1000 万元。

（3）社会效益

数字化技术助力企业构建一体化数字平台，强化数据贯通和业务协同，形成智能决策，提升整体效率和产业链协同。数字化制造解决方案引导企业培养数字化思维，提高员工数字技能和数据管理能力，推动业务数字化转型。

专家点评

以"引领行业数字化转型"为己任，以"供应链体系高效管控，生态圈敏捷数字赋能"为核心使命，通过自主研发数字化制造解决方案，成飞顺利解决了航空产业链与生态圈"造不好""管不住""协同难"的问题，既降低了时间成本和企业运营成本，又提高了生产效率和产品质量。一方面，突破了国防"产业数字化"的瓶颈；另一方面，破解了国企数字产业化的困境。

6.10.4　先进性及创新点

案例主要在以下方面进行了创新。

第一，成飞作为航空产业链链长，以引领数字化转型为己任，自主研发数字化制造解决方案，探索数字化转型生态构建新范式。通过通途航空制造云平台整合供应链资源，实现资源共享与信息协同，提升供应商数字化能力与产品管控水平。

第二，突破国防"产业数字化"瓶颈，实现产业链协同管控领先示范。成飞突破国防"产业数字化"瓶颈，实现产业链协同管控领先示范，从数字化工艺、制造、运营三方面赋能全产业链。

第三，破局国企数字产业化困境，加快产业链数字赋能。通过"成飞通途"平台，构建航空制造数字化转型基础，聚焦国防产业数字化难题，破解国企数字产业化难题，整合成飞公司工业软件研发成果，推出自主数字化制造软件，加速产业链数字化转型，突破国企数字经济发展瓶颈，探索行业数字产业化创新路径。

第四，坚持自主开放创新，加速构建产业链协同创新生态，融入新一代信息技术，加强 IT/DT/OT 融合，构建"前中后台"技术架构。通过开放私有云协同开发者社区、供应链应用商店等服务，实现资源共建共享，提高协作效率，避免重复工作，实现快速个性化定义，构建数字化协作创新生态。

6.11 案例10：数字运营体系建设

6.11.1 案例简介及解决行业痛点

（1）公司介绍

沈阳飞机工业（集团）有限公司（简称"沈飞集团"）是中国航空工业集团有限公司旗下的飞机制造企业，集科研、生产、试验、试飞于一体，主要生产歼击机。占地800多万平方米，员工1.5万人，业务包括军用和民用产品，如汽车、轻金属结构和仓储物流设备等。经营范围广泛，包括飞机、无人机、特种飞机及零部件制造、维修服务等。沈飞技术创新能力强大，并与多国著名飞机公司合作，注重科技开发与创新，与多个科研院所合作，形成一体化技术创新体系。

（2）案例基本情况

此实践案例结合数字化转型背景下的运营管控体系建设，系统分析数字化运营管控体系理论，特点及需求，研究生产运营管控中存在的问题，运用数字化运营管理解决实际问题，为公司高质量发展提供有力支撑。沿着"业务信息化"方向，以数据与流程驱动的企业运营管理为目标，围绕企业资源计划（i-ERP），内外部供应链等主价值链业务领域，构建运营管控平台。从业务应用层面，承接经营管理三层计划体系，融合AOS流程体系，系统化实施ERP软件，实现多领域业务一体化协同管理，全面贯通公司主价值链信息流。

此实践案例面向公司运营管理主业务领域，以物料为核心、计划为主线、看板为抓手、数据为驱动、合规为准绳，系统化实施运营体系建设，强化公司运营体系监控。

（3）案例解决痛点

一是组织结构陷阱，即传统信息化团队处理本职工作的方式较为被动，效率偏低。二是管理效率低，面向企业决策管理层，仍有采用线下填报的方式，管理集约化程度不高。三是运营拆解方式不一，很难整合。四是目标缺乏协同，各业务系统核心数据有效整合和应用难度高，信息孤岛、壁垒依然存在。

五是指标体系不健全，具体业务层级的绩效指标没有与企业战略及目标先行挂钩。

6.11.2　解决方案

（1）商业模式

为落实制造强国战略和国企数字化转型要求，根据集团"十四五"和数字航空规划，深化应用运营平台，优化主价值链业务，促进降本增效和产品质量提升，为高质量发展提供支撑。

① 建设"三层三类"运营计划管理平台。实现主价值链全流程管控，满足"四符合"要求，确保计划有效承接任务目标。

② 建设数字化、网络化、智能化的 i-ERP 系统。实现主业务流程的企业资源平衡和运营管控，支持企业决策，推动一体化管理，优化资源，提升管理效率。

③ 构建公司执行层计划体系。实现统一架构的计划分解、反馈、关联、变更等功能，实现计划管理体系的层次化、精细化、高效化管理。

④ 开展运营管控平台建设。以数据与流程驱动企业运营管理，构建智能决策支持能力，实现风险、问题分级管理，有效支撑企业管理与决策。

⑤ 建设协同响应平台，集成多业务系统。利用大数据分析实现生产过程监控、预警、决策，提升业务响应和处理效率，实现多部门协同网上办公，提升公司运营水平。

（2）技术架构

平台采用单体分层架构作为平台底层提供基础资源支撑，平台技术架构采用前后端分离架构。

后端核心架构 SringMVC，缓存架构 Redis、Ehcache，任务调度框架 Spring Task，日志管理框架 SLF4J、LogBack，服务端验证架构 Hibernate Validator，持久层架构 JEDB，工作流引擎 JBPM；前端核心架构 Vue，UI 架构 ElementUI，Socket 通信架构 Socket.IO、WebSocket，App JS 架构 MUI、H5+、Vue。前端应用图形化配置引擎，可以通过配置生成基础表单及 JBPM 工作流，同时可以自动生成后端部分相应代码。

6.11.3　应用成效

以运营管控平台为基础，推广闭环管理，实现高效可视和透明考核。利用数据中台统计流程效果，以信息化和业务融合为方向，推动商业模式和运营管理创新，促进转型升级和精益管理。建立数据共享、信息协同的快速响应平台，提升产品质量和研制效率。

实现业务一体化，数据管理标准化，系统集成规范化。同时在行业内有很广泛的推广应用前景，促进行业内逐步构建出高效规范的一体化数字化运营体系。

（1）经济效益

① 成本效率：i-ERP 和运营管控平台降低人工成本，提升资源利用率，减少冗余和错误，降低无效和重复工作成本。

② 生产与供应链效率：增强生产计划精准性和适时性，提高生产效率和产出质量，加强供应链透明度和响应速度，优化物料、信息和资金流，减少库存成本，缩短交货周期。

③ 商业决策与战略执行：数据中心建设和大数据分析能力提升决策科学性和准确性，加强战略决策执行力，使企业快速适应市场变化，捕捉新商业机会。

（2）社会效益

① 行业标准与领导力：企业推广数字运营体系，树立行业先进标准，引领数字化趋势，落实国家制造强国战略和数字化转型政策，提升国内制造业竞争力。

② 社会责任与可持续发展：企业优化环境管理和安全生产管理，提升环保和安全标准，减少污染和风险；通过智能化和自动化技术改善工作条件。

③ 知识共享与技能提升：企业加强数字技能和管理能力培训，提升职业技能水平；普及信息化和数字化工具，促进知识共享和创新能力提升。

专家点评

沈飞集团积极履行"兴装强军"首责，依托数字运营体系建设，有效解决了生产运营管控中存在的问题，实现了数据与流程驱动、企业资源集成、业务协同管理、运营体系监控、信息化与业务融合等多方面的模式创新，是加快建设新时代航空强国的必然举措，也是加速"数字航空"能力建设，以能力提升推动世界一流企业建设的保证。

6.11.4 先进性及创新点

案例主要在以下方面进行了创新。

第一，数据与流程驱动：数据驱动决策，提高了决策科学性和适时性；流程驱动运营，优化流程，提升效率。第二，集成的企业资源计划（i-ERP）系统：统一管理和优化企业资源，实现业务流程一体化管理，强化内外部供应链协同，降低成本和风险。第三，业务协同管理：利用 ERP 和运营管控平台实现跨部门协同和信息共享，采用看板管理法提高工作可视化。第四，运营体系监控：构建全面监控平台，实时监控运营状态和关键性能指标，确保合规性和标准化，降低风险。第五，信息化与业务融合：深度融合技术与业务，推动商业模式和业务运营管理模式创新。

第 7 章　数字经济服务业特色案例

7.1　整体案例分析

（1）市场构成与用户特征

我国服务业数字化进程持续深入推进，《中国数字经济发展研究报告（2023年）》显示，2022年第三产业数字经济渗透率已达到44.7%，同比提升1.6个百分点，服务业发展呈现出技术驱动、个性化、平台化等特点。如表7.1所示，数字化不仅推动了传统服务业转型升级，而且创造出许多新业态、新模式，有助于构建优质高效的服务业体系。

表 7.1　服务业不同领域数字化的发展情况

领域	时间	发展情况	来源
生产性服务			
公有云	2023 年下半年	中国公有云服务整体市场规模（IaaS/PaaS/SaaS）为 204.8 亿美元	国际数据公司：《中国公有云服务市场（2023 下半年）跟踪》
区块链	截至 2023 年 12 月	已有十三批次共 3647 个境内区块链信息服务备案	中央网信办：《中国区块链创新应用发展报告（2023）》
供应链	2023 年	数字供应链市场规模将突破 32 万亿元	央视网：我国数字供应链平台发展驶入"快车道"市场规模将超 32 万亿
即时配送	2023 年	全行业订单规模达到约 408.8 亿单，同比增长 22.8%	弗若斯特沙利文：《2023 年中国即时配送行业趋势白皮书》
人力	2022 年	中国人力资源数字化市场规模达 316 亿元，市场扩容显著	华经产业研究院：《2024 年中国人力资源数字化行业深度研究报告》

续表

领域	时间	发展情况	来源
办公	2022 年	中国云办公市场达 293.4 亿元	千际投行:《2023 年中国云办公行业研究报告》
生活性服务			
医疗	2022 年	中国互联网医疗行业市场规模达 3099 亿元,同比增长 39%	中商产业研究院:《2019—2024 年互联网 + 医疗市场前景研究报告》
养老	2023 年	我国智慧健康养老产业规模约为 6 万亿元	中国老龄产业协会:《中国智慧健康养老产业发展报告(2023 年)》
教育	2022 年	中国数字教育市场规模 3620 亿元,同比增长 12.42%	网经社:《2022 年度中国数字教育市场数据报告》
娱乐	2022 年	中国数字音乐市场总规模约为 1554.9 亿元	中国音像与数字出版协会:《中国数字音乐产业报告(2022)》

在市场供给方中,除来自私人部门的企业外,越来越多的来自公共部门的政府、产业园区、非营利机构参与其中,依托公共数据为企业提供数字化的公共服务。例如,今年数字经济(服务业)赛道案例的主要服务领域覆盖供应链、物流、资产管理、旅游、产学研合作、职工福利,其中针对供应链数字化的解决方案频繁出现。

在市场的需求方中,企业是数字化解决方案的重要用户,生活性服务的"用户"既包含使用数字化解决方案的企业,又包含使用生活性服务的居民,而生产性服务的"用户"仅包含使用数字化解决方案的企业。

1)生活性服务

从企业端来看,中国社会科学院财经战略研究院研究员李勇坚认为,我国生活服务消费需求不断增长,但有效供给相对不足,服务效率和水平还有待提升。加快拥抱数字化,可以提升服务效率,增加有效供给,加快现代服务业发展进程。中国连锁经营协会与阿里新服务研究中心联合发布的《中国生活服务业数字化报告(2022)》显示,酒店业的数字化率已经达到 44.3%,餐饮业数字化率约为 21.4%，家政业的数字化率仅为 4.1%，养老服务业的数字化率为 1.3%，不同生活性服务领域的数字化水平存在较大差异。

2023 年 12 月，商务部等十二部门印发《关于加快生活服务数字化赋能的指导意见》，提出 19 项具体任务举措。在提升商贸服务业数字化水平上，引导餐饮、零售、住宿、家政、洗染、家电维修、人像摄影等传统生活服务企业开展数字化、智能化升级改造，利用信息技术手段，提升市场分析和客户获取能力；在加强交通运输领域大数据应用上，推动交通基础设施数字化、智能化转型升级，加快建设智能铁路、智慧公路、智慧港口、智慧航道、智慧民航；在加强生活服务数字化基础设施建设上，完善城乡一体化仓储配送体系，支持立体库、分拣机器人、无人车、无人机、提货柜等智能物流设施铺设和布局等。

从居民端来看，居民对生活服务的消费潜能在逐步释放。美团发布的数据显示，2023 年，家政、洗涤、维修等生活服务交易额同比增长 100%，20 ~ 35 岁的消费者占比超过七成，三线及以下城市增长较快。以整理收纳、开荒保洁等为代表的细分新服务涌现，成为生活服务市场新增长点。包括以旧换新在内的家电维修等服务热度上涨，截至 3 月 12 日，美团上提供以旧换新服务的团购销量增长 150%。

消费者对"数字产品"的付费意愿明显提升。《中国信息消费发展态势报告（2022 年）》显示，随着各大平台内容产品不断细分、向多元化发展，付费群体持续扩展，付费习惯逐步养成，将进一步壮大信息消费市场规模（表 7.2）。

表 7.2　用户对数字产品的付费意愿

领域	年份	发展情况	数据来源
视频付费	2022	70% 以上用户愿意为优质内容买单，同时有近 60% 的用户表示愿意为直播、番外、彩蛋等自己喜爱的 IP 衍生内容付费	《2022 长视频平台用户满意度报告》

续表

领域	年份	发展情况	数据来源
音乐付费	2022	中国数字音乐用户付费率持续上涨，总体付费率约为13.9%	《中国数字音乐产业报告（2022）》
	截至2023年底	国内音乐付费用户已超过1.5亿人	《2023华语数字音乐年度白皮书》
知识付费	2022	短视频类付费内容学习人次占比75.7%，直播类、图文类付费内容则分别占比25.6%、22.0%。35岁以上的用户逐渐成为知识消费的中坚人群。同比其他年龄区间，他们对线上消费的意愿同比增长最快	《2023年中国知识付费行业现况及发展前景报告》

2）生产性服务

在国际金融论坛（IFF）20周年全球年会上，重庆市原市长黄奇帆表示，美国生产性服务业占GDP的50%以上，欧洲GDP的40%是生产性服务业，而中国生产性服务业占GDP的比例不到20%，在中国、欧洲、美国的生产体系中，中国的生产性服务业发展最为薄弱，而伴随着中国的崛起，生产性服务业占GDP比重应达到30%。推进生产性服务业数字化转型升级成为提升我国生产性服务业发展水平的关键。

我国生产性服务业企业数字化转型进程加快，按照国家统计局《生产性服务业统计分类（2019）》，我国生产性服务业涵盖10个大类、35个中类、171个小类，其中，信息服务、电子商务、金融服务等领域数字化发展水平领先其他行业。但是，我国生产性服务业整体上还处于发展初期，集中体现在生产性服务业企业规模普遍较小，盈利能力相对较弱，这又进一步限制了生产性服务业企业在数字化转型方面的投入。

（2）解决方案总结

服务业为经济发展贡献的数字化解决方案大体上可分为两类，一是构建数字平台，促进供需匹配；二是围绕数据全生命周期，释放数据要素价值。这两种解决方案虽然由来已久，但在发展的不同阶段具有不同的侧重点。

数字平台的服务对象由 C 端向 B 端深入的过程仍在持续，为缩小信息差，需推动更高水平的供求关系动态平衡做出重要共享。一方面，数字平台为企业提供匹配服务的对象范围在不断拓展，从最初对产业链上下游厂商对中间品的供需进行匹配，拓展到推送产业前沿动态（投融资、政策等）、匹配专家科研资源、提供职工培训课程等；另一方面，为保证数字平台上承载的供给方信息更加真实全面，数字平台综合运用区块链、虚拟现实、3D 建模等技术，使其逐渐成为线下会展的替代性方案。

围绕数据全生命周期的数字化服务可简单概括为"上云、用数、赋智"，中小企业逐渐成为重点服务对象，数据融合、数据资产化成为热门解决方案。2023 年 6 月，财政部、工业和信息化部联合印发《关于开展中小企业数字化转型城市试点工作的通知》，旨在支持地方政府探索形成中小企业数字化转型的方法路径、市场机制和典型模式，梳理一批细分行业，培育一批优质服务商，开发集成一批小型化、快速化、轻量化、精准化的数字化解决方案和产品。在特色案例中，作为职工福利平台的内蒙古壹购壹商贸有限公司（简称"蒙壹购壹"），针对线下个体工商户对数字化系统平台不会用、不敢用和用不起的难题，提供"免费带技术入驻 + 手把手带运营"的解决方案，对小微个体的数字化转型起到了实实在在的促进作用。

此外，数据分散造成价值损失的场景十分普遍，使数据融合成为重要的解决方案。适用于企业内部数据孤岛的解决方案，往往从底层架构入手，通过数据目录、数据标识等实现数据的可访达性。当前，越来越多的解决方案针对企业外部的数据孤岛问题，如厦门纳网科技股份有限公司提供的公信导航页，一页集成企业所有可以和需要展示的信息，实现各自媒体、电商和企业平台之间的信息联动，打造企业私域流量聚合池。

随着《企业数据资产相关会计处理暂行规定》《关于加强数据资产管理的指导意见》等政策相继出台，数据资产变现驶入"快车道"，借由数据资产交易、入表入账、出资增资和增信融资等途径，数据资产正加速"活"起来。2023 年 11 月，数库（上海）科技有限公司也曾凭一张产业链图谱，获得北京银行上海分行的 2000 万元数据资产质押授信，创下全国数据资产质押融资最高额度。

（3）收益成效

在经济效应方面，服务业数字化可以通过数字技术直接赋能创造完整服务价值，提高服务业的生产效率，破除鲍莫尔成本病。一方面，服务业数字化能够提高服务生产迂回程度及劳动分工水平，通过机器增强劳动、机器替代劳动等多种途径，使传统劳动密集型服务转向资本、知识密集型服务，帮助企业在服务价值创造过程中实现生产率的提升。另一方面，数字技术具有协同性、灵活性、渗透性等特点，数字技术融入传统服务业，使服务无形性、异质性、产消同步性、不可储存性等传统特征得以转变，并重新界定服务企业的经营管理模式，帮助企业减少单位服务供给成本，提升生产效率。

服务业数字化可以通过降低信息不对称提升服务业整体运作效率。消费者的需求数据、商品的供应数据，在"场"中产生、汇集和流通，算法促使供需高效匹配，一方面，大大降低了买卖双方的信息搜寻成本，压缩了商品触达消费者的中间环节，减少了商品流通中的非必要损失；另一方面，对需求信息的精准聚合和对消费者行为的技术捕捉，帮助生产者或供应商更好地了解消费者需求，从而为需求方提供精准的个性化服务。

服务业数字化能够实现如下社会效益。

第一，提高生活便利性，满足个性化需求。服务业数字化给消费者带来高效、便捷的消费体验，服务场景与服务模式的革新有助于释放消费需求，数字化服务的丰富性也为消费者提供了更多选择。例如，"叮咚买菜"提升了消费者购物便利性，改善了社区生鲜食品的可获取性，其在全国 20 余个城市设有超过 1000 家前置仓（服务点位），每个前置仓均能够覆盖周边 2 ~ 3 千米、5 万左右的住户，深入渗透城市的社区、办公楼，消费者只需通过手机 App 或微信小程序下单，便能够享受"即需即点、所见所得、即时送达"的体验。

第二，增强社会包容性，促进普惠发展。数字平台能够有效突破时间限制、打破地域壁垒，提高服务的可及性，如数字金融服务平台，由于掌握了更多关于小微企业、低收入群体的信用数据，降低了金融服务对于这部分群体的供给门槛；数字化教育和医疗服务平台，为偏远地区群众提供优质的医疗服务和教育资源，推动城乡居民共享服务业数字化红利。

第三，催生职业多元化，创造就业机会。当前，我国青年失业率处于较高水平，青年就业是国家和社会的重要课题，而服务业的发展是我国青年就业的主要推动力，近年来服务业数字化催生出数字化管理师、商务数据分析师、区块链应用操作员等一批新职业，创造出更多优质的就业岗位、灵活的就业机会和多元化的就业渠道，充分发挥就业稳定器的作用。

7.2　案例 1："叮咚买菜"生鲜电商智慧供应链平台助力服务业数字化转型

7.2.1　案例简介及解决行业痛点

（1）公司介绍

叮咚买菜创立于 2017 年 5 月，是一家专注美好食物的创业公司。公司通过美好食材的供应、美好滋味的开发及美食品牌的孵化，不断为人们提供美好生活的解决方案，致力让更多人吃得新鲜、吃得省心、吃得丰富、吃得健康。

（2）案例基本情况

作为中国领先的生鲜电商，叮咚买菜在全国 20 余所城市设有千余家前置仓，覆盖周边 2 ~ 3 千米约 5 万户，深入渗透社区、办公楼和小区，有效解决买菜难的问题。叮咚买菜开创的中国生鲜行业"共享冰箱"新模式，用"分布式仓储"取代了"集中式仓储"，即产品经城市分选中心（大仓）初步分拣包装后送至前置仓，消费者线上下单后，系统自动匹配最近的前置仓，根据订单完成分拣、打包和配送服务，实现"即需即点、所见所得、即时送达"的服务优势。

（3）案例解决痛点

案例主要面临以下几个痛点。

一是生鲜电商跨产业信息融通不准确。生鲜电商在跨工农物零产业链的信息融通上存在准确性问题，导致生鲜产品在复杂情境下难以实现准确供应。传统方法难以通过人工智能和数据算法预测未来订单，并向产业链上的不同主体发出最优规划。二是生鲜非标品线上购买服务不精准。消费者在购买生鲜非标品时，常常遇到实际重量与商品展示页上的重量存在差异的问题，平台无法及时、自动地按货品重量误差退差价。此外，平台在应对消费者配送时间变更需求时，难以通过智能化的仓管、温控、调度、营销等联动做出最优规划，导致服务质量不高。

7.2.2 解决方案

"叮咚买菜"生鲜电商智慧供应链平台综合运用移动互联网、大数据、物联网，打造农产品可靠、可信、可感为一体的食品食材产业链"产供协同"平台。项目主要包括 3 个核心板块。

一是供给基地溯源数字化。通过采集叮咚买菜合作农场及供应商在种养环节的相关数据，为产品建立可视化产品档案，确保食品食材源头可控。

二是产供协同数字化。通过基地协同、食品研发与生产数字化、产能系统、智能补货等模块建设，实现从田头到餐桌的数字化柔性供应链管理能力。

三是产业链数字大脑。通过农产品种养算法体系、总仓排线算法与仓网优化、偏好推荐与商机挖掘等技术，为产业链提供智慧协同能力。

在消费者供应端：通过精细化、数字化的仓网规划，利用运筹、路程长度、订单分布、前置仓规模等数据优化模型，解决最核心的缺货和履约时长问题，实现用户需求的精确匹配；在生产者制造端全面采用机器学习模型提升需求预测和分仓调拨的准确性，算法和系统全面接管所有 SKU 的定量问题，提升制造效率和补货准确性；同时，针对供应链所有环节（供应商、大仓、生产、运输、前置仓、履约等）建立了数字化产能系统，通过产能熔断机制和产能平滑策略，提升供应链各个环节的利用率。

7.2.3 应用成效

叮咚买菜通过大数据分析和 AI 算法，实现了全自动需求预测和智能营销，商品损耗降至不足 1%，缺货率低于 5%。同时，平台的智能化柔性调度系统根据多种因素进行科学排班，实现了最快 29 分钟配送到家，订单送达准时率超过

95%。

此外，叮咚买菜的数字化平台还带动了就业，拉动了从种植、食品加工到供应链产业的发展，培养了技术型从业者。平台以订单农业为基础，帮助食品生产者规避市场风险，实现"以销定产"。同时，叮咚买菜充分发挥数字化营销优势，提升了地产商品的质量和市场竞争力，形成了产销协同，促进了产业的健康循环和良性发展。叮咚买菜通过构建信息化、数字化的食品产业运营体系，打通了产业链各环节，实现了食品产业的数字化、智能化转型，全面提升了产业链效率，满足了消费需求，提升了食品食材质量。

7.2.4 先进性及创新点

"叮咚买菜"生鲜电商智慧供应链平台在分拣、仓储、流通等环节配套自动化的保鲜、温控系统和智能仓管系统等，突破数据孤岛，将各信息系统整合共享，实现物流运输透明化、数据化，并在线路优化、智能调度、运力分层、精准服务等方面实现系统化运作和全程实时动态监控。具体包括：

第一，大数据驱动产供协同升级。①供应链全流程执行能力数字化改造，协助提升供应链精细化运营能力；②自动化监测控制，对温室大棚、土壤墒情、大棚环境、水产养殖、气象环境等环节实施不同的自动化监测解决方案；③将深度应用地图、即时通信等考核的扁平信息呈现在地图上，并通过企业微信和微信服务号，完成即时消息推送，使管理和寻源变得简单、方便、及时。

第二，智能补货。①平台通过整合自动化保鲜、温控及智能仓管系统，实现数据共享与物流透明化，提升运营精细化水平；②在大数据应用上，通过深度分析历史销量、天气等多维度信息，实现精准需求预测，优化补货调拨，降低缺货与积压风险；③平台创新采用异常检测算法与混合整数规划模型，提升销量预测的稳定性与调拨效率。

第三数据算法创新。叮咚买菜开发总仓排线算法和仓网优化算法，实现成本降低与配送效率提升。

7.3　案例 2："监 – 管 – 营"三级体系资管数字化解决方案

7.3.1　案例简介及解决行业痛点

（1）公司介绍

深圳市明源云科技有限公司（简称"明源云"）成立于 2003 年，是国内领先的不动产生态链数字化解决方案服务商，于香港联交所主板上市（0909.HK）。公司以"PaaS 平台 +SaaS+ 生态"的战略布局，累计为超 7000 家不动产开发、运营企业提供了数字化产品与服务。

（2）案例基本情况

明源云自主研发"监 – 管 – 营"三级体系资管数字化平台，借助信息化手段来实现资产在线管理及运营，直击资产规模大、分类多；解决所涉公司广、管理难度大；资管基础弱、合规有风险；信息统计难、监管压力大等资产管理难点。

（3）案例解决痛点

案例主要面临以下几个痛点。

一是资产类别多，差异大。各类资产无统一模板和统一的数据收集口径，收集数据全靠人工填报统计，沟通成本高，返工率高。二是资产经营信息割裂。需要快速获取大量的相关信息的场景时，如招商谈判时，对于获取资产基础信息、测绘图纸、历史签约信息等需要调档，信息获取效率极低。三是业务财务信息割裂。业务与财务线下对称核销情况各自维护信息，容易导致两边信息不一致，财务缺少及时准确的业务单据支撑。四是手工统计不准确。线下文档以手工统计为主，工作量大，台账不准确。

7.3.2　解决方案

明源云自主研发的"监 – 管 – 营"三级体系资管数字化平台，针对国央企集团公司和平台资产管理业务核心部门，助力客户实现资产管理的高效化、数字化和智能化。平台由资产管理中心和资产运营中心两大模块构成，前者负责全资产档案的管理、经营性质设置、风险指标参数设定等，确保资产信息一目了然、有数可查；后者则涵盖资产入库、变更、合同在线管理、风险自动预警等功能，实现资产运营全流程在线化和风险的有效管控（图7.1）。

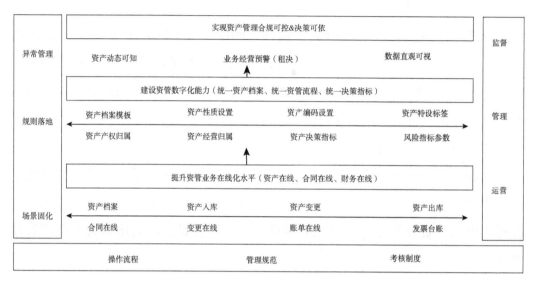

图7.1　明源云"监－管－营"三级体系资管数字化平台

架构设计方面，明源云运用云原生模式，基于 Kubernetes 集群，有效预防单点故障，保障高可用性。DevOps 标准化持续交付确保系统快速集成、部署和升级，维持多环境一致性。模块化设计和前后端分离等技术增强了系统的灵活性、可重构性和可伸缩性。其部署方案灵活多变，支持多种云环境，满足不同客户需求。数据能力方面，明源云具备多样化数据采集、分布式计算、多类型存储查询等能力，确保数据高效处理和安全存储。集成设计支持不同厂商、架构和协议的应用互联互通，实现无缝对接。系统性能稳定可靠，采用 B/S 架构，支持全年连续运行。

7.3.3　应用成效

（1）应用实例

2020年12月，明源云助力长沙城发集团构建"监－管－营"三级体系资管数字化平台，实现资产全生命周期精细化管理。平台以管控标准化为基础，覆盖资产管理、线上化商经业务，提供可视化统计分析数据和预警提醒，助力领导决策,提升协同效率。该平台已成功交付并广泛应用,用户覆盖各级公司,访问量高,反馈积极(图 7.2)。

图 7.2 　"监 – 管 – 营"三级体系资管数字化平台资产管理页面示意

(2)经济效益

目前已实现房屋出租率从不足 80% 提升至 90%,出租业务成本费用率从 60% 降至 50% 以下,租金收缴率和租金水平大幅提升,完成了约 20 万方资产产权手续办理。

运营公司通过在线权限管理和审批实现在线化管理,提升资产使用效率,大幅提升企业经营效益。同时,明源云建立了公司最优品牌和客商、租户资源库,实现集团内租户共享,构建了资产全生命周期的管理体系,为企业带来更广阔的市场机遇。

(3)社会效益

明源云不仅为城投类国有企业提供了重要的数字化创新参考,推动了整个行业的资产管理能力提升,还通过举办行业沙龙、国资国企峰会等活动,促进了行业内的经验分享与交流。

7.3.4　先进性及创新点

案例主要在以下方面进行了创新。

第一,技术创新。方案采用了云原生架构和模块化设计,结合前后端分离的开发模式,确保了系统的灵活性、可重构性和高可扩展性。①通过运用微服务、K8S、Docker 等主流技术，实现了系统的快速部署和弹性扩展，有效应对了业务需求的快速变化和流量高峰。② Hybrid App 混合开发架构的运用，实现了跨平台开发，提供了离线功能和对设备原生功能的访问，大大提升了用户体验。③方案还融合了大数据、人工智能和 OCR 识别等先进技术，为客户业务赋能，建立了资产管理、租赁管理、财务管理三位一体的业务管控平台。该方案获得了多项知识产权，如基于 PoH 共识的数据处理方法、装置、设备及存储介质（ZL202211224657.7）并形成了国家标准，充分证明了其技术创新的成果和影响力。

第二，模式创新。方案通过梳理资产管理业务授权体系、搭建管控体系及执行标准、梳理场景及规范等方式，实现了管理提效、合规风控、场景互通和数智决策的目标。通过业务全面在线化流转，提升了管理效率；通过实现业务可知可控，规避了经营异常风险；通过建立 3 种互通融合的业务管控平台，打通了资产管理与商业运营各条线的壁垒；通过大数据分析，为经营决策提供了有效的数据支持。

7.4　案例 3：长治数字物流枢纽城市建设

7.4.1　案例简介及解决行业痛点

（1）公司介绍

清华大学互联网产业研究院（Institute of Internet Industry，Tsinghua University）是依托经济管理学院成立的校级研究机构。研究院交叉融合了清华大学多个学科的优秀科研力量和社会各界的专家学者，致力于数据要素、数字化发展、产业转型等方面的研究工作，是首批纳入国家高端智库清华大学国家治理与全球治理研究院的校级科研机构之一。

（2）案例基本情况

长治数字物流枢纽城市建设案例由清华大学互联网产业研究院主导，基于《长治市物流枢纽城市建设课题研究》，旨在通过物流枢纽建设，促进长治市物流供应链体系优化建设、产业协同及数字物流新兴产业发展。项目从规划到实施，包括建立数字物流服务平台和举办首届数字物流高峰论坛，形成了一套可复制推广的数字物流建设模式，将长治市建设为国家数字化物流枢纽标杆。

（3）案例解决痛点

案例主要面临以下几个痛点。

一是如何系统地、创新地解决资源型城市的转型升级。二是如何积极面对长治市经济发展受限的现状，积极探讨并寻找重要的抓手来实现长治市高质量发展路径。三是如何以建设长治市物流枢纽为抓手，构建长治数字物流服务平台，达到国家物流枢纽"软硬并重、虚实结合"的要求，创新数字物流新兴产业。四是如何深入贯彻数字中国的重大部署，探讨数字经济新要素、新集群、新产业，构建数字经济与物流产业融合的新模式，探索中国式物流现代化之路。

7.4.2　解决方案

顶层设计与政策支持：项目通过深入的考察和研究，识别长治市物流发展的关键痛点，并提出解决方案。顶层设计得到了长治市委、市政府的高度认可，并委托清华大学互联网产业研究院协助实施和申报国家物流枢纽承载城市。

能源交易中心建设：项目成功推动了全国煤炭交易中心在长治市的落地，探索了能源交易与物流、数据融合的模式。交易中心的建立提高了交易效率，构建了大规模的数字交易服务平台，促进了煤炭等大宗商品的市场化交易。

商业模式创新：项目创新性地结合了"交易＋物流＋供应链金融"的商业模式，加强了数字交易平台与物流服务平台的交互，促进了交易、物流与供应链金融的深度融合，提高了市场配置效率，同时为中小企业提供了金融服务解决方案。

数字化转型推动：物流枢纽的数字化建设不仅提升了物流行业的效率，还带动了长治市整体的数字化转型。项目通过数字技术的应用，推动了物流业态的智能化发展，并通过数据集合为政府提供了决策支持，增强了其对经济流向的掌控。

高峰论坛建设：项目首创了数字物流高峰论坛，为政府、高校、科研机构和企业提供了一个共同探讨和推进数字物流发展的平台。高峰论坛的举办促进了国内外优势资源的聚集，为构建数字经济与物流产业融合的新模式提供了思路（图 7.3）。

图 7.3　数字物流（长治）高峰论坛现场

7.4.3　应用成效

一是以长治市物流枢纽建设为抓手，推进产业变革和模式创新，促进数字经济与实体经济相融合，构建了大资源、大物流、大通道、大市场连接的新格局，有力助推长治市高质量发展目标。长治市年产原煤约 1.7 亿吨，以 1/3 原煤约 5000 万吨，煤炭深度加工后平均每吨增值 800 元粗算，地区生产总值可直接增收 400 亿；构建的集疏运体系有效推动了公转铁，公路占比可从 60% 以上下降到 45% 以下，实现按期碳达峰。

二是提出了以业务流程再造、物流供应链重构为基础，以物联网、互联网、大数据及数字技术为支撑，以数据驱动、路径优化、数据共享为目标的数字物流服务平台总体设计和建设模式。在国内首创了数字物流高峰论坛，确定了一套系统、完整、可复制、可推广的数字物流建设模式和方法论。

三是系统研究了大宗物资贯穿生产、分配、流通、消费全流程、全路径的全国流通网络布局，创造了"交易专区 + 资源型城市 + 供应链体系"模式，打造了安全、可控、畅通的大宗商品流通渠道，创新了"交易 + 物流 + 供应链金融"商业模式，具有向其他资源型城市或物流枢纽可复制推广应用的社会效益。

7.4.4　先进性及创新点

案例主要在以下方面进行了创新。

第一，新发展理念。项目以新发展理念为指导，推动长治市产业数字化融合，促进高质量发展。第二，生产服务型枢纽定位。确立长治市为生产服务型物流枢纽，强化煤炭产业链改革和保供稳价体系，对国内外循环具有重要意义。第三，通道经济与供应链创新。重构物流供应链，打通商贸流通堵点，实现资源与客户需求的精准匹配，加速市场融入。第四，数字物流供应链体系。培育数字集运、加工、仓储、交易和智能化运输等新兴业态，构建国家级物流枢纽数字化生态。第五，城市转型。实现从原煤搬运到深度加工的产业升级，推动信息化向数字化转型。第六，高峰论坛。成功举办高峰论坛，汇聚专家学者及负责人，探讨数字物流发展新模式。

7.5　案例 4："一码游贵州"平台助力贵州文化旅游产业数字化转型

7.5.1　案例简介及解决行业痛点

（1）公司介绍

云景文旅科技有限公司（简称"云景文旅"）为混合所有制国企，由中国联通和腾讯公司共同出资成立。目前，云景文旅自研的智慧文旅技术解决方案和产品业务（包括政府端、企业端和游客端）已覆盖除西藏、港澳台等地以外的全国大部分地区。

（2）案例基本情况

"一码游贵州"全域智慧旅游平台，于 2020 年 5 月 19 日正式上线运行。平台运用多项前沿科技，依托微信小程序，由一个省级总入口、9 个地市级、六百多家景区级和 N 个文旅产业服务入口的多平台构成，涵盖旅游资讯、产品服务、科技感知等多维度内容，为广大用户提供多功能、多样化、一站式智慧旅游服务，全面提升游客的入黔旅游体验。截至 2023 年 6 月初，"一码游贵州"累计访问量达 4.84 亿次，用户 3581 万人，入驻商户近 7.7 万家。

（3）案例解决痛点

案例主要面临以下几个痛点。

一是政府投入为主，负担较重；二是缺乏完善的运营模式，没有形成良性循环的自主运营生态；三是获客成本大，用户数量少、使用频率低；四是旅游资讯更新不及时，缺少品牌性和影响力；五是产业融合不够，数字化发展缓慢，缺乏游客服务能力。

7.5.2 解决方案

"一码游贵州"全域智慧旅游平台针对游客、商务和政务三大应用领域，提供了全方位、智能化的服务和管理手段（图 7.4）。

图 7.4 "一码游贵州"全域智慧旅游平台游客应用功能指引

游客应用：平台通过整合旅游信息，为游客提供预约入园、门票预订、景区导览等景区服务，以及特产购买、美食查询等文旅服务，让游客能够方便快捷地获取其所需信息并享受各项服务。同时，平台还设立了多级市州、景区入口和服务窗口，方便游客使用。

商务应用：平台通过提供一系列系统后台和营销工具，赋能景区、商户等旅游产业主体，提升其电商服务及运营能力。同时，平台还打造了贵州旅游资源数据"云仓"，聚集全省旅游资源，实现 S-to-B-to-C 运营模式，推动数字产业的融合发展。

政务应用：平台助力推动全省涉旅数据的统一整合、旅游行业的统一管理、应急事件的统一指挥，提升了政务工作的效率和水平。平台实现了贵州涉旅数据采集的全量化采集，并与多家企业实现渠道对接，为政务工作提供了有力支撑。

在技术架构方面，平台采用了微服务开发方式，利用 SpringCloud 框架进行开发，并引入了多级缓存、CDN、LBS、内容搜索和推荐、区块链等关键技术，提高了系统的并发性能、响应速度和安全性，实现了用户特性化的服务，提升了用户体验。

7.5.3　应用成效

平台通过业务分发运营，全面整合旅游资源，与各市（州）和景区深入开展平台定制化开发经营，实现了景区自营生态的建立和品牌塑造，有效带动了产业发展。同时，为景区内外 B 端商家提供了丰富的产品和服务支持，拓宽了商家的分销渠道，提高了经营效率。平台有效推动了产业数字化和集群化进程，为贵州省旅游业的繁荣发展注入了强劲动力。平台上线以来，累计交易订单达 164.3 万笔，累计交易金额达 1.51 亿元。

"一码游贵州"平台深度融合政府、景区与互联网旅游产品，整合多部门服务资源，形成四级服务圈，提升游客满意度和管理水平。其推广应用有力推动了贵州省文旅信息化建设，提升了景区服务能力，促进了产业创新升级。其成功模式具备全国复制性，已广泛应用于其他省市，获得数字文旅创新发展智慧旅游新实践等多项荣誉，成为贵州文旅产业发展的重要引擎。

7.5.4 先进性及创新点

案例主要在以下方面进行了创新。

第一，政企合作、市场运营。政府与央企全力合作，共同打造"政府引导、政企投资、企业运营"的产品模式，构建了1个省级总入口、9个市州级入口、800多家景区级分入口和N个（商户、酒店等）文旅服务入口，为产业融合升级搭建数字渠道，推出智慧型、数字型、融合型新产品新业态（图7.5）。

图7.5 "一码游贵州"全域智慧旅游平台多服务入口

第二，数据集中、服务分离。六大功能特点，打造全国领先的智慧旅游服务平台，形成游客需要、产业融合、数据共享的一码游：①小程序轻应用，不需要进行烦琐的App下载，游客想用即时使用；②基于游客位置定位提供不同的服务；③基于AI智能推荐贵州旅游产品和服务；④以解决游客旅游过程中的需要为主、提供贵州旅游资讯为辅的工具型应用；⑤开放生态；⑥多方运营。

第三，互利共享、生态自营。以平台建设为核心，为贵州旅游产业提供自有小程序运营能力，实现产业自有互联网推广能力的整体提升。

7.6　案例 5：大数据 5G ＋ 智慧文旅

7.6.1　案例简介及解决行业痛点

（1）公司介绍

中国电信股份有限公司铜仁分公司作为建设网络强国和数字中国、维护网信安全的主力军，践行"云改数转"战略，积极承担"东数西算""东数西训"工程，加快推进人工智能、云计算、大数据、5G 与各行业的深度融合，有力助推贵州数字经济高质量发展。中国电信股份有限公司铜仁分公司正对标世界一流企业，努力建设服务型、科技型、安全型企业。

（2）案例基本情况

"大数据 5G ＋ 智慧文旅"项目方案在景区无线网方面做出了创新，提供了云 Wi-Fi 景区覆盖的新模式，和传统模式或行业通用方案相比，优势突出体现在实现了全智能运维。该项目能够对园区内商铺、人、物、环境等提供便捷性、安全性、智能化的管理，为园区的正常经营提供一套可看、可管、高效的安全智能化天翼视联网平台。

（3）案例解决痛点

案例主要面临以下几个痛点。

一是民宿门禁系统不畅通、难管理；二是景区 Wi-Fi 网速慢、网络覆盖面受限；三是景区视频监控卡顿导致的监管难问题；四是酒店智能客控系统等业务难题。

7.6.2　解决方案

平台采用信息资源服务、数据库服务、数据共享交换服务、大数据分析决策服务、应用数据接口服务等作为基础层架构作为平台底层提供基础资源支撑。

提供综合布线、无线对讲、门禁系统、互联网专线、客房门锁、监控摄像头等硬件架构，提供 5G、互联网、云 Wi-Fi 网络架构。

云层：由中电信数智智能组网云管平台和审计平台构成；中电数智智能组网云管平台：集成 Cloud Campus 和智能运维系统 Cloud CampusInsight，作为云

AP 的统一管理平台，具备强大的 Wi-Fi 网络运维和调优能力，以及丰富的终端接入认证能力，实现对所有分支网点的统一纳管。云 AP：华为云管 Wi-Fi6 AP 实现本地无线终端的无线接入，支持集中云化管理。

为用户提供酒店智能客控管理服务平台技术架构，包括软件架构——数字酒店基于"翼云居"酒店运营平台：连接 ToH（酒店）、ToO（OTA）、ToC（消费者）、ToB（企业）四类实体，对酒店行业上下游进行全面对接覆盖，构建酒店 + 旅游生态运营平台，打造一套以中央预订系统（CRS）为核心、高效汇聚房源和客源的酒店全生态运营平台。

7.6.3　应用成效

江口太平盛世旅游投资有限责任公司的 5G + 智慧文旅项目自 2023 年 4 月 14 日在江口太平盛世小镇落地以来，取得了显著的应用成效。该项目以推进文旅数字化转型为核心，通过整合天翼云眼平台、云 Wi-Fi、酒店智能客控系统等多项先进技术，以云眼平台实现了对酒店及景区环境的实时监控和安全管理；有云 Wi-Fi 的部署为游客提供了高速、稳定的网络体验；酒店智能客控系统的应用提升了酒店服务的智能化水平，实现了对酒店及景区资源的全面优化和高效管理。

通过大数据分析，项目深入分析了游客需求和消费习惯，为园区运营和市场营销提供了有力支持。通过数据分析可视化系统全智能运维、全云化管理、实时更新运营状况，提升效率。同时，项目还注重游客体验，通过个性化定制服务和防钓鱼 Wi-Fi 智能设备的应用，为游客提供了更加便捷、舒适的旅游环境。截至 2023 年 6 月 14 日，江口太平盛世旅游投资有限责任公司 5G + 智慧文旅项目盈利 155.9 万元。通过智慧文旅项目的建设，园区实现了与游客之间的良性互动和信息共享，为旅游产业的转型升级和高质量发展提供了有力支撑。

7.6.4　先进性及创新点

案例主要在以下方面进行了创新。

第一，项目方案提供了云 Wi-Fi 景区覆盖的新模式，实现了全智能运维。

此模式简捷了运维需求，实现各网点的无线网络统一管理，快速处理网络故障，便于维护。通过云上 Cloud CampusInsight 智能运维系统实现基于 AI 的用户、网络、应用体验保障和故障自愈；用户 360° 旅程回放；网络故障分钟级定位；Wi-Fi 网络智能调优；AI 漫游。

第二，实现全云化管理。通过云上 Cloud Campus 网络管理系统实现用户统一认证授权，租户级运维管理，网络配置自动部署，业务自动发放，所有分支网点管理流数据云平台统一汇聚纳管，无须客户手工干预，降低后续升级维护成本。

第三，可实现全认证方式。项目符合全国各地网监规范制度等各项法律法规和要求，并在此基础上提供一个保障体验、易于运营商管理、易于甲方监管查看的安全无线网络，以有线宽带为主、4G 网络线路为辅，增加网络可靠性及稳定性，与内网隔离。

7.7 案例 6：企知道助力产学研合作模式创新升级

7.7.1 案例简介及解决行业痛点

（1）公司介绍

企知道科技有限公司是一家通过国家高新技术企业认定，致力于科创服务的数字化综合服务商。其旗下平台"企知道"汇聚海量企业、专利、政策和科研成果数据，为创新主体提供全方位资源链接，打造中国第一的科技创新大数据平台、中国第一的全球科创资源汇集枢纽平台。

（2）案例基本情况

企知道依托大数据及人工智能推荐算法，根据企业需求提供指定行业或地区的实时匹配能力，为企业连接创新所需的先进技术、领域专家、金融、科研仪器、实验设施，让企业以最少的成本获取最合适的技术资源，助力企业在技术创新的道路中少走弯路。

（3）案例解决痛点

案例主要面临以下几个痛点。

一是在传统企业服务模式中，服务机构较少为中小企业提供创新前的技术调查、竞对分析的问题。二是在传统模式中，高校科研平台、仪器设备等创新资源难以进入企业，而企业进入高校的管理运行机制还不够健全，导致校企"在哪融合"的问题。三是企业以市场为导向，高校以成果为导向，诉求差异导致的融合动力不足的问题。四是传统的"甲乙双方、一纸合同、一个项目、一笔经费"校企合作模式下，高校科研成果离产业化应用还存在距离，导致"两张皮"的问题。五是企业为有组织的研发，高校为传统的教授带学生式科研，导致的科研进度、质量和成果与企业需求存在差距的问题。

7.7.2 解决方案

随着我国经济的发展、技术的进步和政府的推动，未来产学研合作创新行业市场也将取得更大的发展。一方面，平台在客户有偿发布需求后进行需求确认，并基于大数据、人工智能技术匹配相应专家，促成合作；另一方面，以企业的线上浏览、咨询行为为切入点，基于大数据及智能算法预判企业潜在需求和自身状况后，通过线上咨询的方式，平台能够为企业匹配专家、成果、技术、金融等创新资源，从而促成合作。同时，通过线下服务团队全程跟进，保证合作落地。相比于产学研融合服务，企知道不仅能提供决策工具、匹配真专家咨询，还能通过大数据及人工智能技术，全面打通从应用研究技术开发到产业应用企业上市的全链条服务，为企业提供全面的数据分析与创新资源匹配，保障产学研合作的落地。

7.7.3 应用成效

应用实例上，为深圳市 ×× 新材料股份有限公司对接到中国科学院上海 ×× 研究所，双方多次沟通，经过企知道团队全程跟进辅导，最终达成为期 3 年的战略合作。帮助深圳市 ×× 科技有限公司匹配到深圳大学纳米光子学研究中心，双方在技术研发合作的基础上，共建产学研基地，共同培养人才。根据浙江 ×× 五金有限公司寻求专家合作的意向迅速匹配到南京工程学院有过类似成果转化落地项目经验的李教授，助力企业实现成果验证 + 成果落地。

（1）经济效益

截至目前，企知道通过产学研服务累计取得的直接收入达 2000 万元，间接收入包括企业所支付的产学研相关咨询服务费用、企业与高校合作科研项目通过验收后企业所支付的服务费用、企知道基于产学研服务申请数字经济产业专项获取的政府资助等，累计达 1500 万元。同时，企知道基于大数据产学研科创服务，带动企业产业链上下游相关投资达 5000 万元。

（2）社会效益

① 企知道平台完善了以企业需求为核心的合同科研模式，实现产、学、研三方联动互通，快速攻破科研难题，对产业链上下游配套起到连接、带动作用。

② 企知道充分发挥平台技术分析能力，打破了固有信息壁垒，提高了专家、设备、技术等科创资源的利用率，全面协同创造社会价值。

③ 企知道平台以大数据为支撑，解决数据融合、共享问题，增进政府部门对区域内企业的了解，为政府部门提供决策辅助。

7.7.4　先进性及创新点

案例主要在以下方面进行了创新。

第一，企业全生命周期创新赋能。企知道提供多种决策工具，提高企业决策能力，为企业提供覆盖创新前、中、后期的全方位服务。第二，大数据 +AI 精准匹配企业需求。企知道通过大数据及人工智能技术，挖掘企业多维度真实需求，实现精准匹配和高效对接。第三，真专家 + 高质量服务。企知道严选各领域的真专家，合作期间服务团队全程跟进，帮助企业找正确的人、做正确的事。第四，全流程打通。企知道平台数据全面打通，服务节点可视、服务过程可控，实现企业创新从需求端到交付端的服务全流程打通。

7.8　案例 7：天猫国际新世界工厂探索全球供应链服务

7.8.1　案例简介及解决行业痛点

（1）公司介绍

淘天集团（Taobao & Tmall Group）是阿里巴巴集团全资拥有的业务集团。集团以淘宝 App 为核心，构建国内国际供给、线上线下场景、远场近场履约相结合的商业矩阵，汇聚数十万全球和中国品牌、上千万中小商家及内容创作者，满足 9 亿中国消费者多元化、个性化、品质化的生活需求，并逐步升级成为一个一站式的消费及生活平台。

（2）案例基本情况

2020 年 7 月以来，天猫国际与杭州综合保税区开展合作，结合综保区高水平开放、高质量发展的要求，依托综保区政策优势，率先探索以"保税进口 + 零售加工 + 全渠道销售"为核心的新世界工厂模式（图 7.6）。

图 7.6　天猫国际新世界工厂跨境合作模式

（3）案例解决痛点

案例主要面临以下几个痛点。

一是海外品牌在跨境零售进口供应链流程改造方面面临困难。在传统模式中，海外品牌难以针对跨境零售供应链直接进行改造，零售商品跨境成本高。二是海外成品终端加工和分装环节复杂。在传统模式下，海外成品终端加工和分装环节难，如分装、灌装、分拣、切割等无法灵活调整，导致整体物流和加工效率低下。三是实现中国境内全渠道零售和定制化销售存在难度。在传统模式下，难以面向中国境内消费者提供全渠道零售和定制化销售的供应链服务。四是跨境销售渠道选择有限。传统模式无法支持企业通过跨境零售进口或一般贸易渠道进行销售。

7.7.2　应用成效

2021 年 9 月，国内首个日化"新世界工厂"在杭州下沙综合保税区启用投产，目前已有 30 多个海外品牌签约合作，在保税区工厂完成分装加工、灵活生产中小样和新品定制等服务。工厂严格按照国内和国际双重质量管理体系进行分装加工，品牌方将海外原厂生产的大包装成品运至综保区分装，成品由品牌方按照全球化标准进行验货确认；上架前，天猫国际还将通过第三方专业机构进行全面质检。截至 2022 年 6 月，天猫国际和杭州、海口、临沂等六大综保区推进"新世界工厂"项目，涵盖滋补、咖啡、宠物食品、美妆等多个消费品类。

2023 年 4 月，由天猫国际与仙乐健康战略合作的"粤澳'第四餐'新世界工厂"项目（简称"新世界工厂"项目）在珠澳跨境工业区珠海园区举行揭幕仪式，该项目未来将服务八十多个全球健康类品牌，预计年交货产值可达上亿元，产品包含定制保健品餐包、植物基软胶囊、软糖等营养保健品（图 7.7）。"新世界工厂"项目将海外商品成品交付中心前置到跨境工业区，最快 20 天就能实现从 0 到 1 的新品落地与销售；加速供应链提效，让新品可以更快触达国内消费者。

2023 年 5 月，天猫国际联合海口综合保税区正式启动首个"新世界工厂"，成为消博会首个进口产业链落地的创新项目。"新世界工厂"坐落于海口综合保税区安基产业园，以进口燕窝、西洋参和海参等进口滋补保健品为主要生产加工品类，首批吸引了来自马来西亚的正典燕窝、加拿大的大山行西洋参，以及中国香港的娇燕、丝颜和 YIMPRESSION 因贝森等五大品牌。海南省商务厅、海口综合保税区相关负责人为工厂授牌，正典燕窝工厂率先投产。

这一模式可以让海外品牌经营成本至少下降 10%，同时加快新产品进入中国的速度和灵活度，新世界工厂将传统的新产品研发周期缩短至 3 个月，新鲜商品 48 小时即可配送到消费者手中。

作为首批入驻代表，马来西亚正典燕窝董事长谭承哲介绍，通过新世界工厂，消费者当天下单，燕窝当天鲜炖，次日配送，海南及华南消费者可以享受更新鲜的进口商品。

来自加拿大的品牌大山行主要经营西洋参等滋补品，疫情防控期间海外工厂产能及物流受到不同程度的影响，公司中国区总经理叶郁珮指出，入驻天猫国际新世界工厂，既能保障稳定高效的产能，在减低成本的同时，还可以更好地服务中国消费者。

图 7.7　天猫国际新世界工厂

7.8.3　先进性及创新点

案例主要在以下方面进行了创新。

第一，提升产业链供应链稳定性，中国包材企业以全新的服务方式加入全球供应链，降低海外品牌开拓中国市场的成本；第二，发挥政策优势，促进各主体加强国际产业链供应链合作；第三，更好地服务中国消费市场，满足中国消费者定制需求；第四，发挥技术优势和市场优势，服务全球消费市场。

7.9　案例 8：中恒大耀工业互联网及大数据应用平台

7.9.1　案例简介及解决行业痛点

（1）公司介绍

中恒大耀纺织科技有限公司（简称"中恒大耀"），成立于 2003 年，是一家致力于打造"机织纱布一站式"交易及服务的产业互联网平台企业。公司以 B2B 为核心，以平台为载体，整合原料端、制造端、品牌端企业资源，重塑纺织产业链，构建了线上线下相融合的产业服务平台。2021 年，公司实现"两千两万"目标，同年销售额突破 35 亿元。

（2）案例基本情况

中恒大耀工业互联网供应链体系采用"全国云仓 + 终端配送 + 金融服务 + 数据服务 + 渠道赋能"模式，通过一体化一站式方案解决整个纺织行业的流通及服务问题、资金问题，整合优化纺织供应链中的信息流、产品流、物流、资金流、数据流，和上下游企业的无缝对接，提供供应链一站式解决方案，实现整体供应链可视化、管理信息化、技术指标数据化、营销体系互联网化，达到整体利益最大化、管理成本最小化，帮助上下游合作伙伴提升自身的竞争优势，从而推进纺织贸易高质量发展。

（3）案例解决痛点

案例主要面临以下几个痛点。

一是纺织产业链供应链服务不足。传统纺织产业链缺乏工业互联网平台的赋能，难以获得全方位的供应链深度服务。二是产业链环节管理难度大。产业链的各个环节难以有效盘活，产能无法有效地被订单驱动，传统产业升级面临障碍。三是纺织市场面临产能过剩和库存高企问题。国内纺织市场长期面临产能过剩、库存高企和供需结构不平衡的问题，产品供应链管理不善，影响企业的竞争力和市场响应速度。四是终端客户需求碎片化和个性化难以满足。旧系统难以应对终端客户需求的碎片化和个性化，无法满足客户对产品速度和服务更高、更严苛的要求。

7.9.2　解决方案

第一，平台赋能降低成本。通过建设仓储云平台和卫星仓，整合合作工厂与物流公司资源，搭建全国统仓统配网络，实现统仓统配，降低成本，提升出库效率。

第二，数字化信息技术赋能提高效率。中恒大耀通过打通各系统间数据，运用智能运费计算、账期付款等先进技术，大幅提高链条效率。最快下单 1 小时内发货，4 小时收货，减少人工沟通，实现每个环节的高效运作。

第三，金融赋能中小企业促进良性循环。通过与各大银行合作，为中小企业提供订单金融服务，最高贷款支持达 100 万元，促进整个行业的良性循环。

第四，数据赋能助力业务开展和溯源。依托平台交易和供需数据，为纺织工厂等提供精准的数据级溯源支持，助力业务开展和溯源工作。

第五，渠道赋能推动传统流通渠道升级。通过线上到线下的渠道入口和第三方服务，整合各方资源，形成完整互动的纺织生态资源，推动行业数字化、信息化和互联网化转型。

技术上，平台采用"平台 + 应用"的支撑体系架构模式，通过平台进行基础技术能力支持，将应用经过服务化 / 切片封装后部署到平台中，并且遵循高内聚、低耦合的原则，将系统间、模块间的功能依赖降到最低，实现松耦合的目的。这种设计不仅提高了系统的灵活性，同时系统还注重扩展性和可用性，使得在组成整个应用程序的每个服务的内部结构和功能实现发生改变时，系统能够继续稳定运行（图 7.8）。

图 7.8　中恒大耀平台

7.9.3　应用成效

（1）应用案例

项目为超过 12 000 家纺织行业上下游企业提供了符合各自需求的智能决策和个性服务，如为四川雅安市嘉茂纺织厂机联网 IOT 数据采集并使其入驻到领布平台进行接单，为黑龙江普洛普纺织有限公司和杭州嘉濠印花染整有限公司提供 SasS 软件及数据服务，为广州万姊千合服饰有限公司（希音供应链 300 余家企业）提供面料供应实时库存的查询并系统智能决策以实现柔性供应。

（2）预计效益

预计 3 年内（2023—2025 年），平台可带动上下游纺织服装供应链 3000 家企业入驻平台。平台通过大耀商城的庞大客户业务数据，为纺织品行业企业提供了精准的业务数据分发服务，有效推动了业务订单的增长。此外，平台提供的一站式云端服务，实现了生产、管理、销售资源的优化和共享，推动了纺织行业全产业链的资源共享和协同发展。通过构建全行业大数据中心，平台为纺织全产业链发展提供了智能决策支持，助力企业制定更为科学、有效的经营策略。同时，平台还推动了纺织企业内部效率的提升和绿色循环低碳经营，促进了工业制造的可持续发展。平台通过在线协同研发的方式，推动了客户导向的服务型制造模式的形成，实现了小量加工和柔性制造，满足了市场的个性化需求。

7.9.4 先进性及创新点

案例主要在以下方面进行了创新。

第一，支持纺织上下游企业入驻。支持纺织企业实物货品、运输服务、检测服务、纺织服务等围绕纺织数字商务所需的能力进行商品化展示和标准化输出。第二，账期、预存款支付、供应链金融创新。引入账期支付、预存款、金融供应链多元化等更符合行业特性的支付方式。第三，运费智能计算。根据系统智能匹配发货地、收货地及货物的重量等信息参数，智能化的计算显示货物的订单金额，提高收发货效率。第四，订单发货智能化。通过企业内部数字化系统的全流程贯通，客户下单后，自动流程到对应仓库 WMS 系统进行智能快速发货，提高整体订单周转时效。第五，全产业链的供需信息匹配。通过客户发布的供应信息和求购信息进行后台自动匹配，实现快速精准的主动推送，能高效精准地解决客户需求。第六，多元化模式的创新。结合 20 年纺织经验，开发出行业有影响力的共享业务员、拍卖等功能及板块，开展采购、生产和销售等经营活动，创新实践人力、生产、客户资源再次平衡和整合分享。

7.10 案例 9：新发展格局下蒙壹购壹"数字化多向驱动平台"推广战略项目方案

7.10.1 案例简介及解决行业痛点

（1）公司介绍

蒙壹购壹成立于 2014 年，立足内蒙古发展生活圈数字经济，是国内领先的生活圈职工福利平台、新型数字商贸企业，致力于赋能职工福利、助力小微个体，企业发展愿景是成为生活圈数字经济创新者。

（2）案例基本情况

蒙壹购壹秉承"荣光共振，贵在行动"的经营理念，依托"数字化多向驱动平台"打造独创的生态合作模式，"平台服务 + 手把手教学"弥合小微个体（个体工商户、小微企业）面临的数字鸿沟，"集团合作 + 常态化巡检"帮助小微个体承接企业采购需求，为推动小微个体的数字化转型、助力数字经济时代的共同富裕做出积极贡献。

（3）案例解决痛点

案例主要面临以下几个痛点。

一是职工福利供给僵化。职工福利承担着吸引人才、稳定员工队伍等功能目标，当前企业职工福利普遍存在选择少、品类单一等问题，且缺乏对社区消费场景的构建，阻碍了前述目标的实现。在不少家庭中，老一辈负责采买生活必需品，职工福利保障职工家庭的基本生活需求，但职工福利线上提取的兑换形式不符合老一辈的消费习惯。

二是小微个体发展难题。第一，数字发展面临一定的技术门槛，使小微个体成为数字经济发展的薄弱环节。接入成本和运维费用导致小微个体数字化转型存在不会用、不敢用、用不起等问题。第二，小微个体规模小、留存收益少，生存容易受到外部经济环境的影响，需要一定的外力支撑，如构建合作机制，助力小微个体解决生存发展难题。第三，线下门店的客户多来自周边社区，客户渠道单一，拓客能力有限。受限于自身的经营风险和售后服务能力，小微个体缺乏相关资质，无法承接企业采购需求。第四，小微个体的经营能力较弱，商品选品缺乏创新，社区居民对新兴商品的消费需求主要通过线上渠道得到满足。

7.10.2　解决方案

（1）服务生态构建

蒙壹购壹基于"串联 + 并联"的服务模式凝聚小微个体，业务团队手把手教学，帮助小微个体入驻平台并学习使用平台提供的轻量工具，通过设立筛选评定、门店巡检等工作机制，辅之以切实的资金支持，帮助小微个体改善经营能力、承接企业采购需求。基于集团自建自有的全国服务职工资料库，应用大数据分析技术，蒙壹购壹向小微个体提供选品建议和商品供给，助力小微个体的数字化转型。

蒙壹购壹携小微个体打造生活圈数字经济，围绕企业职工日常活动范围，构建"商圈—单位—小区"开放式、一体化路线，实现职工福利"随处可提、就近可提、想提就提"。送产品、送服务、送便利到职工家门口，真正打通提高职工生活的"最后一公里"。

此外，蒙壹购壹依托商品供应网络，联合各单位开展公益活动，在促进助农产品销售、助力乡村振兴方面成效显著。今年，蒙壹购壹将货源渠道拓宽到"一带一路"沿线国家，践行"双循环"发展战略，把"看得见"的政策环境转化为"摸得着"的经营成果。

（2）自研技术支持

软件开发模式采用 MVC 架构，服务端基于 linux 使用 PHP+MYSQL+Redis 架构。Redis 的速度非常快，每秒能执行约 11 万集合，每秒约 81 000+ 条记录，支持绝大多数开发人员已知的列表、集合、有序集合、散列等数据类型。所有 Redis 操作是原子的，这确保了即使两个客户端同时访问 Redis 服务器也总能获取最新的更新值。上述特性使 Redis 易于解决各类问题。

MySQL 高可用架构方案基于 MySQL 双主、主从 +Keepalived 主从自动切换服务器资源。前端控制台视图展示层使用 vue 3.0+ES6 架构基于 node.js 进行组件式开发，具有可复用 CSS 样式和 JavaScript 数据逻辑，自成一体，可以直接在其他组件中使用，组件本身的模板、样式和数据不会影响到其他组件。组件还包含一系列可配置的属性，支持动态地产生内容。移动应用端使用 vue 3.0 多端兼容的模式开发，可同时发布为安卓小程序和 H5。

7.10.3　应用成效

2023 年蒙壹购壹营业收入再创新高，生态圈合作伙伴数量持续上升，用户满意度、复购率等监测指标表现良好。

蒙壹购壹定位于"生活圈职工福利平台"，集团独创的商业模式改善了职工福利行业生态（相关活动如图 7.9、图 7.10 所示）：第一，提升选择自主性与自由度，使员工基本需求得到最大限度的满足；第二，通过线下场景对企业员工的反复触达，提升员工的归属感与忠诚度；第三，数字化多向驱动平台推动生产、管理、经营环节的降本增效，满足企业员工的个性化福利需求，为家庭情况困难的员工提供针对性福利保障。

顺应工会数字化的政策导向，推动智慧工会建设。例如，蒙壹购壹集团与一机集团公司工会合作，基于蒙壹购壹自研的技术平台打造智慧工会应用，建立全渠道协同生态圈，保障了工会工作的实效性，提升了服务体验，增强了职工幸福感。

蒙壹购壹作为职工福利项目承接方，为小微个体引致额外的企业消费需求，赋能小微个体千余家，带动就业上万人，进入蒙壹购壹合作生态的小微个体其存续率显著高于一般水平。特别在疫情防控期间，蒙壹购壹免费提供平台系统和技术，整合小微个体的商品供应资源，既缓解了小微个体的生存困境，又能有效支撑企业复工复产，展示出强大的模式优势。

图 7.9　蒙壹购壹"爱心助农，温暖职工"活动

图 7.10 蒙壹购壹"爱心助农，情满端午"职工活动

专家点评

蒙壹购壹依托于自研数字技术平台，在内蒙古牵头构建的服务业数字化新业态，以创新的生态合作模式帮助线下门店对接企业福利，使小微个体也可以承接来自企业的采购需求，使职工福利真正按需兑现，为推动小微个体的和企业职工福利的数字化转型做出积极贡献。该模式的成功壮大，进一步表明数字化可以成为一种人人可为的发展手段，而不只是曲高和寡的"阳春白雪"。

7.10.4 先进性及创新点

案例主要在以下方面进行了创新。

数字经济不等同于线上经济，零售行业出现的线上线下一体化趋势证明了，线下门店在数字经济时代存在的必要性，立足于这一发展趋势，蒙壹购壹创造性地提出打造生活圈数字经济。第一，"生活圈数字经济"立足于企业职工"商圈-单位-小区"的生活轨迹，通过数字平台打通生产、分配、流通、消费各个环节，依托数据和算法促进供需匹配、提升服务效能。第二，蒙壹购壹集团"赋能职工福利，助力小微个体"，促使供需双方在生活圈数字经济中汇聚，创新社区消费场景、提升职工生活品质，将生活圈数字经济打造成保障和改善民生、恢复和扩大消费、促进共同富裕的重要载体。

第8章 数字政务特色案例

8.1 整体案例分析

（1）市场构成与用户特征

2024年1月，国务院印发《关于进一步优化政务服务提升行政效能推动"高效办成一件事"的指导意见》，强调注重数字技术赋能，聚焦群众办事"急难愁盼"，精准牵住了"高效办成一件事"这个"牛鼻子"，有望持续释放数字红利，不断优化政务服务、提升行政效能。

中国数字政务发展水平稳步提升。从国际层面看，《2022年联合国电子政务调查报告》显示，中国电子政务全球排名第43位，较2020年的第45位提升2位，其中，"在线服务"指数排名持续居全球领先水平。《2022中国数字政府发展指数报告》测算得到，我国各省（直辖市）数字政府平均得分由2021年的63.69分上升到2022年的69.02分，进步主要体现在组织机构建立、制度体系完善、治理效果提升三方面。就省际比较而言，《年省级政府和重点城市一体化政务服务能力调查评估报告（2023）》的评估结果如表8.1所示，其中，17个省级政府的一体化政务服务能力总体指数为非常高（90分或以上），占比53.13%。

表8.1 省级政府一体化政务服务能力水平分布

能力水平	省级政府
非常高（≥90分）	北京、河北、吉林、上海、江苏、浙江、安徽、福建、江西、山东、河南、湖北、广东、重庆、四川、贵州、宁夏
高（90~80分）	天津、内蒙古、辽宁、黑龙江、湖南、广西、海南、云南、西藏、陕西、甘肃

续表

能力水平	省级政府
中（80~65分）	山西、青海、新疆、新疆生产建设兵团
低（≤65分）	无

注：按行政区划排序。

数字政府市场规模呈高增趋势。华经产业研究院测算数据显示，2013—2022年中国数字政府市场规模年均复合增速为11.13%，2022年该市场规模达到4226亿元，随着中国数字化进程的不断加速，预计该市场将保持增长势头。就细分领域而言，国际数据公司（IDC）发布数据显示，2022年中国数字政府一体化大数据管理平台整体规模达59.1亿元，同比增长19.2%，数字政府数据治理市场整体规模达47.5亿元，年增长率为19.5%，政务云整体市场规模为500.52亿元，同比增长17.17%，皆处于稳步增长阶段。

2022年，国务院印发《关于加快推进政务服务标准化规范化便利化的指导意见》《关于加强数字政府建设的指导意见》《全国一体化政务大数据体系建设指南》，对数字政府、政务数据体系建设等方面提出一系列指导性意见。各地区各部门主动顺应政府数字化转型发展趋势，注重顶层设计与地方创新良性互动，形成了各具特色、职责明确、纵向联动、横向协同、共同推进的数字政府建设和管理格局。截至2022年12月，31个省（区、市）中，29个地区成立了厅局级的政务服务或数据管理机构，20余个地区印发了数字政府或数字化转型相关规划文件。总体来看，与数字政府建设相适应的管理体制正在逐步健全，协调推进有力、技术体系完备、安全管理有序、制度规范健全的发展格局正在逐步建立，形成了政府主导、企业参与、社会协同推进的良好氛围。

对企业而言，数字政务水平的不断提升，对改善企业的影响环境有重大作用。前不久，国务院印发《关于加强数字政府建设的指导意见》（简称《意见》）指出，提供优质便利的涉企服务。以数字技术助推深化"证照分离"改革，探索"一业一证"等照后减证和简化审批新途径，推进涉企审批减环节、减材料、减时限、减费用。强化企业全生命周期服务，推动涉企审批一网通办、惠企政策精准推送、政策兑现直达直享。

对一般公民而言，使用互联网政务服务的人群整体表现为高学历、高收入、高中年龄段。从城市看，在使用互联网办理政务服务方面，华东地区、东北地区使用率较高，属于第一梯队；华南地区和西南地区属于第二梯队；华中和华北地区属于第三梯队；西北地区使用率较低，属于第四梯队。

从全民来看数字政务的满意度大致上是稳步提升的，政府通过提升数字政府数字化履职能力，搭建丰富的政务服务应用场景，构建全时在线、渠道多元、跨省通办的一体化政务服务体系，满足企业和群众对服务一致性、连续性的需求，但是少数群体在数字化浪潮中遇到的困境不可忽视，这涉及群众的广泛性要求，政府必须对部门群体加强关注，如老年群体等。

（2）解决方案总结

前瞻产业研究院从技术架构的角度将数字政务解决方案划分为基础设施层、平台支撑层和业务应用层，不同技术架构层具有不同的优势厂商。基础设施层包含 IT 基础设施、电信运营、IaaS 云服务等组成部分，代表性厂商有中国移动、腾讯云等。平台支撑层用于支持核心系统的基础软件包，该领域的代表性厂商包括 PaaS 云服务提供商，如阿里云、华为云、金山云等；软件服务商，如东方国信、新华三等，这些企业在大数据、人工智能、区块链等领域有着丰厚的技术储备。业务应用层涵盖数字政务服务涉及的具体环节，包括协同办公、财税管理、法律服务、媒体融合等具体功能，该赛道的代表性企业在垂直领域内具有专业知识积累，如协同办公领域的钉钉、财税管理领域的用友等。

数字政务的解决方案呈现出问题导向、场景驱动、业务牵引的特征，涉及政务服务的应用场景包括城市水环境治理、市民公共服务、政务系统安全、物联设备数据资源"一网统管"、食品安全监管、心理咨询与法律援助、补助发放等。

在生产环节，数字政务解决方案集中在政务服务线上化、线上线下一体化两个方面。政务服务网上办、掌上办，已经取得明显成效，当前这一过程仍在持续，政务服务在线化的范围、深度、广度和用户体验皆存在提升空间。线上线下一体化则强调通过对各政府部门业务流程全面梳理，整合线上线下服务渠道，实现二者的无缝连接与互动。亳州市人力资源和社会保障局创新"无感互认"改革是政务服务生产数字化的典型案例。"无感互认"改革覆盖所有需要生存认证的社保待遇和惠民政策补助，包括民政部门的重度残疾人护理补贴、高龄老人津贴；医保部门的医疗保险待遇；组织部门的离任村干部生活补助等。传统的"被动式、静态式、集中式"资格认证模式，工作量大、效率低。"无感互认"平台支撑数据资源共享，打通了各部门的数据壁垒，实现多部门间认证结果互通，有效解决了认证时间和方式不统一、认证结果不共享的问题，既简化甚至省略了补助对象线下排队认证的业务流程，又降低了工作人员的工作强度。

在管理环节，政务数据一体化和政务系统安全是当前在全国范围内广泛推行的解决方案。政务数据一体化促进跨层级、跨地域、跨系统、跨部门、跨业务资源共享和协作联动，提高办公效率，助力实现"一网通办""一网统管""跨省通办"。随着数字政务的发展，政务系统的安全性愈发凸显，甚至可能影响国家安全，政务系统安全利用加密技术、入侵检测技术等，从操作系统安全、数据库安全、网络安全和应用本身的安全设计，构建全方位立体化安全体系，助力建设安全网络环境，增强信息系统安全可控能力。

在经营环节，数字政务提供一体化、个性化的便民服务。一体化便民服务通过将各种政府服务整合到一个统一的平台或系统中，优化办事流程、精简办事材料、提高办事效率，进而提升政务服务的温度与速度，最大限度地利企便民，实现"数据多跑路，群众少跑腿"的目标；个性化便民服务则着眼群众需求、坚持问题导向，谨防"数字形式主义"，以切实为群众办好事为衡量标准，提供适合当地群众所需的个性化服务，扩展创新公共服务场景应用，提高公共服务覆盖面和服务质量。例如，在偏远少数民族地区，妇女和儿童面临的问题较为突出，西藏星光社会工作服务中心在西藏针对妇女和儿童建设了一个强制报告、法律援助、心理咨询、数据采集的线上平台，向受害人提供法律援助服务、心理治疗服务等，提高当地妇女和儿童的生活水平和发展水平。

（3）收益成效

在经济效益方面，第一，数字政务助力降本增效。数字政务能够减少行政运营成本、减少不必要的财政支出，并通过系统复用产生乘数效应。

第二，数字政务建设推动兴业利企。数字政务建设推动兴业利企的核心是为行业提供放水养鱼的发展环境，为企业提供必不可少的优质要素。一方面，数字政务深化"放管服"改革、优化营商环境，通过分类清理、规范不适应数字经济发展需要的行政许可、资质资格等事项，吸引外来企业进入、释放市场主体创新活力和内生动力，促进区域经济发展；另一方面，数字政务为数字经济发展、数字技术应用提供丰富的应用场景、海量数据资源、数字化投资项目及数字技术人才，是撬动数字经济发展的重要引擎。

第三，数字政务建设有利于提升行政机关面向数字经济的监管和服务能力。数字技术的迭代及其商业化应用形成了生态高度复杂多元、创新层出不穷的数字经济体系。这要求政府监管体系及时进行数字化转型，开发系列数字基础设施，并在此基础上建构适合数字化特点的监管体系。只有当政府自身具备充分的数字能力时，才能有效地履行对数字经济活动的监管、服务职责，科学、准确地实施监管和服务活动，进而支撑数字经济的健康发展。

在社会效益方面，第一，数字政务有助于促进政府职能转变，由过去的管理为主转为以服务为导向，推动构建服务型政府，提升政府的融合服务能力。乌达区区域社会治理中心秉持"群众诉求无小事"的理念，立足企业群众需求，发挥好12345政务便民服务热线"总客服"作用。深入挖掘热线数据，定期对高频诉求事项进行梳理，对诉求数量、内容、需求等数据进行比对分析，研判诉求类型、热点事项、区域分布、诉求趋势等，多维度找寻诉求内在规律，全面感知、获取社会关注热点和难点、堵点问题，尤其是针对供暖、供气、公共交通等高频事项提前预警，发送提示函，有效发挥热线的民生感知作用，使热线成为社情民情的"晴雨表"。

第二，数字政务建设有利于提升政务服务对公众的可及性。数字政务建设通过新型信息基础设施保障数据流"穿透"职能线，达成以"百姓少跑腿，数据多跑路"为目标的"一站式"政务服务。与此同时，基于数据、算法等的自动化或辅助决策系统在行政活动中的利用，使面向管理服务对象的决策流程发生从"人 – 人"向"人 – 机 – 人"交互方式的变化，这大幅拓展了行政活动的时空范围，也大幅提升了管理服务对象与行政机关交互的便利性。

第三，推进全过程人民民主。数字政务提升了政务透明度，拓宽了公民参政议政的渠道，公众可以通过网络与有关部门直接互动，有助于保证人民在日常政治生活中广泛持续深入参与的权利。例如，"阳光食品"平台普及食品安全知识，鼓励群众参与食品安全管理，实现食品安全监管方式的转变；该平台的评价功能帮助商户吸引客流量，提升政府公信力和群众信服感；实现了食品安全监管上的"互联网 + 社会共治"。

8.2　案例 1：无锡市污水处理提质增效及综合信息监管预警系统

8.2.1　案例简介及解决行业痛点

（1）公司介绍

江苏太湖云计算信息技术股份有限公司（简称"太湖云"）致力于将物联网、大数据、云计算、互联网架构微服务等先进信息技术与智慧城市建设应用相结合，为智慧城市建设提供智慧化解决方案服务，帮助政府和商业企业实现数字化转型，业务涵盖智慧水务、软件开发、系统集成等领域。

（2）案例基本情况

此项目针对我国城市水环境治理顽疾，以及国家对城市排水达标和污水处理提质增效的要求，运用先进理念和创新科技，提出革命性的解决方案，将原来围绕结果的监控和治理，转为对排水体系的"结果（河道）– 通路（排水管网、泵站、污水处理厂）– 源头（排水户）"全链路覆盖，实时监测、追踪预警，实现对城市水环境污染全过程的追根溯源。同时，有效联通各排水管理部门的业务单元信息，为城市水务相关机构提供决策支持，并形成多方面联动工作机制。

（3）案例解决痛点

案例主要面临以下几个痛点。

一是排水户接管道偷排污，各类垃圾堆放不规范，渗滤液流入管道，污染源头难定位。二是五大城区污水处理厂进水浓度均存在低于达标指标的情况，地下水渗入污水管网，雨水管网混接，河湖水倒灌，河道排口成"污水"排口。三是满管运行容易造成漫溢、内涝风险，导致人民群众投诉，影响生活环境和城市安全。四是人工管理非实时，缺乏整体掌控。缺乏基于大数据分析的智能联动模式，事前缺乏有效的预警机制，事后缺乏有效分析和解决机制。

8.2.2　解决方案

此案例采用"业务咨询＋解决方案＋项目实施＋全过程项目管理＋高质量交付＋云服务提供"的商业和运营模式，搭建高效、实用的智慧排水基础信息系统，通过对区域的雨污管网、提升泵站、污水处理厂的地理信息模型的建立及对应监测点检测数据的采集，搭建一个由物联网硬件和大数据软件平台协同工作的水力运行模型，通过真实数据的采集，在系统内还原实际的"厂站网"运行情况，从而帮助水务运营方定位污染源头，发现运行中的问题。

此案例的实施，可以实现"厂－站－网"的一体化联动，上下游平衡协调运行，保障污水系统运行正常，实现污水系统与排水管理区的智能化运行管理，为污水系统的数字化管理与模拟分析提供科学依据，全面提升辅助决策和绩效评价能力。为城市水环境、污水管网（管网、提升泵站、污水处理厂）、雨水管网、河道、排水户、排水达标区等场景提供智能、高效、实时的监测和治理手段，为黑臭河道治理、污水提质增效、美丽河湖建设奠定基础。

8.2.3　应用成效

（1）经济效益

面对目前国内各城市普遍存在的、亟须解决的水环境治理挑战，随着国家对智慧水务发展的重视，以及物联网、大数据、云计算及移动互联网等新技术不断融入传统行业的各个环节，新兴技术与智能工业的不断融合，智慧水务行业的发展具有广阔的市场前景。

此案例产品已在江苏、浙江、广东等多地成功实施，即将开展大规模产业化推广。2021 年，实现销售收入 2306.39 万元，利润总额 1356.94 万元；2022 年实现销售收入 2775.95 万元，利润总额 1457.65 万元，预计 2023 年实现销售 3000 万元，后续逐年翻倍。

（2）社会效益

此案例的实施，将智慧城市、生态环境与区域产业发展相结合，为地区营造良好的生态环境和人居环境，带动当地社会经济向更高层次发展。

8.2.4　先进性及创新点

第一，方法论上的突破。由结果监控到过程监控，侧重于预警监测和智能监控，运用大数据分析追根溯源，定位污染源头。第二，技术上的突破。实时在线监控，创造性地实现远程智能资源调度，整合海量多格式类型的信息数据。第三，网络传输上的突破。物联网低功耗、高频传、多协议网络支持和多通信模块切换。第四，数字技术的应用创新。采用大数据、人工智能及最新互联网架构，可以与任何第三方系统与移动应用无缝整合，构建可视化的业务数据平台，具有以下特点：开放性、精确性、可扩展性、大数据建模和分析技术及全球首例适用于污水管网的绝压式液位智能终端。

8.3　案例 2：德阳市民通平台

8.3.1　案例简介及解决行业痛点

（1）公司介绍

德阳市民通数字科技有限公司，成立于 2020 年 8 月 24 日，是由德阳国科数字产业发展集团有限公司与德阳市广播电视台共同出资组建的一家全国资的城市门户级数字生活互联网技术服务公司。

（2）案例基本情况

在"数字中国战略"的大背景下和移动互联网的广泛应用契机下，为推动智慧城市建设，打通城市数字资源，进一步提升政务服务和公共服务水平，推动社会治理体系和治理能力现代化，提高各项办事效率，让"治理数字化、数据价值化"，德阳市民通数字科技有限公司充分利用大数据、云计算、人工智能、区块链等新一代信息技术手段，不断对"德阳市民通"平台进行建设升级。

（3）案例解决痛点

案例主要面临以下几个痛点。

一是缺乏集成性城市级应用平台。政府治理、营商环境、政务服务、智慧城市、公共安全、数字经济、生态环境等方面的问题难以集中优化和解决，导致管理效率低下和服务质量不佳。二是市民生活服务不便捷。当前市民服务缺乏多样化和快捷性，无法很好地满足市民在医疗保险、资产查询、公共交通、生活缴费、城市导航、文旅美食等方面的日常需求。三是政府应急决策支持不足。政府职能部门在应急决策时，难以及时获取相关信息和数据作为参考以辅助决策。四是数据共享和应用困难。城市发展过程中，跨地区、跨部门、跨层级的数据共享应用存在障碍，社会民生、经济产业、城乡基层治理等方面的问题无法有效解决城市的整体发展和治理水平难以保障。

8.3.2　解决方案

"德阳市民通"在业务开拓、项目拓展、产品开发工作中不断突破地域、产业界限，立足于数据服务，通过数据清洗，实现流量变现。德阳市民通数字科技有限公司未来将依托于数据资源和门户级平台优势，建立品牌销售模式。

为采购商搭建基于大数据和数字化的解决方案，按照构建和系统的费用＋每年的维护/升级服务费用进行收取。在产品服务方面，产品化服务模式包括数据分析和信息提供，实现数据价值化。在应用场景运营方面，与传统行业碰撞形成新的应用场景，基于应用场景打造商业模式，利用大数据和数字化手段获得行业收益。

软件系统的总体逻辑结构如下。

用户层：平台包括游客、市民、企业等。

应用层：在整个信息资源架构的最上层直接面对用户，为用户提供使用和访问方式，主要包括 App、PC 端、小程序。

服务层：基于支撑层之上，对于各项数据资源的具体业务应用，提供便民服务、一码通专区、政民互动、政务服务等业务功能。

支撑层：提供公共服务基础支撑平台，以适应不同服务功能，包括权限管理平台、统一内容平台、服务接入平台、日志管理平台、安全管理平台、运维管理平台、大数据平台、运营管理平台。

数据层：提供系统的核心数据，并为其上层提供数据支持，包括政务数据库、公民信息数据库、法人信息数据库等。

物理层：依托于电子政务云平台，为系统提供必要的基础设施。

8.3.3　应用成效

截至 2023 年 5 月 31 日，德阳市民通数字科技有限公司盈利 6621.5 万元，实现了实名用户超过全市 70% 的成效。"德阳市民通"在国内同类平台中率先打通线上与线下的交互，深度下沉到各类场景，充分发挥大数据作用，利用智慧教育、智慧交通、智慧医疗等方式，实现典型案例落地作用。

项目的发展对地区智慧城市和数字的发展起到了切实的助力作用，同时为政府、企事业单位、普通市民都提供了满意的服务，得到了相关使用者的高度评价。此项目探索总结出的一套成熟的互联网技术运用和数据应用模式，为大数据在数字政府解决方案和智慧城市建设领域的创新与实践提供了成功的经验，对开展同类城市门户网站建设和数字政府解决方案类应用提供了一条可复制、可借鉴的有效途径，具有良好的推广价值和发展前景。

8.3.4　先进性及创新点

案例主要在以下方面进行了创新。

第一，创新场景。上线市民信用分、智慧交通、智慧医疗等，先后集成开发三百项公共服务类场景应用。第二，创新思维。搭建政银企平台和在线公证应用，优化营商环境，布局"智慧政务""智慧金融""智慧教育""智慧医疗""智慧社区""智慧交通""智慧文旅""智慧司法"等版块，现已建设集成近 300 项应用。第三，创新技术。推出"12345 随手拍"功能，解决城市问题。

8.4 案例 3：基于国产信创平台的安全邮件解决方案

8.4.1 案例简介及解决行业痛点

（1）公司介绍

麒麟软件有限公司（简称"麒麟软件"）是中国电子（CEC）旗下国有控股企业，由天津麒麟信息技术有限公司和中标软件有限公司于 2019 年整合而成，打造中国操作系统核心力量。麒麟软件主要面向通用和专用领域打造安全创新操作系统产品和相应解决方案。

（2）案例基本情况

基于国产信创平台的安全邮件解决方案为面向信创领域打造的邮件系统国产化替换解决方案，采用独创的加密存储传输机制，利用多种反垃圾防病毒技术，针对邮件系统应用和相关服务进行安全策略的定制优化，使系统更加稳定可靠，采用"三员分立，分级授权"机制，以具体功能引导用户规范安全管理。全面兼容国产数据库等基础软件，支持 webmail、移动 H5、邮件客户端等多种产品形态，实现基于国产处理器架构的邮件信息交互。同时，提供多种部署方案，可根据用户规模、业务需求等条件采用不同的部署方式，合理划分模块，保障系统无间断提供服务，可靠运行。该方案可替换使用 Exchange + Outlook 软件的邮件系统，作为邮件系统国产化解决方案实施。

（3）案例解决痛点

案例主要面临以下几个痛点。

一是邮件系统安全性不足。现有邮件系统没有从硬件安全、系统安全、邮件安全和管理安全等多个方面构建全面的安全性保障。二是信息保护不完善。当前系统缺乏全方位立体化的安全体系，无法有效保障信息的私密性、防抵赖和防篡改。三是邮件防御能力薄弱。用户难以有效防御来自内部人员及外部攻击的邮件窃密行为。四是系统整合不足。现有邮件系统未能充分整合国产CPU、操作系统及数据库软件等优势产品。五是无法保证自主可控。邮件系统对国产数据库等基础软件的兼容性不强，难以实现自主可控。六是邮件生命周期安全保障不足。未从邮件的发送、传输、接收、存储等全生命周期全面保障安全性，存在数据泄露和攻击的风险。

8.4.2　解决方案

基于国产信创平台的安全邮件解决方案是为了解决通用邮件系统安全性和保密性问题，从硬件安全、系统安全、邮件安全和管理安全多角度打造邮件系统的安全性，构建全方位立体化安全体系，保障信息的私密性、防抵赖和防篡改，确保用户能够防御来自内部人员及外部攻击的邮件窃密；麒麟软件有限公司面向党政和企事业单位研制提供完善的适合相关行业的安全邮件、电子邮件系统解决方案（图 8.1）。

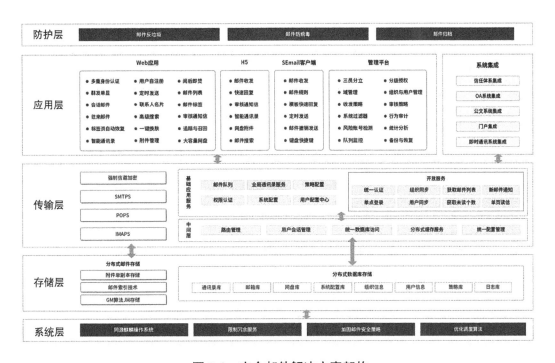

图 8.1　安全邮件解决方案架构

基于国产信创平台的安全邮件解决方案为面向信创领域打造的邮件系统国产化替换解决方案，采用独创的加密存储传输机制，利用多种反垃圾防病毒技术，针对邮件系统应用和相关服务进行安全策略的定制优化，使系统更加稳定可靠，采用"三员分立，分级授权"机制，以具体功能引导用户规范安全管理。全面兼容国产数据库等基础软件，支持 WebMail、移动 H5、邮件客户端等多种产品形态，实现基于国产处理器架构的邮件信息交互。同时提供多种部署方案，可根据用户规模、业务需求等条件采用不同的部署方式，合理划分模块，保障系统无间断提供服务，可靠运行。该方案可替换使用 Exchange + Outlook 软件的邮件系统，作为邮件系统国产化解决方案实施（图 8.2）。

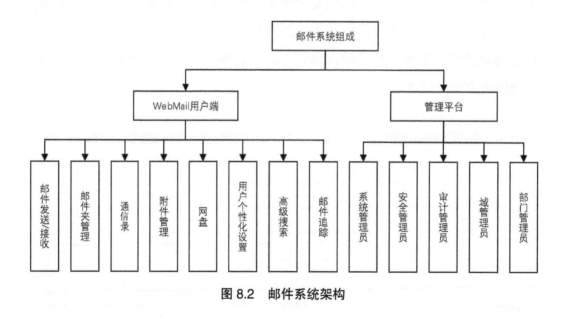

图 8.2　邮件系统架构

8.4.3　应用成效

（1）经济效益

1）助力企业内外部协同办公

该方案搭建了企业联通内外部信息流转的信息化平台，可以有效降低企业时间成本和金钱成本，提高企业运转效率。

2）联通应用，带动产业增长

通过标准化 API 接口服务与办公、业务等第三方系统集成，一方面实现了应用数据融合，提高了办公效率；另一方面，有效降低了与其他应用软件联合开发的成本。

（2）社会效益

1）降低应用开发门槛，促进信创产业生态繁荣发展

此方案通过标准化应用开发、应用管理和资源服务，可以有效降低联合开发门槛，促进信创产业生态繁荣发展。

2）提高科学技术水平，强化信创领域经验沉淀

企业坚持行业内外部的开放合作、相互协同，连通信创产业上游和下游企业，整合资源，联合技术攻关。

3）助力信创人才培养工作

构建人才与岗位对应、培训与应用对应、能力与要求对应、评价与标准对应的科学的信创人才培养和评价体系。

8.4.4　先进性及创新点

案例主要在以下方面进行了创新。

第一，国密算法的创新应用。首先是密码算法革新，摒弃了长期依赖的国际通用密码算法，如 3DES、SHA-1、RSA，转而采用国家商用密码算法（国密算法），如 SM4、SM2、SM3，从根本上提升了信息安全可控性。其次是邮件加密与保护，邮件系统采用 SM4 对称密码算法加密邮件存储，结合 SM2 算法加密随机密钥，确保邮件核心数据安全。同时，SM3-HMAC 用于邮件附件的摘要计算，保护数据免受篡改。此外是身份鉴别与多因子认证：全面应用密码技术于身份鉴别，兼容 SM3 国密摘要算法，并支持多因子认证，如 UKey 证书对接，提升认证安全性。最后是密码库自研，使用麒麟软件自研的软件算法库，支持硬件密码设备改造，强化密码安全性。

第二，系统安全设计的创新。涵盖身份鉴别、登录控制、访问控制、安全审计、数据安全、底层安全等多维度，确保邮件系统全方位安全。

第三，灵活的可配置策略与高可管理性。首先是策略的多样性，提供用户策略、投递策略、审核策略、过滤策略等，支持多级过滤器、信件长度设置、附件大小控制等灵活配置。其次是高效的审核机制，支持同级多人、多级审核，支持基于内容过滤和黑白名单的系统级别过滤策略。同时还通过 Web 管理界面和完备的 API 接口，实现系统管理的高效与便捷。最后是模块化的管理，将系统管理部分设计为独立模块，通过管理 API 进行本地或远程操作。

第四，高可伸缩性。系统模块间设计独立，单个模块工作不影响其他模块，易于通过增加模块实现系统扩容。

第五，构建了系统的核心优势。首先是全方位安全保障，坚持自主研发，从硬件到管理实现全方位安全保障。其次是高系统稳定性，坚持底层模块自主编写，源码和技术掌握在手，系统稳定性持续提升。此外是优异性能，针对国产 XC 平台优化调度算法和缓存策略，邮件系统性能提升显著。最后是高可靠性，确保用户信件不因网络或系统负载变化而丢失或损坏。

8.5 案例 4：“阳光食品”平台

8.5.1 案例简介及解决行业痛点

（1）公司介绍

中共天津市河西区委网络安全和信息化委员会办公室负责全区网络安全保障、网络内容管理和信息化建设相关工作。

（2）案例基本情况

通过建设“阳光食品”平台项目，实现信息化监管、大数据分析，有效提升监管效能，将食品安全信息发布、培训管理、台账管理、信息公示管理电子化，实现远程监管，提升监管时效性，让商家、消费者真正参与进来，经营主体发挥责任，监管部门为民办实事，有效提高食品安全水平，从根本上保证社会公众“舌尖上的安全”（图 8.3）。

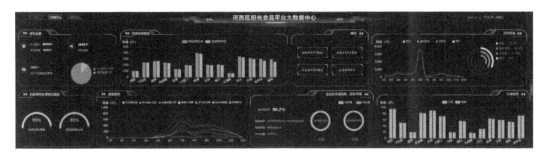

图 8.3 河西区阳光食品平台大数据中心数据可视化大屏

（3）案例解决痛点

案例主要面临以下几个痛点。

一是食品安全监管效能低。现有的食品安全监管缺乏信息化监管和大数据分析手段，监管效能低下，无法将食品安全信息、培训管理、台账管理、信息公示管理等电子化，远程监管难以实现，监管的时效性不足。

二是餐饮经营者食品安全责任落实不到位。餐饮经营者疏于落实食品安全管理要求，主体责任意识薄弱。同时，餐饮经营者的食品安全意识和自我管理能力相对不足。

三是群众参与食品安全监管不足。群众对食品安全相关法律法规的认知不足，食品安全问题带来的危害未得到广泛宣传，常见食品安全辨别知识普及率低。群众参与食品安全管理的积极性不高，食品安全监管方式亟须转变。

8.5.2 解决方案

以提升食品安全监管效能、落实餐饮经营者食品安全主体责任和调动群众参与监管积极性为目的，搭建"阳光食品"平台项目。实现报警数据推送至监管侧和商户侧，完成全流程闭环，实现管理部门监管全覆盖，提高餐饮企业市场主体生产经营活动的透明度。

"阳光食品"平台项目在技术实现上划分为 4 个层次，由下至上分别为基础设施层、信息汇集与存储层、平台层和应用层。

基础设施技术：采用容器化、集群、负载均衡、分层存储等技术构建计算资源池和存储资源池，提高核心服务器和存储设备的复用率及动态配置能力，从而节约后续购置、运行和管理成本。

数据存储技术：数据存储主要为关系型数据库和非关系型数据库。通过磁盘倒排索引、分布式文件系统和大数据技术，提高数据访问效率，丰富数据共享应用形式。

平台支撑技术：是连接信息汇集与存储层和应用层的桥梁，应用支撑平台将采用统一登录技术、工作流管理技术、数据集成（数据同步）技术、内容管理技术、全文检索技术、WebService 技术等为上层应用提供应用集成，数据交换平台将采用消息队列技术、WebService 技术、日志复制技术、总线技术、数据抽取转换与加载技术等为上层应用提供数据交换支撑。

应用系统技术：采用 Web 客户端与服务方式接入、单点登录技术、身份认证与权限控制、站内信、搜索服务等技术，构建天津市河西区市场监督管理局"阳光食品"平台。

8.5.3 应用成效

"阳光食品"平台围绕"注重预防、全程监管、联合惩戒、信息公开、社会共治"五大监管理念，积极建设河西区食品安全特色治理体系，高标准谋划和推进智慧监管，建立"更快、更准、更智慧"的"河西标准"，打造综合全面、功能多样、特色凸显的新型食品安全智慧监管系统。目前已接入 2500 余路摄像头，包括中小学校、幼儿园、养老服务中心、餐饮企业等，报警数据推送至监管侧和商户侧，完成全流程闭环，实现管理部门监管全覆盖，提高餐饮企业市场主体生产经营活动的透明度。通过该平台的评价功能，差评倒逼商户整改，好评帮助商户吸引客流量，形成良性循环，提升河西区食品安全大环境、政府公信力及群众幸福感，促进了河西区第三产业发展，实现了食品安全监管上的"互联网＋社会共治"。为擦亮"幸福河西"城市品牌，全面建设国家食品安全示范城市的目标扎实迈进。

8.5.4 先进性及创新点

案例主要在以下方面进行了创新。

第一，"阳光食品"平台项目科学统筹规划，强化顶层设计，充分利用业务基础数据，以及河西区已建数据资源、业务应用系统等，采用信息资源整合技术，构建总体框架、数据框架、技术框架等，推动政府监管部门业务能力总体发展，实现"互联网＋社会共治"。第二，在实用的前提下，采用主流技术，引进和开发先进、成熟且性能稳定的软硬件平台，顺应政府大数据发展趋势，构筑起良好的体系结构、处理方法、运行机制，高起点地规划项目，使项目成果具有先进性和较长的生命周期。第三，高度重视信息安全，采取切实有效的安全防范措施，保障"阳光食品"平台稳定、正常、高效地运行。

8.6　案例5：温州市县两级城市物联网平台

8.6.1　案例简介及解决行业痛点

（1）公司介绍

中移物联网有限公司是中国移动成立的首家专业化全资子公司。中国移动把握能量和信息融合创新发展的大势，构建"连接＋算力＋能力"的新型信息服务体系，推动生产方式、生活方式、社会治理方式的数智化转型。

（2）案例基本情况

温州市县两级城市物联网平台是中移物联网有限公司为温州市大数据发展管理局打造的数字政务底座，有效提升了公共数据开放共享、政务信息化共建共用、数字化政务服务效能，推动了温州治理体系和治理能力的现代化。

（3）案例解决痛点

案例主要面临以下几个痛点。

一是基础设施重复建设。各委办局、下级街镇及下属单位在建设物联网相关应用过程中，各自建设行业物联网平台，导致重复建设，急需建立统一的物联网平台，实现集约建设。二是物联网设施分散、缺乏整合。各部门和公共企事业单位的物联网设施分散，缺乏统一的平台和标准规范，感知资源未得到有效整合，无法实现全区层面的统一拉通和"物联一张网"建设。三是多级平台协同不足。在政府数字化转型过程中，开展"一网统管"体系建设时，缺乏对市、县多级平台的资源统一纳管和多级协同。四是物联网数据运维管理不善。现有物联网建设"重建设轻运营"，缺乏有效机制与标准进行运维管理，导致感知设备上报的数据质量不能满足业务需求，降低了物联网应用的价值。

8.6.2 解决方案

为了解决基础设施重复建设、底层平台缺乏布局的问题，项目基于 OneNET 城市物联网平台搭建温州市县两级城市物联网平台，聚焦全域感知能力升级，解决与物联网标识体系相互融通的问题，满足复杂多层次的感知需求的能力，提升了设备接入的便捷性。

基于物模型技术，对感知终端采集的海量物联感知数据进行实时的数据标准化处理，结合大数据技术，基于数据的多维属性，对物联感知数据进行关联融合处理，使数据形成可共享交换的数据资产。

为了解决"省－市－区"多级平台数据同步及资源协同问题，实现多级平台权限统一纳管、资源统一配置、数据集中展示。此项目采用了消息队列技术及云原生容器编排技术，满足复杂层级节点的数据同步能力及节点管理能力，提升了多节点一网统管的便捷性。

通过物理世界数字化，把物联感知数据、时空数据、业务数据相融合，形成统一时空坐标系全量数据的数字孪生底座，实现不同组织间数据集成，支持从数字孪生平台调用城市管理的相关数据，对城市管理和运行数据进行综合分析。提供从建筑单体、社区到城市级别的仿真能力和综合承载能力，支撑智慧城市的应用。

8.6.3 应用成效

（1）社会效益

市县两级城市物联网平台能够逐步提升城市管理水平，改善人民生活方式，同时实现城市低碳经济和循环经济，推进生态环境和城市发展相互促进。物联网设备在未来智慧城市的数字经济中是能耗采集、管理、策略应用的信息终端，通过对水电燃气等城市生命线资源的物联网统一管理，能够有效为城市治理提供决策依据，为能耗预测等解决方案提供数据支撑（图 8.4）。

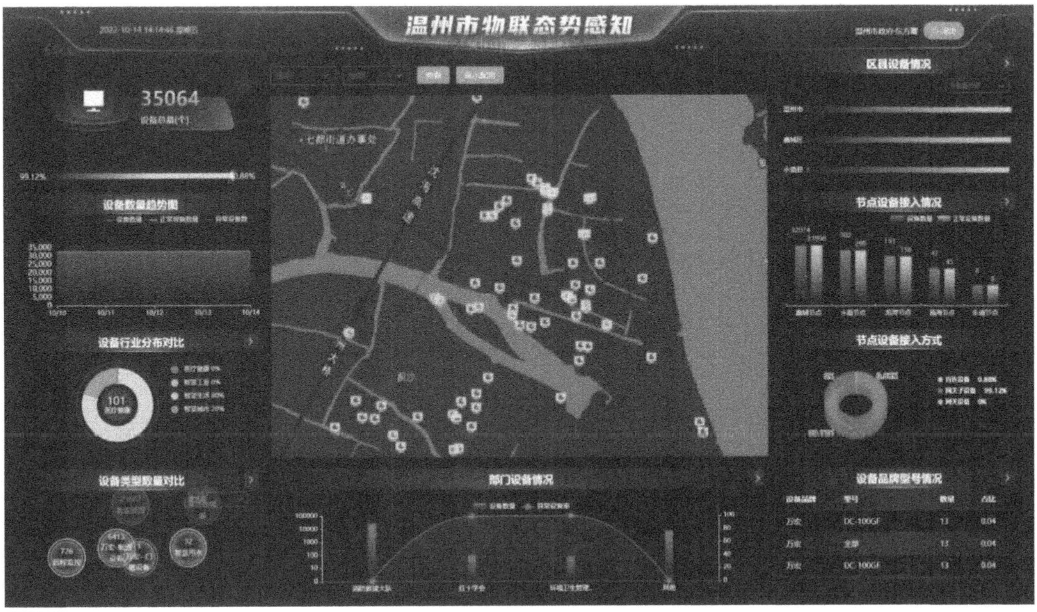

图 8.4　温州市物联态势感知大数据平台数据可视化大屏

（2）经济效益

1）降低重复建设成本

市县两级城市物联网平台基于 OneNET 城市物联网平台可以有效避免委办局之间物联感知设备重复建设的问题，也打通了各种系统数据的信息孤岛，同时也能够实现物联网设备 100% 复用，为政府节约相当数额的公共建设资金。

2）带动数据收益

①物联网中台实现数据共享；

②物联网数据实现精准招商；

③物联网数据实现公共资源的高效利用。

8.6.4　先进性及创新点

案例主要在以下方面进行了创新。

第一，"一个城市，两级分建"。以温州为试点，开展 OneNET 新模式探索。

融入全市城市大脑框架，注入现有城市物联管理体系，将城市的行政治理体系与 OneNET 城市物联网平台融通，聚合城市物联网管理的全域通。第二，"一个系统，N 维应用"。平台将赋能温州城市物联网管理"1+N"的模式，诞生出智慧养老、智慧交通、智慧水利、智慧消防等应用场景。通过 OneNET 城市物联网平台汇聚底层物联设备数据，通过数据治理和数据规范赋能千行百业，高效地从输入、传输、协同、规范、聚合等维度助力温州物联网城市治理能力提升，为温州城市发展注入智慧动能。

8.7 案例 6：构建电子政务移动安全主动防御体系

8.7.1 案例简介及解决行业痛点

（1）公司介绍

北京梆梆安全科技有限公司（简称"梆梆安全"）成立于 2010 年，公司以移动安全为核心，提供业务安全、移动安全、物联网安全等安全服务，帮助用户制定网络安全建设规划。

（2）案例基本情况

方案基于当前电子政务移动端使用过程中面临的主要安全问题，有针对性地提出了移动政务安全一体化解决思路，全面覆盖政务移动安全防护的各个安全维度：应用安全、数据安全、合规安全，将安全体系落地方案抽象为 4 层，可根据各地数字政府建设不同阶段或需求进行整体规划或分期建设。

（3）案例解决痛点

案例主要面临以下几个痛点。

第一，安全保障能力不足。基于传统的互联网安全建设不适用于移动应用场景，普遍缺乏全方位、多层次的移动应用安全防护体系，一旦存在安全风险漏洞，对接上级政务服务公共入口后将成为安全短板。

第二，个人隐私信息泄露。①政务移动应用易忽视对个人信息的保护，导致个人隐私泄露；②从移动业务平台层面来看，安全技术漏洞或操作不规范，导致公民个人信息泄露，降低政府公信力；③未建立应对合规的工作机制及技术能力，无法持续性满足合规要求；④对于开发过程中引入第三方组件违规采集个人信息的行为、违规占用系统权限、违规传输数据等合规风险无法做到有效感知；⑤面对持续加码个人信息保护政策要求，及层出不穷的个人信息窃取技术，容易引发合规风险。

第三，缺乏应用监管手段。国家没有专门部门认证应用市场中的政务移动应用，造成山寨政务应用混淆公众视听，破坏政府公信力，对信息准确性及个人信息安全构成威胁。

8.7.2　解决方案

本方案提出的移动政务安全一体化解决思路，切实保障了政务移动办公、公众政务服务等移动业务的安全运行，有效保护了用户的账号安全、数据安全、个人隐私安全，提升了电子政务业务系统的整体安全性、合规性（图 8.5）。

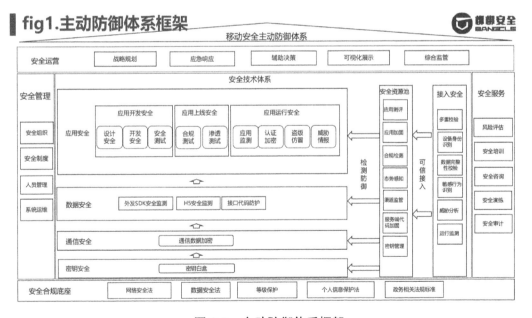

图 8.5　主动防御体系框架

基于软件安全开发周期的移动安全防护技术：围绕应用开发、上线、运行等生命周期各阶段，通过集成安全检测、合规检测、代码审计、安全加固、威胁感知、渠道监测等平台工具，形成政务移动端安全基线，提升政务应用的风险发现、漏洞管理、事件处置能力，实现应用开发风险控制、上线前风险发现修复、运行过程持续安全态势监测的功能。

白盒加密技术：将密码算法拆分成许多小模块，对每个小模块用随机选择的可逆仿射变换进行混淆，混淆后的每个小模块用查找表及仿射变换表示，执行过程通过查找表的查找、矩阵乘法及异或运算完成。能够有效保护本地密钥、敏感数据、数据接口、通信链路等涉及数据在采集、存储、传输、交换等生命周期各阶段的安全（图 8.6）。

┃fig5.通信认证安全能力架构

图 8.6　通信认证安全能力架构

8.7.3　应用成效

（1）经济效益

梆梆安全专注于移动安全和物联网安全细分领域，通过此项目的应用，在该细分领域梆梆安全的市场份额约为 70%。项目应用的产品和服务目前已广泛地应用在政企、监管、金融、运营商、互联网、物联网、能源交通及医疗教育等行业。全力服务超过 3000 家政企大客户。

（2）社会效益

① 对我国信创产业的贡献。此项目研究的信息安全技术填补了多项国内空白，解决了一批卡脖子的关键技术难题，带动了相关产业的科技进步和产业

发展。

② 对我国各级政府、军警等国家重要部门的贡献。此项目成功应用在各级政府、军警等领域，为保证国家重要部门的信息安全做出了重要贡献。

③ 为我国金融、运营商、互联网和物联网等行业提供服务，也做出了相应贡献。

8.7.4　先进性及创新点

案例主要在以下方面进行了创新。

第一，方案将原有零散的安全产品与安全管理制度结合，进行流程化组合，形成移动安全运营中心，提供统一的安全运营管理。第二，基于大量的应用安全实施经验，针对政务 App、小程序，通过 STRIDE 威胁建模方法论，建立专属安全基线知识库。第三，将安全基线点映射到具体的应用安全技术规范与安全验证技术点上，以保证完善的应用安全基线实施落地。第四，基于软件安全开发生命周期（SDL）提出了一套安全管控流程，保障了安全工作协作顺畅。第五，实现了安全管理的制度化，流程指引自动化，工作协作透明化。第六，方案使面向政务移动应用的安全管控实现了智能化、自动化、可视化。

8.8　案例 7：互联网 + 智慧监管一体化平台

8.8.1　案例简介及解决行业痛点

（1）公司介绍

中国电信股份有限公司贵州分公司成立于 2008 年 1 月 28 日。公司经营与通信及信息业务相关的业务，具体包括系统集成、技术开发、技术服务、技术培训、技术咨询、信息咨询、设备及计算机软硬件等的生产、销售、安装和设计与施工；房屋租赁；通信设施租赁；安全技术防范系统的设计、施工和维修；广告业务等。

（2）案例基本情况

"明厨亮灶"监管系统是贵州省互联网 + 智慧监管平台的重要组成部分，

在"互联网＋明厨亮灶"的整体设计思路下，依据国家总局关于"明厨亮灶"工程建设要求，基于 AI 开放平台架构设计，采用云计算、人脸识别、AI 智能分析、物联智能感知、视频直播等先进技术，打造一套一体化、可视化、智能化的"互联网＋明厨亮灶"平台，满足餐饮单位对后厨的加工过程控制、人员管理、环境管理、食品管理等情况的科学管理，辅助餐饮单位规范操作、透明操作，帮助企业自身降本增效，对辖区餐饮单位的联网监管，提升监管效能，完善公众服务渠道，最终实现企业规范自律、政府高效监管、公众全民共治。

（3）案例解决痛点

案例主要面临以下几个痛点。

一是部分企业安全意识差、存在违规操作的问题；二是监管力量不足、监管任务重的问题；三是监管方式单一、装备不完善的问题；四是被监督单位底数不清、情况不明的问题；五是社会公众对食品药品安全信任度低的问题。

8.8.2　解决方案

贵州省"互联网＋明厨亮灶"平台是贵州省近年来打造智慧城市的重要组成部分，由贵州省市场监管局主导，围绕点、线、面监管和社会监督"4 个维度"，构建以智慧监管为统领、以"双随机、一公开"为基本手段、以重点监管为补充、以信用监管为基础的新型智慧监管机制，用技术提升市场监管智慧化、现代化水平。

该平台基于"1234"架构模式的智慧市场监管体系进行规划，切实保障智慧监管工作顺利实施。"1234"是指 1 个平台、2 个中心、3 张业务网和 4 个智慧功能板块，其中 1 个平台是指智慧市场监管平台，是全局所有应用系统的统一载体，是"业务、技术、标准、管理"4 个一体化的基础和保障。2 个中心是指大数据中心和智能指挥中心，大数据中心对全部业务数据和交互数据进行归集、梳理、分析和运用，为监管和服务提供可靠数据支撑；智能指挥中心是指"1+10+74+N"的局、分局、监管所三级智能指挥体系，具有分析研判、监控保障、任务处置、调度指挥、应急值守五大功能。3 张业务网是指以核心监管业务为内容，以现代信息技术为手段，形成巡查、检测、执法三大业务网，三网联动，实现"大市场"业务融合贯通。4 个智慧功能板块包括监管、服务、政务、应用，其中智慧监管是指以监管对象为中心，创新监管模式，梳理、整合并优化市场准入、监督检查、检验检测、稽查执法等各类监管业务，对商事主体实现全生命周期、全流程监管。

8.8.3　应用成效

该项目积极响应了国家数字化城市管理建设的总体规划和要求，不仅有助于大幅提升城市综合管理水平，而且还有助于改善城市市容市貌，提升城市品位，促进经济转型和发展。极大地降低了食品监督管理部门的监管难度，提高了监管效率，开创了信息化网络监管的先河，全面增强了食品安全突发事件的预防、监测、应急反应、执法监督和指挥决策能力，做到早发现、早处理，保障人民群众的安全。

对于企业而言，"明厨亮灶"系统平台建立企业诚信评价系统，将有利于建立行业自律意识，通过建立诚信等级，有利于提升守信企业的信誉、品牌价值和社会认可度，节约被监管成本。

站在消费者的角度来看，可以及时接收食品安全风险预警信息，查询企业信誉情况，增加投诉举报渠道，维护消费者权益。

8.8.4　先进性及创新点

案例主要在以下方面进行了创新。

第一，贵州省一体化"互联网＋明厨亮灶"平台，初步建立基于分析和预警的省、市、县一体化的"互联网＋明厨亮灶"智慧监管平台，支撑食品安全社会共治。第二，借助信息化手段，改变食品安全监管方式。建立数据分析模型，初步实现校园和社会餐饮食品安全监管分析预警、指挥调度、精准靶向。第三，借助信息化手段，提升数据综合应用能力。探索人工智能对校园食堂及社会餐饮后厨分析识别、跟踪报警、抓拍取证等方面的应用。第四，借助信息化手段，推进食品安全社会共治。第五，借助信息化手段，构建食品安全诚信体系。第六，借助信息化手段，构建食品安全应急保障体系。

8.9 案例 8：少数民族地区妇女儿童权益维护及资源共享的社会治理数据平台构建

8.9.1 案例简介及解决行业痛点

（1）公司介绍

西藏星光社会工作服务中心成立于 2020 年 8 月，是西藏首家专业社工服务机构。机构坚持以"通过星光的照亮，帮助、引导和赋能弱势群体"为使命，向有需要的个人及群体等提供专业化、人性化的服务。同时秉持"助人自助，以人为本"的价值观，为西藏社会的良性发展贡献力量。

（2）案例基本情况

少数民族地区妇女儿童权益维护及资源共享数据平台构建作为西藏第一个以保护妇女儿童权益为主要服务功能的线上平台，不仅为拉萨市广大妇女儿童提供了强制报告、其他涉未成年人被侵害线索、心理筛查与疏导、法律援助、亲职教育等渠道，也为仁布县的困境儿童提供了强制报告、其他涉未成年人被侵害线索反映、困境儿童申报、法律咨询、线上课程、儿童主任及工作人员困境儿童申报、困境儿童走访记录申报、心理评估等多种功能。此外，线上平台还提供了各类健康科普课程，便于群众学习了解。

（3）案例解决痛点

案例主要面临以下几个痛点。

一是暴力和性侵犯问题严重。偏远少数民族地区的妇女和儿童面临严重的暴力和性侵犯问题，缺乏有效的强制报告机制。二是婚姻家庭问题突出。妇女和儿童在婚姻和家庭方面面临诸多困境，缺乏足够的法律援助支持。三是心理咨询服务不足。妇女和儿童缺乏必要的心理咨询服务，无法获得心理上的支持和帮助。四是困境人群数据采集不足。对困境人群的数据采集不充分，导致无法有效提供针对性的帮助和服务。

8.9.2　解决方案

线上平台不仅形成了拉萨市及日喀则市仁布县困境妇女儿童权益侵害数据系统，也为相关部门提供了政策制定参考，有利于拉萨市妇女儿童保护工作的开展。此外，拉萨市及日喀则市仁布县工作人员通过登录后台信息，也可对目前已建档的困境儿童进行申报、填写困境儿童走访记录、服务记录、心理评估。对于跟进服务儿童有实时动态了解与跟踪，并且及时提供相关服务。平台可向偏远农牧区及偏远地区寻求援助的妇女儿童提供及时、专业、持续的支持。至于应用场景，该程序主要使用者为服务困境妇女儿童的政府机关单位。

平台采用 PHP 命令行模式进行开发，基于 Vega 驱动的 HTTP 技术，能够同时支持 Swoole 生态，并包含服务器和客户端。应用服务方面，平台底层采用 PHP+Swoole 架构，为用户提供了一整套微服务治理基础框架应用，包括网关、代理和 Dashboard 等。平台还提供高性能微服务，支持后台前端 view 模板渲染，采用单线程协程技术，包含基于 Swoole 协程的 JSON-RPC 库，支持 TCP 和 HTTP 两种协议，并具备微服务调用功能。前端小程序则采用微信原生小程序开发，实现前后端分离。数据库方面，该平台结合 mysql 和 Redis，确保高频数据能够得到及时响应。软件环境方面，要求 PHP 版本为 7.2 以上，Swoole 版本为 4.2 以上，mysql 版本为 5.7 以上，Redis 版本为 5.2 以上，操作系统需为 CentOS 7.8 以上版本。硬件架构方面，要求 CPU 至少 4 核以上，内存 4G 以上，硬盘 50G 以上。网络架构方面，平台采用阿里云负载均衡（SLB）技术，实现了数据应用分离。这样的硬件和网络配置保证了平台在处理高并发、大数据量等复杂场景时，能够保持高效、稳定的服务状态。

8.9.3　应用成效

西藏星光社会工作服务中心承办的"护蕾盾"小程序涵盖了强制报告、其他涉未成年人被侵害线索反映、心理筛查与疏导、法律咨询、家庭教育指导、线上课程等十余种功能。截至 2023 年 6 月 5 日，通过小程序的预约，已走访 12 个严重个案（图 8.7）。

此外，在 2023 年 5 月 4 日，西藏星光社会工作服务中心承办的"仁布困境儿童支持"程序平台正式上线。截至 2023 年 6 月 5 日，前期入户建档的 76 名困境儿童具体信息，都已完成小程序的录入。该平台能够更好地为儿童主任及工作人员提供帮助，方便他们在下一次入户时更新档案内容，也能为儿童主任及工作人员提高工作效率（图 8.8）。

图 8.7　"护蕾盾"小程序

图 8.8　"仁布困境儿童支持"程序平台

8.9.4　先进性及创新点

案例主要在以下方面进行了创新。

第一，采用人工智能技术。采用人工智能技术对采集的数据进行分析，提供更准确、更快速的服务。第二，推广在线法律服务。在线法律服务可以解决西藏面临的法律服务不足的问题，提供更多的法律援助服务。第三，推广在线心理服务。在线心理服务可以为西藏妇女儿童提供更多的心理咨询、心理治疗等服务，帮助他们恢复身心健康。第四，推广在线教育服务。在线教育服务可以为当地妇女儿童提供更多的教育资源和机会，提高当地教育水平。

8.10 案例 9：建德市微应用集市

8.10.1 案例简介及解决行业痛点

（1）公司介绍

杭州华量软件有限公司成立于 2015 年，专注于大数据技术及应用创新，是国内领先的新型智慧城市大数据综合服务商。自创立以来，杭州华量软件有限公司始终坚持"数据缔造美好生活"的理念，让数据为社会提供服务和创造价值。

（2）案例基本情况

建德市微应用集市立足"小微智能数据应用"，是一套面向政府部门、企事业单位的数据分析类产品集合，实现公共数据资源开发利用模式创新。微应用集市依托公共数据平台数据资源共享能力，基于政府部门实际业务需求，通过算法模型和微应用自定义配置的方式，快速完成微应用装载，以"可用不可见"的数据形式短时间内响应各类业务需求，充分挖掘公共数据价值。

微应用工厂具备快速复制推广的能力，微应用框架和通用微应用可进行统一部署，对于共性需求的微应用，可直接复用；对于个性化微应用，可定制化开发后进行本地化部署。

（3）案例解决痛点

案例主要面临以下几个痛点。

一是数据价值挖掘不足。一体化智能化公共数据平台归集的数据数量庞大，数据在赋能部门多跨协同应用建设方面发挥了巨大作用，但是价值还远远没有被挖掘出来。二是部门需求多而分散。部门在日常业务开展过程中存在着很多微小的应用需求，而这些需求只需要按照业务逻辑对多部门相关数据进行碰撞比对分析即可实现。三是共性功能复用率低。多个部门有类似的微应用需求，而在以前，这些微应用开发的成果不能有效共享，需要重复开发。四是智能分析有待加强。结合数据归集现状和各部门的业务开展情况，数据智能分析还有待加强。

8.10.2　解决方案

微应用集市核心功能为模型和微应用双自定义配置，通过"数据字段配置生成模型，模型间逻辑配置生成微应用"的方式快速完成微应用装载，短时间内响应政府部门的各类业务需求。

依托政策制度体系、标准规范体系、组织保障体系、网络安全体系，创新政务公共数据共享、开发、利用模式，建设微应用集市。应用基于政务云和政务外网部署，通过多源数据整合，构建各类专题库，为上层微应用提供数据支撑。

微应用集市总体架构遵循"1+6+1+N"体系。第一个"1"是指依托一体化智能化公共数据平台这一数据底座，基于建德市各政府部门业务和数据需求，打造微应用集市；6 个模块是指微应用集市包括算法模型车间、算法模型编排、微应用加工厂、算法模型仓、微应用展览馆（图 8.10）等功能模块，实现微应用全流程、全场景的智慧综合管理（图 8.9～图 8.11）；第二个"1"是指应用上架浙政钉；N 专题是指建设政务办公、惠民政策、共同富裕等各类微应用专题，每个专题包括多个微应用。

图 8.9　微应用加工厂

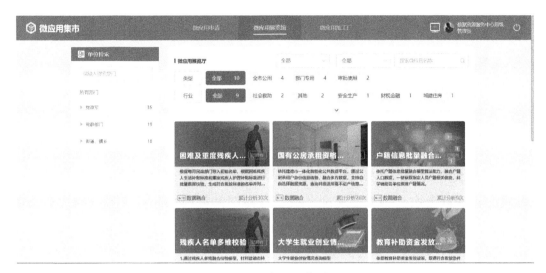

图 8.10 微应用展览馆界面

图 8.11 微应用模型

建德市微应用集市目前已上线 15 个微应用，重点应用在政务办公、惠民政策、共同富裕等领域，共赋能建德市 30 余个部门、16 个乡镇街道和 256 个村社，实现三级贯通，成效显著。

8.10.3　应用成效

（1）经济效益

数据经济价值。截至 2023 年 5 月，通过微应用累计避免财政资金多发、错发、少发约 120 万元，助力政策公平公正。

（2）社会效益

① 数据赋能基层。数据多跑路，基层少跑腿。系统日均辅助基层单位完成数据分析 500 余次，一次多跨业务融合计算时间耗时缩小到 5 秒以内，平均每次计算可有效节省约 5～7 天的人力成本，切实有效地为基层减负，实现从"苦干、硬干"向"快干、智干"转变。

② 数据惠民利企。截至 2023 年 5 月，通过"残疾人名单多维校验微应用"，及时为 41 名符合条件的持证人员办理参保手续，按城乡医保结算，帮助残疾人减免近 3 万元缴费；通过"全民数据普惠宝微应用"，银行利用分析结果精准授信 1.02 万余户，新增 2.7 亿元授信，实现数字普惠金融。

8.10.4　先进性及创新点

案例主要在以下方面进行了创新。

第一，创新数据应用模式，释放数据要素价值。以"用活数据、服务部门、提升效能"为理念，以需求为导向，依托公共数据平台数据共享能力、微应用集市创新数据应用模式，通过算法模型和微应用双自定义配置，快速完成微应用装载，短时间内响应各类业务需求，充分释放数据要素价值。第二，搭建数据供需桥梁，推动数据共享利用。微应用集市依托公共数据平台数据供给能力，快速搭建多源微应用，以"可用不可见"的形式赋能各数据需求部门完成业务工作，有效推动公共数据共享利用。

8.11 案例 10：创新"无感互认"改革 打造社保待遇和惠民补助资格认证新模式

8.11.1 案例简介及解决行业痛点

（1）公司介绍

亳州市人力资源和社会保障局是亳州市政府工作部门。主要职责是贯彻落实党中央、省委和市委关于人力资源和社会保障工作的方针政策和决策部署，在履行职责中坚持和加强党对人力资源和社会保障工作的集中统一领导。

（2）案例基本情况

习近平总书记指出，要"充分利用互联网、大数据、云计算等信息技术创新服务模式，深入推进社保经办数字化转型"。近年来，亳州市人力资源和社会保障局党组高度重视互联网 + 数字化建设，坚持问题导向，顺应群众需求，依托数据融合创新开展社保待遇领取和惠民政策补助资格认证"无感互认"改革。在全国率先探索实现跨层级、跨区域、跨部门资格认证数据共享应用。122.25万名群众领取待遇"零跑腿""无感知""不打扰"，免申即享、应享尽享，达到了可持续、易复制、能推广的目标（图 8.12）。2023 年 4 月，安徽省人力资源和社会保障厅将亳州市"无感互认"改革在全省范围内推广。

（3）案例解决痛点

案例主要面临以下几个痛点。

一是惠民政策补助资金发放不精准。现有系统无法准确发放惠民政策补助资金，导致资源分配不公平。二是惠民补助项目管理繁杂。主管部门多，资格认证和待遇领取管理重叠，导致群众需要多次跑腿和认证，数字壁垒阻碍了数据的互联互通。三是违规领取补助资金频发。社会保险基金和财政惠民补助资金的违规重复领取现象严重，老年人难以按时足额领取各项待遇。四是基层组织工作负担重。资格认证的数字鸿沟问题严重，基层组织在待遇领取资格认证工作中负担沉重，群众的幸福感和获得感未得到有效提升。

图 8.12　退休一次办专窗

8.11.2　解决方案

基于 SOA 架构思想的共享服务模式，分布式网络实施平台建设，采用 B/S 架构，遵循自主可控的建设原则，所有的系统组件都构建于开源 Linux 操作系统之上。结合本地实际环境，实现政务系统上云，为平台安全增加可靠保障。基础设施：依托亳州市云中心，为平台的建设提供计算、存储资源、网络资源基础支撑。政务云分为政务外网区和互联网区两个区，二者之间通过网闸实现了管理网、业务网的隔离。

政务云平台南北向隔离使用 VPC 技术，东西向隔离使用深信服 EDR 组件。平台内外网是隔离，默认内网对于外网不可见，基于业务需要开放对应业务端口。网段之间互相隔离，默认拒绝跨网访问，同样基于业务需要放行对应业务。同一个网段地址，默认互通，基于业务需要采用 EDR 技术隔离。通过以上的网络安全隔离技术，确保平台安全稳定运行。

数据层方面，在已有退休人员信息的基础上，对接全省统一认证接口、证照库、人脸库、人口库、信用库、医疗数据等资源的基础上，继续扩建退休人员信息数据，通过业务数据、基础档案数据、消费数据等多元数据融合比对，形成亳州市人力资源和社会保障局独有的认证数据专题库和各类档案信息库，实现亳州市退休人员数据资源的管理。

8.11.3　应用成效

（1）资格认证"更精准"

"无感互认"改革实现待遇领取"免打扰""零参与"，认证率 98.6%，达到了识别精准、认定精准的目标，提升了政府服务水平，改善了群众服务体验。

（2）待遇领取"更便捷"

"无感互认"改革让 122.25 万人待遇领取由"群众自证"变为"数据佐证"，认证方式由"坐门等人"变为"数据服务""上门服务"，认证周期由固定时段变为动态递延，实现了"多头跑腿"变"数据跑路"的目标。

（3）资金运行"更安全"

"无感互认"改革通过"线上线下联动""数据网格同步""齐抓共管同治"等多种方式，构建全方位、立体化、全覆盖的监管体系。用心用情守护群众"养老钱"，在实现社保基金和财政资金运行安全的同时，还有力地促进了社会保障事业高质量发展。通过数据比对，发现疑点数据 283 条，确认涉及资金 81.66 万元。

8.11.4　先进性及创新点

案例主要在以下方面进行了创新。

第一，多种方式，识别更精准。通过"比对认证"、"自助认证"和"兜底认证"等多种方式，年度内多次认证后，认证周期自动动态顺延。第二，数据跑腿，群众更省心。改革破解群众领取社保待遇和惠民补助"跑腿"现场认证、每年多次认证、部门多重管理等问题。第三，共享复用，部门更省力。依托数据资源，运用数据信息比对，减轻部门工作量，节约资格认证主管部门管理成本。第四，避免冒领，基金更安全。平台捕捉 90% 以上参保人员生活轨迹信息，提升认证工作质效，精准分类，避免待遇冒领情况的发生。第五，数据赋能，治理更高效。数据"活起来"用起来，满足基层干部"管用、易用、爱用"的需求，提高了基层治理水平。

第9章　数字社会特色案例

9.1　整体案例分析

（1）市场构成与用户特征

2023 年 2 月，国务院发布的《数字中国建设整体布局规划》提出，想要构建普惠便捷的数字社会，就要推进数字社会治理精准化。

数字社会的内涵相对丰富，大体包含如表 9.1 所示的几个方面。

表 9.1　数字社会的内涵

分类标准	具体内容
地域	智慧城市、数字乡村、智慧园区等
活动	数字生活智能化（衣食住行用）、办公生产等
重点民生领域	教育、医疗、就业、养老、托育等

根据表 9.1 所涉及的具体场景进行总结，数字社会的服务提供方主要分为两个大类（图 9.1）：一是承接公共部门数字化需求的第三方企业，由于数字社会的部分内容在本质上是具有非排他性、非竞争性、外部性的公共服务，政府是数字社会市场的重要需求方，第三方企业承接政府需求并向社会公众提供服务；二是以互联网企业为主体的数字化产品或服务提供方，互联网企业长期以来是经济社会数字化转型的重要推动者，在数字社会领域同样对人们的生产生活方式产生了积极影响。

如表 9.2 所示，数字社会建设取得初步成效，在健康、教育、托育等多个领域的产业实践已相对成熟，且具备了一定规模的用户基础。

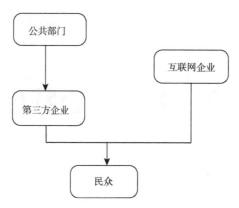

图 9.1 数字社会市场构成

表 9.2 数字社会发展现状实例

领域	时间（年）	发展现状	来源
健康	2022	数字健康市场规模达 5622 亿元，其中互联网医疗市场占 3102 亿元，增长 39.1%。疫情防控期间，医药电商、无接触配送等行业快速发展。2022 年医药电商市场规模为 2520 亿元，增长 36.14%。同时，数字健康用户规模达 3.63 亿人，增长 21.81%	网经社：《2022 年度中国数字健康市场数据报告》
教育	2021	"十三五"期间，国家图书馆网站年均点击量约 9.37 亿次，年均手机端访问量超过 1.1 亿次	国新办就文化和旅游赋能全面小康有关情况发布会报道
教育	2023	全国中小学联网率达 100%，99.9% 学校出口带宽超 100 M，超 1/3 的学校实现无线网络覆盖，99.5% 的学校配备多媒体教室	教育部：《全国中小学（含教学点）互联网接入率达到 100%》
教育	2022	"国家中小学网络云平台"升级为"国家中小学智慧教育平台"，其累计浏览量达 64 亿次，显著提升了教学资源共享与利用效率	中国教育报：《智慧教育驱动基础教育高质量发展》
托育	2020	上海市已建立 3 岁以下婴幼儿托育服务信息管理平台，为家长、机构和政府部门提供信息查询、申请审批、政策发布等服务	上海市人民政府办公厅：《上海市托育服务三年行动计划（2020—2022 年）》
乡村	2023	农村互联网普及率达 60.5%，公共安全视频系统覆盖 80.4% 的行政村，提升 3.4 个百分点，数字化水质监测确保用水安全	光明网：《"数读"中国互联网发展这一年》

续表

领域	时间（年）	发展现状	来源
养老	2022	根据中商产业研究院的数据，2022 年中国智慧养老市场规模约为 8.2 万亿元，同比增长 34.43%	中商产业研究院：《2024 年中国智慧养老行业市场前景预测研究报告》
精准治理	2024	在城市治理方面，如重庆市，上线危岩地灾风险管控、数字应急等典型应用，协同处置 1.5 万件预警事件；上线"一件事"集成服务 80 件，覆盖 90% 以上高频事项，日均办理群众诉求 2000 余件	新华网：《一座大城市的"数治"之路》

各级政府顺应数字化发展潮流，高度重视数字社会建设，陆续出台各类指导性文件；社会公众切实享受数字社会建设带来的福利效应，是数字社会发展的重要支持力量（表 9.3）。

表 9.3　中央和地方政府对数字社会的指导文件

层级	时间	部门	文件名称	相关表述
中央政府	2024 年 5 月	国家发展改革委、国家数据局	《关于深化智慧城市发展　推进城市全域数字化转型的指导意见》	全领域推进城市数字化转型，形成一批横向打通、纵向贯通、各具特色的宜居、韧性、智慧城市
	2024 年 4 月	国家发展改革委、国家数据局	《数字社会 2024 年工作要点》	促进数字公共服务普惠化、推进数字社会治理精准化、深化智慧城市建设、推动数字城乡融合发展、着力构筑美好数字生活
	2023 年 2 月	中共中央、国务院	《数字中国建设整体布局规划》	构建普惠便捷的数字社会，促进数字公共服务普惠化，大力实施国家教育数字化战略行动，完善国家智慧教育平台，发展数字健康，规范互联网诊疗和互联网医院发展
	2022 年 1 月	中央网信办等十部门	《数字乡村发展行动计划（2022—2025 年）》	计划在乡村信息基础设施优化与数字化改造、智慧农业创新、新业态农产品电商、乡村文化振兴等方面重点发力，拓展智能感知、灾害预报、卫星遥感、云计算、物联网等技术的应用场景

续表

层级	时间	部门	文件名称	相关表述
中央政府	2021 年 3 月	教育部	《高等学校数字校园建设规范（试行）》	实现高等学校在信息化条件下育人方式的创新性探索、校园环境的数字化改造、用户信息素养的适应性发展及核心业务的数字化转型
	2021 年 3 月	十三届全国人大四次会议表决通过	《中华人民共和国国民经济和社会发展第十四个五年规划和 2035 年远景目标纲要》	强调要适应数字技术全面融入社会交往和日常生活新趋势，推进学校、医院、养老院等公共服务机构资源数字化，加大开放共享和应用力度，推动购物消费、居家生活、旅游休闲、交通出行等各类场景数字化，打造新型数字生活
地方政府	2023 年 1 月	河北省政府	《加快建设数字河北行动方案（2023—2027 年）》	河北省计划通过智慧医疗、教育、文旅和城市建设，推动数字社会高质量发展，构建更加智慧化的社会治理和服务体系
	2021 年 10 月	上海市政府	《上海市全面推进城市数字化转型"十四五"规划》	部署了"五个新城"数字化转型、经济数字化、生活数字化、治理数字化、数据要素市场化配置等五大重点任务
	2021 年 8 月	天津市政府	《天津市加快数字化发展三年行动方案（2021—2023 年）》	实现数字公共服务体系更加高效便捷、数字生活服务更加普惠可及，"城市大脑"赋能发展的能力基本形成，数据资源要素实现高效配置，开放、健康、安全的数字生态逐步完善
	2021 年 4 月	广东省政府	《广东省人民政府关于加快数字化发展的意见》	提及智慧公共服务、互联网医疗、智慧城市、智慧医院、数字乡村及政务服务"一网通办"

公众对数字社会建设的支持程度是数字社会建设情况与发展前景的判别标准。以 2023 年《国家治理》杂志发布的《我国公众对数字乡村建设的认知与期待调查（2023）》的调研报告为例，有 88.07% 的受访者表示对以数字化赋能乡村产业发展、乡村建设和乡村治理有信心，同时 86.38% 的受访者表示有意愿参与或从事智慧农业发展、乡村产业发展、乡村治理等工作。

数字社会建设是一个系统工程，需要政府、企业、社会组织和公众共同参与，集各方力量推动数字社会持续落地，保障所有群体共享数字化成果，提升全民获得感、幸福感和安全感，推动数字社会更智能、高效、安全，满足人民对美好生活的向往和科技期待。数字社会领域的案例利用云计算、大数据、物联网、5G 等技术，涵盖数字政务、互联网医疗、医疗设施数字化管理、公共设施数字化建设、智慧城市、数字公共功能服务、金融惠民服务等数字社会建设方向。

（2）解决方案总结

1）数字教育

数字化教育利用现代信息技术手段，如在线学习平台系统、教学数据分析系统、家校互动社区等，借助智能化辅助工具为学生提供个性化教育方案，有助于提高教育质量、促进资源共享和实现教育公平，赋能我国教育现代化发展。

在学习平台上，学生能够远程访问课程材料、视频讲座，并进行互动讨论，大数据与人工智能技术精准评估学习成果，帮助老师优化教学重点、提升教学质量。在线学习社区和协作平台加强了学生、教师和家长的交流合作，家校联动为学生营造良好的成长环境。在 2024 年，"国家中小学智慧教育平台"资源总量持续增长，中小学平台资源总量达到 8.8 万条，高等教育平台拥有了2.7 万门优质慕课，职业教育平台遴选国家在线精品课程超 1 万门，全面赋能学生学习、教师教学、学校治理，使教育与时俱进。

2）数字健康

数字健康建设中，通过电子健康档案、远程服务、智慧设备、大数据分析及信息化平台，提升了诊疗精度，优化了资源分配。通过数字健康平台，各地区提供了覆盖养老监护、妇幼保健和托育服务等妇幼健康领域的综合性服务，确保弱势群体得到必要的健康支持。

智慧医疗设备助力实时健康监测，这类数字化解决方案对"空巢老人"的健康看护问题十分关键。工业和信息化部等发布《智慧健康养老产业发展行动计划（2021—2025 年）》，提出要大力发展具有行为监护、安全看护等功能的养老监护类产品，重点发展防跌倒、防走失、紧急呼叫、室内外定位等智能设备，鼓励发展智能床垫、离床报警器、睡眠监测仪等智能看护产品。随着医疗流程的标准化和远程化的发展，长期困扰中国人的"看病难"问题得以缓解，在移动 5G 超高速网络的支持下，坐在电脑前的专家可通过 5G 云放疗系统，实时为异地患者制订放疗方案，外地患者足不出户就可以享受更加专业的医疗服务，使医疗资源进一步下沉。

3）数字就业

就业是最基本的民生。《2024 年政府工作报告》要求高度重视稳就业，"要强化促进青年就业政策举措，优化就业创业指导服务"。数字化是落实就业优先战略的重要抓手，数字化发展既创造了新的就业岗位、就业模式、就业形态，又促进了劳动力市场的供需匹配。

2020 年，全国人力资源服务机构发布岗位招聘信息 16.47 亿条（+307.10%），求职信息 8.4 亿条（+2.04%）。随着网络营销新业态发展，互联网营销从业人员月增速达 8.8%。2021 年，网络表演（直播）市场规模达 1844.42 亿元，主播账号近 1.4 亿个，2022 年上半年新增开播账号 826 万个。但另一方面，目前我国公共就业服务主要面向专职劳动者，对新就业形态群体支持不足，需要数字化推动就业公共服务扩面提质，增强均衡性和可及性。

4）城乡融合

城乡数字治理的侧重点既有共同特质也有所差异，在数字化主要应用场景方面，城市主要致力于实现智慧社区、智慧安防、智慧交通等全方位的智慧城市建设，推动各类公共服务应用场景的数字化改造；乡村更加注重传统乡土社会向现代数字乡村的转型，包括信息基础设施建设、乡村公共服务数字化、乡村事务管理智慧化、智慧农业等方面。

湖南省长沙市在"云、脑、网、安"等基础设施上建设智慧城市，为市民智慧生活提供支撑，如利用 AI 技术赋能城市治理，从人流监测到消防隐患排查，智慧治理保障民众安全。在广大农村，"互联网 + 基层社会治理"提升公共服务和社会治理效能，越来越多的乡村变身为"掌上村庄"，村务微信群成了宣传政策的"明白群"、服务群众的"好帮手"。信息化手段助力农村环境整治，推动"厕所革命"等工作，改善农村生活环境。

5）适老助残

数字服务的可及性、便利性、包容性不断提升，政府多措并举助老年人、残障人士消除数字鸿沟。

近年来一些地方政务大厅专设了老年人服务通道，医院为老年人特设了老年专号，电信企业专门针对老年人群体上线了"一键呼入人工客服"功能，一些媒体设置"老人喜爱的内容"专栏等，这些适老措施使老人在数字世界里更加从容、安心。智能语音识别能为听障人士解决大小问题，一键拍照朗读能大大拓展视障人士的阅读面，远程客服能在一定程度上替代随行义工，一系列数字助残新方式正为残疾人填补感官上的缺憾，数字技术令他们更轻松地融入社会。

（3）收益成效

从短期来说，数字社会解决方案能够产生直接的经济效应。特色案例中，江苏天安智联科技股份有限公司通过智慧交通车路协同平台规模化部署交通数据，订单 7.5 亿元，2022 年营收 1.8 亿元，执行订单 2.8 亿元。中国联合网络通信有限公司贵州省分公司的省界 ETC 门架车型车种图像识别辅助系统、图像识别技术维护 ETC 管理，降低逃费，预计年节省 1153.4 万元，成本降 82.4%。从长期来说，数字社会建设能够对经济发展产生良好的溢出效应。教育、健康等都是影响经济长期发展的关键因素，数字乡村、城乡融合建设通过"授人以渔"，为更广大民众提供向上通道，适老助残、精准治理则有利于为经济发展创造和谐稳定的良好环境。

在社会效益方面，通过"网络赋能""平台赋能""数据赋能"等方式，促进区域发展协同化、城乡资源共享化、就业机会多样化及公共服务均等化，提供更加有效的发展成果共享机制，使数字经济与共同富裕在核心内涵与发展路径上紧密契合，充分发挥数据要素的放大、叠加、倍增作用。数字基础设施促进"接入平等"，截至 2023 年 6 月，我国互联网用户超 10 亿人，普及率达 76.4%。数字化工具更加易用、费用更低，缩小了使用者之间的"能力鸿沟"。数字社会建设推动优质教育资源跨区域、跨城乡共享；强化了远程医疗能力，推动优质医疗资源下沉；提升了养老服务获取的便捷度和供需对接的精准度；提升了社保数字化、智能化水平。数据要素的流通应用为"机会平等"创造新可能，为各类创新主体参与新业态、创造新价值提供平等机会。

9.2 案例 1: 宁波市"新居民"一件事项目

9.2.1 案例简介及解决行业痛点

（1）公司介绍

数字宁波科技有限公司成立于 2020 年 9 月 21 日，由宁波数字产业集团有限公司、宁波市大数据投资发展有限公司等共同出资设立。公司致力于融合云计算、大数据、人工智能等前沿技术，为城市数字化转型提供解决方案。公司主营业务涵盖数字化改革技术支撑与产业经济数字化服务。主要产品包括数据治理应用平台、应用开发集成平台及人工智能应用服务等。自成立以来，已完成多项城市大脑、数字政府和数字企业项目，积累了丰富的实践经验。

（2）案例基本情况

宁波市"新居民"一件事项目方案由数字宁波科技有限公司牵头，为全市570 余万流动人口提供全生命周期的政务业务，建设内容包含功能积分优享一件事、回乡探亲一件事、就业服务一件事、素质提升一件事、"新居民"一件事驾驶舱、浙政钉管理端、浙里办服务端、多跨场景展示门户、多跨应用场景综合集成等。

（3）案例解决痛点

案例主要面临以下几个痛点。

一是政策壁垒和部门分割现象严重。各区县（市）存在政策壁垒和部门条线分割现象，流动人口难以获得统一的公共服务。二是公共服务流程烦琐。流动人口使用公共服务时，面临申报材料多、环节多、耗时长的难题。三是随迁子女教育需要保障。流动人口的随迁子女在接受义务教育方面，存在诸多障碍。四是卫生健康服务需要强化。针对流动人口在卫生健康方面的服务不够健全。五是住房条件待改善。流动人口的住房条件普遍偏低，需要有效的改善措施。六是文化体育服务不足。流动人口缺乏足够的文化和体育服务，影响其生活体验和社会融入。七是落实积分落户需要额外支持。流动人口在落户过程中需要更有力的支持来顺利完成积分落户。八是公共服务均等化难实现。现有体制难以有效支撑基本公共服务的均等化，流动人口难以享受与本地居民同等的公共服务。

9.2.2　解决方案

宁波市"新居民"一件事项目聚焦高频次、高关注、高获得感的"新居民"管理服务事项，推动"新居民"一件事工作体制机制、组织架构、业务流程的全方位、系统性、重塑性变革，实现新居民管理"一屏通览"、新居民服务"一指通办"、部门协作"一网联办"。通过数字化思维、数字化方式为来甬"新居民"提供舒适的环境、便捷的服务，吸引更多优秀的高素质的流动人口流入宁波，为促进"新居民"市民化、新老市民融合化提供良好社会条件，助推宁波市经济社会建设发展。

该项目遵循"四横四纵两掌"的总体架构，搭建"1+11+N"的应用体系框架。其中，"1"是指"一套中台"，包括数据资源支撑、智能算法模型、精准推送、标签工具等；"11"是指围绕积分优享、教育、住房、就业等领域，搭建"积分优享一件事""租房住房一键通""跨省通办一件事"等 11 个场景应用；"N"是指持续对接各部门和各区县（市）业务系统和基础应用。

该项目部署在宁波市政务云，网络架构分为资源共享区和公众服务区，面向政务服务和互联网服务开放不同的安全访问权限，充分利用现有政务云安全体系进行管控与防护。

该项目通过以下举措，创新推进"新居民"一件事改革。新居民服务"一指通办"，面向全市新居民，提供积分优享一件事、回乡探亲一件事、就业服务一件事、素质提升一件事等多跨协同服务，为新居民提供舒适的环境、便捷的服务，吸引更多优秀的高素质的流动人口流入宁波。新居民管理"一屏通览"，省级"新居民"驾驶舱，为省、市、区（县）掌握浙江省"新居民"实时动态、制定相关政策提供辅助。完善宁波市流动人口积分体系，基于"省级共性分 + 地方个性分"的新居民积分体系，升级迭代全市统一积分审批系统，面向新居民提供无感赋分等功能。新居民部门协作"一网联办"，集成接入电子居住证"一指办理"、租房住房"一键通"、"跨省通办"一件事、工会服务一件事、司法服务一件事、文体服务一件事、普惠金融一件事等场景，面向新居民提供整合型服务。

此外，依托省级流动人口业务数据，该项目为省内 11 个地市和 89 个区县开发驾驶舱系统，在区县驾驶舱上展示业务指标，帮助区县流管办及相关服务部门提供核心业务指标。全省复制推广后，该项目现已为省内 77 个区县提供了系统复制开发、咨询、维护等服务。

9.2.3 应用成效

宁波市"新居民"一件事项目充分发挥数据价值，有效提升流动人口服务与管理水平，保障全市经济朝着更全面、健康、有序、稳定、可持续的方向发展。该项目推动全市"新居民"积分申评工作服务项目、办理时限、申请材料、申请表单、办理流程"五统一"，明确面向"新居民"的积分管理、权益保障、公共服务、法律责任等内容。随着项目场景应用改革的不断深化，各级人力市场充分发挥平台作用，"就业难"问题得到缓解；全市在校随迁子女近 30 万人，公办学校就读率超过 87%；国家免费基本公共卫生项目覆盖率达 100%，流动人口适龄儿童免疫规划接种率超 90%……"小切口"触及"大场景"，真正做到打通政策服务的"最后一公里"（图 9.2）。

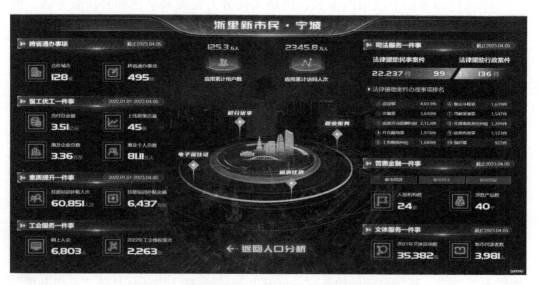

图 9.2　浙里新市民·宁波"一件事专题"界面

9.2.4 先进性及创新点

宁波市"新居民"一件事项目着力于革新数据应用、数据分析、服务管理，提供了流动人口群体分析、精准服务、智能赋分等方面的新模式。与传统模式或行业通用方案相比，该项目优势在于利用大数据对流动人口群体细分构成、高质量人才流入情况、流动人口子女入学入园赋能服务等进行精准分析，以"权责对等、梯度赋权、优质优待"为原则，以积分管理为手段，创新城市服务管理新模式，治理效能大大提升，群众幸福感显著增强。

9.3 案例 2：数字化慢病管理平台

9.3.1 案例简介及解决行业痛点

（1）公司介绍

杭州康晟健康管理咨询有限公司成立于 2014 年 12 月 9 日，经营许可项目范围涉及第三类医疗器械经营、药品批发、药品零售等。公司秉持以技术驱动智慧医疗进步，利用自研系统持续加快在"AI + 数字化"领域探索和布局，积极寻求更多的增长动力。

（2）案例基本情况

智云健康由杭州康晟健康管理咨询有限公司于 2014 年 12 月推出，是国内领先的一站式慢病管理和智慧医疗平台，为医疗价值链上所有的主要参与者提供解决方案。围绕慢性疾病全流程管理，智云健康为医院和药店提供医疗产品和 SaaS 智云问诊，并透过公司自主开发的 AIoT 设备与公司销售的部分医疗器械连接。利用医院网络，智云健康还为制药公司提供数字营销服务，为患者提供在线问诊、智能跟踪监测及处方开具服务。

（3）案例解决痛点

案例主要面临以下几个痛点。

一是慢病管理服务单一。现有慢病管理缺乏全面的慢性疾病全流程管理解决方案，无法有效整合医院和药店的医疗产品和服务。二是智能医疗设备连接不足。现有平台与医疗器械的连接不够完善，影响了智慧医疗的实施效果和患者的实时监测与管理。三是数字营销服务缺乏。制药公司在数字营销方面的服务需求未能充分满足，现有平台难以利用医院网络有效提供数字营销服务。四是在线问诊和处方服务不足。患者在在线问诊、智能跟踪监测和处方开具方面的服务体验不佳，现有平台未能全面覆盖这些需求，影响了患者的医疗服务质量和便捷性。

9.3.2 解决方案

智云健康目前以院内解决方案、药店解决方案、个人慢病管理解决方案为主要商业模式。该平台属于院内解决方案，通常采用订阅付费模式，一般通过医院终端客户经销商向医院终端客户转卖平台使用权或是直接向医院销售平台使用权，还可以通过合规供应医疗用品给各大医院赚取收入来折抵平台订阅费。

该产品通过在医院现有信息系统/实验室系统上部署智云医汇，依托 AIoT 设备保密记录患者数据，全程耗费时长平均为 3.29 天。该平台配备了智能可视化健康状况追踪系统、临床指导知识库、医疗用品供应管理系统，可在专病领域构建"虚拟病房"，对单科室/多科室及全院患者住院期间全生命体征进行诊疗，利用自研的多设备接口智云医汇硬件一体机对接市面上绝大多数医院信息化系统（HIS）厂商，以提供结构化的血糖/生命体征等检验数据，确保院内数据互联互通。经患者同意后，其医疗记录也可以通过平台与其他医院共享，方便转院与医院间协作治疗。

截至 2022 年底，智云健康已经为超过 2560 家的医院提供服务，全国覆盖率达 20%；超过 23% 的三级公立医院采用了智云健康的院内解决方案，如北京大学人民医院、浙江大学医学院附属第二医院等。

9.3.3 应用成效

智云健康数字化慢病管理平台作为国内唯一一家 AIoT 平台，可连结国家药品监督管理局认证的主流门户、POCT 设备等进行自动化健康数据输入，显著提升医疗服务效率。截至 2022 年底，直接或间接采购该增值解决方案的医院数目达到 2818 家，较上一年增长 34%，这一强劲增幅主要依赖于其在医院的强力渗透与交叉销售，标志着其成功与医院建立深度联系。项目引入药店方作为问诊主体，不但疏通了核心医院的"拥堵"，改善了"医护超负荷运转"现状，也为传统药店、ERP 厂商、药品销售商等提供了更多应用方案，大大优化了医疗资源配置，对于完善我国现代医疗体系等有着积极广泛的意义。

9.3.4　先进性及创新点

面对国内零散的 HIS 市场，智云健康自主研发中间层，在不影响上层系统的前提下屏蔽底层原始数据与接口的差异，最大限度地提升部署效率及数据标准与格式的一致性。这一部署时间通常在 2 周左右，大幅领先市场中其他对接平台，至今已经部署了 1785 家医院，其中对接的 HIS 达到 1415 家，合作品牌超过 80 家。具备了直连医疗设备、构建医疗 IoT 及对接不同类型 HIS、结构化不同数据的基础能力，智云健康有能力构建"医院内 – 医院间 – 医院外"的一体化综合管理平台。

9.4　案例 3：三维一体电扶梯危险乘梯行为 AI 智能识别系统

9.4.1　案例简介及解决行业痛点

（1）公司介绍

无锡八英里电子科技有限公司成立于 2013 年 3 月 12 日，是一家以物联网、移动互联，音视频处理为载体的硬件和软件设计服务商，同时是 Freescale（飞思卡尔）官方正式认证第三方设计公司（IDH）。成立以来，公司为数百家单位、大学、科研机构提供了从原理设计到软件应用的全套嵌入式方案，涉及人脸识别、电梯广告机、车载导航等领域。

（2）案例基本情况

三维一体电扶梯危险乘梯行为 AI 智能识别系统是基于 AI 人体姿态检测算法，深度学习自我迭代技术和边缘计算技术对乘客乘坐扶梯时的异常行为进行预警的系统。该系统从防护角度出发，通过深度神经网络大数据分析对自动扶梯/人行道梯使用场景下存在风险的物体、行为进行标注并训练、自学习迭代，最终达到识别乘客危险行为（跌倒、逆行、肢体探出扶手带边缘等）、不规范物体（大件行李、轮椅、婴儿车等）的目的。

（3）案例解决痛点

案例主要面临以下几个痛点。

一是运营方人员不足。当前电扶梯运营面临人员不足的问题，导致日常管理和维护工作无法全面覆盖。二是乘梯事故后果严重。乘梯事故一旦发生，后果往往十分严重，现有的安全管理措施不足以有效预防和应对。三是乘梯危险事件处理滞后。对乘梯过程中发生的危险事件，处理不及时，危机处理机制缺乏前置化手段。四是全面监管效率低下。现有的监管方式效率低，无法实现对电扶梯运营的全面和实时监控，影响整体安全管理效果。

9.4.2 解决方案

该项目采用与地铁运营公司合作的模式，为新增加的运营线路增加电扶梯危险行为识别系统，有效地降低运维风险，保障乘梯安全，保障人民财产和生命安全。对于已经运营的线路，采用以租代售的方式，免费为运营线路提供安装、算法等增值服务，通过技术手段避免乘梯安全事故发生，在签约期内免费提供随时 7×24 小时的技术支持，并根据运营单位的实际需求，及时更新应用场景、升级优化算法。通过与电梯厂商合作，为电梯提供安全保障，作为电梯的配件销售，将电梯的事前预防、事中控制、事后追溯有机衔接，真正为合作伙伴和乘梯者的安全保驾护航（图9.3、图9.4）。此外，项目还寻求与市场监督管理局特检科合作，积极实施特种设备的安全及保修保养的上云管理方式，对特种设备进行全面运维监管，全面保障设备安全运行。

图 9.3　电扶梯危险行为识别系统监控图像

截至 2023 年 5 月，该项目投入实际运行成效卓著，在武汉地铁徐家棚站累计运行 20 个月，被武汉地铁誉为"地铁黑科技"；在杭州地铁红普路站进行 AI 控梯功能试点，已累计运行 12 个月；浙江宁海西子国际购物中心、杭州西奥电梯有限公司均试运行成功，累计运行超过一年，一切运转良好。2023 年下半年将陆续在无锡地铁、青岛地铁、成都天府机场进行入场安装。

图 9.4　电扶梯危险行为识别系统实施实景

9.4.3 应用成效

该 AI 智能识别系统设备每台售价 5 万元左右，预计第一年年销售 2000 台，年产生经济效益 1 亿元；第二年年销售 3000 台，实现年产生经济效益 1.5 亿元；第三年年销售 5000 台，实现年产生经济效益 2.5 亿元。向智慧扶梯的积极探索，有助于减少人力监管、降低执勤人员的劳动强度，实现运营方的降本增效。由于电梯事故赔偿金额巨大，这一智能化系统的投用能够有效明确事故主体，降低运营方的安全责任风险。

国务院办公厅发布《国务院办公厅关于加强电梯质量安全工作的意见》，呼吁监管部门以科学监管为手段，预防和减少事故，降低故障率，让人民群众安全乘梯、放心乘梯。该项目的推广应用，为电梯质量安全水平全面提升提供技术支撑，电梯每万台事故发生数和死亡人数等指标接近发达国家水平。

9.4.4 先进性及创新点

该项目基于嵌入式的 ARM+NPU 的技术构架，充分利用主流平台的 NPU 协处理器的技术和价格优势，实现技术和商业上的新突破。在软件上，采用自研的基于神经网络的人体行为识别算法平台，快速实现算法的轻量化，提高跨平台移植效率，在嵌入式低算力限制下快速识别多种人体姿态。这一做法可以降低对 CPU 及 GPU 的使用开销，甚至实现无须 GPU 的场景，降低多算法多模型为单一模型运算，大幅降低成本至传统服务器模式同类算法成本的 1/50。

9.5 案例 4：面向智慧交通的车路协同多平台融合技术与信息服务系统

9.5.1 案例简介及解决行业痛点

（1）公司介绍

江苏天安智联科技股份有限公司成立于 2010 年 4 月 21 日，是一家专注于车联网智能终端软硬件和车联网技术服务平台研发的车联网服务集成商。公司通过前装、后装为百万用户提供优质的集成化服务，致力于成为车联网 2.0 时代的引领者。

（2）案例基本情况

面向智慧交通的车路协同多平台融合技术与信息服务系统由江苏天安智联科技股份有限公司开发设计，基于公有云提供的计算、存储、网络和其他中间件服务进行部署，支持外部设备统一接入网关和鉴权功能，能够全面融合路侧设备感知数据、车辆数据、交通事件等数据，可提供对个人、企业、政府的数据服务及对各类 V2X 应用场景的支撑。

（3）案例解决痛点

案例主要面临以下几个痛点。

一是数据接口和标准协议不统一。各地车联网项目和厂家路侧设备存在跨区域、跨平台互联互通的数据接口和标准协议不统一的问题，导致车联网规模化部署进程缓慢。二是第三方用户调取数据难。现有系统平台难以满足第三方用户对数据调取的需求。三是认证授权速度慢。现有系统的认证授权过程缓慢，影响了车联网项目的整体效率和用户体验。

9.5.2　解决方案

该项目遵循"先导区试点 – 跨行业应用 – 跨区域运营"的"三步走"商业模式，先依托公司实施建设的国家级 / 省级车联网先导区部署系统平台先行优化迭代，再结合国家智能网联汽车和智慧城市基础设施协同发展需求，实现跨行业场景应用，最后深度挖掘交通大数据价值，实现跨域数据互联、互通、互认、互享，打造区域中心运营基地。

平台从总体架构上分为两纵四横。两纵包括运维管理体系、安全保障体系；四横包括基础层、数据层、服务层、应用层。基础层由云计算中心提供计算资源、存储资源、网络资源。数据层管理的数据包括路测数据、MEC 数据、RSU 数据、OBU 数据等。服务层提供的中间服务包括场景分析服务、数据检索服务、场景下发服务、数据共享服务、企业管理服务等。应用层面向个人、企业、政府等主体，提供 App 开发和开放平台服务。

该项目应用场景围绕交通大数据的采集、存储、清洗、挖掘、融合分析、数据服务应用及数据安全保障环节，通过大数据分析和标准化接口，面向政府提供红绿灯灯态、匝道汇流路口、智能执法、120/110 等应急车辆和无人车的移动安防等场景，面向企业提供整车与零部件 V2X 测试服务及停车场、环卫等第三方服务资源接入服务，面向个人提供驾驶预警提示类服务，全方位保障交通安全。

9.5.3　应用成效

该项目作为基础数据平台，主要依托公司建设的江苏无锡、苏州常熟、天津西青和襄阳等国家 / 省级车联网先导区项目和无锡（锡山）"双智"试点城市项目开展规模化部署、试验更新，累计订单总额 7.5 亿元。2022 年公司实现营收 1.8 亿元，在手执行订单 2.8 亿元。车路协同信息服务系统提供面向车 – 路全息动态实时信息交互、交通运行的协同管理等数据服务功能，全面集成多源异构数据，打通不同行业间数据壁垒，为车路协同技术在智慧交通领域的大规模应用及产业化奠定了基础，把汽车、交通、交管、智慧出行服务、移动互联网、智慧交通、智慧城市等理念充分融合，形成城市级或产业化的新生态，进行规模推广（图 9.5 ~ 图 9.7）。

图 9.5　无锡（锡山）车联网运营管理中心展示平台

图 9.6　常熟市省级车联网先导区展示平台

图 9.7　襄阳市车联网先导区运营中心展示平台

9.5.4　先进性及创新点

该项目针对车路协同跨平台多源数据快速处理及低延时交互需求，研发车路协同多源异构数据融合的接口规范，定义不同行业应用场景下信息交互内容、数据格式、跨平台数据交互技术标准及数据通信协议，提供开放标准的API，实现车路数据实时回传、V2X 场景应用中多业务模式和多终端设备接入及快速部署。"一张图查看全局"，交通 AI 分析系统通过路口全息实现在大屏上展示如 RSU、信号机、MEC 等监测路侧设备的状态，将重点路口处在不同位置、碎片化的分镜头监控视频实时融合到三维电子沙盘中，实现对其整体现场的全景、实时、多角度监控。

9.6 案例 5：省界 ETC 门架车型车种图像识别辅助系统试点工程项目

9.6.1 案例简介及解决行业痛点

（1）公司介绍

中国联合网络通信有限公司贵州省分公司成立于 1996 年 4 月 1 日，是中国联合网络通信集团有限公司在贵州省的分支机构，主要经营移动/固定电话、宽带、互联网等综合电信业务。

（2）案例基本情况

省界 ETC 门架车型车种图像识别辅助系统试点工程项目由中国联合网络通信有限公司贵州省分公司牵头，运用 5G、AI 识别、图片压缩、云计算等技术，建立省界 ETC 门架车辆画像精准识别系统，精准识别车辆、车牌、车种，匹配车辆识别流水作为车辆通行依据，同时进行高速公路通行车辆图片压缩及云存储，在云端形成车辆通行轨迹链，为跨省联网拆分和稽核取证提供技术保障。

（3）案例解决痛点

案例主要面临以下几个痛点。

一是收费车道设备取证方式单一。原有的收费车道设备取证方式有限，难以全面获取逃费车辆的证据，导致收费稽核业务问题突出。二是逃费车辆追缴证据链不足。逃费车辆在追缴逃费时，证据链不足，影响了执法和追缴的有效性。三是跨省通行费分配不准确。由于交通运输部兜底费率相关规定，存在车辆实际行驶本省路段但通行费被拆分至相邻省份的现象，影响了跨省联网清分的准确性。四是不法行为难以严打。对闯关、倒卡、假冒绿通、军警及"大车小标""屏蔽 OBU""跑长买短"等不法行为难以有效打击，影响收费管理的公平性和规范性。

9.6.2 解决方案

该项目由贵州省交通运输综合行政执法技术和信息保障中心负责运维，年度运维费用为向上级主管部门申请专项资金或从通行费利息列支。各经营单位部分的系统建成并验收通过后，运营管理工作由各经营单位自行负责，年度运维费用从各经营单位通行费列支。

该项目总体设计方案包括"视频采集＋图片识别车型车种"和"视频采集＋激光识别车型＋图片识别车种"两种方案。方案一利用视频图像 AI 识别技术，高效压缩原有视频流和新增 ETC 门架侧方位相机视频数据，并实时上传云平台分析。方案二增设激光雷达和取证相机，构建车辆三维轮廓信息，雷视融合验证车型识别，提供 ETC 计费信息（如 MacID、合同序列号、介质状态、入口时间和站点等）和车辆识别信息（如车牌颜色、车型、车道编号、通行时间、行驶速度等），自动化匹配车载介质和行驶车辆，监测门架系统运行状态，做到收费门架断面一次过车，全面升级数字化孪生管控平台。

贵州境内 ETC 门架系统近 1300 座，全国 ETC 门架系统建设改造总计划数为 25 000 座。项目推广后，将促进管理环节由"事后追责"向"事前预防"延伸，管理手段由"人海战术"到"技防战术"提升，执法监督由"现场执法"向"线上线下"联动转变。

9.6.3 应用成效

该项目的实施可打造融合高效的智慧交通基础设施，深化高速公路 ETC 门架应用，促进道路交通自动驾驶技术发展和先导应用示范。项目试点以来，降本增效成果显著。以贵黔高速百花湖至麦格门架车牌抓拍数据为例，全部按照一型客车计费额计算，该门架计费金额为 5.47 元，日均多捕获 534 辆车，单个门架全年可为贵黔高速增加理论通行费 106.62 万元。以此类推，预计本试点项目可为全省增加 5117 万元通行费，若按照通行率 50% 计算，全省至少增加 2600 万元通行费。在全省所有门架均使用 5G 传输，保障 90 天照片云存储、30 天云视频存储条件下，预计可将年度运维费用降低至 247.4 万元，每年节省 1153.4 万元，成本降低 82.4%。

9.6.4　先进性及创新点

针对 ETC 门架系统资源多为图片、视频，传统方案关注增加存储介质与容量，而该项目侧重对现有数据进行高质量、高保真、高倍率压缩，在门架端尝试进行移动边缘计算 MEC，云端整合数据，搭建 AI 应用拓展平台。利用贵州黔龙图视科技有限公司 ZCC/ZCV 图视压缩技术，该项目实现了海量数据的低成本存储、小宽带传输、高效率应用。此外，该项目还打通了与贵州省高速公路联网收费交易对账服务平台接口，用于提供通行车辆流水与有效的图片证据，助力清分结算系统联网的完善工作。

9.7　案例6：菏泽市 5G + 医疗废物追溯监管云平台

9.7.1　案例简介及解决行业痛点

（1）公司介绍

中国联合网络通信有限公司菏泽市分公司成立于 2000 年 11 月 27 日，是山东省主要通信运营和综合信息服务提供企业之一。公司经营范围包括在山东省菏泽市范围内经营固定网本地电话业务（含本地无线环路业务）、公众电报和用户电报业务等。

（2）案例基本情况

菏泽市 5G + 医疗废物追溯监管云平台由中国联合网络通信有限公司菏泽市分公司牵头，依托无线网络、移动计算、二维码识别等先进技术，实时监控医疗垃圾包、垃圾箱及回收车辆，实现对医疗垃圾的全过程管理，提高医疗安全管理效率，防止医疗废物流失。

（3）案例解决痛点

案例主要面临以下几个痛点。

一是医疗废物管理体系不健全。过去国内出现过私自盗卖医疗废物的严重事件，反映出医疗废物管理体系存在漏洞。二是医疗废物交接手工记录效率低。目前医疗废物的内部交接仍停留在手工记录阶段，工作效率低，容易出现遗撒和流失现象。三是后勤人员工作负担重。医废称重、数据誊写统计等工作量大，增加了后勤人员的负担，影响工作效率。四是医疗废物处理缺乏量化依据。医院在医疗废物方面的产出缺乏量化，影响医废处理的计量收费，难以为卫生行政部门和环境保护部门提供科学依据、制定相关政策。五是 POPs 废物减排难以实现。现有管理方式无法有效推动 POPs 废物的减排，环保目标难以达成。

9.7.2　解决方案

该项目主要包括两部分——5G 医疗废物智能监管云平台及 5G 智能一体化回收车、5G 移动便携式设备、5G 智能手机 App 等移动终端。部署于联通沃云平台，5G 医疗废物智能监管云平台采用高稳定、高性能、自动优化的 B/S 架构，基于 5G 网络、边缘云计算 MEC 等对医疗废物进行唯一标识，并对其产生、收集、存储、交接等信息进行记录，国家医疗机构和各级管理人员可以通过电脑或手机、平板电脑、医疗废弃物管理 App 等移动终端随时查询医疗废物信息；智能一体化回收车集嵌入式软件、定位系统、人脸识别、语音交互、雷达避障、工业级平板、AI 摄像头于一体，可以实现快速、准确科室定位，多用于大型医疗场所；移动便携式设备和智能手机 App 可一键追溯，全天候实时、可视地监控整个医废处理过程，适合中小型医疗机构使用。

该项目的市内试点第一阶段现已完成；第二阶段（2023.01—2023.12）面向省级卫生监督部门进行应用推广，目标实现 3 个以上地市、创新业务收入 1000万元的突破；第三阶段进军全国市场。为全面完善卫监局各类监管场景合规监测，该项目将在未来 3 年内分 3 期建设完成 16 个地市、5G 专网 +MEC 全覆盖，并通过 AI 算法对现有的 6 类标准场景不断拓展优化至 30 类。按每年 8% ~ 15%的行业增长率、每个二级以上医疗机构 20 万元、每个基层医疗机构（乡镇卫生院等）2 万元测算，整个项目执行期（5 年内）预计累计销售收入可达 5000 万元。

9.7.3　应用成效

2019 年 6 月 20 日，医疗废物追溯监管云平台首先在菏泽市立医院（三甲）

正式上线运行，成为山东省首家实现"互联网＋医废监管"的医院，获当地卫生监督局领导、工作组评审专家的高度认可，后又陆续在菏泽市牡丹区人民医院、牡丹区小留镇中心卫生院试点成功。2021 年以来，项目平台扩展到省内外多家机构，省内已落地的有临沂山东医专附属医院和青岛平度市全市各级医疗机构 1200 家，省外落地了河北省张家口市第一医院（三甲）和贵州省盘州市新兴医院医废项目。

基于 5G 医疗废物监管云平台，医废监管突破了人力不足的瓶颈，在新型冠状病毒等传染病防治中发挥了关键作用，让在线监测技术成为监管的"千里眼"和"顺风耳"，助推监管运行转向公正文明、监管手段转向多样开放。

9.7.4 先进性及创新点

该项目通过创新医疗机构处置率情况可视化展示、视频监控异常预警、医废智能收集车回收轨迹定位等，实现了医疗废物收运设备智能化、采集数据实时化、现场操作自动化、业务流程标准化、处置交接规范化、监管控制全程化、管理手段信息化、异常提醒及时化、溯源问责清晰化，提供了对医疗废物便捷有效的全程跟踪监管手段。

9.8 案例 7：5G＋智慧 120 救护车支撑服务项目

9.8.1 案例简介及解决行业痛点

（1）公司介绍

中国移动通信集团贵州有限公司铜仁分公司（简称"中国移动贵州铜仁分公司"）成立于 2003 年 3 月 12 日，隶属于中国移动通信集团贵州有限公司。公司围绕中国移动"大连接"战略和贵州省"三大战略"任务，以 5G 引领新基建为主线，为全面开展大数据、IDC 及公有云等新型基础设施建设提供服务。

（2）案例基本情况

5G＋智慧 120 救护车支撑服务项目由中国移动贵州铜仁分公司牵头，通过车载终端、数据交换中心、监控平台，实现救护车内外环境实况录像、远程图像实时监控、车辆调度、电子地图、GPS 快速定位等功能，并通过 5G + GPS 无线网络链路进行数据通信。其监控平台还可以与 110/119/120 等城市公共安防体系、城市智能交通平台（ITS）等系统联动，缩短响应时间，便于医疗急救工作统一调度，提升各区县医疗机构院前急救服务能力及质量控制，维护社会和谐稳定。

（3）案例解决痛点

案例主要面临以下几个痛点。

一是医疗影像传输质量差。传统技术难以实现同步传输大量高清医疗影像数据，传输过程中易出现画面卡顿或丢失，可能导致误诊或漏诊，耽误最佳抢救时间。二是急救环节手段落后。传统救护车的抢救环节技术手段落后，效率低下，无法实现急救工作的前移，难以为病人争取更多生机。

9.8.2　解决方案

该项目方案旨在充分发挥 5G 网络优势，提供从急救车 5G 化升级到应急调度指挥平台搭建的端到端服务，实现智能呼叫接入、急救任务调度、车载会诊、生命体征传输、GIS 地图等核心服务功能，通过开启三方通话的模式，将现场的医生与调度中心专家联系起来，专家可通过电话遥控指挥现场医生进行急救，极大地提升了 120 调度急救响应效率和患者的抢救成功率，为抢救病患争取宝贵的时间。

该项目采购以医院向中国移动贵州铜仁分公司购买服务的模式开展。购买服务模式是政府采购模式的一种，是指通过发挥市场机制作用，按照一定的方式和程序，把政府直接向社会公众提供的一部分公共服务事项交由具备条件的社会力量承担。政府购买服务是创新公共服务方式、加快服务业发展、引导有效需求的重要途径，对推动政府职能转变、整合利用社会资源、提高公共服务水平和效率有着重要意义。例如，合同签订后，中国移动贵州铜仁分公司根据思南县医院的功能需求，打造满足思南县医院整体需求的功能服务环境，并交付思南县医院使用。同时，思南县医院需每年/月向中国移动贵州铜仁分公司支付项目服务费，整个过程不涉及设备产权交易。

9.8.3 应用成效

思南县 5G+智慧 120 救护车项目实现了思南县范围内的 120 急救号码统一呼叫，为思南县 39 家乡镇卫生院提供了调度系统。指挥调度中心能通过实时监控或下载查询车辆行驶记录仪与录像文件资料，了解和掌握车辆行进路线和车辆内部的动态情况，保障病人的生命安全。

此外，该项目应用前景广泛，利用网络优势和信息化平台，5G 急救车可以用于城区急救、灾害救援、大型活动保障、下乡问诊、急救培训等多种医疗场景。通过该项目可复制性建设，可以强化铜仁市各区县医疗机构应急能力，有效抢占黄金时间，进一步完善院前急救流程和考核标准，不断提升院前医疗急救服务质量。

9.8.4 先进性及创新点

该项目改变以往被动接受的急救方式，以全球 GPS 定位系统、120 调度指挥中心的建设主动部署急救方案，通过电子地图和定位系统确定位置，自动匹配就近的急救车辆，并且自动规划出最佳行车路线，从而尽可能提高医疗急救速度。通过和新一代 5G 通信网络结合，服务系统使用物联网、医疗专网等技术，打造专有化、物联化、智能化的智慧急救基础能力平台，保障系统的高可用和高安全性。同时，依托 5G、大数据、物联网技术，服务系统将急救数据进行数据建模，形成数字孪生，输出在不同类型应急救援事件下的解决方案，促进急救生态的可持续发展。

9.9 案例 8：瑞祥数字食堂解决方案

9.9.1 案例简介及解决行业痛点

（1）公司介绍

江苏瑞祥科技集团有限公司成立于 2015 年 5 月 25 日，是一家拥有"互联网基因"的综合型商贸流通集团公司。瑞祥科技集团有限公司以数字化建设为中心，全面布局数字化产业，围绕"数字化福利"和"数字化权益"两大赛道，在"金融·商业·科技"三大板块持续发力，为客户提供一站式数字福利解决方案。

（2）案例基本情况

瑞祥数字食堂通过一站式数字行政解决方案升级食堂，全面提升客户员工就餐满意度。通过定制更安全、专业的支付系统，打通多重支付方式，如卡支付、手机支付、刷脸支付等，安全高效，便捷贴心；智能化的结算设备有效降低了企业人工成本，线上预约及订餐功能能够合理控制食堂食材采购量及菜品浪费数量；线下内超和线上商城模块，让员工冗余餐费可以在覆盖近 10 万种商品的线上商城及瑞祥全球购线下门店进行消费。

（3）案例解决痛点

案例主要面临以下几个痛点。

一是运营管理成本高。企业传统食堂运营管理成本高，人力资源浪费严重，影响运营效率。二是排队时间长。就餐时排队人多，导致员工就餐体验差，影响工作满意度。三是餐费冗余。传统食堂餐费管理存在冗余问题，资源浪费严重。四是结算效率低。结算过程效率低，易出错，影响员工用餐体验。五是食品损耗率高。依据经验备餐，食品损耗率高，造成不必要的浪费。六是支付方式单一。支付方式单一，交易数据零散，难以统一管理。七是缺乏监管和反馈机制。缺乏有效的监管和反馈机制，无法与经营管理形成有效联动，难以优化服务质量。八是就餐模式低效。传统就餐模式难以实现高效、快捷和规范的餐饮服务，整体影响员工的就餐体验感受。

9.9.2　解决方案

该智慧食堂系统采用阿里云作为底层提供基础资源支撑，提供"食堂智能硬件＋软件＋食堂卡＋食堂就餐电子码"等多维解决方案，帮助客户建立后勤部门菜品数字化管理系统，实现堂食刷脸、扫码、靠卡就餐等基本功能，并推出上线菜品预定核销与打包、报表数据化查询、特殊部门餐点预订等延伸服务。

为满足员工食堂卡冗余消费需求，该项目利用 API 接口实现了与客户食堂卡账户系统的对接，并嫁接数字化冗余餐费消耗平台，通过与叮咚买菜、美团外卖等平台合作及与京东、天猫、网易、怡亚通四大供应链整合，提供具备客户合规性的线上食品类商品和瑞祥线下门店的核销码，从而拓展项目应用场景，提供更符合员工需求的福利体验（图 9.8、图 9.9）。

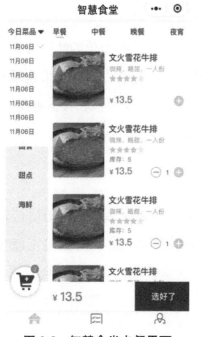 

图 9.8　智慧食堂点餐界面　　　　图 9.9　食堂卡账户系统界面

在技术方面，依托人工智能、大数据、物联网、云计算等优势，该项目系统可满足档口就餐、自助餐、点餐／订餐等不同场景的就餐需求，以及人脸识别、自助称重、定额扣费、芯片／图像识别等信息化技术实现结算自动化。通过多维度、可视化数据分析展示员工喜好、菜品交易数据变化趋势，辅助餐饮中心实现精准决策（图 9.10）。

功能模块▼

智慧就餐	预定管理	菜品管理		采购管理	库存管理	供应商管理		结算管理
人脸支付	餐食预定	营养标签		采购询价	仓库管理	资质管理		结算渠道管理
扫码支付	固费预定	菜品库分配		采购申请	出入库管理	合同管理		设备管理
靠卡支付	订餐柜取餐	菜品评价		采购定价	库存盘点	结算管理		订单管理

数据呈现▼

用餐数据	预订数据	菜品数据		采购数据	库存数据	供应商数据		结算数据
食堂数据	订餐数据	营养数据		采购流水	入库数据	供应商资质数据		结算渠道数据
就餐数据	配送数据	食堂菜品数据		询价数据	出库数据	供应商发货数据		设备数据
员工数据	结算数据	菜品评价数据		定价数据	盘点数据	供应商结算数据		订单数据

图 9.10　智慧食堂系统功能模块及数据呈现

9.9.3　应用成效

2022 年全年，瑞祥数字食堂解决方案盈利达到 3617.118 万元，为各类企业提供一站式智慧食堂管理模式，帮助客户搭建信息化、自动化的食堂供应管理系统，有效提高了企业食堂的服务质量和效率，节约人力成本和资源成本，加速数字化企业食堂管理转型。

同时，这一解决方案更体现了企业对员工用餐安全问题的高度重视，在一定程度上推动了企业积极规范食堂管理制度，呼吁企业从采购端严格把控，强化食品安全，提高饭菜质量，并且明确职工食堂服务意识，提升服务水平，努力提高职工就餐满意度。在助力企业落实工会普惠服务的同时，该项目为广大员工生产、生活提供了综合性服务保障，让员工食有所安，增强了其认同感、获得感、归属感，受到员工一致好评。

专家点评

瑞祥数字食堂将就餐、线上线下消费等场景串联起来，搭建起信息化、自动化、智能化的食堂供应管理系统，从经营管理、就餐服务等环节打通壁垒，实现人、物、场的互联互通，同时拓展综合性业务，助力落实工会普惠服务，为企事业单位食堂职员带来全新、升级的数字就餐体验。

9.9.4　先进性及创新点

针对企业食堂需要采购哪些商品、采购多少商品、如何有效控制成本的问题，该方案能够提供更优质的供应链支持、更精准的供应链匹配、更具优势的采购价格。瑞祥科技集团有限公司与 200 多家知名厂家建立供求关系，直接可供的 SKU 数量达 3000 以上，所提供的肉类、瓜果蔬菜等都来自大型"无公害"基地。同时，瑞祥科技集团有限公司支持日配业务模式，有"背靠背""供应链输出"两种模式可供选择，既可以通过公司作为中介签约配送服务商，也可以直接进行配送服务。

9.10　案例 9：互联网助力人员精准轨迹追踪与溯源

9.10.1　案例简介及解决行业痛点

（1）公司介绍

中星微技术股份有限公司（简称"中星微技术"）成立于 2007 年 4 月 3 日，是一家在数字感知领域拥有国际领先的芯片设计技术和新一代机器视觉编解码技术的高科技企业，公司面向公共安全、数字信创、智慧能源、智慧交通、智慧金融、智慧水利、工业物联网、车联网及家庭等领域提供数智化行业应用及解决方案。公司参与制定国家、国际标准体系，提供自主可控核心知识产权、芯片、产品、方案及承担国家重大战略工程。没有数据安全就没有国家安全。中星微技术一直以自主可控的 SVAC 国家标准，推动 SVAC 产品和大数据智能化技术不断创新，深化服务公安实战，积极推进公安大数据智能化建设应用，助力公安机关提升核心战斗力。

近二十年来，"星光"数字多媒体芯片产品已被成功推向全球市场，广泛应用于个人电脑、宽带、移动通信和信息家电等高速成长的多媒体应用领域，产品销售已经覆盖了欧、美、日、韩等 16 个国家和地区，客户囊括了索尼、三星、惠普、飞利浦、富士通、罗技、华为、联想等大批国内外知名企业，占领了全球计算机图像输入芯片 60% 以上的市场份额，使我国集成电路芯片第一次在一个重要应用领域达到全球领先地位，彻底结束了"中国无芯"的历史。2005 年，中星微电子在美国纳斯达克证券市场成功上市，成为第一家在纳斯达克上市的具有自主知识产权的中国芯片设计企业。此外，中星微电子还是中国"数字多媒体芯片技术国家重点实验室"的依托单位，并承担了国家发改委、信息产业部、科技部、商务部等多项重大项目。

（2）案例基本情况

中星微技术基于自主知识产权的核心技术的"人员轨迹追踪与溯源系统"，通过在小区、冷链场所、医院、车站、核酸检测点、疫苗接种点等重要场所换装、加装多维智能融合探针，实现"人－车－手机码－时间－地点"等信息的无感采集和即时关联，快速建立人员轨迹和接触人员关系图，有效实现新冠疫情防控期间人员流动的常态化防控和自动分析报警，通过全景通查、信息全域布控、挖掘碰撞、智能排查、MAC–IMSI–图码同侦、人车码同轨等智能研判能力，提高了功效效率、事后研判、事中指挥，乃至事前预防的实战能力，通过前端采集的多维感知数据的融合分析，更早发现犯罪线索、更全追踪活动轨迹、更快锁定嫌疑目标，提高了侦查破案能力。

（3）案例解决痛点

案例主要面临以下几个痛点。

一是疫情具有隐蔽性、突发性、复杂性的特点。二是技防和人防在精准即时掌握确诊、高危及密接人员的能力上仍有欠缺。现有技防和人防无法完全掌握确诊及高危人员在哪儿、去哪儿、接触谁，导致流调溯源筛选量大、人力投入高、及时追踪难，回溯轨迹更难。三是精准流调困难，在发现确诊病例后第一时间完成流调等关键问题上力有不逮。

9.10.2　解决方案

平台采用智能感知关注对象溯源和分析架构作为平台底层提供基础资源支撑，为用户提供多维感知融合分析服务平台技术架构的多场景服务引擎。包括软件架构视频流、数据流统一接入；硬件架构多维数据网关：网络架构符合 GB/T 25724、GB 35114、GB/T 28181 等国家和公安部门传输协议标准。具体方案列举如下：

（1）珠海：全域封闭、触圈预警的圈层查控

提供用于全域封闭、触圈预警的手段，支持圈层查控。通过对"人、车、物、证、码"的无感智能采集，打造完整闭环的"防控识别圈"，基于多维数据的随采即用，自动识别重点目标、及时排查风险因素，最大限度地将不安全因素封堵在外围、处置在远端。

精准防范、智慧治理的单元防控：提供精准防范、智慧治理的手段，支持单元防控。基于对社区、高风险单位、重点部位等基本防控单元的全要素信息感知、综合分析与研判等手段，提前预警，形成整体防控格，提升防控效能，切实将风险隐患化解在萌芽、解决在基层。

动态监管、立体追溯的要素管控：支持动态监管、立体追溯的手段，支持要素管控。通过物联感知、智能采集"人、车、物、证、码"与"人、地、物、事、组织"等基本要素，基于关系图谱、并轨迹分析等智能研判手段，实现全息通查、全域布控、智能追踪等功能。对重点关注的风险人群，找到落脚点、形成轨迹图；通过关系立体追溯、绘制关系圈、锁定（密接者）对风险人群（标识）触圈预警、圈层查控，实现精准防、管、控。

主要建设对象为：公共安全重点区域（指密集的公共活动区域及人脸密集场所，主要为：车站、港口、机场；小区、农贸市场、城中村等；学校商超、园区；重点高风险行业进口冷链、生鲜市场、医院、核酸检测点等区域）。

八类设施包括：

①视频监控设备；②出入控制装置；③入侵检测防御装置；④无线信号采集装置；⑤空间防卫装置；⑥移动采集装置；⑦便民服务设施；⑧社会公共设施。

六类感知建设：

①人员感知；②证件感知；③车辆感知；④网络感知；⑤行为感知；⑥环境感知。

（2）河北

在以习近平同志为核心的党中央坚强领导下，我国疫情防控取得重大战略成果，但境外疫情持续扩散蔓延，我国多地发生局部聚集性疫情。因此，要坚决贯彻党中央、国务院决策部署，进一步压实"四方责任"，落实"四早"要求，毫不放松抓好"外防输入、内防反弹"各项工作，巩固来之不易的防控成果。

应对疫情"大考"，按照新冠疫情防控工作的要求，充分利用融合卡口、大数据等在打赢疫情防控阻击战中的独特优势，积极开辟大数据地理可视化技术助力打赢疫情防控阻击战的新路径，将全省涉疫人员的轨迹实现可视化定位和研判分析，为疫情决策、流调分析和摸排核查工作提供技术支撑。

同频共振，推出战役资源一张图。通过部署一体化多维无线特征采集设备，构建覆盖辖区主要防控点位的多维感知网，建设涉疫人员精准追踪智能应用系统，助力各地各级辖区精准化疫情防控工作，实现防疫抗疫重点人员轻松管控、精准追踪，极大地提升了疫情防控体系的反应速度及有效性。

① 为了有效控制疫情保障供应，系统集成了全省环北、环邢台（南宫）多层卡口，其中石家庄建设了周边三道防线检查站点、环市区三道防线检查站点和区间三道防线检查站点，构筑了融合可视化疫通行通道，以及疫情防控的最牢固的防线。

② 据统计，涉疫人员精准追踪智能系统将流调小组通过人工初步排查的密切接触者人数提高了 2 倍。同时，一般需要多部门协同、大量人力投入完成的流调报告，时间效率提高了 200%，大量减少了人力的投入。

（3）山西

大同市公安局涉密项目：为全面落实各项防范管控措施，着力提升社会治安整体防控效能，按照山西省关于大数据建设的主要指示和大数据工作的总体部署，构建一套整合业务警种设备资源、丰富数据信息采集、提升基础服务能力的智能融合感知系统。主要是环京检查站及重点部位、重点场所、重点路段智能卡口系统建设。

运城市公安局涉密项目：立足大数据条件下信息化、立体化治安防控体系建设总体布局，依托公安大数据平台，进一步强化社会面控制和阵地控制，同时建设高效的"端－边－云"体系，整合公安相关警种设备资源和采集的数据信息，将采集的数据接入公安大数据平台。主要是市级管理平台及省界、市界、主城区边界、主要道路、重要场所的智能卡口前端设备及网络传输建设。

9.10.3　应用成效

社会效益：中星微技术依托视频图像安全、大数据分析、AI 智能算法为核心技术支撑，可提供事前、事中、事后全流程一站式的智能应用服务。通过在小区、冷链场所、医院、车站、核酸检测点、疫苗接种点等地换装、加装"智能感知融合探针"，实现人员"人－车－码－时间－地点"信息的无感采集、关联。建立人员 14/21/28 天轨迹数据和接触人员关系图谱，实现疫情及人员流动常态化防控，对高风险人员预警、密切接触者分析并自动报警。面对极具不确定性的新冠疫情下的全国人口大流动形势，各地联防联控压力大增，精准防控、快速追踪、找全密接，第一时间掐灭疫情，成为各地进入常态化防控新阶段的最大诉求。中星微技术积极响应国家号召，在"科技防疫"号召和"一线抗疫"经验的双重加持下，开发出基于自主知识产权的核心技术的"人员轨迹追踪与溯源系统"，在河北、山西、广东等 10 多个省市成功部署且效果显著，为护航城市防疫抗疫和正常运转"双胜利"贡献力量。

经济效益：此外，中星微技术在疫情突然暴发、发生人群聚集性传播的严峻形势下，快速研发出疫情管控指挥系统，并提供了确诊人员时空伴随分析功能，可第一时间精准完成流调。特别是在大连庄河疫情突然暴发时，德尔塔毒株在大学校园发生聚集性传播，给大连市疫情防控工作带来了新的挑战。应大连公安机关要求，中星微技术迅速响应，利用智慧数据多轨融合分析、地理信息、时空大数据等技术，在大连市公安局警务云图基础上，快速研发出疫情管控指挥系统。该系统在全域高精度三维地图上，精确展示了确诊人员的活动轨迹和管控区域的地图位置，并提供了确诊人员时空伴随分析功能，为部、省、市、区（县）各级指挥部提供了全面的、科学的决策支持依据。减少了大量的人力、物力及时间成本，提升了经济效益。

专家点评

中星微技术是人工智能垂直域解决方案提供者。围绕平安城市、智慧城市、数字边境、智能交通、智慧社区、视频安全、工业互联网等行业提供咨询、产品、解决方案服务和运营等信息化系统全生命周期服务，互联网助力人员精准轨迹追踪与溯源系统既实现了疫情防控期间人员流动常态化防控，又为数字中国、智慧中国、平安中国的持续建设提供了有力支撑。

9.10.4　先进性及创新点

案例主要在以下方面进行了创新。

第一，实现多维数据融合、共享人员的身份数据；"人员轨迹追踪与溯源"方案由大数据技术驱动，为安防企业提供人员溯源业务。帮助客户解决"寻人"问题，让安防企业实现"人员技侦自动搜寻"能力。第二，提供了数据感知融合的新模式，和传统模式或行业通用方案相比，优势是易用性，技术或业务的可扩展性，可维护性，稳定性。发挥了 SVAC 特性与多维数据融合、共享的优势（人、车、证、物、码），实现了数据随采即用、战法随想即成。第三，全局实现了对风险人群的全景通查、信息全域布控、挖掘碰撞、智能排查、MAC-IMSI- 图码同侦等智能研判工具对防疫抗疫中重点关注的风险人群，找到落脚点、形成轨迹图、通过关系立体追溯、绘制关系圈、锁定（密接者）对风险人群（标识）触圈预警、圈层查控，实现精准防、管、控。

第 10 章　数字文化与数字生态文明特色案例

10.1　整体案例分析

（1）市场构成与用户特征

1）数字文化

数字文化产业以文化创意内容为核心，依托数字技术进行创作、生产、传播和服务，呈现出技术更迭快、生产数字化、传播网络化、消费个性化等特点，有利于培育新供给、促进新消费。数字文化产业已成为文化产业发展的重点领域和数字经济的重要组成部分。

数字文化市场由多个层面构成，包括但不限于动漫、游戏、网络文化、数字文化装备和数字艺术展示等领域[①]。其产业链由 3 个核心层次构成：首先是提供关键技术，如区块链的基础设施层；其次是确保数字文化产品流通的交易平台层；最后是实际创造这些产品的项目创作层[②]。

用户群体呈现多元化，包括年轻人、文化爱好者、技术追求者等。用户需求旺盛，对创新性、体验性、互动性的内容有较高期待。在地域分布方面，从数字文化指数规模来看，五大城市群形成数字文化规模的"十字高地"分布：珠三角、京津冀、长三角、成渝、长江中游 5 个城市群区域同为数字文化指数

---

①　李英杰 . 2023 年中国数字文化产业现状及展望，政策不断加持，市场或迎来更大发展机遇 [EB/OL]. (2024–04–27)[2024–05–09]. https://www.huaon.com/channel/trend/981281.html.

②　言九 . 2022 年中国数字文化产业发展环境、产业链、现状与建议分析 [EB/OL]. (2022–07–29)[2024–05–09]. https://www.huaon.com/channel/trend/823254.html.

高地，形成横跨南北方、东中西部的"大十字"，数字文化指数总量占全国总体的 54.13%。

从指数增速来看，沿海沿江呈现数字文化两大高增速带：东部沿海、长江经济带形成两大数字文化消费高速增长带，增长动能由东部发达地区向内陆地区逐步传导，指数平均增速分别为全国数字文化指数平均增速的 2.05 倍和 3.43 倍，显示出强劲的增长动能。

在中国，数字文化消费的用户基础十分庞大，截至 2020 年 3 月，网络视频和短视频用户总数达到了 8.5 亿人，网络直播用户数也达到了 5.6 亿人。数字文化消费在用户在线时间中占据了主要比例，大约有 2/3 的在线时长被用于享受数字文化内容。在用户花费的时间中，有 64% 左右被用于典型数字文化应用。网络长视频占总时长的 13.9%，而短视频以 11% 的比例紧随其后，并且相比 2019 年增长了 2.8%，显示出其强劲的发展势头[①]。

用户群体的构成也非常广泛，包括年轻人、文化爱好者和技术爱好者等。他们对内容的需求强烈，特别偏好那些具有创新性、能够提供沉浸体验和互动交流的产品。从地理分布来看，数字文化的繁荣呈现出明显的地域特征。五大城市群——珠三角、京津冀、长三角、成渝和长江中游成为数字文化的高指数区域，它们共同贡献了全国 54.13% 的数字文化指数总量。此外，沿海和沿江地区表现出数字文化消费的高速增长，特别是东部沿海和长江经济带，其增长速度分别是全国平均增速的 2.05 倍和 3.43 倍，显示出这些地区在数字文化发展上的强劲动力和潜力[②]。

文旅部出台《关于推动数字文化产业高质量发展的意见》，明确了到 2025 年数字文化产业发展的主要目标：培育 20 家社会效益和经济效益突出、创新能力强、具有国际影响力的领军企业，各具特色、活力强劲的中小微企业持续涌现，打造 5 个具有区域影响力、引领数字文化产业发展的产业集群，建设 200

---

① 来源：CNNIC 第 45 次《中国互联网络发展状况统计报告》。CNNIC 通过构建数据模型统计出使用每类应用的日人均总时长。

② 胡璇，孙怡．一文读懂数字文化消费 9 大新趋势 [EB/OL]. (2020-09-29)[2024-05-09]. https://www.tisi.org/16558.

个具有示范带动作用的数字文化产业项目。数字文化市场的价值潜力持续增大，市场主体活力被不断激发。国家统计局发布的《2022 年全国文化及相关产业发展情况报告》显示，以数字化、网络化、智能化为主要特征的文化新业态行业快速发展，已成为推动我国文化产业高质量发展的重要支撑；2022 年，文化新业态特征较为明显的 16 个行业小类实现营业收入 50 106 亿元，比上年增长 6.7%，增速快于全部文化产业 5.7 个百分点；文化新业态行业营业收入占全部文化产业营业收入的 30.3%，占比首次突破 30%，比上年提高 1.6 个百分点。

随着数字文化产业规模扩大，越来越多的文化企业开始拥抱数字化转型，数字文化市场主体持续壮大。大数据、虚拟现实、人工智能、区块链等高新技术嵌入文化领域，通过各类数字平台应用，重构数字文化产业生态系统，文化企业、创意阶层、平台运营商等多元市场主体充分释放自身活力，带动数字媒体、文旅、音乐、游戏动漫等业态的成长壮大。案例聚焦数字文化领域中涉及的数字媒体、数字文旅、数字音乐。

2）数字生态文明

习近平总书记在 2023 年 7 月 17—18 日举行的全国生态环境保护大会上指出，要"深化人工智能等数字技术应用，构建美丽中国数字化治理体系，建设绿色智慧的数字生态文明"。数字化和生态文明是融合和集成的。作为一种生态环境治理方式，数字生态文明建设通过将大数据、5G、人工智能等数字技术有机嵌入生态文明建设，在数字化与绿色化的深度融合中，不断提升生态文明建设的科学化、精细化、智能化水平。理念上，数字生态文明更加注重数据的汇聚、处理、分析和服务，事前预测预警而非事后被动应对，生态环境整体改善而非单一方面局部修整；行动上，除强调党委、政府在生态环境治理方面的责任外，数字生态文明更加注重加强社会多方主体的参与、融合与共享。

数字生态文明的建设涵盖了生态环境保护、绿色低碳产业发展及数字化治理体系的构建。市场构成不仅包括数字化技术的应用，还涉及政策支持、技术创新和产业转型等多个方面。数字化生态环境保护需要构建智慧高效的生态环境信息化体系，而发展数字化绿色低碳产业则需要推动新兴技术与绿色产业的深度融合。

在用户特征方面，数字生态文明的受益者包括政府机构、企业及公众。政府需要通过数字化手段提升生态环境治理水平，企业则需要利用数字化转型来提升生产效率和促进绿色发展。公众则需要通过数字化手段提升环保意识和参与度，共同推动生态文明建设①。

中商情报网数据显示，我国智慧环保市场规模由 2018 年的 521 亿元增长至 2022 年的 772 亿元，年均复合增长率为 10.3%，智慧环保相关企业注册量持续增加。根据《数字中国发展报告（2022 年）》，在生态环境智慧治理方面，16 个城市开展大气温室气体及海洋碳汇监测试点工作，上海、深圳等城市基本完成碳监测网络建设，初步形成城市碳监测评估能力。在数字化绿色化协同转型方面，中央网信办等五部门确定在河北省张家口市、黑龙江省齐齐哈尔市等 10 个地区开展首批双化协同综合试点；截至 2022 年 10 月底，全国已有 34 家企业共 1.82 亿吨粗钢产能完成全流程超低排放改造；国网系统内智能电网调度控制系统超 400 套，智能变电站超 5000 套，电力调度控制专用物联网实时测点达 2 亿多个。在绿色智能生活方面，北京、山西、四川、安徽等地上线个人碳账本，利用大数据、区块链等技术，将群众多场景碳减排数据汇总量化为碳积分。

聚焦数字生态文明的案例主要表现出政府部门在担当生态环境治理责任的同时社会多方主体协同参与的状况。

（2）解决方案总结

数字文化和数字生态文明市场均呈现出多元化和深层次的构成，服务于广泛的用户群体，并受到政策和技术发展的共同推动。随着技术的进步和市场的成熟，这两个领域预计将持续增长，并在经济社会发展中发挥更加重要的作用。在数字化转型方案方面，数字技术赋能文化和生态文明发展表现在资源管理、内容生产、传播推广、消费体验等多方面，使传统文化产业的发展逻辑、组织方式及发展形态发生较大改变，为人们的文化生活带来新的想象空间。

---

① 人大国发院. 张云飞：数字生态文明建设的核心要义与实践进路[EB/OL]. (2024-05-07)[2024-05-09]. https://new.qq.com/rain/a/20240507A02KIP00.

在资源管理环节，数字化资源支撑平台推动文化云资源的融汇、类聚和重组，提供数据分析、共享、管理能力。例如，贵州广播电视台研发的智慧云媒资以数据为中台，引入大数据、人工智能、云计算等先进技术，对贵州省历年来海量媒资数据进行聚合、分类、分析，为政、企、媒体单位、行业用户提供媒资的策、编、用、管、存全流程解决方案，弥补了原有媒资系统资源共享困难、数据精细化管理不足等方面的问题。

在内容生产环节，数字技术重塑了传统的文化产品生产方式，数字技术作为新兴生产工具促使文化内容生产模式发生变革。例如，济南日报社的视频一键生成及 AI 数字人新闻实践应用集短视频自动生成和虚拟主播于一体，融合了智能视频生产、语音识别、语音合成、图像识别、自然语言处理、语音驱动虚拟人等 AI 核心技术，创新了当下融媒体时代的新闻采编流程。

在传播推广环节，数字技术为文化产品提供了广泛的传播主体和广阔的传播空间。文化产品信息均能够以数据压缩的模式进行传递，这些文化数字化产品在数字平台内任意渠道扩散，逐渐深化了其内容传播渠道对不同人群和不同应用场景的可及性。

在消费体验环节，数字技术应用于文化产品（或服务）体验场景，衍生出沉浸式体验内容业态，提升用户感知价值。数字技术的用户集成、差异化定制、创意共享等特性，极大地满足了文化生产交互性需求，现实与虚拟场景深度融合拓展消费体验边界。

数字技术在生态治理、生产、生活等多领域赋能生态文明建设。在生态环境智慧治理中，生态环境部门依托生态环境综合治理数字化平台、生态环境智能感知体系、生态环境数据目录等数字化方案，提升统揽全局能力、监测感知能力、预警预报能力、形势分析研判能力、风险防范和应急处置能力、监管执法能力。在数字化绿色生产方面，传统产业与能源行业市场主体以数字化手段加速绿色低碳转型，建设低耗高产的绿色制造体系，提升电网、油气、煤炭基础设施信息化和智能化水平。在绿色智能生活方面，丰富数字化绿色生活新场景，加强绿色消费中数字化应用，体现了数字智能新要素融入公众绿色生活。

将群众多场景碳减排数据汇总量化为碳积分，予以相关兑换奖励，充分调动公众减排降碳积极性。

（3）收益成效

数字文化在经济效益上表现突出，能够捕捉消费者的个性化消费需求和偏好，激活数字化产品消费。2022 年，文化新业态特征较为明显的 16 个行业小类实现营业收入 50 106 亿元，比上年增长 6.7%，增速快于全部文化产业 5.7 个百分点；文化新业态行业营业收入占全部文化产业营业收入的 30.3%，占比首次突破 30%，比上年提高 1.6 个百分点。以 2023 "行通济"岭南文脉元宇宙为例，该项目吸引超 220 万人参与，为公司创收 30 多万元，开拓商务合作落地虚拟场景新模式。酷狗元宇宙领域的音乐 AI 技术场景应用同样增强了用户黏性，提高了用户的付费意愿，直接影响了公司音乐业务收入，2022 年公司音乐业务收入相比 2021 年增长率为 17.28%。

与此同时，数字文化也带来了重要的社会效益，推动媒体、文旅、音乐等行业的发展，助力优质文化产品的生产传播，不断塑造着人们的文化生活。数字化手段促进了文化的传播和普及，如通过数字化转化和开发，让优秀文化资源借助数字技术 "活起来"。数字技术的发展带动了新业态的形成，如云演艺、云展览等，为社会创造了更多就业机会。数字化转型有助于传承和发展中华文化，增强民族文化自信，如通过数字化手段保护和传播非物质文化遗产。

数字生态文明在经济效益上可以节约成本，以数据多跑路助力群众少跑腿，有助于企业节约环保成本，环境执法部门自身也能够有效节省人力、物力成本。数字化技术的应用，如卫星遥感、物联网（IoT）、大数据分析等，极大地提升了环境监管的效率和准确性。通过实时监测和数据分析，监管部门能够快速响应环境问题，有效预防和治理污染，保护生态环境。例如，宁波市生态环境局通过 "数字甬环通" 监管服务模式强化服企惠企能力，已有效发现并消除企业环境问题隐患 3200 余个，避免企业行政处罚 7000 余万元，保险理赔 7 起补偿企业损失约 80 万元，企业环保体检中心现已帮助企业节约环保成本 20 万元；企业与滕州智慧环保平台对接，可以实时查询在线监测数据，避免因超标排放所面临的行政处罚，有效减少经济损失，同时执法部门通过非现场执法监管手段，可减少对守法企业的检查频次，有效降低执法成本。

社会效益上，生态环境治理中的数字化应用可以推动实现决策科学化、监管精准化、服务高效化，使治理效率更高、效果更好、成本更低。企业数字化绿色化协同发展有助于节能减排，加快绿色低碳转型。数字化平台和移动应用使公众能够更加便捷地获取环保信息，参与环保活动。这种透明度和易接近性提高了公众的环保意识，鼓励更多人参与到生态文明建设中来，形成全社会共同保护生态环境的良好氛围。推动绿色生活方式和可持续发展，数字生态文明通过数字化手段，如智能交通系统、绿色能源管理等，促进了资源的节约和循环利用，支持了绿色生活方式的形成。同时，数字化技术帮助优化产业结构，推动经济向更加可持续的方向发展，为实现经济社会发展和生态环境保护的协调统一提供了支持。

10.2　案例 1：智慧云媒资

10.2.1　案例简介及解决行业痛点

（1）公司介绍

贵州广播电视台是贵州省最大的省级综合传媒机构。贵州卫视全国覆盖人口超过 11 亿，位居全国前十，是贵州省对外宣传的重要窗口、重要平台。

（2）案例基本情况

智慧云媒资以数据为中台，引入大数据、人工智能、云计算等先进技术，为贵州省政、企、媒体单位、行业用户在生产工具上提供媒资内容生产的策、编、用、管、存全流程解决方案，对贵州省历年来海量媒资数据进行聚合、分类、分析，开辟媒体＋政务、商务、服务新赛道，为政策制定、宣贯执行、大众传播、行业图谱、社会治理等提供数据支撑和决策支持，推动广电智慧化转型。

（3）案例解决痛点

案例主要面临以下几个痛点。

一是受技术限制，原有媒资系统未与其他信息系统互联互通，形成数据孤岛使资源共享困难。二是原有媒资系统不具备人工智能相关能力，意识形态安全把关还重度依赖人工审核，安全生产效率、效果低。三是原有媒资系统不具备互联网属性，难以推动媒体数据要素在全省范围内的高效配置，无法满足打造全省媒体资产汇聚平台的战略需求。四是原有媒资系统缺少数据中台，不支持大数据汇总、分析、整理，无法实现海量媒资数据的精细化管理。五是原有媒资系统不支持标签体系，不利于素材检索，大量珍贵资料变为沉睡数据得不到有效利用。六是具备人工智能能力的新一代媒资系统投入成本高、资金压力大、技术含量高，市县级媒体机构及中小型企业难以独立建设、独立运维。

10.2.2　解决方案

智慧云媒资的建设为贵州广播电视台提供了架构安全、技术先进、运行高效、功能完备、结构清晰、扩展灵活的国内领先的新型媒体资产系统。通过引入 AI 技术，实现基于 AI 辅助的人机结合编目流程，提高媒资编目效率。系统采用智能中台架构设计，以中台赋能业务，支撑前端创新应用。基于云架构，采用分层设计，为传统媒体和新媒体提供统一的融合媒体资源库。对外接入互联网，为用户提供多终端和不受地域限制的检索和下载服务；对内通过 API 接口、摆渡等方式与台内 4K 超高清制作网、播出系统、广播网、台原媒资系统、新媒体生产平台、新媒体客户端等业务系统实现对接，支持资源的调用及入库，实现流程互联互通。系统支持多租户模式，提供统一运营管控平台，实现开通、管理租户功能，支撑市县（区）融媒体中心开展云端媒资服务、云端节目交换业务（图 10.1）。

系统使用基于容器云的微服务架构进行构建，通过微服务化实现弹性部署，能够轻松适配业务调整和扩展；采用基础服务、智能中台、应用前台三层架构建设，可以在保证数据可靠的前提下，满足不断增加、变化的前端业务需求。

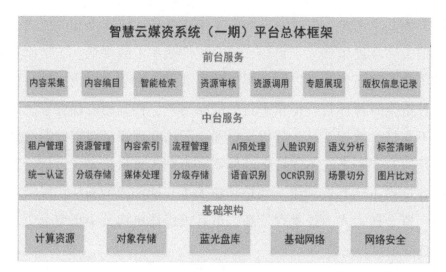

图 10.1 智慧云媒资系统（一期）平台总体框架

10.2.3 应用成效

自贵州广播电视台智慧云媒资项目投入使用以来，产生了以下这些经济效益和社会效益。

经济效益：截至2023年6月，智慧云媒资通过企业入驻、媒体数据、生产多元化服务等方式，创造直接经济效益126万元，间接经济利益上千万元。

社会效益：媒体资料是全省传媒从业人员的劳动结果和智慧结晶，更是贵州全省人民的珍贵集体记忆。做好新闻宣传工作与打造现代传播能力既是党委与政府赋予主流媒体的核心功能，也是主流媒体存在的价值和前提。智慧云媒资依托人工智能、大数据、云计算等新技术，提供全省媒体资料数据分析、共享、管理能力，并从中提取多元信息，形成贵州媒体智库，在提升贵州广播电视台自身影响力的同时，为政、企、社会提供高层次、多品种、全方位服务，体现主流媒体社会担当。

10.2.4 先进性及创新点

智慧云媒资系统功能和创新点如下。

第一，内容中台互联互通；第二，智能中台精细管理；第三，数据中台运营支撑；第四，双重编目智能检索；第五，智能审核安全生产；第六，共建共享降本增效；第七，格式转换视频修复；第八，移动编辑云端分发。

10.3　案例 2：视频一键生成及 AI 数字人新闻实践应用

10.3.1　案例简介及解决行业痛点

（1）公司介绍

济南日报报业集团（济南日报社）为济南市委直属正局级公益二类事业单位、省级文明单位，是国家新闻出版署批准成立较早的报业集团之一。现拥有"六报一网五端三中心"平台矩阵，是济南市重要的新闻宣传、舆论引导、政策发布、社会动员平台。

（2）案例基本情况

该案例集短视频自动生成及虚拟主播于一体，融合了智能视频生产、语音识别、语音合成、图像识别、自然语言处理、语音驱动虚拟人等 AI 核心技术，是技术赋能媒体的典型产品。同时，该应用可与新闻实践高效融合，常态化应用于内容生产和传播过程中，已生产相关产品 2000 余篇。

（3）案例解决痛点

案例主要面临以下几个痛点。

一是媒体融合后采编流程复杂。传统采编流程难以适应融媒体时代的需求，视频生成和新闻产品制作效率低下，阻碍了媒体融合进程。二是视频难以量产。现有系统难以高效生产视频，短视频制作中画面匹配和文稿与视频同步生产的难题尚未解决，制约了媒体的生产能力。三是原创稿件视频化呈现困难。将原创稿件视频化的过程成本高、效率低，现有传播模式无法实现全量稿件与视频的并行呈现，限制了媒体传播的创新。四是主播实时播报难度大。传统主播播报系统缺乏灵活性，无法实现主播的实时播报，现有技术难以提供高仿真度和自然流畅的虚拟主播，影响了新闻播报的及时性和真实性。

10.3.2　解决方案

该案例平台的基础是以自研算法模型为核心的 AI 媒资库，其中自研基于多项自然语言分析能力的媒资匹配模型、融合图像理解、图像主体识别的视频图像优化策略是关键。把虚拟人作为一个重要部分引入和融合，虚拟人形象的训练和制作基于数字孪生和 AI 技术的融合运用，能够根据真人形象，定制化训练拟真虚拟形象和声音。目前，已训练 20 名虚拟人，并将其常态化地引入到内容生产和传播的过程中。

案例中的虚拟人采用计算驱动，即虚拟数字人的语音表达、面部表情、具体动作，主要通过深度学习模型的运算结果实时或离线驱动，在渲染后实现最终效果。该技术结合了语音（包含身份特征及情感信息）和音素（包含独立于身份的内容信息）的优点，互相弥补了各自方法的局限性，使模型更具泛化能力，提高语音与嘴型的匹配效果。同时，通过判断输出文本的意图和情绪，驱动肢体和表情动作。

媒资匹配模型，运用了命名实体识别、分句法分析、词性标注、语义依存分析、语义角色标注等手段和技术，视频图像优化策略依托上万概念及对象的本体识别训练库，进行主体空间分析及主体自动识别。

此外，案例平台还采用全局算力计算完成云端并行布局架构，实现数据提取、AI 写稿、视频合成全程云端计算不依赖本地处理器能力；云端并行算力架构，满足体系化海量数据处理。

10.3.3　应用成效

该应用集创新性、技术性、应用性、服务性、新闻性于一体，给用户带来了全新的新闻视听体验，引起了强烈反响；其顺应短视频传播趋势，是媒体新闻内容生产模式创新的一个成熟应用。

应用通过技术手段，更好、更生动地呈现新闻作品，将文字、图片、视频等用新媒体的形式传播开来。同时，提升视频生产效率，促进优质内容融合传播，为短视频生产方式带来一场技术革新。

应用还可与新闻实践高效融合，已常态化应用于内容生产和传播过程中。围绕该应用，新黄河客户端已开设《AI 晚读》《AI 播泉城》《AI 健康》《AI 播气象》等 10 余个栏目，累计生产相关产品 2000 余篇。

10.3.4　先进性及创新点

案例主要在以下方面进行了创新。

第一，短视频一键生成，重塑采编流程。相关视频产品制作时只需准备文案，省去真人反复录制视频和剪辑的流程，无须耗费额外人力成本。

第二，人物及场景超高仿真度、超高真实度，还可不断进化。产品虚拟人形象的训练和制作基于数字孪生和 AI 技术的融合运用，能够根据真人形象，定制化训练拟真虚拟形象和声音，同时跟随技术的更新迭代，AI 虚拟人还可不间断地学习升级，紧跟技术革新潮流。

第三，与新闻采编实践完美融合。该案例被应用在 2022 年卡塔尔世界杯、AI 主播看两会、黄河文化论坛等多个重大报道中（图 10.2、图 10.3）。同时，已常态化应用于内容生产和传播过程中，目前已根据 AI 虚拟主播形象推出十余个栏目。多位超高仿真度虚拟主播同步在线，助力媒体打造"24 小时直播间"。

图 10.2　黄河文化论坛 AI 报道　　图 10.3　2022 年卡塔尔世界杯 AI 报道

10.4 案例 3：温爱佛山，向善之城——2023"行通济"岭南文脉元宇宙

10.4.1 案例简介及解决行业痛点

（1）公司介绍

佛山新闻网成立于 2009 年 3 月 29 日，是经国务院新闻办批准的全国重点新闻网站，拥有《互联网新闻信息服务许可证》《网络出版服务许可证》等国家互联网权威资质，依托强大的全媒体智能传播和技术开发能力，构建起线上线下、丰富多元的全媒体传播体系。

（2）案例基本情况

2023"行通济"岭南文脉元宇宙是一个基于网页的多人联机 3D 沉浸式元宇宙场景应用，2023"行通济"岭南文脉元宇宙以区块链作为底层架构，采用 BOX3 元宇宙引擎作为底层提供游戏引擎支撑，部署在阿里云服务资源上，应用 AR 增强现实等数字前沿技术，依托微信小程序平台，设计开发超 10 亿像素的岭南文脉主轴元宇宙空间。可落实多端口、多人联机、多场景无缝切换，并提供高沉浸、低延迟、流畅便捷的应用体验。

（3）案例解决痛点

案例主要面临以下几个痛点。

一是文化传承方式单一。岭南历史文化的传播和体验方式单一，市民群众对岭南文脉了解不足，文化遗产的传承和推广面临挑战。二是旅游城市吸引力不足。传统的旅游形式吸引力有限，难以吸引更多游客前来体验，影响旅游城市的整体吸引力和游客流量。三是科技创新滞后。现有技术未能充分结合虚拟现实、人工智能、区块链等多领域的创新，制约了科技的进步和相关产业的发展，导致元宇宙技术应用不充分。

10.4.2 解决方案

在佛山"行通济"元宇宙中，用户可以自由穿梭于国瑞升平里、松风路、祖庙、岭南天地、通济桥等地的虚拟多维空间里。具体互动形式如下：

① 在"行通济"元宇宙空间搭建公益慈善驿站、志愿者加油站，进入游戏的用户可以去驿站或加油站为佛山公益慈善点赞，点赞够一定次数可获得专属兔年装饰或慈善装饰，用户可在元宇宙空间佩戴这些装饰。用户点赞完去行通济取福袋会在元宇宙空间弹出公益慈善、向上向善相关的祝福话语，全面展现佛山人"向上向善"的力量和善举。

② 在游戏中代表用户的数字人可在元宇宙空间发布与佛山向上向善相关的话语，激发人们对美好生活的信心，传播佛山公益慈善、向善之城的正能量城市形象。

③ 数字人通过与商家的交互——点击闪亮的招牌进入店铺，定时准点抢红包或商家提供的特惠票券，吸引用户参与游戏交互体验，营造热闹气氛。

④ 开发慈善问答知识小游戏，收集整理佛山有影响力的公益慈善事件和人物，通过答题让用户在学习了解佛山公益慈善文化及向上向善的感人事迹。

⑤ 设计"引财归家"游戏，还原通济桥广场生菜池的真实场景，在元宇宙空间内实现 360° 接生菜，在生菜池投递生菜，完成爱心接力，传送出向上向善的祝福语。

10.4.3 应用成效

（1）社会效益

传承弘扬岭南文化，探索佛山线上产品互动新边界。元宇宙"行通济"与线下"行通济"活动相呼应，在宣扬佛山慈善文化理念的同时，通过虚拟空间原汁原味还原"岭南文脉轴线"，向全球人民原汁原味地还原了岭南元宵节日氛围，传承弘扬岭南文化。

吸引超 220 万人参与，多元化传播城成功打造"爆款"。在元宵节当天推出后，形成裂变传播，吸引 24 个国家及地区人民，超 220 万人参与，成功打造成为 2023 年元宵节的爆款产品，大大提高了公司的影响力和传播力。

（2）经济效益

创收 30 多万元，开拓商务合作落地虚拟场景新模式。策划团队通过设置场景互动环节，让用户能在虚拟空间中找到相关企业的隐藏场景，触发相关任务后参与抽奖，提高产品互动性和趣味性。该新颖的营销方式收到用户好评，为公司创收 30 多万元，也为公司日后开拓更多商业场景落地虚拟现实提供很好的经验参考。

10.4.4　先进性及创新点

案例主要在以下方面进行了创新。

第一，佛山首次用元宇宙呈现岭南文脉主轴空间，领略行通济的传统民俗魅力，用数字活化文旅消费场景，让传统文化在数字生态里"潮"起来。第二，首次实现"行通济"游戏定制皮肤，用户可以选择性别皮肤，代入体验感更强。第三，首次实现在元宇宙购买体验场景，用户自由穿梭于主游戏和商铺之间，实现逛街、购物、行通济的网络沉浸式体验。

10.5　案例4："数字甬环通"服企惠企助发展应用

10.5.1　案例简介及解决行业痛点

（1）公司介绍

宁波市生态环境局根据《中共宁波市委办公厅、宁波市人民政府办公厅关于印发〈宁波市生态环境局职能配置、内设机构和人员编制规定〉的通知》（厅发〔2019〕27号）设立，是市政府工作部门。宁波市生态环境局贯彻落实中央和省市委关于生态环境保护工作的方针政策和决策部署，其主要职责涵盖了生态环境政策、规划、监测及治理等多个方面。

（2）案例基本情况

宁波市生态环境局紧紧围绕省委、省政府、省厅和市委、市政府的决策部署，全面落实营商环境"一号工程"改革要求，积极助推"两个先行"，以更优服务强化生态要素保障、更实举措推进发展方式绿色转型，秉持"放管服"改革要义，以实现生态环境保护和经济高质量发展双赢为目标，创新建立"数字甬环通"监管服务模式，坚持靠前服务、服管结合，提升企业环境问题发现能力，减轻企业环境风险压力，助力提升营商环境（图10.4）。

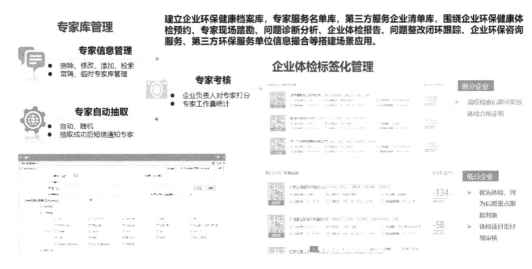

图 10.4　"数字甬环通"监管服务应用场景

（3）案例解决痛点

案例主要面临以下几个痛点。

自 2015 年史上最严环保法出台以来，我国生态环境保护法律体系不断健全，"双随机、一公开"、排污许可"一证式"监管等工作制度紧密推行，全国重点区域生态环境质量得到有效改善。与此同时，生态环境系统监管方式与经济发展之间的不协调越来越凸显，亟须调整生态环境监管方式，强化服企惠企能力。总体来说，生态环境保护存在以下问题：①企业量大面广，实现监管全覆盖有难度；②政企互动不多，实现双向发力有差距；③环境监管困局，实现同频共振有落差。

10.5.2　解决方案

整体平台"四横四纵"的整体框架设计。"四横"即基础设施层、数据支撑层、业务支撑层、业务应用层；"四纵"是由标准规范体系、政策制度体系、组织保障体系、网络安全体系组成的保障体系。

"四横"中基础设施层建设物联网感知平台，除了目前由宁波市生态环境局直接管理的物联网感知设备，另外已将各区县负责管理的感知设备汇集到平台中。

中间两层建设生态环境数据资源中心和业务支撑平台，数据资源中心负责归集前端感知设备、日常管理工作中形成的各类基础数据，并对数据进行清洗治理，同时对外提供数据共享及接入能力，实现部、省、市、区县之间数据贯通；业务支撑平台是以组件的形式提供的各种微服务，在后续项目建设过程中可降低重复建设、缩短建设周期、减少建设投入。

业务应用层规划环境监管、辅助决策、环境协同、环境服务四大类业务应用。

10.5.3 应用成效

一是靠前服务"好"，企业生态环境获得感真正提升。通过"正面清单""绿岛"模式等集成改革，"数字甬环通"监管服务体系已有效发现并消除企业环境问题隐患 3200 余个，避免企业行政处罚 7000 余万元，保险理赔 7 起补偿企业损失约 80 万元。

二是集约服务"省"，企业环保成本切实减轻。企业环保体检中心现已帮助企业节约环保成本 20 万元。"一网通办"审批事项材料精简 80% 以上，审批提速 80% 以上。已实现 31 个绿岛园区信息入库，收集第三方环保机构信息 150 余家，预计推广企业 3000 余家，为参与"打捆"环评的企业节约环评编制费用约 2/3。

三是精准服务"实"，全市突出生态环境问题明显下降。同时，生态环境公众满意度实现连续 8 年提升，生态环境信访投诉件总量同比下降 41.1%，降幅全省第一，并实现环境信访量、重复信访率和不满意率"三下降"，环境违法案件数量也同比下降 17.2%。

10.5.4 先进性及创新点

案例主要在以下方面进行了创新。

第一，"无事不扰"，以主动靠前服务减轻企业环境风险。推行事前告知，以"数字画像"推动中小企业"暖心管"；推广正面清单，以差异化监管激发企业"要作为"；坚持服务先导，以智能帮扶数字专家团服务企业"真满意"。

第二，"不见也办"，以信息技术手段确保企业审批顺畅。线上审批，企业办事"不见面"；打包审批，企业办事"不用跑"；数字挂号，环评问题"线上诊"。

第三，"一物多联"，以设施共建共享统一企业监管服务标准。设施共建，以"数字绿岛"模式提升精细管理水平；资讯共享，以供需平台搭建提升精准服务能力；数据互联，以数字预警管控提升精准监管成效。

10.6 案例5：搭建"空天地"智能监测预警指挥系统，守护森林生态安全

10.6.1 案例简介及解决行业痛点

（1）公司介绍

枣庄市林业和绿化局是山东省枣庄市政府组成部门，负责指导全市林业、湿地和草原（地）生态保护修复工作；造林绿化工作；森林、草原（地）、湿地资源的监督管理工作等。

（2）案例基本情况

枣庄市深入贯彻森林防火"预防为主、积极扑救"的方针，建成枣庄市森林防火指挥中心综合监测平台，全面整合全市林业基础数据、森林防火业务数据，接入卫星热点监测数据、高空瞭望摄像头数据、护林员地面巡护数据，搭建了森林防火"空天地"智能监测预警指挥系统，实现了森林防火工作的数字化、网络化、可视化和智能化。

（3）案例解决痛点

案例主要面临以下几个痛点。

一是森林防火基础数据不完善。山东省枣庄市山林资源丰富，但枣庄市森林资源分布相对分散，森林火情监测和火灾扑救工作压力大。二是森林火情监测不能实现全覆盖。枣庄市护林员人均管护面积过大，结构不合理，常规手段不能实现对林火的及时发现，存在大量的防火死角。三是森林火情定位难。枣庄市森林监控需要 24 小时紧盯监控画面，工作量大，且对视频监控发现的森林火情不能实现精准定位。四是护林员管理手段单一。对护林员的管理手段比较单一，护林员在巡逻过程中发现的森林火情或毁林、破坏林地等事件往往不能及时有效地上报。五是林火扑救指挥调度难。依靠常规手段，难以实现对森林

火灾全方位联动，在林火扑救过程中很难做到全面掌握。

10.6.2　解决方案

枣庄市森林防火"空天地"智能监测预警指挥系统总体框架主要包括"六横两纵"，"六横"即基础设施层、感知层、数据层、支撑层、应用层、用户层，"两纵"即标准规范体系、安全保障与运维服务体系，形成相互联系、相互支撑的闭环运营体系。

① 基础设施层主要依托基础网络建设，完成林业信息采集、处理、传输、存储等过程。

② 感知层通过人工采集、系统接口汇聚、前端物联网设备自动采集 3 种方式获取各类数据。

③ 数据层主要通过林业数据资源的建设，建成公共基础数据库、林业基础数据库、林业专题数据库、林业综合数据库四大基础数据库。

④ 支撑层主要是为整个平台的信息加工、海量数据处理、业务流程规范、数表模型分析、智能决策、预测分析等，提供平台化的支撑服务和智能化的决策服务。

⑤ 应用层主要进行信息集成共享、资源交换、业务协同等，为平台的运营发展提供直接的服务。

⑥ 用户层包括信息发布的不同方式，以及针对枣庄市森林防火业务应用的用户群。

⑦ 标准规范体系是系统的基础规范，起到统一协调的作用，以建立完善智慧林业制度及相关领域的标准规范体系。

⑧ 安全保障与运维服务体系中，安全保障体系主要由物理安全、网络安全、系统安全、应用安全、数据安全等部分组成。运维服务体系主要包括基础软硬件运行维护、系统数据维护和应用软件系统运行维护。

10.6.3　应用成效

一是有效提升了行政管理效能。平台的建成推动了我市森林防火工作由被动式应急扑救向主动防御的转变，畅通了森林防火市、区（市）、镇（街）一体化指挥通道，实现了森林防火工作"打早、打小、打了"的目标；2023 年以来，全市共借助平台卫星热点监测预警，第一时间发现并成功处置森林火情 5 起，森林火情 25 分钟内核查反馈率达 100%。

二是有效保护了森林生态安全。平台的建成推动森林火情"第一时间发现、第一时间处置"，实现了有火不成灾的目标，有效保护了我市森林生态安全，进而为全市经济社会稳定和高质量发展提供了有效支持。

三是有效降低了森林防火成本。平台的建成推动了信息化手段在森林防火工作中的应用，减少了各类信息的重复采集，提高了信息利用率和时效性，节省了人力、物力成本，大幅降低了林火造成的各项损失。

10.6.4　先进性及创新点

案例主要在以下方面进行了创新。

第一，成功搭建森林防火基础资源数据"一张图"，全面整合枣庄市森林资源动态监测信息系统、森林防火指挥信息系统、森林防火视频监控系统等信息系统。第二，接入卫星热点数据实现监测全天候无死角，其充分借助 GIS、物联网、数据分析、三维展示等技术和卫星热点监测、地面视频监控。第三，借助高空瞭望摄像头实现烟火精准识别定位，实现森林火灾预防、监测、预警、指挥、扑救等全方位智能一体化联动。第四，开发智慧巡林 App 强化森林防火网格化管理，实现森林防火卡口设置、护林员巡林轨迹实时上传、森林火情实时上报等功能。第五，依托森林防火三维辅助决策系统提升科学决策水平。

10.7　案例 6：4G/5G 无线基站智能节电助力绿色低碳发展

10.7.1　案例简介及解决行业痛点

（1）公司介绍

中国移动通信集团贵州有限公司是一家主要经营移动语音、数据、宽带等基础电信业务，以及与信息通信相关的系统集成业务、互联网视听节目服务、IPTV

传输业务的上市公司。

（2）案例基本情况

无线基站节电是顺应国家绿色低碳、节能降耗的发展要求，构建"三能六绿"发展模式，在为满足网络覆盖大幅增加基站数量的状况下，利用智能化软件平台提升基站节能领域智能化手段，提供了智能化动态节能新模式。该平台旨在打造绿色无线通信网络，有效降低网络能耗，同时精细易用、安全可靠、技术易于拓展，是贴合"数字生态文明"主题，促进绿色低碳发展的有力支撑工具。

（3）案例解决痛点

案例主要面临以下几个痛点。

一是基站数量增加导致能耗迅速增长。随着移动通信业务的快速发展，基站数量的大幅增加使能耗迅速上升，导致运营成本不断上升。二是现有节能方案缺乏全局视角。传统节能方案依赖专家经验，缺乏全局视角的深入能耗分析，难以实现最佳节能效果，未能有效响应国家绿色低碳、节能降耗的发展要求。

10.7.2　解决方案

平台采用 FTP、SFTP 等传输协议从数据共享平台获取基础资源数据，为平台底层提供数据支持。在软件层面，出于技术规模化、可复制推广的考虑，设计了基于"采集 - 感知 - 分析 - 决策 - 执行"的网络节能微服务纵向分层架构，架构灵活，现网可定制化部署需要的能力组件，支持新特性快速响应上线。同时为满足生产要求，设计了标准的数据采集和执行 API 接口。基于微服务分层架构、标准化的 API、节能关键技术的研究，研发数智化节能平台并实现全网规模应用，通过支持以 AI 智能预测技术为核心的无线基站节能策略，可实现节能技术的灵活调用和业务、安全保障。在网络架构上，省移动集中部署无线基站节能模块，其中 AI 计算模块通过 FTP/TELNET/SSH/JDBC 等接口连接文件服务器等网元，节能指令下发和任务调度服务器连接参数平台 FTP 服务器和数据库服务器，由参数平台应用服务器下发指令到基站，实现节能策略生成到节电指令下发这一流程的全自动化（图 10.5）。

图 10.5　无线基站节能模块展示

10.7.3　应用成效

（1）网络级节电效益

2022 年大规模开展 4G/5G 智能节能技术推广实施及无线基站智能节电平台的落地应用，在 2022 年为中国移动通信集团贵州有限公司带来 4G 节电量 33 504 669.09 度电，5G 节电量为 64 678 435.78 度电，节电总量达 98 183 104.87 度电，根据每度电 0.62 元计算，2022 年累计节省电费达 60 873 525.02 元。

（2）碳排放效益

根据 2023 年生态环境部办公厅发布的《关于做好 2023—2025 年发电行业企业温室气体排放报告管理有关工作的通知》，相关企业在进行 2022 年组织碳排放核算时电网排放因子可采用最新数据 0.5703t CO_2/mWh。2022 年贵州移动共节约 98 183 104.86 度电，根据该公式换算，共减排 55 993.824 吨碳。

（3）人工成本

基于人工经验分析不同小区业务量制定节电策略，包括数据采集、发现节能 – 补偿小区、预测与查询业务量及节电策略调整，按照每个省每天 3 ~ 5 名专职人员进行分析，每人平均每天 300 元，按每年 250 天工作日计算，每省每年需要人工成本 5 × 300 × 250 = 375 000 元。

10.7.4 先进性及创新点

案例平台的创新点主要为智能化动态节能，实现了网络级跨制式的多频段协同节能、基于KPI异常检测的监控与应急唤醒、"一站一时一策"的动态全天候智能节能策略、节电量智能测算、节能指令自动生成及下发，提供了智能化动态节能新模式，解决了人工经验无法全局决策的难题，和传统方案相比，优势是易用、安全可靠、技术易于拓展、更精细。

10.8 案例7：数智城市固废监测治理

10.8.1 案例简介及解决行业痛点

（1）公司介绍

南湖实验室于2020年5月成立，是嘉兴市人民政府创办的新型科研机构，由国内6位知名院士领衔入驻，聚焦前沿科技领域，打造创新策源地和科创新平台。南湖实验室是浙江省首批新型研发机构、浙江省博士后工作站、上海交大硕士研究生联合培养点。

（2）案例基本情况

基于大数据平台、数据流转黑盒、芯片层级隐私计算、人工智能算法和知识图谱等自有知识产权的可控核心技术，建设满足高精度、高效率、全周期、重隐私需求的数智城市固废监管应用平台，核心功能包括3个部分，分别为固废智能检测、固废闭环管理、固废溯源再利用。

（3）案例解决痛点

案例主要面临以下几个痛点。

一是固废监测手段传统低效。对于固废监测，目前的监管手段主要是人工巡查及视频监控，这两种方式都有很多弊端，固废监管亟待寻求一种高效智能监测方式。二是固废闭环管理流程未规范化。固体废物全过程监管在具体要求、目标、各方权责、数据应用等方面的管理有待进一步规范化与流程化，需要结合实际情况，全面建设信息化、数字化城市固废监督管理模式。三是固废溯源再利用执行不足。固废溯源困难，缺乏有效溯源系统，导致非法固废难以根除。此外，固体废弃垃圾品种繁多、成分复杂、分布零散，无法统一转化再利用，处理成本高。

10.8.2　解决方案

① 固废智能监测，通过汇聚市、县、镇、村各级登记数据和群众的上报数据，联通无人机、卫星影像等航空、航天数据及摄像头数据，将多源、多维度、跨级别的数据资源进行整合，实现多源数据采集。通过自建自有的固废深度学习检测算法可应用于城市全域大范围固废分布检测，实现对多种类型固废的识别（图 10.6）。

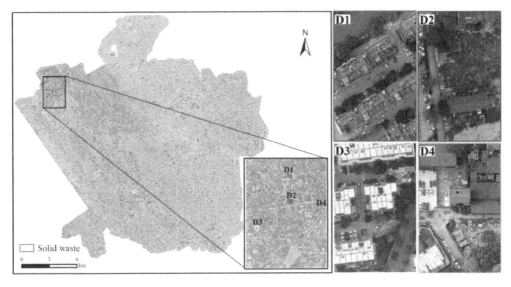

图 10.6　固废检测算法专题

② 固废闭环管理，主要为生态环境局等职能部门指挥决策提供统一业务支持，为固废清理工作提供管理规范（图 10.7）。建设固废资源"一张图"，使用人员可通过漫游实现对固废监测数据通览，提供固废垃圾信息，建立与监管业务相匹配的数据资源"一个库"，从而建立完善的信息化管理"一平台"。联通固废监督"一条链"，提供网络员 – 村级 – 乡镇级 – 区级 – 市级上报下派管理条

线，实时显示固废目标当前治理情况，实现对各固废目标的全周期监管。针对危险废弃物可以实现跨省转移，工业固体废物的申报登记及计划备案等都可以得到有效推进（图 10.7、图 10.8）。

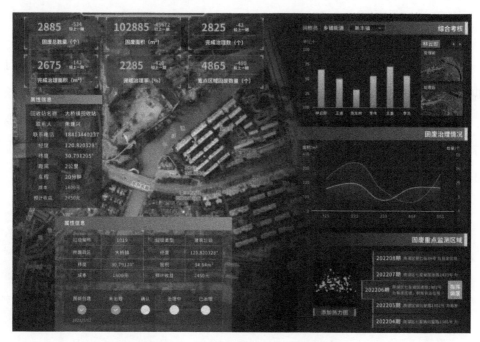

图 10.7　固废资源信息化管理平台

③ 固废溯源再利用，梳理固废数据资源，分析固废数据的位置、类型、特点等信息，形成固废数据库，挖掘各类数据间的层次、类别、关系等关联化、结构化知识，形成固废知识图谱，实现固废的溯源分析。统一规划固废数据资源，通过对固废性质、属性的界定，判别转化为其他行业生产资料的合理性，结合数据库给出回收路径建议，将固废合理转化为生产资料，同时评估转化成本和收益率。

10.8.3　应用成效

嘉兴市是"无废城市"建设试点城市，平台已应用于生态环境局实际业务，并集成至浙江省及嘉兴市对外开放平台。通过平台的应用切实为嘉兴市生态环境整治工作提供数据支持，成功在一年内实现 4825 个固废垃圾点监测治理，推动污染防治攻坚战和区域长三角绿色一体化发展示范区建设，具有较高的实用性（图 10.8）。

经济效益：一是减少人力监管成本；二是提高垃圾回收效益；三是降低土地资源保护成本。

社会效益：一是保护环境，助力无废城市建设；二是提高居民生活质量，减少人体健康危害；三是共建美丽中国。

图 10.8　"南湖区固废地图"

10.8.4　先进性及创新点

案例主要在以下方面进行了创新。

第一，基于深度学习算法设计了全监督、半监督、弱监督、变化检测等 4 套固废检测模型，解决了固废尺度不一、形态多样、边缘复杂、分布稀疏导致的现有算法精度低的问题。第二，基于芯片层级隐私计算技术和数据流转黑盒技术确保多部门协同联动下数据安全，无须各部门系统源码即可实现现有数据接入，并通过芯片直接支撑、保障数据全生命周期安全。第三，基于知识图谱实现固废溯源再利用的深度挖掘，利用自然语言处理和关系抽取技术，从文本数据中提取出与固废溯源再利用相关的关系信息。固废溯源实现从根源上治理非法固废，再利用实现"以废治废"。

10.9　案例 8：滕州智慧环保平台

10.9.1　案例简介及解决行业痛点

（1）公司介绍

枣庄市生态环境局滕州分局，位于山东省滕州市，是枣庄市生态环境局的派出机构，承担对全市生态环境保护统一监督管理工作。

（2）案例基本情况

枣庄市生态环境局滕州分局于 2020 年 10 月启动滕州智慧环保指挥中心建设，2021 年 6 月建成运行；建有 6 个国控水站、气站，21 个镇街空气站，100 个空气微站，230 家视频监控，96 家在线监测和 420 家用电监管企业并实现数据关联；同步融合水、气、土壤、污染源等各类基础数据及监管数据，初步搭建了立体管控模式，形成了滕州智慧环保"一张图"。

（3）案例解决痛点

案例主要面临以下几个痛点：

一是环境数据涉及类型多、数据量大、底数不清。二是烟囱式信息化建设，缺乏高效的资源整合，生态环境数据横向不互联，纵向不贯通，信息孤岛明显。三是日常环境监管、监测数据分散，使用效率不高。四是污染源数量多，分布范围广，监管人员少，执法效率不高，监管精细化程度不高，远端非现场执法效果不佳。五是对污染源全生命周期环境监管手段有限，无法及时准确地掌握各类环境数据。六是数据人工分析难度大，耗时耗力。七是企业生态环境保护主体责任落实存有差距。

10.9.2　解决方案

深度融合 10 余个各级平台数据，打破应用壁垒，同步将日常监管中积累的各类数据、档案、资料等要素全部关联，实现所有点源"一次点击，全部查看"，有效破解了生态环境数据横向不互联、纵向不贯通，信息孤岛的难题，提升了执法效率和精细化监管水平。

大力推行非现场执法，通过建设视频监控、用电监管、在线监测等前端感知设备，借助遥感监测、无人机巡察、车载走航等科技手段，执法人员可通过手机 App 随时随地查阅污染源信息，提高执法效率。目前用电监管企业已覆盖420 家，主要是在企业的生产和治污设施同步安装用电采集设备，当治污设施停运时，平台立即将预警信息自动推送至企业负责人，15 分钟之内不开启治污设施的，工作人员将电话提醒，30 分钟之内仍未开启的，平台将推送至执法人员现场执法。在 230 家重点企业、点位安装了摄像头，全天候监控，当污染源排放数据异常时，通过倒查视频监控数据，判断存在违法排污的可能性，摸清规律，定点打击环境违法行为（图 10.9）。

在水、气站点数据异常及突发环境事件应对中，通过大数据技术，对所有环境监管信息采集、存储和处理，结合非现场执法数据，快速筛选有价值信息并深入挖掘，实现可视化和预测性分析。

图 10.9　滕州智慧环保平台企业监控图像

面对不同受众量身打造对应客户端，开发企业端 App，定期发布生态环境保护相关法律法规及技术标准，提高企业污染防治水平，夯实企业主体治污责任；开发公众版 App，增强群众对环境状况的知晓度，持续提升社会各界参与度（图 10.10）。

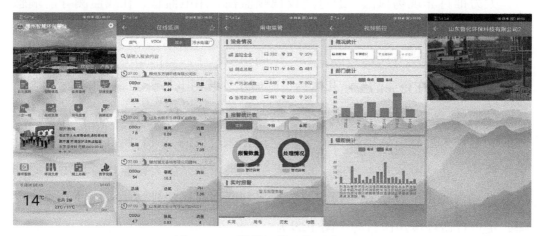

图 10.10　滕州智慧环保平台 App

10.9.3　应用成效

（1）经济效益

通过企业与智慧环保平台的对接，有效提高企业的管理水平，准确掌握各自产生的废气、废水与废渣数量，有益于实现企业的精准减排。企业通过实时查询各自在线监测数据，用电监管数据确保治污设施正常使用，避免因超标排放所面临的行政处罚，有效减少经济损失。

同时，执法部门通过非现场执法监管手段，可减少对守法企业的检查频次，有效降低执法成本。项目建设通过协同服务，统一规划，也可实现数据共享交换，避免重复采集，节省人力成本并提高信息利用率与时效性，从而产生直接的经济效益。

（2）社会效益

智慧环保平台项目实施，能合理提高环保部门的管理效益，提高环境保护效果，解决工作人员缺乏与监管任务繁杂的分歧。通过完成环保移动办公、移动执法、移动公文审批，移动查看污染物监控录像，很大程度地提高了生态环境部门的效率，为生态环境部门的工作人员减压减负。

10.9.4　先进性及创新点

案例主要在以下方面进行了创新。

第一，污染底数"摸得清"。全方位收集整合 6 个国控站点、21 个镇街空气站、96 家在线监测、230 家视频监控和 420 家用电监管等前端感知设备环境数据，同步融入行政处罚、行政许可、环境信访、污染源等监管数据，打造了滕州生态环境"大数据库"。第二，分析预警"反应快"。借助物联网＋云技术等现代科技手段，强化分析研判功能，每日推送预警日志，便于针对性开展工作。第三，实战运用"功能强"。围绕实用、好用，服务实战，通过建设用电监管、视频监控、在线监测等监控系统，辅助无人机、高空摄像头巡查，融入可视执法、网上办案、信访督办系统，初步搭建了立体管控模式。

10.10　案例 9：元宇宙领域的音乐 AI 技术场景应用

10.10.1　案例简介及解决行业痛点

（1）公司介绍

腾讯音乐娱乐（广州）有限公司是中国具有技术创新基因的数字音乐交流与服务提供商，互联网技术创新的领军企业，致力于为互联网用户和数字音乐产业发展提供完善的解决方案。

（2）案例基本情况

酷狗音乐是中国最早的数字音乐 App，集听歌、看直播、看短视频、唱 K 等功能于一体。此项目研发"数字音乐 +AI"技术，自研推出凌音引擎架构，上线"超越 AI""AI 歌曲""歌手矩阵""AI 爸妈"等功能模块，在 AI 歌手、AI 声音合成、AI 创作词曲、AI 推荐等领域发力，在"数字音乐 +AI"技术上深耕，落地到产品端不断提升用户的数字化元宇宙体验，进而实现音乐娱乐生态的转型升级（图 10.11）。

图 10.11 "AI 爸妈"功能

（3）案例解决痛点

案例主要面临以下几个痛点。

一是音乐付费用户占比少，付费类型较单一普及度低。在线音乐行业面临用户规模增速放缓，付费尚未普及的困境，平台亟须利用科技力量丰富平台音乐内容类型、拓展音乐场景，以达到刺激用户消费需求的目的。二是新业态发展中，技术应用不够成熟。随着 5G、AI 等前沿技术的发展，在音乐领域出现了虚拟 IP、线上演出等新形态业务，但是由于二者都在起步发展中，技术应用不够成熟，因此导致可能出现播放卡顿、声音生硬、互动性不强等问题，需要快速创新技术，实现新业态的良好效果。

10.10.2 解决方案

该技术成功实现了音高特征信息与音色特征信息的解耦分离，能够有力支持歌曲协同创作。例如，用户向一个歌手购买与唱功相对应的音高特征信息，以该音高特征信息与自身的音色特征信息进行虚拟歌曲创作，从而借助歌手的唱功提升自身的歌曲作品的品质，促进在线娱乐用户之间的协同，进一步促进用户作品分享活跃性，活跃用户流量，重新定义互联网音乐生态，使"人人都是音乐人"有望成为现实。

10.10.3　应用成效

（1）社会效益

酷狗音乐阿波罗声音实验室研发的凌音引擎技术取得佳绩，将 AI 歌曲"工业化生产"，半年发行 AI 单曲 400 余首，AI 歌曲日播均值达 60 万次，其中最高日播 AI 单曲《今天（女生版）》的全网试听量破亿次，日播峰值达 30 万次，直冲飙升榜 TOP 1（图 10.12）。

图 10.12　"AI 单曲"功能

AI 在音乐领域的应用，已不限于作词、作曲，而是以更具体、更实用、可感知的方式，广泛地进入人们的日常生活和听歌场景。从算法推歌，到音乐创作、声音复刻，酷狗音乐 AI 技术的应用不断进阶，深入探索 AI 技术应用场景，用 AI 技术驱动音乐产业发展。

（2）经济效益

项目增强了用户黏性，提高了用户的付费意愿，直接影响了公司音乐业务收入，2021 年公司音乐业务收入为 332 551.45 万元，2022 年公司音乐业务收入为 390 031.78 万元，增长率为 17.28%。

10.10.4 先进性及创新点

案例主要在以下方面进行了创新。

第一，项目技术为用户带来了优质音乐服务，赋予 AI 歌手逼真且富有表现力的歌声，甚至挑战真人歌手从未完成过的全新曲风，提高付费用户转化率。第二，项目技术拓展音乐发展方向，深挖音乐价值，凌音引擎是由酷狗音乐阿波罗声音实验室研发的声音合成技术，采用了自主设计的深度神经网络模型，能够高度还原和复刻歌手的声音特征。第三，项目技术为公司发展带来了新方向，酷狗音乐 AI 歌手均基于酷狗音乐自研的 AI 黑科技"凌音引擎"的支持。

10.11 案例 10：水环境质量在线监测及预警系统项目

10.11.1 案例简介及解决行业痛点

（1）公司介绍

江苏蓝创智能科技股份有限公司（简称"蓝创智能"）于 2009 年 5 月在江苏无锡创立，是生态安全领域监控监测解决方案服务商。在智慧环保、城市安全等领域提供基于 IoT 的数据采集及 AI 数据分析算法的整体解决方案。持续深化 AI、IoT、大数据、区块链等技术创新与产业应用，经过十余年的研发，"蓝创智能"构建了"Squirrel 云平台＋终端＋服务"的业务布局，推动生态治理数字化、管理精准化、决策智能化转变，以"一张网""一平台""多应用"

为核心，打造新基建下互联互通新生态，促进生态安全数据产业链深度融合发展，为坚决打赢污染防治攻坚战、确保实现生态环境质量总体改善目标贡献力量。

（2）案例基本情况

此项目水环境质量在线监测及预警系统是运用智能传感器、自动测量、自动控制、计算机等新技术及相关的专用分析软件和通信网络所组成的一个综合性的在线自动监测体系。该系统主要由一体化站房、通信网络等组成，实现 PH、DO、CODMn、氨氮、总磷等水质参数的在线监测及预警管理和运维监管。

（3）案例解决痛点

案例主要面临以下几个痛点。

一是解决跨行政区域的水污染事故纠纷；二是解决区域水资源保护与管理水平低下的问题；三是实现水站无人值守、智能化运维监管。

10.11.2 解决方案

项目基于国产信息化系统构建"数据服务平台＋监测终端＋服务"的业务模式，实现数字化全流程的物联网架构解决方案构建环境监测、环境管理、决策分析一体化的智慧生态环境监控综合云平台，主要服务于政府、企业和公众三类用户，主要服务对象为地方政府管理部门和园区管委会，适用场景为工业园区、工业集中区和社区密集居住区。

项目解决方案的研发与构建是通过 IOT 端监测传感器的监测数据采集、传输、存储与交换，来构建"云平台＋终端＋运维服务"的物联网系统感知、数据资源分析应用、生态环境监管部门政务应用的整体方案（图 10.13）；通过解决提升监测传感终端国产化率及监测精度、数据传输安全、软件平台业务在不同信创适配环境中实现业务平稳迁移、无故障率等问题，保障平台及设备整体稳定运行。

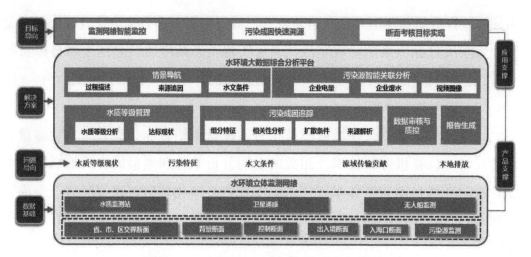

图 10.13　水环境质量在线监测系统架构

此项目在无锡市滨湖区山水城壬子港、长广溪、老庙港和横大江 4 条水系相关支流断面建设水质自动监测站和光谱浮标站，在关键入河排污口建设远程智能监测终端；监测项目包括多参数、COD、高锰酸盐指数、氨氮、总磷、总氮、电导率、含保证系统正常运行的辅助系统及集成，包括采水、配水系统、预处理系统、分析系统、数据采集、通信传输与控制系统等，并建设有水环境质量在线监测及预警平台。

10.11.3　应用成效

（1）经济效益

水环境质量在线监测及预警系统解决方案包括平台建设、终端销售与运维服务。截至 2022 年 12 月 31 日，在线监测及预警系统项目相关业务实现销售额超过 4 亿元，实现利润超过 7500 万元。该项目实时、精准地监测监控对生态环境的保护起到了促进作用，良好的生态环境可以推动招商引资，提升地区的综合竞争力，最终促进地区经济发展，提升财政收入和居民收入。

（2）社会效益

一是实现了环境监管从粗放式向精细化转变；二是促进了资源共享和环保业务协同。

（3）案例可推广性

未来，随着技术设备和系统的升级换代，将根据客户需求，对项目实施区域设备系统进行升级更新，并以此为示范点，推广到周边相似区域，实现项目的复制和推广，为保护区域水环境贡献力量。

10.11.4　先进性及创新点

案例主要在以下方面进行了创新。

第一，基于国产信息化系统构建"数据服务平台＋监测终端＋服务"的业务模式，实现数字化全流程的物联网架构解决方案。第二，通过建立监测数据库和水环境模型，使用传感器 +AI 深度学习的建模方式，捕获水源特征，识别具体的污染区域和污染来源，建立水环境实时调控与数字化管理系统，实现河流水质的实时调控，可以为流域"控源减排"、为水环境综合治理与定量化管理提供系统性技术支持。

第 11 章　数字基础设施与数字资源利用特色案例

11.1　整体案例分析

（1）市场构成与用户特征

数字基础设施与数字资源利用市场是数字经济发展的重要基础，近年来呈现快速增长态势。根据 Custom Market Insights（CMI）关于全球数字基础设施市场 2024—2033 年的报告，2022 年全球数字基础设施市场规模已经达到 1485 亿美元，将在 2032 年达到 10 005 亿美元 [①]。国家互联网信息办公室发布的《数字中国发展报告（2022 年）》显示，2022 年数字中国建设取得显著成效，我国数字基础设施规模能级大幅提升。根据工业和信息化部发布的《"十四五"大数据产业发展规划》，大数据产业测算规模预计在 2025 年突破 3 万亿元，年均复合增长率保持在 25% 左右。2023 年，数字中国发展工作将进一步夯实数字中国建设基础，打通数字基础设施大动脉，畅通数据资源大循环。

数字基础设施主要包括网络基础设施、算力基础设施及应用基础设施（表 11.1）。其中，物联网、5G 等属于网络基础设施，支撑数据的采集传输；数据中心、大数据等属于算力基础设施，支撑数据的计算存储；云服务、AI 等属于应用基础设施，支撑数据的多种应用。

---

① CMI. Global digital infrastructure market 2024‒2033[EB/OL].[2024‒05‒09].https://www.custommarketinsights.com/report/digital‒infrastructure‒market/.

表 11.1　数字基础设施示例

数字基础设施类型	具体产品	描述
网络基础设施	物联网	物联网（IoT）是指连接到互联网并能够收集和交换数据的设备的网络。IoT 可用于各种应用程序，包括资产跟踪、环境监测和智能家居
	5G	提供高速、低延时的移动通信服务
算力基础设施	数据中心	是数字基础设施的核心。提供数据存储、计算和网络等服务。数据中心是存储和处理来自各种来源的数据的场所，包括企业、政府和个人。数据中心用于支持各种应用程序，如电子商务、社交媒体和移动应用程序
	大数据	大数据分析可用于从数据中获取洞察力，以改善决策。大数据可用于各种应用程序，如欺诈检测、客户细分和风险管理
应用基础设施	云服务	云服务是由第三方服务商负责运维的基础架构、平台或软件服务，这些服务通过互联网向用户交付。利用云服务，用户的数据可以轻松地从各种前端设备（如用户自有的服务器、平板电脑、台式机、笔记本电脑等）经由互联网传输到服务商的系统，并再回传到用户端
	AI	是计算机科学的一个分支，它涉及智能代理的创建，智能代理是可以推理、学习和自主行动的系统。AI 可用于各种应用程序，包括图像识别、自然语言处理和机器学习

　　数字资源利用则主要体现在数据产品上。数据产品可以通俗地理解为数据资源 + 数据算法模型 + 服务终端，分为数据分析产品、数据管理产品、数据应用产品、数据服务产品和其他产品（数据安全、数据隐私、数据治理等）。

　　数字基础设施与数字资源利用从两个方面支撑数字经济。一方面，数字基础设施和数据资源是各行各业数字化转型的基础。根据中共中央、国务院印发的《数字中国建设整体布局规划》，数字基础设施与新型工业化深度融合，工业互联网覆盖 45 个国民经济领域。网络、算力、应用基础设施改造提速。大数据、AI、数字孪生等新技术推动产业融合，创新 C2M、非接触服务，促进新业态，如 AIGC、计算机服务，激发经济新活力。数字基础设施革新了生活方式，提高了公共服务的平等性和可达性。我国固定宽带价格占 GDP 的 0.5%，低于全球 3.5% 的平均水平。2022 年，全国 51.2 万个行政村实现宽带全覆盖，5G 网络覆盖所有县城和 92% 的乡镇，远程医疗网络覆盖所有地市和贫困县医院，推动数字服务普及。数字基础设施推动政府治理现代化，提升政务服务网络化、一体化。移动物联网连接数达 18.45 亿户，占全球 70% 以上，推动了智能化改造，加速了交通、能源等领域数字化升级。根据前瞻产业研究院发布的《2024 年中国大数据产业全景图谱》，大数据产业链覆盖从基础设施到应用市场的各个环节，包括硬件供应、云计算资源管理平台、数据交易、数据资产管理等，大数据产品已广泛应用于政务、工业、金融、交通、电信和空间地理等行业，推动了这些行业的数字化转型。

另一方面，数字基础设施和数据资源会影响更多的个人。2013—2023 年我国网民规模及互联网普及率总体呈逐年增长态势。截至 2023 年 6 月，中国网民规模达 10.79 亿，互联网普及率达 76.40%，超 10 亿用户接入互联网。根据 IDC 最新发布的《中国数据中心服务市场（2022 年）跟踪》，2022 年，中国数据中心服务市场同比增长 12.7%，市场规模达 1293.5 亿元。截至 2022 年 6 月，以信息服务为主的企业（包括新闻资讯、搜索、社交、游戏、音乐视频等）互联网业务收入同比增长 8.5%。第 50 次《中国互联网络发展状况统计报告》显示，网络新闻、搜索、游戏、音乐的网民使用率分别为 75.0%、78.2%、52.6%、69.2%。另外，主要提供网络销售服务的企业互联网业务收入同比增长 17.8%，高出全行业整体增速 17.7 个百分点。此外，互联网客户需求进一步分化，北京字节跳动科技有限公司等善于利用数据的企业机构得以快速发展。

数字基础设施与数字资源利用赛道的案例覆盖医疗、基础网络、自然语言处理、贸易、政府应急处理、区块链等多方领域。在数字基础设施领域，所涉企业普遍利用云计算、大数据、AI、物联网、区块链、5G 等前沿数字技术作为底层基础，支持数字基础设施与数字资源利用相关产品开发，在云服务、基础网络、超算设施、数据隐私、数字交易、区块链各方面，结合政府/企业现实需求打造相匹配的技术产品。在数字资源利用领域，一方面，企业或政府通过提供技术应用服务全面提升资源配置效率，助力经济社会发展绿色低碳转型；另一方面，企业或政府通过支撑技术与商业模式创新同经济活动紧密结合，提升全要素生产率。

（2）解决方案总结

在生产环节，通常针对不同的业务场景，对数据的采集传输、计算存储、应用消亡全生命周期进行拉通与保障。首先是针对生产环节的技术应用与优化。一种是基于云服务的云中心、云原生等方案，通过打造专属云中心，可以有效地解决需求单位（如医院）的业务痛点，实现所有业务上云并长期稳定运行；另一种是基于大语言模型等方案，对如搜索、浏览器等场景进行升级，提升用户的体验和效率。还有通过隐私计算等方案，面向数据安全研发隐私计算技术，解决数据共享和隐私保护的问题。其次是针对生产环节的不足与浪费，提升相关平台的运维和开发效率，优化资源、物流、仓储等环节，减少浪费并提高工作质量。最后是针对生产环节的管理技术转型与提升。一种是通过云中心解决存储资源、网络链路、业务安全等管理问题，提升数据迁移上云的效率；另一种是提供多种功能服务，降低成本并提高管理能力和工作质量。例如，BIM 提供三维可视化，可以进行碰撞检查，减少了工程返工的可能性，还可进行虚拟施工并现场视频检测。此外，BIM 还可以快速获得工程基础数据，减少了资源、物流和仓储环节的浪费，提供了有效的技术支撑。

在经营环节，一是专注数字化转型并提供高效服务。可以通过广域网技术升级，实现线路从下单至运维的全流程高效一站式服务，赋能企业数字化转型，支持运营管理、运维交付和客户服务业务。也可以建设数据交易平台、公共数据运营平台和隐私计算协作平台，规范交易体系，解决合规性问题，促进数据流转和安全保障。二是促进数据流动的同时保证数据安全。有的提供不同业务场景的线路服务，与数据中心建立连接并备份，实现网络的自动化部署和配置、策略的自动下发和区域间网络的互联互通；有的通过隐私计算协作平台解决数据安全问题，降低数据获取门槛，实现多场景、可自定义的数据协作，保障数据在流转过程中的安全性；有的是基于国密算法提供安全解决方案，建立物联感知数据共享管理系统，推动数据的互通和共享，增强数据安全性。此外，可以通过搭建物联感知数据支撑基础平台，实现"一网统管"技术架构中的数据共享和管理。还有的通过数据管理系统增进跨域数据互通互认和共享，避免设施重复建设，实现设备复用，提高管理效率。

在管理环节，一是全管理环节的数字化转型或一站式管理服务。例如，通过一站式的 AI 超算开发平台，支撑开发者从数据到超算应用的全流程开发过程，提供硬件服务器的虚拟化及云化，推动生产经营和管理环节的全环节转型。二是应急管理与协同处理。其中，应急平台或应急指挥平台能够实现应急处理信息流转和处置流程协同管理，提升对灾种的事前预测、事发预报、事中决策、事后总结功能，实现各部门快速响应应急处置工作。

（3）收益成效

经济效益：一是提升运营效率和服务质量。业务上通过云服务等技术助力相关业务平台稳定运行，增加供需对接效率；管理上通过网络自智平台，提升连接可靠性，提高服务效率和带宽，减少意外停机时间，降低应用延迟；运营上通过智脑等平台，大幅提升企业数智化办公水平，数字员工成为企业员工的知识助手和办公助手，提升企业运营效能。二是降低运营成本和资源浪费。网络自智平台等数字基础设施显著降低运营成本和链接成本。相关技术可以缩短基础设施建设工期，降低安全问题和管理难度，为团队带来降本增效的体验。三是增加企业营收和市场产值。企业可以通过 AI 超算中心等每年孵化创新方案，带来显著的企业营收和市场产值提升。企业和政府可以通过应急指挥平台的建设，提高应急指挥能力，带来盈利。建设健全数据交易平台可以促进数据高效流通，构筑数据交易生态，实现显著交易金额。四是推动市场效益和合作关系。数字基础设施的共享共建可以与众多企业建立合作关系，上架产品并实现大量交易，促进数据交易生态的发展。企业可以通过提供低层技术支持，解决数据生命周期交易等问题，整体促进数据流通和市场效益。例如，蚂蚁链提供低层技术支持，整体上解决了生命周期交易、数据授权开发、数据安全授信等问题。从整体上促进了数据高效流通，构筑数据交易生态。截至 2023 年 5 月，宁波 AI 超算中心已与 200 多家企业建立合作关系，上架产品 400 多件，实现 500 多笔交易业务，累计实现交易金额 10 多亿元，其中海外交易金额 2000 多万美元。

社会效益：一是推动智能化发展。通过建设 AI 超算中心，可以吸引 AI 企业聚集，推进政府智能应用，实现城市运行管理和除险保安的智能化。通过建设数据安全平台能够有效保障数据安全，加快数字化改革，推动政府开发利用，参与城市建设，培育多元经济增长。应急指挥平台能够加快现代信息技术与应急管理业务的深度融合，提高应急管理能力，实现风险监测预警、应急指挥保障、政务服务和舆情引导应对的智能化。二是提高管理和服务效率。通过数据互通互认和共享，避免设施重复建设，实现设备复用，提高管理效率。通过数字基础设施平台提高城市管理和服务的效率和质量，提供更优质、更便捷的公共服务，推动城市智能化转型。三是保障数据安全和隐私。利用数据安全平台加强城市数据安全和隐私保护，保障居民合法权益，促进城市稳定和谐发展。四是促进城市可持续发展。利用建筑信息模型技术促进企业节能减排，减少废弃物产生，提高建筑气候适应性，减少建筑物碳足迹，推动可持续发展。

11.2　案例 1：山东大学第二医院安全可控专属云中心项目

11.2.1　案例简介及解决行业痛点

（1）公司介绍

深信服科技股份有限公司成立于 2000 年，是专注于企业级网络安全、云计算、IT 基础设施及物联网的产品和服务供应商，致力于让每个用户的数字化更简单、更安全。目前深信服科技股份有限公司在全球设有 50 余个分支机构，员工规模超过 9000 名。

（2）案例基本情况

案例利用云服务技术针对山东大学第二医院 IT 基础设施资源不足、业务需要快速上线、资源弹性伸缩、高安全性和异地容灾等需求，助力智慧医院等对外业务快速上线，解决外网业务 IT 资源匮乏及弹性不足的问题；托管云提供的管家服务解决了运维复杂的问题，专属管家 5 分钟响应解决了上云、用云的各类诉求；托管云的高可靠性、专属性保障了业务稳定运行，实现数据不出省，不出医院，合法合规；通过内建安全、安全组件及安全服务，解决了互联网业务的网络安全顾虑（图 11.1）。

图 11.1　山东大学第二医院云中心

（3）案例解决痛点

案例主要面临以下几个痛点。

一是当前医院的数据中心业务正在进行云化演进，从传统架构逐步升级，面对数字化转型的迫切需求，缺少足够的基础架构资源支持，互联网医院业务也迟迟未能推进实施。二是在病患就诊的高峰时期，原有的医院 IT 系统无法平稳支持，运维人员面临巨大的压力，团队成员疲于应付。三是由于外网业务暴露在公网环境中，过去面向内网的安全防护策略不符合外网的环境的安全态势。四是由于医院多年积累了大量的数据，为了保证数据的安全可靠，需要在异地做备份容灾。

11.2.2　解决方案

项目为医院等医疗行业相关场景提供了一种可控专属私有云方案，它具备高度的安全性、可靠性和灵活性，能有效承载并稳定运行多项医疗业务。

具体而言，专属托管私有云方案采用了 3 节点设计，确保了用户独享的计算和存储资源，其配置包括超过 258 vcpu、1422 G 内存和 48 T 存储，且与其他租户实现了物理隔离。这一设计不仅保证了资源的丰富性，还通过资源冗余的方式，赋予了系统强大的弹性能力。目前，该平台可以承载互联网医院、应检尽检系统、预约挂号系统、大型设备共享服务、会计核算、资产管理、护理满意度、考试系统、皮肤镜、BI 等一系列医疗业务，并且稳定运行超过 1 年。

在网络可靠性方面，该方案采用了多链路方案，即在机房内部署了联通、电信双运营商带宽，其中联通为主，电信为备。这种主备设计确保了网络的高可靠性，即使在一条链路出现故障时，也能迅速切换到另一条链路，保障业务的连续运行。

此外，为了保障业务安全，该方案还开通了下一代防火墙、VPN、堡垒机、主机安全、日志审计等二级等保安全组件，保障互联网业务基础安全，同时针对业务软件开发商远程运维接入做到安全审计。

在应对灾难性事件方面，该方案设计了 5 个业务系统的本地异构上云快速恢复容灾服务，并提供本地超融合到托管云上的同构混合云容灾服务。

项目还采用了同架构混合云的设计。线下部署的 HCI 和线上托管云采用了相同的云底座，可以实现同架构的混合云，构建线上线下一朵云，支持线上线下统一管理、统一运维、统一监控、云间互联。

11.2.3　应用成效

业务上云助力线上问诊、应检尽检等业务快速上线，安全专属可靠的基础设施云平台确保了业务的稳定运行；在医患就诊的高峰时期山东大学第二医院的线上问诊单天接诊人员超 3000 人 / 次，解决了挂号时间长、取药时间长等问题，提升了患者满意度；通过互联网医院上线医生反向预约系统，利用空闲时间为患者诊疗，提高效率，降低医生工作负荷。

降本增效，提质促优，通过开展线上预约入户护理、线上问诊等业务优化了医院诊疗服务流程，线上预约后医生远程会诊、护士上门服务，提升了服务水平及效率，扩大了医院的服务范围，减少了重复检查行为，积极落实分级诊疗和资源优化配置。

11.2.4 先进性及创新点

案例主要在以下方面进行了创新：

第一，超融合底层提供业务承载能力，加上分层的云管理平台和云服务中心，满足轻量化、分布式。技术架构上数据协同、可拆可合；托管云可广泛分布式覆盖，同时根据需求进行分布式管控，也可以本地管理或 HCI 独立管控。

第二，通过云上安全目录实现业务上线即安全，在云主机生成时自动在底层安装安全插件，自动识别漏洞信息、系统信息，在业务上线或变更时进行安全组件配置策略变更，建立 7×24 小时的安全响应处置体系。

第三，将用户本地数据中心和云上托管云数据中心统一管理，形成统一的资源视图，有选择地将云上的服务化能力连接至用户本地数据中心，将云上能力进行赋能，实现一键迁移上云。

11.3 案例 2：华润数科下一代网络自智平台

11.3.1 案例简介及解决行业痛点

（1）公司介绍

华润数科控股有限公司（简称"华润数科"）成立于 2021 年 11 月，是华润集团重点培育的数字科技业务单元、华润集团的数字化基础设施建设者与运营者、华润集团产业数字化的核心支撑和数字产业化的主体平台。

（2）案例基本情况

打造极简、高效的网络技术架构，以提供安全高效的 SD-WAN 线路服务。架构分为 3 个层级，通过自研平台提高运维服务能力、整合多厂商技术优势、全国各地的 POP 节点从整体维度助力企业组建下一代智能网络。

（3）案例解决痛点

案例主要面临以下几个痛点。

一是传统网络不稳定。运营商铺设的光缆容易被挖断导致网络瘫痪。二是专线成本高。专线建设及维护成本高，月租高昂。三是建设周期长。部分线路需新拉光缆，平均建设周期一个月以上。四是线路切换不灵活。如果线路中断、拥塞、抖动需要人工修改路由，不支持自动切换路由。五是互联网组网安全性差。通过互联网访问内网数据，多为明文传输，安全性差。六是专业人员不足。分公司、项目部分布广，当地往往没有专业网络管理人员，难以实现网络变更及故障处理。七是网络管理难度高。网络带宽情况无统一监控平台，无法分析网络带宽情况，无法进行设备的统一配置、纳管等。八是带宽利用率低。专线及互联网带宽利用率低，闲置的互联网带宽无法作为专线带宽使用。

11.3.2 解决方案

该项目为实现基础网络的降本增效，助力企业完成数字化转型。华润数科依托华润多元化业务场景，结合大型企业共性特点，基于下一代广域网技术（SD-WAN）打造的网络自智平台，通过自研 RNET 平台实现自助下单、实施可视化、批量自动化交付、自动预警生成运维报表等，结合 AI 组网、SR（分段路由）、IPv6、网络编排与探测等前沿技术的实际应用，实现线路从下单至运维全流程高效的一站式服务，赋能企业数字化转型（图 11.2、图 11.3）。

针对不同业务场景提供不同的线路服务方案：

总部及大区公司采用金级专线服务，采用 2 台 CE 设备冗余，一台 CE 设备通过物理专线连接至骨干 POP 点，并与数据中心建立 SDWAN 连接；另一台 CE 设备基于互联网连接至冗余 POP 点，并于数据中心建立备份的 SDWAN 连接（图 11.4）。

城市公司/营销中心采用银级专线服务，采用单台 CE 设备，设备通过物理专线连接至骨干 POP 点，并与数据中心建立 SDWAN 连接，同时通过互联网直接与数据中心建立备份的 SDWAN 连接。

图 11.2　华润数科 RNET 平台活动告警列表

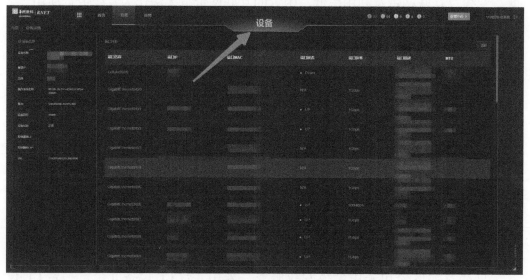

图 11.3　华润数科 RNET 平台设备列表

项目部 / 中小型办公职场采用单台 CE 设备，通过客户自有互联网环境，与骨干网 POP 点及数据中心分别建立 2 条 SDWAN 隧道连接。

物业办事处 / 小型职场采用单台 CE 设备，通过客户自有互联网与数据中心建立 SDWAN 隧道连接。

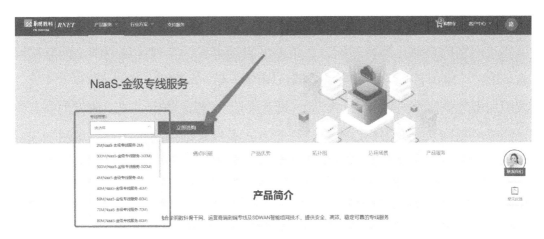

图 11.4　华润数科 RNET 平台金级专线服务

11.3.3　应用成效

下一代广域网技术网络自智平台是在 SD–WAN 的基础上研发的自动化、智能化平台，为企业降低网络链接成本、提升连接可靠性、提高交付速度、增加网络连接安全性，使网络连接更加便宜、稳定、灵活、安全。以华润置地为例，为实现全面落实互联网安全规范的目标，华润置地需要对互联网出口进行集中管理，运用下一代广域网技术网络自智平台优化各站点互联体系，深度整合链路带宽资源，实现了互联网线路的四提升与四降低，具体如下：

四提升：带宽提升 125%；WAN 管理效率提高 33%；策略和配置实施效率提高 58%；新服务上线效率提高 59%。

四降低：降低 38% 运营成本；降低 65% 的链接成本；减少 94% 意外停机时间；应用延迟降低 45%。

截至 2023 年 6 月 1 日，华润数科下辖的网络业务实现月租金超 200 万元，全年营收超 2400 万元，对比 2022 年 6 月 1 日月租金 100 万元，年增长率达 100%。

11.3.4　先进性及创新点

案例主要在以下方面进行了创新。

第一，自智一体化运营平台支撑运营管理、运维交付和客户服务业务。可实现网络的自动化部署和配置、策略的自动下发，实现区域间网络的互联互通。第二，全国骨干网平台提供全国范围内接入。客户节点通过 4G 建立连接，采用加密隧道技术构建网络。第三，设备采用 AI 智能路由系统，研发的新一代智能路由组网系统，支持以平台或托管方式提供基础网络连接、广域网加速、安全防御、智能运维、自动探测、故障自动恢复等多种网络服务。第四，利用 AI 技术自动学习、探测组网情况，用户配置自动灵活配置。通过应用探测、连通性监控，结合人工智能和探针技术，自动检查网络故障、应用互联质量，通过自我学习达到故障自愈。

11.4　案例 3：宁波 AI 超算中心，助力经济社会数字化转型

11.4.1　案例简介及解决行业痛点

（1）公司介绍

浙江宁数科创集团有限公司是宁波通商集团为超常规高质量发展宁波数字经济而成立的全国资子公司，主要承担数字新基建投建运、服务政府数字化转型、推动数据要素市场化运营、赋能数字产业生态圈等项目。作为宁波市首家全国资数字产业集团，宁数科创集团有限公司的使命是紧紧围绕宁波市委、市政府提出的打造"全球智造创新之都"这一目标，为做大、做强、做优宁波数字经济提供强有力的支撑。

（2）案例基本情况

平台在应用层实现了一个一站式的 AI 超算开发平台，能够支撑开发者从数据到超算应用的全流程开发过程，包含数据处理、模型训练、模型管理、模型部署等操作，这使开发者能够在市场内与其他开发者分享模型。平台支持应用到图像分类、物体检测、视频分析、语音识别、产品推荐、异常检测等多种超算应用场景，具有一站式、易上手、高性能、灵活等特点。

助力宁波产业、科研及社会治理智能化、系统化、数字化，后续算力资源应用范围还将扩展到农业、金融、医药、航天、气象等多个行业，使对应项目

呈提效、创新的发展趋势。

（3）案例解决痛点

宁波各行各业有迫切算力需求。

一是算力需求规模大。AI 模型训练和大数据处理需要巨大的算力资源，传统计算设备难以满足需求，制约了技术应用和创新。二是宁波本地化算力供应需求强烈。本地企业和科研机构在高强度计算任务中面临算力不足的问题，依赖外部资源成本高、延迟大，影响效率和竞争力。三是推进产业智能化发展需要超算赋能。超算技术在智能生产、精准农业、金融风险控制等领域具有关键作用，推动产业智能化发展。为了推动各行业智能化和创新发展，提升经济和社会治理水平，宁波需要构建自己的超算平台。

11.4.2　解决方案

平台基础层基于 kubernetes 提供容器化弹性扩展技术，实现了资源的动态高效调度、应用的快速分发和进程级隔离，借助云容器引擎可以轻松部署、管理和扩展容器化应用程序。容器引擎深度整合高性能的计算（ECS/BMS）、网络（VPC/EIP/ELB）、存储（EVS/OBS/SFS）等服务，并支持 GPU、NPU、ARM 等异构计算架构，支持多可用区（available zone，AZ）、多区域（region）容灾等技术构建高可用 kubernetes 集群。

平台资源层提供对于硬件服务器的虚拟化及云化，包括弹性云服务器、裸金属服务、虚拟私有云、NAT 网关、云硬盘、对象存储服务等。

11.4.3　应用成效

每个企业在 AI 算力的支持下每年可以实现一个创新的 AI 解决方案。据此估计，每年可以孵化近 100 个创新方案，每个方案平均每年可带来 500 万元的企业营收。通过 AI 计算中心，我们预计每年可以带动近 5 亿的企业产值的提升。

宁波 AI 超算中心，以普惠形式为企业提供算力服务，将有效降低科研机构及企业的创新研发成本，吸引本地及周边企业向宁波汇聚。同时依托超算中心发挥政府产业调控引领作用，打通"政产学研用"链条，确保安全前提下共享政府和行业数据，为高校、科研机构及研发企业创新提供支持。形成的科研创新成果交付企业进行产业孵化推广，实现算力与产业深度融合，助力产业高质量发展。有效推进政府智能应用，全面实现城市运行管理、除险保安的智能化（图 11.5）。

图 11.5 宁波 AI 超算中心

11.4.4 先进性及创新点

案例主要在以下方面进行了创新。

第一，全国创新首个智算＋超算综合型计算平台。北京航空航天大学宁波创新研究院依托于宁波 AI 超算中心平台提供的先进平台和算力支撑，用 AI 的方法计算燃烧化学反应，以及航空发动机燃烧室的设计模拟工作与创新迭代工作，比传统的超算中心提速 2 ～ 3 倍。第二，昇腾智算及 X86 超算系统并行的双系统计算平台。依托宁波 AI 超算中心，宁波大学借助华为 AI 大模型全流程使能体系，构建了全球首个基于昇腾 AI 的视频场景理解大模型。第三，是首个政府引导进行市场化运营的落地的创新项目。

11.5　案例 4:"360 智脑"通用大模型

11.5.1　案例简介及解决行业痛点

（1）公司介绍

三六零安全科技股份有限公司（简称"360 公司"），是中国最大的互联网和移动安全产品及服务提供商。360 是互联网免费安全的首倡者，先后推出 360安全卫士、360 手机卫士、360 安全浏览器等国民级安全产品。

（2）案例基本情况

360 智脑是 360 公司依托多年来在搜索、大数据、大算力和工程化方面的优势，自研的通用人工智能大模型矩阵，包括 360 GPT、360 CV 和 360 多模态等多个千亿级大模型。

（3）案例解决痛点

360 公司拥有搜索、浏览器、桌面等多个产品和服务，每个产品和服务都有自己的特殊需求和痛点。

一是在搜索场景中，部分 Query 用户期待更直接的答案而非去网页里寻找；部分用户会存在对上轮搜索结果进行更深层次追问的需求；网页存在大量抄袭与模仿，用户想要汇总后的结论，减少时间的浪费。二是在浏览器场景中，用户对于当前浏览的网页有多种需求，如翻译、总结、解释内容等，此时用户总要费力地切换到其他网页或程序。三是在桌面场景中，用户无法记住自己的文件及文件内容，甚至不知道应用程序入口，需要一个强大的助手为其提供个性化体验。四是在内容创作场景中，创作者开始的那一刻是最艰难的，总需要一些灵感或是一个初版，再发挥自己的智慧去修改。

11.5.2　解决方案

基于 360 公司自身积累多年的安全数据、360 搜索的网页库数据和自有数据（文库、百科、问答等），结合多种自有数据源，经过严格清洗的 25 大类、80 小类的 9 T 中英双语语料，训练 1300 亿参数的 Decoder-only 结构的超大语言模型

360 GPT，训练共 4 万亿 Token，仍在持续训练中（图 11.6）。

此外 360 公司依托于图片搜索多年的优势，积累了海量的图文 pair。360 人工智能研究院经过大量的数据过滤及人工挑选，从 50 亿图文数据中得到了 2300 万高质量图文 pair 并开源了该数据集 Zero-Corpus。基于 Zero-Corpus 提出了视觉语言预训练框架 R2D2，在多模态多个下游任务上大幅刷新 SOTA 模型。

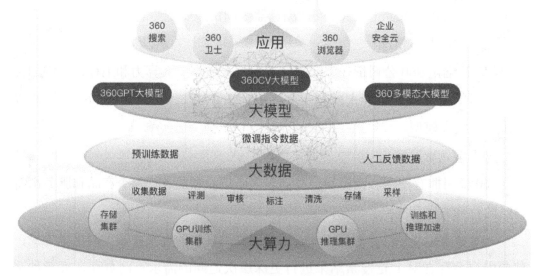

图 11.6 "360 智脑"通用大模型架构

结合自身的场景，通过大量的人工标注，汇总了约 1300 万覆盖各种场景的指令微调数据，使模型对各种场景的指令都能优雅地回复。

在搜索场景中，通过结合多个 prompt 的流程编排，充分利用大模型，提升用户的搜索体验。同时大模型与搜索的连接，也大幅缓解了大模型固有的幻觉类问题。搜索场景上线了右侧搜索结果总结框，给予用户直接答案，帮助用户节省浏览，总结和提取归纳的时间；同时，360 公司还创造了一套基于对话的新搜索模式，让用户方便地以对话的模式来进行搜索，大幅提升了用户体验。

在浏览器场景中，通过结合大模型的语言理解能力及浏览器插件的能力，在用户浏览过程中可及时调起大模型，对选中内容进行总结、翻译、解释等操作，用户无须再切换页面或应用程序。

11.5.3　应用成效

浏览器将会成为中小微企业办公的重要入口，集合各类企业 AI 生产工具。360 浏览器接入 360 智脑后，将大幅提升中小微企业的数智化办公水平。而接入大模型能力的 360 AI 安全卫士与整个操作系统紧密结合，将成为真正的 AI 辅助桌面工具。

360 公司的大模型战略是"两翼齐飞，四路并发"，一方面加强核心算法自研，另一方面加速优势场景落地。大模型向场景化、垂直化、平民化、产品化发展，为消费者、中小微企业、政府和城市及行业提供垂直大模型应用。

360 AI 数字人目前拥有 200 多个角色，分为数字名人和数字员工两类。数字名人包括历史人物、偶像明星、文学形象等，让用户在与数字人的开放对话中实现同先贤和偶像的接触与交流；数字员工则可成为企业员工的知识助手和办公助手，提升企业运营效能。

11.5.4　先进性及创新点

360 智脑已具备跨模态生成能力，包括文字处理能力、图像处理能力、语音处理能力及视频处理能力，可实现文生文、文生图、文生表、图生图、图生文、视频理解等功能。360 智脑"文生视频"多模态功能在国内首发，任何文字脚本都可生成视频，不受专业技能和素材限制，展示了"无中生有"的能力。360 智脑已具备生成与创作、多轮对话、代码能力、文本分类、文本改写、阅读理解、逻辑与推理、知识问答、多模态、翻译等十大核心能力，维度涵盖数百项细分功能，可覆盖大模型全部应用场景，并在多个第三方评测中位居国产大模型第一梯队。

11.6　案例5：基于隐私计算公共数据授权运营案例

11.6.1　案例简介及解决行业痛点

（1）公司介绍

杭州安恒信息技术股份有限公司（简称"安恒信息"）成立于 2007 年，自成立以来一直专注于网络信息安全领域。凭借强大的研发实力和持续的产品创新，已形成覆盖网络信息安全生命全周期的产品体系，包括网络信息安全基础产品、网络信息安全平台及网络信息安全服务。

（2）案例基本情况

AiLand 数据安全岛隐私计算平台是一个专注于保障数据安全流通，致力于解决多方数据融合计算过程中的安全、信任和隐私保护问题的隐私计算平台。涵盖了隐私计算三大主流技术路线，可行执行环境（TEE）、联邦学习（FL）、多方安全计算（MPC），配合关键行为数字验签和区块链安全日志审计技术，确保数据的所有权与使用权分离。通过采用五位一体化的模式保障对数据进行全生命周期的防护，从平台安全、传输安全、存储安全、计算安全、审计安全来进行数据全生命周期防护。从而实现在数据安全前提下，达到原始数据的"可用不可见，可用可计量"的范式，最终保障多方数据安全计算的可靠、可控、可管和可溯。

（3）案例解决痛点

案例主要面临以下几个痛点。

一是数据共享难。数据的易复制性导致数据在共享或交易后的使用过程中变得不可控。二是个人隐私数据保护难。数据打通与共享的推进必然会涉及用户的隐私保护问题。三是数据流通全生命周期安全保障难。数据在传输、存储和使用中均存在被窃取、泄露等安全风险，任意环节的安全漏洞均可能导致数据安全的不可控。

11.6.2　解决方案

安恒信息自主研发的 AiLand 数据安全岛隐私计算技术，平台主体功能和模块包括共享交换业务平台、安全可信大数据计算中台和智能安全运营防护系统。AiLand 数据安全岛隐私计算平台本身不生产也不汇聚数据，是"数据价值"的孵化器，通过隐私计算、模型算法等处理原始数据，产生的计算结果进行流通。AiLand 数据安全岛隐私计算技术包括可信执行环境、多方安全计算两大技术路线。

可信执行环境包含安全调试环境、安全计算环境两部分。安全调试沙箱通过调试测试进行数据模型开发和数据模型验证，安全计算沙箱通过验证成功的数据模型运算数据集得到满足数据获益方需求的数据结果集。

AiLand 数据安全岛隐私计算平台采用的密文计算方案主要基于秘密分享、匿踪查询、隐私求交多方安全技术。

11.6.3　应用成效

（1）社会效益

通过 AiLand 数据安全岛隐私计算平台保障数据安全，可释放数据计算价值，加速数字化改革进程。

通过该方案推进政府数据开发利用，变"土地财政"为"数据财政"。开放数据资源参与城市建设、加快地方政府思路转变、培育多元经济增长动力，以适应经济社会发展新需要。

（2）经济价值

该产品有利于探索数据资源的开放、流通、共享等相关制度和先进技术，更有利于推动多方数据的全归集、全打通和全共享。

目前，项目成果已经在上海临港跨境数据交易安全岛、北京某部委、某省公安厅、某省大数据局、某市三甲医院、某市教育局、某网市交通委等三十多个单位得到应用和实践，并且推广了运营商、金融等客户，在隐私计算数字政府领域，产品市场占有率超 35%。

11.6.4　先进性及创新点

案例主要在以下方面进行了创新。

第一，国内首创基于大数据的可信执行环境技术（BDTee）。搭建多方安全可信融合计算平台，提供安全可信执行环境、安全测试环境等功能，支持政府、企业、境内外企业直接在平台上开展数据处理和利用，实现原始数据在不出域的情况下，进行数据处理、分析和计算结果的跨组织、跨单位和跨境交互。

第二，区块链辅助的隐私计算技术创新。在数据安全计算任务完成后，主动销毁沙箱内的明文数据，并利用区块链技术保存沙箱审计日志，保障数据主动销毁的可信度。

第三，核心技术的自主可控。AiLand 数据安全岛隐私计算平台在技术层面，基于大数据架构的 BDTee 软件可信执行环境，实现调试和执行环境分离，任务与计算容器绑定，多任务互不影响。

11.7　案例 6：杭州国际数字交易中心建设方案

11.7.1　案例简介及解决行业痛点

（1）公司介绍

蚂蚁集团数字科技事业群是蚂蚁集团的科技商业化板块，目前蚂蚁数字科技拥有蚂蚁链（AntChain）、蚁盾（Zoloz）、mPaaS、SOFAStack、鹊凿、碳矩阵等具有代表性的创新技术产品及其他行业领先应用。

（2）案例基本情况

蚂蚁链运用"区块链＋隐私计算"技术，为数据交易所解决数据安全、授信问题，配合数据交易平台与数据运营开发平台，实现数据的"可用不可见"，助力数据要素安全流转。

（3）案例解决痛点

案例主要面临以下几个痛点：

一是管理制度，在数据交易管理的执行层面，缺少可以直接指导数据分级分类、数据开放、数据开发及交易全过程的落地规范。二是数据生态，不同网络之间的数据共同开发空间仍有待提高。参与数据供给、开发、运营、交易的市场主体缺少机制管理。三是数据产品，数据供给有限，导致供需关系失衡；约 70% 的交易需对数据进行定制化处理，但平台数据开发能力有限且未能链接足够的外部数据开发能力。四是数据场景，数据场景不丰富，缺乏与各行业的深度融合，无法体现特定数据场景的业务价值，无法吸引生态商入场交易。五是交易服务，平台缺乏成熟的交易机制、合规审查、安全管理、数据管控能力和结算配置等机制，存在信息不对称，信任体系缺失。六是数据安全，未能完善数据分级分类标准，针对高敏感数据流转技术配套欠缺，市场未能充分应用

"区块链 + 隐私计算"等技术，卖方对交易的安全性存疑。

11.7.2　解决方案

遵循数字经济发展，合法合规先行的要求，杭州国际数字交易中心致力于打造"3+1+N"数字交易平台。即建设数据交易平台、公共数据运营平台、隐私计算协作平台三大平台；围绕 1 套规范，制定全面易行、高效可信的交易体系规范，解决数据生产及交易过程中的一系列合规性问题；创建 N 个高社会价值、具有试点效应的应用场景。

通过建设数据隐私计算协作平台，解决多个机构之间进行数据交易流转过程中存在的数据权责不清、数据安全无保障、数据获取门槛高、数据协作流程复杂等问题。数据生命周期管理平台可以对数据协作方式进行精细化的安全策略定制，确保数据使用方在限定的方式下使用数据，通过多种安全组件提供全生命周期的数据安全与隐私保障；可以对链上所有可用数据资源及其可能的应用方式进行筛选查看，便于协作前寻找适用数据，降低数据获取门槛；可以使用封装好的协作应用进行简单快速的数据协作，或通过拖拽组件方式进行可视化易理解的协作应用开发，实现低技术门槛、多场景、可自定义的数据协作。

11.7.3　应用成效

蚂蚁链为杭州国际数字交易中心提供底层技术支持，通过区块链和隐私计算技术解决数据流通过程中，数据共享与隐私保护之间的天然矛盾；通过安全风控和 AI 技术助力海量数据高效分类分级，确保数据安全可控，整体解决了生命周期交易、数据授权开发、数据安全授信等问题。

"3+1+N"这套组合拳，整体解决了生命周期交易、数据授权开发、数据安全授信等问题，构建涵盖数据交易主体、数据合规评估、质量评估、安全审计等多领域的系统性数商体系，激活数据要素交易市场，构筑数据流通交易生态，促进数据高效流通利用。截至 2023 年 5 月，杭州国际数字交易中心已与 200 多家企业建立合作关系，上架产品 400 多件，实现 500 多笔交易业务，累计实现交易金额 10 多亿元，其中海外交易金额 2000 多万美元。

11.7.4　先进性及创新点

案例主要在以下方面进行了创新。

第一，通过区块链和隐私计算技术解决数据流通过程中数据共享与隐私保护之间的天然矛盾；通过安全风控和 AI 技术助力海量数据高效分类分级，确保数据安全可控。

第二，将隐私计算和区块链技术融合在一个系统里，协作流程由智能合约驱动，数据流转由隐私计算引擎来解决，并通过区块链技术确权、登记和交易共识。在数据共享过程中有效保护个人信息，实现全流程可记录、可验证、可追溯、可审计。

第三，根据各行业的数据安全条例，以大规模计算能力及 AI 决策引擎，支持敏感数据自动化识别与安全分级，并根据分级结果及数据应用场景对数据进行脱敏、水印、加密等安全处理，实现数据的安全管控。

11.8　案例 7：应急指挥平台

11.8.1　案例简介及解决行业痛点

（1）公司介绍

中国电信股份有限公司贵州分公司是贵州省内重要的综合智能信息服务提供商，具备为客户提供跨地域、全业务的综合信息服务能力和客户服务渠道体系，向用户提供丰富多彩、优质高效的信息通信服务，能够满足客户的各种通信及信息服务需求。

（2）案例基本情况

围绕贵州"一云一网一平台"中数据汇聚、系统集成、联勤联动、共享开放的要求，建立应对全省公共应急事件的集成平台，实现应急处置信息流转和处置流程的协同管理，形成跨地区、跨部门、跨层级的快速响应、信息共享、联勤联动，提供智能化的"应急知识档案"图谱，建立应急处置数据的共享应用中枢，实现各级部门可以在应急处置工作中提供专题研判和辅助决策服务。

（3）案例解决痛点

案例主要面临以下几个痛点。

一是监测预测不足。多灾种的监测预警需求迫切，但现有系统对厅内外相关感知数据的整合不足，事前监测预警和值班值守效果不理想。二是预报响应复杂。在接报灾情后，响应级别的研判过程烦琐，缺乏智能的条件自动研判手段，影响响应预案的辅助决策效率。三是决策调度困难。防汛抗旱、火灾防治、地灾减灾等业务的应急资源综合管理和协调调度需求难以满足，灾情评估能力不足，无法为指挥调度提供有效决策支持。四是总结分析不全面。灾情事后总结管理、事故调查及历史灾情趋势分析的系统性和深度不足，难以全面提高灾害应对能力。

11.8.2　解决方案

应急指挥平台的建设应充分考虑"标准和开放"的原则，采用开放式体系结构，支持各类标准主流的软硬件接口，使系统具有较强的灵活性和扩展性，具备与多种系统互联互通的能力。在系统建设中广泛采用遵循国际标准的系统和产品，以便于平台的互联和扩展，提高系统的可移植性、互操作性和可集成性。

采用基于行业标准或得到广泛使用的事实上的行业标准的技术和架构，有利于降低技术风险和对特定供应商的依赖性；采用的开放系统架构，有利于保持系统的向后兼容性、可集成性和可扩展性。

（1）微服务架构体系

微服务架构是一种将大型的单应用程序和服务作为一套小型服务开发的方法，即将应用程序和服务构建为服务套件，每个服务具备严格的模块边界，允许使用不同的编程语言实现不同的服务，并且每个服务都在其独立的进程中运行，服务之间使用轻量级机制进行通信。所有微服务都是围绕业务功能构建的，可以通过全自动部署机制进行独立部署。

（2）跨平台设计

跨平台设计是系统重要的设计目标，同时也是重要的设计要求与思想。

（3）多层解耦架构体系

应急指挥平台的系统设计，通过解耦各业务链条，发掘共用通用的应用、服务、模型，充分考虑业务应用、模型、开发组件及各类数据之间的结合关系，进行统一规划设计，在系统模块划分时，遵循"一个模块，一个功能"的原则，尽可能使各模块达到功能高内聚、低耦合，提高系统的重用性、维护性、扩展性，建设更具弹性、更稳定、更灵活、更集约的平台架构体系。

11.8.3 应用成效

中国电信股份有限公司贵州分公司通过应急指挥平台的建设为贵州省各级应急指挥系统的应急指挥能力提供了有效的支撑，并进一步形成与贵州大数据战略地位相符的贵州应急管理信息化支撑保障体系，实现"全面感知、动态监测、智能预警、扁平指挥、快速处置、精准监管、人性服务"的现代化应急指挥应用。通过紧紧抓住应急管理事业改革发展的重大战略机遇，构建科学、全面、开放、先进的应急管理信息化体系，加快现代信息技术与应急管理业务深度融合，促进体制机制创新、业务流程再造和工作模式创新，不断提高风险监测预警、应急指挥保障、智能决策支持、政务服务和舆情引导应对等应急管理能力（图 11.7）。

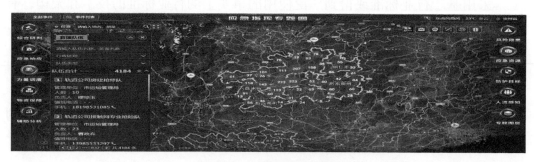

图 11.7 应急指挥专题图

11.8.4 先进性及创新点

案例主要在以下方面进行了创新。

第一，实现统一标准，存储安全，充分选择利用具备先进性、高可靠性、数据均衡性、系统安全性的存储设备及统一池云化技术，提高备份数据安全可靠要求，快速检索查询。第二，归档高效，方案灵活，针对各自业务部署情况分析，可以进行定制化的优化，按小时、天、周、月进行数据归档。并提供归档成功列表，方便业务系统运维人员核对后，清除原始数据，清理本地存储空间。第三，访问快速、还原灵活，结合业务开放接口兼容性、访问流畅性针对业务系统定制化实现备份数据高效访问，减少业务系统研发难度，提高业务访问切换效率。

11.9 案例 8：中国移动 OneNET 助力广东省物联感知数据共享管理系统解决方案

11.9.1 案例简介及解决行业痛点

（1）公司介绍

中移物联网有限公司是中国移动集团成立的首家专业化全资子公司。中移物联网有限公司作为中国移动在物联网领域的主力军，正在加速构建 5G 时代物联网产品体系（简称"'4331'产品体系"），以连接规模为基础，向下延伸卡位入口，向上延伸拓展平台和应用，向外延伸建立产业生态，全产业链布局已取得突破性进展，成为国内物联网领域的头部企业。

（2）案例基本情况

广东省物联感知数据共享管理系统解决方案是 OneNET 城市物联网平台在智慧城市领域的重要应用，是全国首个省级物联感知平台，是广东省域"一网统管"技术架构中的数据支撑基础平台之一，是省域治理的基础数据核心。通过系统的建设，将建立省域治理"一网统管"物联感知体系，推动跨部门、跨层级、跨区域、跨业务、跨系统的物联感知数据共享，支撑各部门快速构建场景应用，提升各部门治理能力和水平。

（3）案例解决痛点

一是信息互联互通难。随着数字化政府建设的深入推进，业务需求场景不断丰富，不同部门、不同层级、不同地区之间的信息互联互通困难，导致数据孤岛问题严重。二是信息共享和业务协同难。广东省政务服务和数据管理局面临着大量视频和感知数据资源的采集，但这些数据在不同部门和地区之间的共享和业务协同存在障碍，影响了整体政务服务效率。三是缺乏统一管理系统。当前缺乏一个省级物联感知数据共享管理系统，无法系统化地提升视频和感知数据资源的共享和交换能力，亟须解决数据管理和利用效率低下的问题。

11.9.2 解决方案

广东省物联感知数据共享管理系统解决方案基于 OneNET 城市物联网平台打造，是全国首个省域治理物联感知数据共享管理系统，平台融入六类场景，聚焦九大中低速行业，助力数字孪生城市构建和企业数字化转型。平台构建"1+1+1+N+X"物联感知体系，实现"一网统管"项目落地，同时，该平台已基于多级平台体系在广东省成功卡位 18 个地市县入口。为客户搭建城市物联感知底座，聚焦全域感知能力升级，解决与物联网标识体系相互融通、满足复杂多层次的感知需求的能力，提升了设备接入的便捷性。基于"平台软件服务＋定制开发服务＋云网服务"的商业模式。

项目提供了基于国密算法的安全解决方案，构建了全链路安全监控能力，打造了省域治理物联感知数据可视化，通过省政务服务数据管理局进行大平台卡位，再通过"粤复用"进行推广。

项目是广东省域"一网统管"技术架构中的数据支撑基础平台之一，是省域治理的基础数据核心。通过系统的建设，将建立省域治理"一网统管"物联感知体系，推动跨部门、跨层级、跨区域、跨业务、跨系统的物联感知数据共享，支撑各部门快速构建场景应用，提升各部门治理能力和水平。

11.9.3 应用成效

（1）社会效益

此项目的顺利实施开创了省级物联感知体系的先河，树立了省级物联感知数据共享管理系统的建设标杆，依托广东省物联感知数据共享管理系统，通过平台资源集约利用能够有效减少政府重复建设成本。通过顶层设计构建省市县（区）三级架构，增进全省物联感知数据互通互认和共享，有效提升全省各地各部门城市精细化管理水准，有利于实现物联网产业集聚，真正实现新时代智慧城市建设。

（2）经济效益

逐步提升城市管理水平，改善人民生活方式。实现城市低碳经济和循环经济，推进生态环境和城市发展相促进。物联网设备在未来智慧城市的数字经济中是能耗采集、管理、策略应用的信息终端，通过对水、电、燃气等城市生命线资源的物联网统一管理，能够有效为城市治理提供决策依据，为能耗预测等解决方案提供数据支撑。有效避免 90% 以上的物联网设施重复建设，实现物联网设备 100% 复用。

11.9.4　先进性及创新点

案例主要在以下方面进行了创新。

为推动智慧城市"一网统管"的实现，创新规划了"省 - 市 - 县"三级平台架构，实现全省感知设备与数据的统一接入、统一管理、统一共享和统一应用，形成省、市、县、镇、村五级物联感知态势"一张网"，助力省域治理"可感、可视、可控、可治"。第一，实现了全域感知终端的统一接入和全生命周期管理；第二，采用了物模型和大数据技术融合，实现物联数据的实时分类整合、多维属性逻辑重构；第三，采用了分布式多级平台消息动态路由技术及数据同步技术，实现多级平台级联及跨平台资源协同。

11.10　案例 9："迅链" BaaS 平台

11.10.1　案例简介及解决行业痛点

（1）公司介绍

四川迅鳐科技有限公司成立于 2022 年，是汇聚了国家信息中心、电子科技大学网络空间安全团队与德阳市人民政府三方力量的高新技术企业。公司深耕区块链基础设施建设，为城市管理、政府治理及产业发展注入高效动能，推动智慧城市与数字经济的蓬勃发展。

（2）案例基本情况

"迅链"是由德阳市政务服务和大数据管理局指导，由迅鲲科技提供技术支持搭建的德阳政务区块链基础设施，包括"迅链"BaaS 平台、"迅链"区块链网络系统、"迅链"区块链服务系统，已于 2022 年完成上线。"迅链"已搭建城市级区块链可信基础设施，强化市内链管理机制，推动链联动协同发展，响应国家区块链创新应用试点，打造在地特色创新应用。

（3）案例解决痛点

案例主要面临以下几个痛点。

一是区块链技术使用门槛高。用户在使用区块链技术时，面临较高的技术门槛，难以快速上手和应用。二是实施难度大。区块链技术的实施过程复杂，用户在实际操作中遇到诸多困难。三是安装部署复杂。现有区块链平台的安装和部署过程烦琐，用户难以高效完成。四是平台运维困难。区块链平台的运维工作复杂，用户在维护和管理过程中面临诸多挑战。五是开发效率低下。用户在基于区块链的服务和应用开发过程中，效率较低，难以快速实现预期目标。

11.10.2　解决方案

区块链 BaaS 平台的应用场景非常广泛，涉及金融、物联网、供应链管理、医疗卫生等多个领域。在金融行业，BaaS 平台可以用于构建数字货币、智能合约、金融结算等应用，有效提高金融行业的效率和安全性；在物联网应用中 BaaS 平台可以用于构建分布式数据管理系统、物联网设备身份认证、设备追踪等应用，为物联网的发展提供技术支持；在供应链管理中，BaaS 平台可以用于构建分布式供应链管理系统、物流跟踪系统、质量追溯系统等应用，实现供应链的透明化和可追溯性；在医疗卫生行业中，BaaS 平台可以用于构建电子病历系统、医疗数据共享平台、药品溯源系统等应用，提高医疗卫生行业的效率和质量。

"迅链"已搭建城市级区块链可信基础设施，强化市内链管理机制，推动链联动协同发展，响应国家区块链创新应用试点，打造在地特色创新应用，其包括以下场景。

（1）信用报告

利用区块链存证技术，为信用平台服务，把已经实现了电子化的电子证件形成链上存证，生成一串密码"数字指纹"；对文件的"数字指纹"进行链上存证，生成链上信用报表存证记录。在使用报告时，验证"数字指纹"即可判断报告是否真实。

（2）数据共享

政务数据交换平台中产生的数据交换相关日志文件上链存证，实现政务数据共享的监管。

（3）证照授权

政府查看市民证照需授权，通过区块链将这个授权过程记录上链存证。一方面对保护市民电子证照隐私，另一方面保证实现办理的合规合法。

（4）不动产交易

为不动产平台服务，实现在线进行抵押登记流程的监管，通过区块链技术解决跨多个部门办理互认的问题，办理事项做到有理有据、有法可依，既能提高办事过程中的效率，又能对事后的溯源提供可信依据。

（5）摊贩登记

流动摊贩从业人员具有流动性和应变性，活动范围大、流动性强、交易过程简单，因此可以随时随地流动或设摊经营。通过区块链技术将摊贩登记卡信息上链后生成凭证，扫描摊贩登记上的区块链凭证二维码显示上链凭证，利用区块链技术的不可篡改性，实现对摊贩登记卡内容的监管，防止摊贩登记信息被篡改，从而更好地监督市场秩序，保障食品安全。

（6）零材料提交

对接各委办局、德阳数据中台，获取用户办理业务的各类证据数据，形成链上快照，实现业务的零材料办理。

（7）电子档案管理

将电子档案移交、接收、归档、共享全过程数据上链，构建真实完整的电子档案全生命数据链条，实现全程可信数据追溯。通过区块链技术保证不可篡改，保证电子档案文件的完整性和真实性。

（8）在线招投标

将区块链技术与在线招投标系统结合，解决在线招投标业务流程中的信任问题，将招投标的每步都公开透明，对招投标全流程中涉及的项目信息、代理选取、招标公告、投标文件、开标结果、中标候选人公示、结果公示等全部节点信息进行上链存证，提高在线招投标系统的公信力。

11.10.3　应用成效

基于 BaaS 的城市数字基础设施建设探索将为城市带来多方面的变革。

首先，基于 BaaS 的城市数字基础设施建设可以提高城市管理和服务的效率和质量，为居民提供更优质、更便捷的公共服务，提高居民的生活质量和幸福感。

其次，基于 BaaS 的城市数字基础设施建设可以促进城市的数字化转型和智能化升级，为城市的经济发展提供有力支撑，提升城市的竞争力和影响力。数字化转型是现代城市经济发展的必然趋势，数字技术的广泛应用可以提高城市经济的效率和竞争力。

最后，基于 BaaS 的城市数字基础设施建设可以加强城市的数据安全和隐私保护，保障居民的合法权益，促进城市社会的稳定和和谐发展。

11.10.4　先进性及创新点

案例主要在以下方面进行了创新。

区块链涉及数学、密码学、互联网和计算机编程等很多科学技术问题。"迅链"作为区块链管控平台，屏蔽了底层技术细节，让用户方便地使用区块链技术为产品 / 项目服务。主要体现在以下几个方面：①灵活快速部署；②内置开发模板，提升建链、上链、用链效率；③区块链生命周期管理；④可视化监控；⑤支持私有化、混合云端、跨区域部署联盟链；⑥支持国产信创体系。

11.11　案例 10：基于 BIM 的建筑全生命周期管理方法——BIM 技术在数据中心设计阶段的应用

11.11.1　案例简介及解决行业痛点

（1）公司介绍

太极计算机股份有限公司是国内电子政务、智慧城市和关键行业信息化的领先企业，面向政府、公共安全、国防、企业等提供信息系统建设和云计算、大数据等服务，涵盖云服务、网络安全与自主可控、智慧应用与服务、信息基础设施等综合信息技术服务。

（2）案例基本情况

太极数据中心项目 100% 使用 BIM 技术进行项目的实施和管理工作，利用自研协同管理平台配合 PM 项目管理平台，对项目全生命周期进行数字化管控，极大地提高了管理能力、降低了成本、节约了工期。在精细化模型的基础上，各专业工程师在虚拟的三维空间中进行深化设计，利用可视化的三维图纸、碰撞检测机制等 BIM 特有的功能，识别出大量二维环境下无法识别的问题，并在三维环境下寻得最有效的解决方案。

（3）案例解决痛点

案例主要面临以下几个痛点。

一是设计周期长且专业协同困难。建筑行业传统的设计周期都比较长，众多专业无法协同工作，只能按照先后顺序依次进行，耗时费力。各专业在设计过程中容易出现碰撞、冲突等问题。二是施工信息传递效率低。施工过程中施工方、监理方、业主方、各级主管领导等难以及时对工程项目的各种问题和情况进行了解，信息传递效率低；施工方在施工过程中难以发现图纸设计错误，造成大量返工，浪费人力物力。三是运行维护阶段信息掌握不全。业主方难以全面精准地掌握信息，对维修维护带来很大困难；传统的纸质资料难以查询有效信息，问题处理效率低。

11.11.2 解决方案

以太极股份承建的"重庆腾龙两江数据中心二期"项目为例。

（1）碰撞检查，减少返工

减少返工：BIM最直观的特点在于三维可视化，利用BIM的三维技术在前期可以进行碰撞检查，优化工程设计，减少在建筑施工阶段可能存在的错误损失和返工的可能性，而且可以优化净空、优化管线排布方案。施工人员可以利用碰撞优化后的三维管线方案，进行施工交底、施工模拟，提高施工质量，同时也提高了与业主沟通的能力（图11.8、图11.9）。

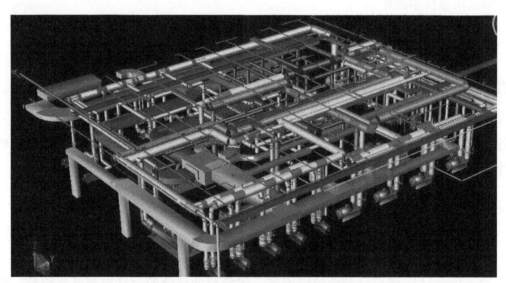

图 11.8　BIM 管线综合排布效果图

图像	碰撞名称	状态	距离	轴网位置	说明	找到日期	碰撞点	系统名称 &系统名称	
	碰撞1	新	-0.53	SF-61:B1	硬碰撞	04:07.3	x:40.33,y:-3.47,z:115.94	FP管道	风管
	碰撞2	新	-0.48	SF-61:B1	硬碰撞	04:07.3	x:40.33,y:-3.47,z:117.05	FP管道	风管
	碰撞3	新	-0.44	SF-63:B1	硬碰撞	04:07.3	x:52.24,y:-4.20,z:111.83	FP管道	梁

图 11.9　管线碰撞检查列表

（2）虚拟施工，有效协同

三维可视化功能再加上时间维度，可以进行虚拟施工。随时随地、直观快速地将施工计划与实际进展进行对比，同时进行有效协同，施工方、监理方，甚至非工程行业出身的业主领导都对工程项目的各种问题和情况了如指掌。这样通过 BIM 技术结合施工方案、施工模拟和现场视频监测，大大减少建筑质量问题、安全问题，减少返工和整改。

（3）精确计划，减少浪费

施工企业精细化管理很难实现的根本原因在于海量的工程数据导致无法快速准确获取以支持资源计划，致使经验主义盛行。而 BIM 的出现可以让相关管理条线快速准确地获得工程基础数据，为施工企业制定精确人才计划提供有效支撑，大大减少了资源、物流和仓储环节的浪费，为实现限额领料、消耗控制提供技术支撑（图 11.10）。

图 11.10　管线基础数据展示

11.11.3　应用成效

（1）经济效益

BIM 技术的应用，从咨询开始贯穿了数据中心全生命周期，极大地缩短了整体建设工期，降低了由于设计不完善、图纸表达不清、工人识图不准等因素带来的返工，降低了现场人员管理难度；过程资料的数字化为后期数字化、自动化运维奠定了基础。为企业、施工单位、运维团队带来了明显的降本增效体验。

（2）社会价值

在双碳目标大背景下，节能减排、降本增效成为企业、社会高质量发展的必由之路。BIM 技术作为建筑行业数字化转型的最有力工具，正不断地发挥其价值。BIM 可以提高建筑的安全性，并减少事故和危险的发生。同时，通过使用 BIM，在建筑物的施工过程中可以减少废弃物的产生，从而有助于保护环境。通过建设过程模拟，可以规避生产安全隐患，减少人员财产损失。此外，BIM 的使用还可以提高建筑的气候适应性，从而减少建筑物的碳足迹。

11.11.4 先进性及创新点

太极计算机股份有限公司建立了企业层面的 BIM 组织，BIM 的应用为企业经营管理带来更多的价值，增强了企业的核心竞争力，其主要在以下方面进行了创新：

第一，设计模型校对与创建；第二，进行碰撞检查；第三，多专业协同设计；第四，精准的成本概预算；第五，投标动画制作、施工进度模拟；第六，BIM 建模配合图纸会审；第七，可视化设计交底。

第 12 章　智慧零售全域数字化经营
十大优秀案例

　　基于报告研究得到的指标体系，腾讯智慧零售联合伏羲智库邀请业内知名专家开展案例评审活动，通过甄别行业优秀实践，为零售企业数字化转型提供具象化指引。

　　从案例得分情况来看，十大优秀案例在数字化战略、数字化应用、数据基础能力 3 个维度上的平均分占满分的比重分别为 81%、89%、75%，表明十大优秀案例在数字化应用方面的实践成熟度最高，在数据基础能力的建设上则略显薄弱。入选"十大优秀案例"的零售企业普遍实现了数字化应用的广泛覆盖，围绕战略目标、品牌定位在数字化经营层面进行了丰富的实践探索，各类新兴打法层出不穷，且更具新颖性与趣味性。评审专家一致认为，近年来，企业对数字化转型的理解深度和广度明显拓展，在未来仍有很大的发展空间。

　　后文围绕数字化战略、数字化应用、数据基础能力 3 个评审维度，分别介绍在该评审维度上具有比较优势的企业案例。

12.1　数字化战略

12.1.1　案例：来伊份

　　来伊份成立于 1999 年，是国内休闲食品连锁商业模式的开创者、健康零食的引领者。二十多年来，始终专注于为用户提供新鲜健康、高品质、高性价比的产品。2016 年来伊份在 A 股上市，是全国第一家上市的零食企业。

　　来伊份从 2001 年就开始了数字化建设进程，并成立了专门的领导小组，由董事长施永雷担任小组负责人，各事业部副总裁作为小组成员，并建立了"总部－地区－门店"的数字化营销三级组织。在传统零售向智慧零售的转型过程中，来伊份经历了信息化、数字化、智能化的 3 个关键发展阶段，其核心驱动力是对新质生产力的不断探索与应用（表 12.1）。

表 12.1　来伊份数字化转型的三大阶段

信息化阶段 （2001—2015 年）	数字化阶段 （2016—2020 年）	智能化阶段 （2021 年至今）
围绕着门店经营能力的线上化和标准化，实现门店快速、高质量扩张	2016 年以来，来伊份开始由 C 端门店零售转向 B 端加盟、进销渠道的数字化建设	在新鲜零食战略的背景下，通过五大中台的建设，实现精细化管理

通过构建一系列数智化系统，来伊份实现了业务流程的数字化升级和供应链体系的智能化管理，同时提升了消费体验的个性化及运营效率和决策的准确性，并通过智能预测、精准补货、智能选址、精准营销等功能，加强了对市场变化的快速响应能力。借助新质生产力的深度融合，来伊份不仅优化了内部管理，还提升了服务质量和客户满意度，确保了在变革的浪潮中稳步前行。

12.1.2　案例：全棉时代

全棉时代成立于 2009 年，传承稳健医疗集团 30 余年的医疗背景，致力于让高品质的全棉产品深入日常生活，让人们享受更安全、舒适、健康的生活用品。产品体系涵盖婴童用品服装、家清个护、男女士家居和外出服、家纺等品类。

2018 年开始，企业的数字化转型就获得了创始人李建全先生及决策层的高度重视，确立了"以消费者为中心，以商品为驱动，以数字化和智能制造为武器"的集团数字化愿景，以商品数字化、消费者数字化、全渠道数字化、供应链数字化、智能制造数字化为集团五大数字化战略，并专门成立了集团数字化运营中心，配合 5 年 10 亿元以上的资金投入，通过"自研＋外采"打造出全棉时代数字化产供销一体系统（图 12.1）。

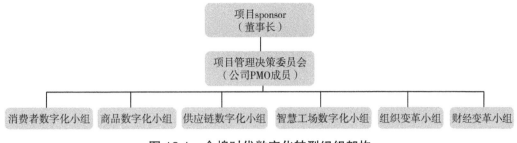

图 12.1　全棉时代数字化转型组织架构

全棉时代始终坚持"喜悦用户、长期主义和可持续发展"的价值导向。为实现"流量"到"留量"的转变，与客户构建长期稳定的"强信任"关系，全棉时代强调丰富的、有温度的内容输出与交流分享。例如，在微信小程序开设内容社区，打造时尚搭配、健康育儿、健康生活的内容交流专区，形成品牌与用户互动、用户与用户交流与互助的良好氛围；全棉时代在官方小程序中推出的"种棉花""棉花工厂"小游戏，科普棉花文化知识，让用户在线上体验棉花和棉产业链的价值，从而了解品牌"全棉改变世界"的愿景；全棉时代会围绕内容、互动、销售，针对用户做不同的分层，提升社群内容的价值感、活跃度，新消费者在群里咨询问题，全棉时代的服务专家将为其提供帮助与专业解答，细微到如何挑选一条内裤或浴巾，全棉时代的导购还会告知消费者相应的挑选方法并推荐适合的商品，在这样的氛围下，很多用户在社群自发地分享内容，包括产品使用体验、话题经验交流等。截至 2023 年 12 月，全棉时代已发展了超过 5300 万全域会员。

12.1.3　案例：泡泡玛特

泡泡玛特国际集团有限公司（简称"泡泡玛特"），成立于 2010 年，是一家致力于潮流文化娱乐业务的国际化公司，其所经营的潮玩零售业务现已覆盖全球 30 多个国家和地区，拥有超过 450 多家直营门店，同时运营 2300 台机器人商店，拥有 3000 万会员量，在全球潮流玩具产业中崭露头角。

泡泡玛特 CEO 将数字化视作企业发展的根本，结构上由企业高层直接带领团队进行决策和实践，并定期向 CEO 汇报和交流进展情况。为解决各业务部门之间的信息孤岛问题，泡泡玛特设立多个中台部门打造协同机制，实现数字化资源的共享和优化利用。

同时，泡泡玛特致力于打造数字化人才队伍，截至 2023 年底，已组建 IT 信息、技术研发、消费者运营等多个专业化的数字化团队，在企业职能岗位人数中的占比超过 10%，同时还大力培养员工的数字化意识，通过推出"头部企业游学交流""线下培训讲座""在线学习平台"等多样化的培训，提高员工对数字化工具的应用水平，保障各项业务数字化转型的落地实施。此外，泡泡玛特也较为重视企业数字化基建的发展，采用了全量的上云策略以缓解流量在短时间内的爆发，通过微服务架构，实现业务的轻量化，同时充分利用 AI 工具辅助内部办公、产品设计与团队营销等过程，并建立严格的数据管理制度与数据查询审核流程，实现更加从容地应对各类数据安全风险威胁，保护企业和用户的利益。

12.1.4　案例：飞鹤

飞鹤乳业是中国最早的奶粉企业之一，是中国乳业的领军企业。61 年砥砺前行，飞鹤一直专注中国宝宝体质和母乳营养研究。

2018 年，飞鹤集团制定全产业链"3+2+2"数字化转型战略规划——以智能制造、ERP 系统建设、智能办公这"3"个具体 IT 项目为依托，以数据中台和业务中台"2"个中台为统一支撑，支持新零售和智慧供应链"2"个核心业务目标的实现（图 12.2）。

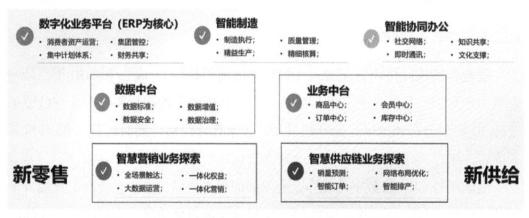

图 12.2　飞鹤全产业链"3+2+2"数字化转型战略规划

飞鹤数字化转型工作采用集团数字化领导小组统筹管理，信息化中心专业人员与业务伙伴联合推动的模式，领导小组由公司总裁亲自带队。每个业务部门设置专门对接负责数字化转型的人员，统筹本部门数字化转型落地工作，同时设置各系统的"关键用户"，负责专业系统的应用推广和一线运维工作。集团成立了专门的数字化转型部门－信息化中心作为二级支持，人才规模已达 126 人，并通过考核机制建立"传帮带"体系与问题升级响应机制，打造数字化智能化统一办公平台，提升系统处理效率。

同时，在组织绩效考核和个人绩效考核中，对专业岗位设置用户满意度、系统建设满意度、系统可用性等指标，促进技术人员更好地开展系统建设与运营。设立数字化建设激励机制，在各领域系统内开展数字化相关的科技项目奖项年度申报和表彰，激发全员数字化探索、创新与应用实践热情。

12.2　数字化应用

12.2.1　案例：安踏集团

安踏集团创立于 1991 年，是一家集设计、研发、制造、营销及销售为一体，专注运动鞋服、配件的多品牌体育用品集团。2007 年安踏集团在香港上市。在公司"单聚焦、多品牌、全球化"战略的牵引下，安踏集团已经发展成为一个多品牌、全球化的体育用品集团，旗下建立了多元化的品牌组合。2019 年，安踏集团组成投资者财团，成功收购国际运动品牌集团 Amer Sports（亚玛芬体育），进一步拓展了安踏集团在全球的品牌布局。

安踏集团数字化的核心是"以消费者为中心"。安踏自主研发的 CRM 系统，服务了集团旗下多个品牌、超过 1 亿的会员。针对不同阶段的消费者，通过大数据打标签实现精准营销，差异化地进行深度运营。目前，安踏集团的两个主要品牌安踏和斐乐已经将消费者全生命周期的管理视为重要的经营战略，逐步形成了基于会员高效运营的策略模型。

在企划和设计方面，安踏通过应用 PLM 系统，实现从企划、设计到开发的全面协同。不仅如此，安踏已经开始尝试运用 3D 及 AI 技术，将材料到成品的过程可视化，进一步提升效率。此外，商品智能化运营也在持续推进成果落地，助力库销比、售罄率等货品核心指标有更好的表现。

安踏集团在私域新模式上也在持续探索。旗下斐乐品牌官网通过"千店千面"的创新模式支持区域差异化运营。不同区域零售公司可以根据当地气候、商品销售情况等在官网主推不同商品。创新模式打通了区域和总部、线上和线下的区隔，为消费者提供了统一无缝的品牌体验。真正形成了"以消费者为中心"的私域运营链路，打造了行业标杆。

数字化能力的升级，助力了安踏集团业绩持续增长。但安踏人"永不止步"，面对消费者偏好加速变化，以及全球化战略引领下的品牌出海，推动品牌价值的深度重塑以实现集团整体战略的达成，是安踏集团数字化的新航向。

12.2.2　案例：肯德基

肯德基作为中国消费者西式快餐的引领者之一，自 1987 年进入中国内地市场，始终坚持为中国消费者带来经典、新颖、可口的美味。目前，肯德基在中国已覆盖超过 2000 个城镇，拥有超过 10 000 家门店。

肯德基实现数字化应用在运营、销售、中后台与办公等多个领域内的全面覆盖，积极对公域和私域进行布局，依托微信等平台，联合腾讯 AIGC 能力打造 Menu X 平台，通过这一 AI 食物灵感创意工具邀请消费者自由打造食谱，联手超级 QQ 秀进军"新次元宇宙"开启跨次元炸鸡店等。

肯德基搭建了一个涵盖微信小程序、App 及第三方平台的数字化门店网络，并通过整合肯德基提供的各项服务打造餐饮行业领先的"肯德基超级 App"，搭配线上订餐、电子会员卡、移动支付等多项业务和功能，提高服务效率和顾客体验，当前，数字化点餐在肯德基总订单量中占比已达到 89%。此外，肯德基尝试开展无人配送项目，利用无人机将外卖送至顾客手中，给顾客带来更好的用餐体验。

此外，肯德基非常重视企业数字化转型过程中的数据安全问题，通过组建数据管理委员会，采取多种措施，保障数据在全生命周期各个环节的安全，基于数据监测构建业务安全防护能力。

12.2.3　案例：百果园

百果园是集水果采购、种植、保鲜、运输、零售等业务于一身的水果全产业链企业，致力于做高品质的水果，2023 年在港股上市。

百果园在业内率先推出"三无退货"的服务承诺，即不满意可无小票、无实物、无理由信任退货，开创了行业服务标准新高度。百果园的数字化转型围绕 5 个"一体化"展开（表 12.2）。

表 12.2　百果园数字化转型的 5 个"一体化"

线上线下一体化	店仓一体化	及时达与次日达一体化	门店现售与产地预售一体化	品类经营与顾客经营一体化
包括电商平台、实体门店及移动端等，实现会员体系、商品体系、库存体系、营销活动体系的一体化运营	实现门店与仓库的统一管理，提高库存周转率，优化物流配送，实现门店快速补货和配送	满足当日新鲜水果与次日预定水果的消费需求	实现门店现售和产地预售的统一管理，建立严格的质量把控体系，保障水果新鲜度	基于会员和日常营销交易数据，对不同消费者进行精准营销和服务，提升选品与营销能力

为保障水果品质，百果园建立了完善的全球采购系统，通过科学采摘和成熟度管理，确保水果的最佳口感和风味。冷链保鲜技术实现了从产地到配送到门店销售的全面鲜度保障。落实果品分级标准，通过"店仓一体化"模式，保证"最后一公里"的物流供应能力。

在开放生态长期主义方面，百果园深度参与基地和农户的相关合作，与供应商、合作伙伴等建立紧密的合作关系，通过资源共享、信息互通等方式，提高生态合作效率。此外，百果园大楼的建设引入了办公低碳节能的 AI 算法，优化办公能耗，承担社会责任。

12.3 数据基础能力

12.3.1 案例：蒙牛集团

蒙牛集团1999年成立于内蒙古自治区，2004年在香港上市。蒙牛专注于为中国和全球消费者提供营养、健康、美味的乳制品，是全球乳业八强。

经过20多年的数智化，蒙牛已经积累了海量的数据资源。为最大限度地挖掘数据资产价值，蒙牛搭建了数据中台，将原有分散的底层数据架构进行了统一，实现数据集中存储。通过对多源数据的清洗，梳理设计统一的底层数据模型，实现了数据的有效整合；通过数据应用层的搭建，初步实现支持数据的高效共享。同时，在原有批处理数据链路基础上增加了实时数据处理链路，从而有效支撑实时数据应用场景。

在消费者营销触达场景，营销中台基于海量数据构建出了消费者知识图谱及营销引擎的存算一体底座，利用概率图算法，快速精准地建立特征标签，降低算法开放成本；消费者知识图谱结合大模型的语义解析能力，提升洞察能力的实现速度与精度；敏捷支撑消费者分析管理及自动化营销平台、消费者特征标签生产，打造了语义探索分析、AI广告投手等能力。

在消费者运营场景，蒙牛基于自身多年积累的营养领域数据训练出了全球首个营养健康领域模型MENGNIU.GPT，该模型通过了国内外21项专业认证考试，在营养健康领域的能力水平明显优于其他通用大模型。基于此模型的应用"AI营养师"在"营养健康服务整合平台-WOW健康+"上进入亿万家庭，精准满足日常健康管理需求，建立与消费者良好的"情感互动"和"数字链接"。

12.3.2 案例：高济医疗

高济健康作为中国最广泛的基层医疗入口之一，秉承守护大众健康的使命，构建基层医疗健康服务"15分钟步行健康生活圈"，在全国拥有超过15 000家智慧药店门店，已累计服务近一亿会员。

高济集团的数据基础能力尤为突出：

在保障数据可用性方面，高济通过自研的自动化数据接入工具，可以通过图形化配置形式，便捷接入业务系统数据。在数据接入的同时，在网络、数据格式、数据内容等层面进行配置化监控，并及时通过电话、企业微信等通信工具产生警告，触发应急预案，从源头上保证数据质量。在数据处理的过程中，结合核心数据观测指标（如销售额）的异动情况，及时监控数据处理流程，做到了从接入到处理的全链路监控。

在数据管理平台建设方面，高济实现了"数据发现-数据探查-数据使用"全流程的资产管理。为保障数据的可访达性，高济按自身业务域、数据库（表）、数据主题等维度构建了数据地图，通过地图索引，在 PB 级别的数据中快速找到关注的数据。在数据探查上，提供了数据字典、使用描述、样例描述等内容，可以快速确认是否满足用数的条件。

在数据安全治理能力方面，高济构建了毛利预警模型。基于数据湖中的销售数据集，通过大数据实时计算，对公域 O2O 业务中毛利的异常波动进行监控，能够将因人工配置了错误价格及过深折扣造成的毛利的异常精准推送给相关负责人，在第一时间挽回业务损失。预警规则和预警指标可以灵活配置，满足不同业务场景需求。

12.3.3　案例：欧莱雅集团

欧莱雅集团是全球美丽事业的先行者，经营范围遍及 130 多个国家和地区，目前在中国拥有 31 个品牌，共有超过 15 000 名员工。

欧莱雅中国将上云作为其 IT 战略的核心，实施多云管理模式，与各地域的云服务商紧密合作，充分利用当地资源，提升交付和运维能力。通过大量采用 PaaS 模式，实现了运营托管，提高了运营效率。

在"用数"层面，欧莱雅中国的数据平台现已迭代至完全基于 PaaS 的第三代，最大限度地使用了 PaaS 平台的自动扩容、自动收缩的功能来保证业务弹性，每逢"大促"的业务高峰时段，能够更好地适应变化，扩容所需的时间和人工干预都显著降低。此外，数据平台还使用了机器学习、低代码的流程自动化工具帮助内部提升效率。以投放审核为例，利用基于自然语言处理技术、计算机视觉 AI 原子能力等的认知服务，智能审核质量明显提升，流程不断简化，人工成本大幅缩减。

在"赋智"层面，欧莱雅集团致力于通过更好的数字技术、设计为消费者创造美的体验和感受。为解决美妆品类线上和线下体验存在差距的需求痛点，欧莱雅集团推出圣罗兰（YSL）美妆"口红打印机"，利用了 AR 增强现实技术，按照消费者的喜好，如时尚潮流、实景和穿搭等，实现灵活取色、自由配色等功能，能够提供几百、上千种唇色生成口红的色号，消费者在线上看到的不再只是一张图片，可以最大限度地得到与线下同样的体验。此外，欧莱雅中国也在 AIGC 领域重点发力，与业务伙伴建立的数字化内容管理平台通过对内容进行归整、打标、优化，在内容分析上做到精准高效、有的放矢。

附录 1　世界主要国家（地区）政策更新一览表

国家 （地区）	文件名称	颁布时间	主要内容
欧洲	《2023—2024年数字欧洲工作计划》	2023年3月24日	该计划阐述了未来几年关键信息技术的政策重点，包括改善云服务安全性、创设人工智能实验及测试设施、提升各领域数据共享水平、建设网络安全应急机制等，以助力欧盟实现"数字十年"的目标
	《数据法案》	2023年11月9日	该法案提供了适用于所有数据的更广泛的规则，旨在建立互联产品及相关服务中所产生的数据的共享规则及用户访问规则，将数据作为企业与公共机构创新的关键因素并促进数据的利用
	《人工智能法案》	2023年12月8日	该法案根据风险类别将人工智能技术应用进行分类，从必须禁止的技术，到高、中、低风险的人工智能等，强调要通过识别不同风险进行监管，明确对人工智能公司起草技术文件、技术透明度的要求
欧洲、美国	《欧盟－美国数据隐私框架》	2023年7月10日	该框架明确规定取得认证的组织无须再采取任何其他数据跨境传输合规机制即可将个人数据从欧盟转移至美国，必要情况下，个人可以向其所在欧盟成员国的国家数据保护机构或新成立的数据保护审查法庭提交投诉，由欧洲委员会定期检查监督，从法律确定性层面减轻跨大西洋数据传输的合规难度

国家 （地区）	文件名称	颁布时间	主要内容
法国	《人工智能行动计划》	2023 年 5 月 16 日	该计划内容上主要围绕人工智能系统的运作方式及其对个人的影响，通过公布数据使用规则指南、研究机器学习数据库的建立、与开发人工智能系统的专业机构进行对话等措施达到审计、监管人工智能系统并保护个人隐私的目的，支持法国和欧洲人工智能生态系统的创新工作
英国	《数据保护和数字信息法案》	2023 年 3 月 8 日	该法案被视为英国版的"通用数据保护条例"，主要内容包括设立委员会强化监管机构 ICO 的职能、允许企业在遵循相关数据法的情况下建立在海外共享个人数据的传输机制、提高公众和企业对自动化决策的信心等
英国	《欧盟－美国数据隐私框架的英国扩展》	2023 年 9 月 21 日	该扩展协议指出英国企业在无须采取传输风险评估等其他安全保障措施的情况下，其数据被允许跨境传输至获得框架相关认证的美国组织，确认了英美数据桥的效力
美国	《国家人工智能研发战略计划》	2023 年 5 月 23 日	该计划作为修订版本，调整和完善了先前包括开发人类与人工智能协作的有效方法、通过标准和基准衡量和评估人工智能系统、了解国家人工智能研发人才需求等在内的八项战略目标及其优先事项，新增了"建立有原则和可协调的人工智能研究国际合作方法"战略以强调人工智能研究国际合作的原则
美国	《数据、分析和人工智能采用战略》	2023 年 11 月 2 日	该战略由美国国防部出台，明确了高质量数据、数据分析模型、设计与部署人工智能能力的动态方法这三项"从基础到顶端"的层次关系，具体通过组织数据治理、数字人才管理、投资可互操作性的联合基础设施等进行推动，以加速美军获取决策优势

续表

国家（地区）	文件名称	颁布时间	主要内容
巴西	《个人数据国际传输条例》草案及《标准合同条款》	2023年8月15日	《个人数据国际传输条例》草案在《巴西通用数据保护法》的基础上细化了数据跨境传输机制，确定了具有充分保护水平的国家或地区名单，以允许个人数据在巴西与这些国家或地区之间自由流动，并优先评估保证巴西互惠待遇的外国或国际组织的数据保护水平
中国	《数字中国建设整体布局规划》	2023年2月27日	该文件对数字中国建设进行了系统性谋划和体系化布局，特别提出要夯实数据资源体系建设、畅通数据资源大循环，内容主要涉及国家数据管理体制体制、公共数据开放利用、商业数据价值释放、培育壮大数字经济核心产业、建设公平规范的数字治理生态等方面
中国	《规范和促进数据跨境流动规定（征求意见稿）》	2023年9月28日	该文件拟对数据出境监管制度做出重大调整，涉及申报数据出境安全评估的情形判定及自由贸易区制定"负面清单"的具体权利等，较高程度上减轻了企业数据出境的合规压力，并与此前发布的法律法规构成国内数据出境更加完善的规则体系
中国	《粤港澳大湾区(内地、香港)个人信息跨境流动标准合同实施指引》	2023年12月13日	该指引针对粤港澳大湾区内的个人信息跨境流动设置了特殊的合同备案手续流程，并制定了专门的粤港澳大湾区（内地、香港）个人信息跨境流动标准合同
印度	《2023年数字个人数据保护法案》	2023年8月7日	该法案在与上一年度法案主体框架基本一致的基础上，细化了数字个人数据的定义、数字个人数据处理的合法性基础、数据受托人的主体责任与权利义务及数据保护委员会的内部设计工作，旨在实现"使大型科技公司承担更多责任"的重要目标

国家 （地区）	文件名称	颁布时间	主要内容
越南	《个人数据保护法令》	2023 年 7 月 1 日	该法成为该国为加强网络空间法律框架而颁布的第三份法律文件，就个人数据处理活动规定了更详细的数据保护和网络安全义务，其中明确区分了"基本个人数据"与"敏感个人数据"，扩大了受监管对象的类别，正式出台了包含隐私声明、日志记录要求、安全漏洞报告等在内的个人数据处理标准细则

附录 2　2018—2022 年全球主要企业研发支出、收益及研发强度

年份	研发支出		收益		研发强度
	金额 / 亿美元	增长率	金额 / 亿美元	增长率	增长率
2018	7740	—	197 700	—	3.9%
2019	8400	8.6%	197 460	−0.1%	4.3%
2020	9050	7.7%	187 950	−4.8%	4.8%
2021	10 400	14.9%	228 090	21.4%	4.6%
2022	11 170	7.4%	246 130	7.9%	4.5%

数据来源：世界知识产权组织，基于 Orbis 的商业信息数据库，收入以当前美元计算。

附录 3 智慧零售全域数字化转型评估模型

一级指标	二级指标	三级指标	评价标准
数字化战略	数字化战略规划	治理结构	1.有企业级数字化转型战略； 2.企业决策者（或经决策者充分授权的管理者）亲自抓总，能够充分调动企业资源
		管理制度	1.设置清晰可衡量的数字化转型目标； 2.围绕数字化转型目标，确定相应的数字化解决方案与实施路径； 3.建立完善的跨部门协同机制； 4.将绩效考核与数字化转型直接挂钩
		企业文化	1.员工普遍认同企业数字化转型的价值； 2.引导形成崇尚创新、共享的企业文化； 3.各部门开放协作、数据共享意愿强
	数字化组织人才	专业人才团队	配备独立的数字化转型领导团队，推动数字化转型相关事项开展
		员工数字素养	1.针对性举办数字化技能培训； 2.业务人员能够熟练使用数字化应用，并在一定程度上发挥创造性、主观能动性
	数字化预算投入	资金支持	1.企业数字化年投入相对稳定； 2.数字化投入占比较高
数字化应用	实现数字化经营	数字化经营绩效	线上销售额占比、线上销售额增长率
		以消费者为中心	1.通过全渠道数据实现精确的用户画像； 2.保障消费者知情与信息通畅

续表

一级指标	二级指标	三级指标	评价标准
数字化应用	实现数字化经营	线上线下、公域私域全域经营	1. 注重线下购物场景建设； 2. 注重线下向线上引流，实现线上线下一体化； 3. 具备一体化渠道建设能力，并配备成熟的 SOP 运营团队； 4. 注重私域流量运营并取得一定成效
		供需高效匹配	1. 以精准高效的算法促进供需匹配； 2. 具备精准营销能力、碎片化场景营销能力； 3. 线下门店实现数字化选品
		开放生态长期主义	1. 具备较强的品牌影响力； 2. 实现从"流量"到"留量"的转变； 3. 注重业务合规体系建设； 4. 具有主动承担社会责任的相关实践
	数字化应用覆盖率	营销与运营	实现以下数字化应用的广泛覆盖：① DTC 商城；②一物一码；③会员运营（导购助手、会员权益、忠诚度管理等）；④社群运营；⑤内容管理；⑥元宇宙创新营销（数字藏品、数字空间等）；⑦智能客服（智能客服、数智人客服等）；⑧消费者数据运营（CDP、MA、埋点工具等）；⑨低代码定制工具
		渠道与销售	实现以下数字化应用的广泛覆盖：①进销存管理；②门店管理；③订单管理；④渠道费用管理；⑤人员管理；⑥经销商管理；⑦促销管理；⑧数字化商圈分析 / 选址平台
		供应链与中后台	实现以下数字化应用的广泛覆盖：①研发应用；②人力资源；③采购管理；④库存管理；⑤运输管理；⑥生产管理；⑦服务管理；⑧财务管理；⑨经营分析

一级指标	二级指标	三级指标	评价标准
数字化应用	数字化应用覆盖率	办公与协同	实现以下数字化应用的广泛覆盖：①即时通信工具；②项目管理工具；③文档协作工具；④团队社区工具；⑤知识＆文件管理工具；⑥链接共享；⑦在线会议工具；⑧日程管理工具；⑨人力资源工具
数据基础能力	上云：充分利用云原生能力	云服务能力	1.每秒处理的数据包数、服务吞吐量、网络带宽及速度、处理器核心、内存容量、存储容量、负载均衡能力满足使用要求；2.充分利用云原生能力，包括容器化基础设施、微服务架构和 DevOps 运维管理体系
	用数：打造数字基础设施	保障数据的可用性	严格遵循数据质量管理规则，使数据可用性处于较高水平
		数据管理平台建设	1.建成层次分明、功能完善、覆盖广泛的数据标识体系；2.通过统一的标识体系保障数据的可访达性；3.实现数据分布式存储与高效流通；4.形成具体可操作、可执行的数据分类分级标准
		算法管理平台建设	配备多模块、集成式的算法服务，实现算法自动化部署和运行，通过算法训练、评测等功能实现算法快速迭代和优化
	赋智：数字技术应用能力	数字技术赋能	对区块链、元宇宙、人工智能、物联网、大数据等数字技术的应用程度较高
	数据安全治理能力	数据安全	保障数据采集、传输、存储、计算、应用、消亡全生命周期的安全，严格遵循数据安全全生命周期技术红线
		业务安全	通过数据监测，构建业务安全防护能力，能够有效抵抗羊毛党等非法行为